新世纪现代交通类专业系列教材

地基与基础

（修订本）

刘大鹏　张青喜　刘岩艳　主编
唐小兵　主审

清华大学出版社
北京交通大学出版社
·北京·

内 容 简 介

地基与基础是土木类专业的一门专业基础课。本教材是根据该类专业的教学大纲并兼顾道路与桥梁专业的需要编写而成。本书内容包括：土的物理性质及地基土分类，土中应力与地基变形计算，土的抗剪强度与地基承载力，土压力与土坡稳定，工程地质勘察，天然地基上的浅基础，桩基础和沉井基础，区域性地基与挡土墙，地基处理。每章附有思考题和习题。

本教材可供本科土木类工程专业学生使用，也可供高职高专学生和工程技术人员参考使用。

图书在版编目（CIP）数据

地基与基础／刘大鹏，张青喜，刘岩艳主编．—修订本．—北京：北京交通大学出版社；清华大学出版社，2009.8（2020.6 修订）

ISBN 978－7－81123－570－8

Ⅰ．地…　Ⅱ．①刘…　②张…　③刘…　Ⅲ．①地基－高等学校－教材　②基础（工程）－高等学校－教材　Ⅳ．TU47

中国版本图书馆 CIP 数据核字（2009）第 052406 号

责任编辑：韩　乐

出版发行：清 华 大 学 出 版 社　　邮编：100084　　电话：010－62776969
　　　　　北京交通大学出版社　　邮编：100044　　电话：010－51686414

印 刷 者：北京鑫海金澳胶印有限公司

经　　销：全国新华书店

开　　本：185×260　　印张：16.75　　字数：429 千字

版 印 次：2009 年 8 月第 1 版　　2020 年 6 月第 1 次修订　　2020 年 6 月第 7 次印刷

书　　号：ISBN 978－7－81123－570－8/ TU・41

印　　数：14 001～15 000 册　　定价：44.00 元

本书如有质量问题，请向北京交通大学出版社质监组反映。对您的意见和批评，我们表示欢迎和感谢。
投诉电话：010－51686043，51686008；传真：010－62225406；E-mail：press@ bjtu. edu. cn。

前　　言

地基与基础是土木工程专业的一门专业基础课。本书是根据土木工程专业教学的基本要求,并结合网络远程教育的教学要求编写而成。

本书主要介绍土力学的基本原理、理论和基础工程设计、施工的基本原理、基本理论和实用方法。主要内容包括土的物理性质与地基土分类、土中应力与地基变形计算、土的抗剪强度与地基承载力、土压力与土坡稳定、工程地质勘察、天然地基上的浅基础、桩基础、沉井基础、区域性地基与挡土墙及地基处理等。在编写过程中注重理论联系实际、在工程应用上侧重于路桥专业的实际需要,具有一定的针对性。本书采用了最新修订的《建筑地基基础设计规范》及其他岩土工程新规范、新规程和新标准,并结合了网络远程教育的特点,突出了应用性。

本书编写提纲经编写人员集体讨论确定,经数次修改后定稿。全书共11章,由刘大鹏、张青喜、刘岩艳担任主编,编写人员有:刘大鹏(第1、3、4、5、6章),张青喜(第2、7、8章),刘岩艳(第9、10章),李有为(第11章)。全书由刘大鹏、张青喜统稿,由唐小兵主审。

本书的编写吸收和借鉴了前人同类教材的许多内容和优点,在此深表感谢。由于编者的理论水平和实践经验有限,本书错误和不妥之处在所难免,恳请使用本书的读者批评指正。

编者

2020年6月

前言

目　录

第 1 章　绪论

1.1　地基与基础的概念

图 1-1 及图 1-2 为建筑工程及桥梁结构地基与基础的图示说明。

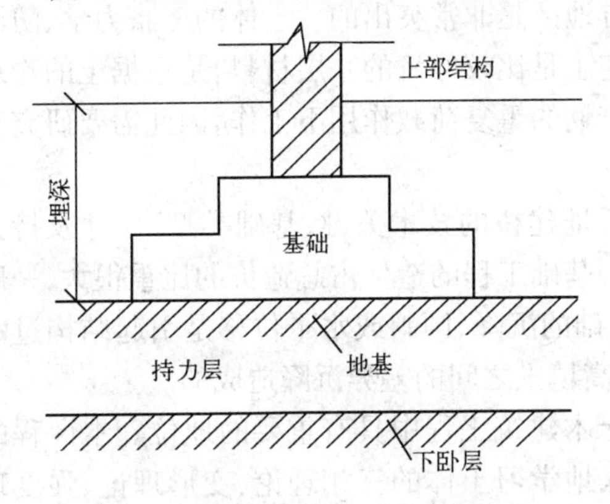

图 1-1　建筑工程地基与基础示意图

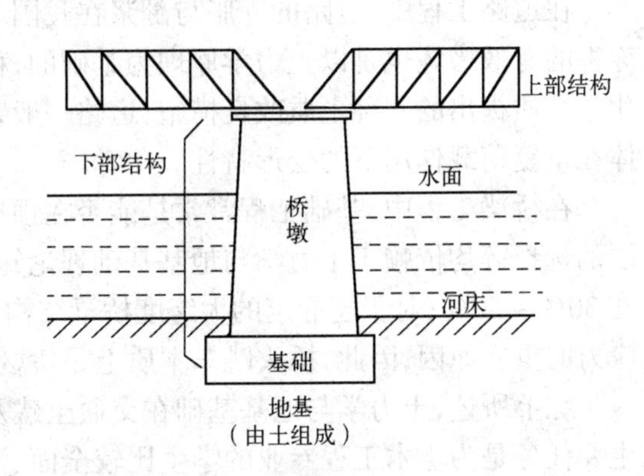

图 1-2　桥梁结构各部立面示意图

所谓地基，指的是直接承托建筑物的场地土层，而把建筑物荷载传递给地基的那部分结构称为基础。在建筑物荷载作用下地基土会产生附加应力和变形，其范围随基础类型和尺寸、荷载大小及土层分布不同而不同。建筑物对地基的要求是满足强度、变形和稳定性，这就必须运用力学方法来研究荷载作用下地基土的工程特性。研究土的特性及土体在各种荷载作用下的性状的一门力学分支称为土力学，主要内容包括土中水的作用、土的渗透性、压缩性、固结、抗剪强度、土压力、土基承载力、土坡稳定等土体的力学问题。

地基中把直接与基础接触的土层称为持力层；持力层下受建筑物荷载影响范围内的土层称为下卧层，其相互关系如图 1-1 所示。

基础的结构形式很多，按埋置深度和施工方法的不同，可分为浅基础和深基础两大类。通常把埋置深度不大(一般为 5 m)，只需经过挖槽、排水等普通施工程序，采用一般施工方法和施工机械就可施工的基础统称为浅基础，如条形基础、单独基础、片筏基础等。而把基础埋置深度超过一定值，需借助特殊施工方法施工的基础称为深基础，如桩基础、地下连续墙、深井基础等。地基基础设计时，如果土质不良，需要经过人工加固处理才能达到使用要求的地基称为人工地基；不加处理就可以满足使用要求的地基称为天然地基。

1.2　本课程的性质、地位和任务

地基与基础是房屋建筑物、道路及桥梁等构筑物的根本，又位于地面以下，属地下隐蔽工程。它的勘察、设计及施工质量的好坏,直接影响建筑物的安全。实践表明,建筑物事故的发生,很多是与地基问题有关的,而且事故一旦发生,其补救也较难。

土力学是一门以土体作为研究对象,研究与土的工程问题有关的学科,属于岩土工程学科的重要组成部分,是工程力学与地质学有机结合的边缘学科。基础工程则是土力学理论在土木工程中的具体应用。显然,土力学与地基基础是土木工程学科的重要专业基础课。

在路基工程中,土是修筑路堤的基本材料,同时又是支撑路基的地基。路堤的临界高度和边坡的取值都与土的物理力学指标相关。为了获得具有一定强度和良好水稳定性的路基,需要采用碾压的施工方法压实填土,而碾压的质量控制方法是基于对土的击实性的研究成果。挡土墙基础形式、土压力计算、软土地基的工程特性、不同土体的筑路性能等均与土力学与地基基础密切相关。

在道路工程中,道路的冻胀与翻浆在我国北方地区是非常突出的。土体的冻胀力学、防治冻害的有效措施也是以土力学原理为基础的;稳定土是比较经济的基层材料,是根据土的物理化学性质提出的一种土质改良措施;道路一般在车辆的重复荷载作用下工作,因此需要研究土体在重复荷载作用下的变形特性。

在桥梁工程中,基础工程常常是能否在预选桥址建桥的技术关键,基础类型、尺寸及持力层的选择等均依赖于土力学与地基基础理论知识,基础工程的造价占总造价的比重很大,一般在30%~50%;对于超静定的大跨度桥梁结构,基础的沉降、倾斜或水平位移是引起结构过大应力的重要原因,因此,桥头跳车本质上是桥墩与高填土之间的差异沉降造成的。

综上所述,土力学与地基基础在交通土建及土木建筑工程中具有重要的地位。本课程的主要任务是为土木工程专业的学生比较全面、深入地学习土体的三相理论、变形理论、强度理论、渗透理论及其工程应用的基本原理和基本方法。

1.3 课程的内容、要求和学习方法

本书根据道路、桥梁等专业的教学要求,并兼顾扩大知识面的要求编写。内容包括土的物理性质及地基土分类、土中应力与地基变形计算、土的抗剪强度与地基承载力、土压力与土坡稳定、工程地质勘察、天然地基上的浅基础、桩基础、沉井基础、区域性地基与挡土墙、地基处理。

学生在学习过程中,要求树立土体、地基与基础一体化的宏观思维,牢固掌握土的性质、应力、变形、强度和地基计算等土力学基本原理,从而能够应用这些基本概念和原理,结合有关的力学和结构理论以及施工知识,分析和解决地基基础问题。学习时需要重视以下几个方面。

(1) 重视土工试验方法

土力学计算和基础设计中所需的各种参数,必须通过室内及原位土工试验。掌握每种测试技术与现场的模拟相似性。

(2) 重视地区经验

土力学与地基基础是一门实践性很强的学科,又由于土的复杂性,目前在解决地基基础问题时,还带有一定的经验。土力学与地基基础中,存在有大量的经验公式,尤其在土体力学参数选择、地基基础的设计中,应该充分重视地区经验。

(3) 考虑地基、基础与上部结构的共同作用

地基、基础和上部结构是一个共同的整体,它们相互依存、相互影响。设计时应该充分考虑三者的共同作用。

(4) 施工质量的重要性

基础工程是隐蔽工程,正由于它是埋置于地下,往往被人们所忽视,基础工程存在问题的后期补救比上部结构困难得多,因此,基础工程的施工质量与上部结构一样,应受到足够的重视。

土力学与地基基础不仅要重视理论知识的学习,还要重视土工实验和工程实例的分析研究,只有通过土工实验,通过工程实例的分析,才能加深对土力学理论的认识,才能不断地提高处理地基基础的能力。土的种类很多,工程性质很复杂,重要的不是一些具体的知识,而是要搞清土力学中的一些概念,而不要死记硬背某些条文和数字。土力学是一门技术学科,重要的是要学会如何应用基本理论去解决具体工程问题。学习某种分析方法,不仅要掌握计算方法本身,而且要搞清分析方法所应用的参数及参数的测定方法,还要搞清它的适用范围。应用土力学解决工程问题要重视理论、室内外试验测试和工程经验三者相结合,在学习土力学基本理论时就要牢固建立这一思想。

第2章　土的物理性质与地基土分类

自然界中的土是由岩石经过长期的风化、搬运、沉积作用而形成的未胶结的、覆盖在地球表面的沉积物,土由固体颗粒(固相)、水(液相)和气体(气相)三者组成。土的物理性质主要取决于土的固体颗粒的矿物成分及大小、土的三相组成比例、土的结构及土的物理状态。土的物理性质在一定程度上影响着土的力学性质,是土的最基本的工程特性。

本章主要介绍土的成因与组成、土的物理性质指标、物理状态指标及地基土(岩)的工程分类。

2.1　土的成因与组成

2.1.1　土的成因

地壳表层的岩石长期暴露在大气中,经受气候的变化,会使岩石逐渐崩解,破碎成大小和形状不同的一些碎块,这个过程称为物理风化。物理风化后的产物与母岩具有相同的矿物成分,这种矿物称为原生矿物,如石英、长石云母等。物理风化后形成的碎块与水、氧气、二氧化碳等物质接触,使岩石碎屑发生化学变化,这个过程称为化学风化。化学风化改变了原来组成矿物的成分,产生了与母岩矿物成分不同的次生矿物,如黏土矿物、铝铁氧化物和氢氧化物等。动植物和人类活动对岩石的破坏,称为生物风化,如植物的根对岩石的破坏、人类开山等,其矿物成分未发生变化。

根据形成时土所经受的外力及环境的不同,土具有各种各样的成因,不同成因类型的沉积物,具有各自不同的分布规律和工程地质特征,下面简单介绍其中主要的成因类型。

1. 残积物

残积物是指残留在原地未被搬运的那一部分原岩风化剥蚀后的产物。残积物与基岩之间没有明显的界限,一般是由基岩风化带直接过渡到新鲜基岩。残积物的主要工程地质特征为:均质性很差,土的物理力学性质一致性较差,颗粒一般较粗且带棱角,孔隙度较大,作为地基易引起不均匀沉降。

2. 坡积物

坡积物是雨雪水流的地质作用将高处岩石风化产物缓慢地洗刷剥蚀,沿着斜坡向下逐渐移动,沉积在平缓的山坡上而形成的沉积物。坡积物的主要工程地质特征为:会发生沿下卧基岩倾斜面滑动;土颗粒粗细混杂,土质不均匀,厚度变化大,易引起不均匀沉降;新近堆积的坡积物土质疏松,压缩性较高。

3. 洪积物

洪积物是由暂时性山洪急洪夹带着大量碎屑物质堆积于山谷冲沟出口或山前倾斜平原而形

成的沉积物。洪积物的主要工程地质特征为:洪积物常呈现不规则交错的层理构造,靠近山地的洪积物的颗粒较粗,地下水位埋藏较深,土的承载力一般较高,常为良好的天然地基。离山较远地段的洪积物颗粒较细,成分均匀,厚度较大,土质较为密实,一般也是良好的天然地基。

4. 冲积物

冲积物是江河流水的地质作用剥蚀两岸的基岩和沉积物,经搬运与沉积在平缓地带而形成的沉积物。冲积物可分平原河谷冲积物、山区河谷冲积物和三角洲冲积物。冲积物的主要工程地质特征为:平原河谷冲积物包括河床沉积物、河漫滩沉积物、河流阶地沉积物及古河道沉积物等。河床沉积物大多为中密砂砾,承载力较高,但必须注意河流的冲刷作用及两岸边坡的稳定。河漫滩地段地下水埋藏较浅,下部为砂砾、卵石等粗粒土,上部一般为颗粒较细的土,局部夹有淤泥和泥炭,压缩性较高,承载力较低。河流阶地沉积物强度较高,一般可作为良好的地基。山区河谷冲积物颗粒较粗,一般为砂粒所充填的卵石、圆砾,在高阶地往往是岩石或坚硬土层,最适宜作为天然地基。三角洲冲积物的颗粒较细,含水量大,呈饱和状态,有较厚的淤泥或淤泥质土分布,承载力较低。

2.1.2 土的组成

在天然状态下,自然界中的土是由固体颗粒、水和气体组成的三相物质。固体颗粒构成土的骨架,骨架之间贯穿着孔隙,孔隙中填充有水和气体,因此,土也被称为三相孔隙介质。在自然界的每一个土单元中,这三部分所占的比例不是固定不变的,而是随着周围环境条件的变化而变化。土的三相比例不同,土的状态和工程性质也不相同。若土位于地下水位线以下,则土中孔隙全部充满水时,称为饱和土;当土中孔隙没有水时,则称为干土;土中孔隙同时有水和气体存在时,称为非饱和土(湿土)。

1. 土的固体颗粒

土的固体颗粒是决定土的工程性质的主要成分,自然界中的土都是由大小不同的土颗粒组成,土颗粒的大小与土的性质密切相关。如土颗粒由粗变细,土的性质可由无黏性变为黏性,粒径大小在一定范围内的土,其矿物成分及性质都比较相近。因此,可将土中各种不同粒径的土位,按适当的粒径范围,分为若干粒组,各个粒组的性质随分界尺寸的不同而呈现出一定质的变化。划分粒组的分界尺寸称为界限粒径,我国习惯采用的粒组划分标准见表 2-1。表中按照界限粒径 200 mm、20 mm、2 mm、0.075 mm、0.005 mm 把土体分为 6 大粒组:漂石(块石)、卵石(碎石)、砾石、砂粒、粉粒和黏粒。土的颗粒级配是指工程上常以土中各个粒组成的相对含量(各个粒组占土粒总量的百分数)来表示土粒的大小及其组成情况。

表 2-1 粒组划分标准

粒 组 名 称	粒组范围/mm	粒 组 名 称	粒组范围/mm
漂石(块石)粗组	>200	砂粒粒组	0.075~2
卵石(碎石)粒组	20~200	粉粒粒组	0.005~0.075
砾石粒组	2~20	黏粒粒组	<0.005

确定各个粒组相对含量的颗粒分析试验方法可分为筛分法和密度计法两种，粗颗粒土用筛分法，细颗粒土用密度计法。筛分法是用一套不同孔径的标准筛把各种粒组分离出来，目前最小孔径的筛是 0.075 mm，筛分法适用于粒径小于等于 60 mm、大于 0.075 mm 的土。

根据颗粒大小分析试验结果，可以绘制颗粒级配曲线(图 2-1)。其横坐标表示粒径，由于土粒粒径相差悬殊，常在百倍、千倍以上，所以采用对数坐标表示；纵坐标表示小于其粒径的土含量(或累计百分含量)，根据曲线的坡度和曲率可以大致判断土的级配状况。图 2-1 中曲线 a 平缓，则表示粒径大小相差较大，土粒不均匀，即为级配良好；反之，曲线 b 较陡，则表示粒径的大小相差不大，土粒较均匀，即为级配不良。

工程上常用不均匀系数 C_u 来反映颗粒级配的不均匀程度。

$$C_u = d_{60}/d_{10} \tag{2-1}$$

式中，d_{60}——小于某粒径的土粒质量占土的总质量的 60%时所对应的粒径，称为限定粒径；

d_{10}——小于某粒径的土粒质量占土的总质量的 10%时所对应的粒径，称为有效粒径。

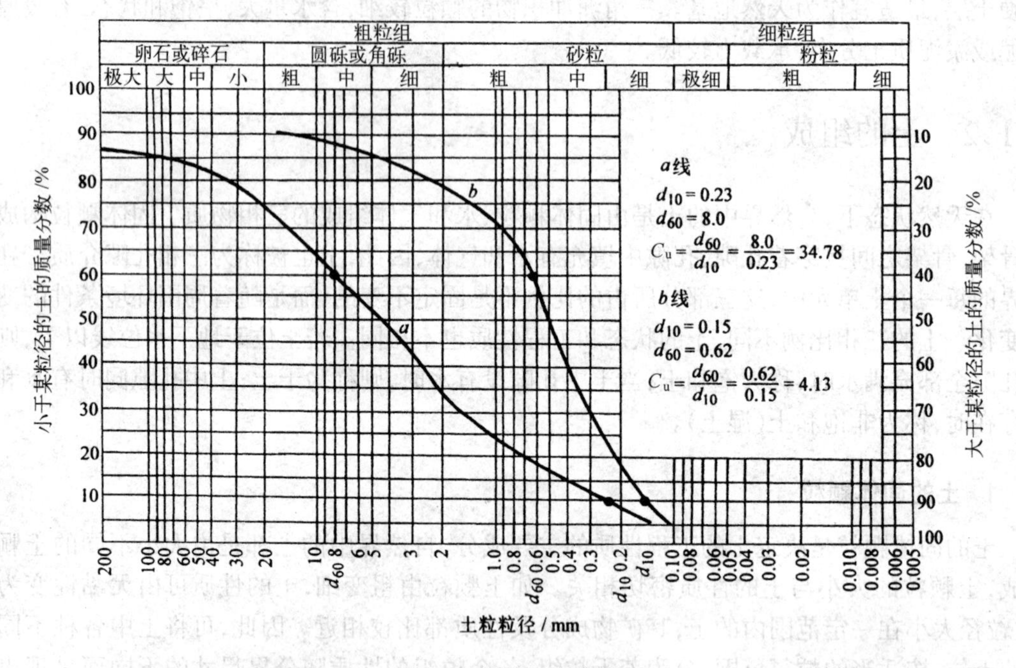

图 2-1 颗粒级配曲线

不均匀系数 C_u 反映大小不同粒组的分布情况，C_u 越大表示土粒大小的分布范围越大，其级配越良好，作为填方工程的土料时，比较容易获得较大的密实度。工程上一般把 $C_u \leqslant 5$ 的土称为级配不良的土；$C_u > 10$ 的土则称为级配良好的土。

2. 土中水

在自然状态下，土中都含有水，土中水与土颗粒之间的相互作用对土的性质影响很大，而且土颗粒越细影响越大。土中液态水主要有结合水和自由水两大类。

1) 结合水

结合水是指由土粒表面电分子吸引力吸附的土中水，根据其离土位表面的距离又可以分为强结合水和弱结合水。

强结合水是指紧靠颗粒表面的结合水,厚度很薄,大约只有几个水分子的厚度。由于强结合水受到电场的吸引力很大,故在重力作用下不会流动,性质接近固体,不传递静水压力。强结合水的冰点远低于0℃,可达-78℃,在温度达105℃以上时才能蒸发。

弱结合水是在强结合水以外,电场作用范围以内的水。弱结合水受颗粒表面电分子吸引力影响,但其力较小,且随着距离的增大逐渐消失而到自由水,这种水也不能传递静水压力,具有比自由水大的黏滞性,它是一种黏滞水膜,可以因电场引力从一个土粒的周围转移到另一个土粒的周围,即弱结合水膜能发生变化,但不因重力作用而流动。弱结合水对黏性土的性质影响最大,当土中含有此种水时,土呈半固态,当含水量达到某一范围时,可使土变为塑态,具有可塑性。

2) 自由水

自由水是指存在于土粒电场范围以外的水,自由水又可分为毛细水和重力水。

毛细水是受到水与空气交界处表面张力作用的自由水。毛细水位于地下水位以上的透水层中,容易湿润地基造成地陷,特别是在寒冷地区还要注意因毛细水上升产生冻胀现象,地下室要采取防潮措施。

重力水是存在于地下水位以下透水层中的地下水,它是在重力或压力差作用下而运动的自由水。在地下水位以下的土,受重力水的浮力作用,土中的应力状态会发生改变。施工时,重力水对于基地开挖、排水等方面会产生较大影响。

3. 土中气体

土中气体存在于土孔隙中未被水占据的部位。土中气体以两种形式存在:一种与大气相通,另一种则封闭在土孔隙中与大气隔绝。在接近地表的粗颗粒中,土中孔隙的气体常常与大气相通,它对土的力学性质影响不大。在细粒土中常存在与大气隔绝的封闭气泡,它不易逸出,因此增大了土的弹性和压缩性,同时降低了土的透水性。

对于淤泥和泥炭等有机质土,由于微生物的分解作用,在土中蓄积了甲烷等可燃气体,使土在自重作用下长期得不到压密,从而形成高压缩性土层。

4. 土的结构

土的结构是指由土粒单元的大小、形状、表面特征、相互排列及其联结关系等因素形成的综合特征。一般可分为单粒结构(图 2-2)、蜂窝结构(图 2-3)和絮状结构(图 2-4)3 种基本类型。

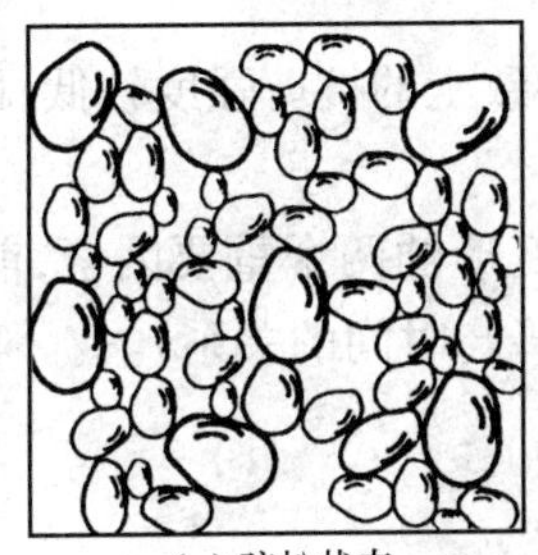
(a) 疏松状态

(b) 紧密状态

图 2-2　土的单粒结构

受其他外力作用时,土粒易于移动而产生很大的变形,未经处理,一般不易作为建筑物的地基。如果饱和疏松的土是由细粒砂或粉粒砂所组成,在强烈的振动(如地震)作用下,土的结构会突然变成流动状态,产生砂土“液化”破坏。

当较细的土粒(主要为粉粒)在水中因自重作用而下沉,碰到别的正在下沉或已经沉积的土颗粒时,由于它们之间的吸引力大于土粒重力,因而土粒将停留在接触面上不再下沉,形成了具有很大孔隙的蜂窝结构。

絮状结构主要由黏粒集合体组成。黏粒能够在水中长期悬浮,不因自重而下沉。当这些悬浮在水中的黏粒被带到电解质浓度较大的环境中,黏粒凝聚成絮状的黏粒集合体下沉,并相继和已沉积的絮状集合体接触,而形成孔隙很大的絮状结构。

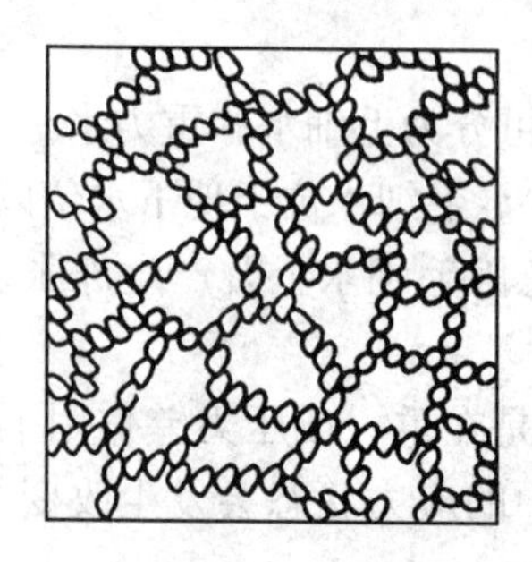

图 2-3　土的蜂窝结构

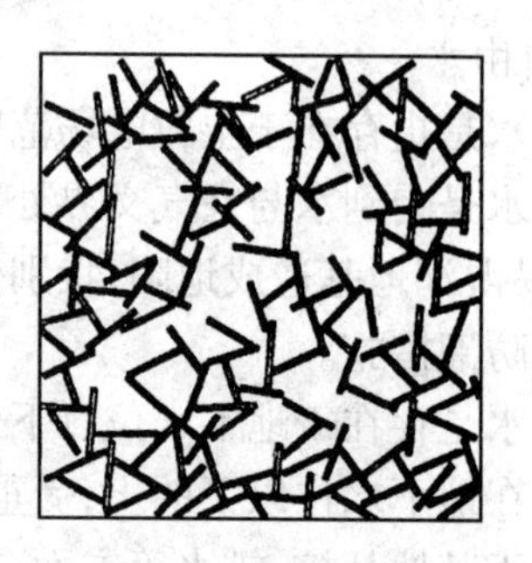

图 2-4　土的絮状结构

蜂窝结构和絮状结构的土中存在大量孔隙,压缩性高,抗剪强度低,透水性弱,其土体之间的黏结力往往由于长期的压密作用和胶结作用而得到加强。

2.1.3　土的特性

土与钢材、混凝土等连续介质相比,具有以下特性。

(1) 高压缩性

由于土是一种松散的集合体,受压后孔隙显著减小,而钢筋属于晶体,混凝土属于胶结体,不存在孔隙被压缩的条件,故土的压缩性远远大于钢筋和混凝土等。

(2) 强渗透性

由于土颗粒间存在孔隙,因此土的渗透性远比其他材料大,特别是粗粒土具有很强的渗透性。

(3) 低承载力

土颗粒之间孔隙具有较大的相对移动性,导致土的抗剪强度较低,而土体的承载力实质上取决于土的抗剪强度,故土的承载力较低。

土的压缩性高低和渗透性强弱是影响地基变形的两个重要因素,前者决定地基最终变形量的大小,后者决定基础沉降的快慢程度(即沉降与时间的关系)。

2.2　土的物理性质指标

描述土的三相物质在体积和质量上比例关系的有关指标称为土的三相比例指标。三相比例指标反映着土的干和湿、松和密、软和硬等物理状态,是评价土的工程性质最基本的物理指标,也是工程地质报告中不可缺少的基本内容。三相比例指标可分为两种:一种是基本指标,另一种是换算指标。

2.2.1 土的三相图

为了便于说明和计算,用三相组成示意图(图 2-5)来表示各部分之间的数量关系。三相图的右侧表示三相组成的体积关系;三相图的左侧表示三相组成的质量关系。

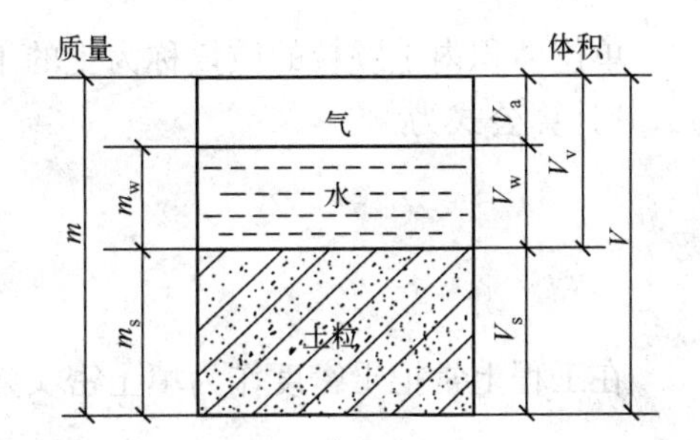

图 2-5 土的三相图

V—土的总体积 V_v—土的孔隙体积
V_s—土粒的体积 V_w—水的体积
V_a—气体的体积 m—土的总质量
m_s—土粒的质量 m_w—水的质量

2.2.2 基本指标

土的三相比例指标中有 3 个指标可用土样进行试验测定,称为基本指标,也称为试验指标。

1. 土的密度 ρ 和容重 γ

单位体积内土的质量称为土的密度 ρ;单位体积内土的重量称为土的容重 γ。分别为:

$$\rho = m/V \tag{2-2}$$

$$\gamma = \rho g \tag{2-3}$$

式中,g——重力加速度,等于 9.807 m/s^2,一般在工程计算中近似取 $g = 10\ m/s^2$。

密度的单位为 g/cm^3 或 t/m^3,容重的单位为 kN/m^3。

天然状态下土的密度变化范围比较大,一般黏性土 $\rho = 1.8 \sim 2.0\ g/cm^3$,砂土 $\rho = 1.6 \sim 2.0\ g/cm^3$。黏性土的密度一般用“环刀法”测定。

2. 土粒相对密度 d_s

土粒质量与同体积的 4℃时纯水的质量之比,称为土粒相对密度(无量纲),即

$$d_s = m_s/V_s\rho_w = \rho_s/\rho_w \tag{2-4}$$

式中,ρ_s——土粒的密度(t/m^3);

ρ_w——4℃时纯水的密度,一般取 $\rho_w = 1\ t/m^3$。

土粒相对密度的变化范围不大,常用比重瓶法测定。土粒相对密度取决于土的矿物成分,黏性土一般在 2.70 ~ 2.75 之间,砂土一般在 2.65 左右。

3. 土的含水量 ω

土中水的质量与土粒质量之比(用百分数表示)称为土的含水量。即

$$\omega = (m_w/m_s) \times 100\% \tag{2-5}$$

含水量是标志土的湿度的一个重要物理指标。天然土层的含水量变化范围很大,它与土的种类、埋藏条件及其所处的自然地理环境等有关。同一类土,含水量越高,则土越湿。一般来说也就越软。

2.2.3 换算指标

在测出上述 3 个基本指标之后,可根据图 2-5 所示的三相图,经过换算求得下列指标。

1. 干密度 ρ_d 和干容重 γ_d

单位体积内土颗粒的质量称为土的干密度 ρ_d;单位体积内土颗粒的重量称为土的干容重 γ_d,其计算公式为:

$$\rho_d = m_s / V \tag{2-6}$$

$$\gamma_d = \rho_d g \tag{2-7}$$

在工程上常把干密度作为填土密实程度的指标,以控制施工质量。

2. 土的饱和密度 ρ_{sat}和饱和容重 r_{sat}

饱和密度是指土中孔隙完全充满水时单位体积土的质量;饱和容重是指土中孔隙完全充满水时单位体积内土的重量,即

$$\rho_{sat} = (m_s + V_v \rho_w) / V \tag{2-8}$$

$$r_{sat} = \rho_{sat} t_g \tag{2-9}$$

3. 土的有效密度 ρ' 和有效容重 γ'

土的有效密度是指在地下水位以下,单位土体积中土粒的质量扣除土体排开同体积水的质量;土的有效容重是指在地下水以下,单位土体中土粒所受的重力扣除水的浮力,即

$$\rho' = (m_s - V_s \rho_w) / V \tag{2-10}$$

$$\gamma' = \rho' g \tag{2-11}$$

4. 土的孔隙比 e 和孔隙率 n

孔隙比为土中孔隙体积与土粒体积之比,用小数表示;孔隙率为土中孔隙体积与土的总体积之比,以百分数表示,即

$$e = V_v / V_s \tag{2-12}$$

$$n = (V_v / V) \times 100\% \tag{2-13}$$

孔隙比是评价土的密实程度的重要物理性质指标。一般孔隙比小于 0.6 的土是低压缩性的土,孔隙比大于 1.0 的是高压缩性的土。在“地基规范”中确定粉土、黏性土承载力时,一般作为第一指标,土的孔隙率也可用来表示土的密实程度。

5. 土的饱和度 s_r

土中水的体积与孔隙体积之比称为土的饱和度,以百分比表示,即

$$s_r = (V_w / V_v) \times 100\% \tag{2-14}$$

饱和度用作描述土体中孔隙被水充满的程度。干土的饱和度 $s_r = 0$,当土处于完全饱和状态时 $s_r = 100\%$。根据饱和度,土可划分为稍湿、很湿和饱和 3 种湿润状态,即

稍湿为：　　$s_r \leqslant 5\%$

很湿为：　　$5\% < s_r < 80\%$

饱和为：　　$s_r \geqslant 80\%$

2.3　土的物理状态指标

土的物理状态对无黏性土是指密实度,对黏性土是指土的软硬程度。

2.3.1　无黏性土的密实度

砂土、碎石土统称为无黏性土。无黏性土的密度与其工程性质有着密切的关系,呈密实状态时,强度较高,压缩性较小,可作为良好的天然地基;呈松散状态时,则强度较低,压缩性较大,为不良地基。

判别砂土密实状态的指标通常为下面3种。

1. 孔隙比 e

采用天然孔隙比的大小来判断砂土的密实度,是一种较简便的方法。一般当 $e<0.6$ 时,属密实的砂土,是良好的天然地基;当 $e>0.95$ 时,为松散状态,不宜作天然地基。这种方法的不足之处是没有考虑级配对砂土密实度的影响,有时较疏松的级配良好的砂土比较密的颗粒均匀的砂土孔隙比要小。另外对于砂土取原状土样来测定孔隙比存在困难。

2. 相对密度 d_r

当砂土处于最密实状态时,其孔隙比称为最小孔隙比 e_{min};而当砂土处于最疏松状态时的孔隙比则称为最大孔隙比 e_{max};砂土在天然状态下的孔隙比用 ρ 表示,相对密度 d_r 用下式表示,即

$$d_r = (e_{max} - e)/(e_{max} - e_{min}) \tag{2-15}$$

当砂土的天然孔隙比接近于最大孔隙比时,其相对密度接近于0,则表明砂土处于最松散的状态;而当砂土的天然孔隙比接近于最小孔隙比时,其相对密度接近于1,表明砂土处于最紧密的状态。用相对密度 d_r 判定砂土密实度的标准如下。

松散为：　　$0 < d_r \leqslant 0.33$

中密为：　　$0.33 < d_r \leqslant 0.67$

密实为：　　$0.67 < d_r \leqslant 1$

应当指出的是,虽然相对密度从理论上能反映颗粒分配、颗粒形状等因素,但是要准确测量天然孔隙比及最大孔隙与最小孔隙比往往十分困难。

3. 标准贯入锤击数 N

在实际工程中,利用标准贯入试验、静力触控、动力触控等原位测试方法来评价砂土的密实度得到了广泛应用。天然砂土的密实度可根据标准贯入试验时锤击数 N 进行评定,表2-2给出了“地基规范”的判别标准。

表 2-2　按锤击数 N 划分砂土密实度

密　实　度	松　　散	稍　　密	中　　密	密　　实
标准贯入锤击数 N	$N \leqslant 10$	$10 < N \leqslant 15$	$15 < N \leqslant 30$	$N > 30$

2.3.2　黏性土的物理特征

黏性土在干燥时很坚硬,呈固态或半固态,随着土中含水量的增加,黏性土逐渐变软,可以揉搓成任何形状,呈可塑态;当土中的含水量过多时,可形成会流动的泥浆,呈液态,土的相应承载力逐渐降低,这说明黏性土的工程特性与土中的含水量多少有很大关系。

1. 黏性土的界限含水量

黏性土由于其含水量的不同,而分别处于固态、半固态、可塑状态及流动状态。所谓可塑状态是指当黏性土在某含水量范围内,可用外力塑成任何形状而不发生裂纹,并当外力移去后仍能保持既得的形状,土的这种性能称为土的可塑性。黏性土由一种状态转到另一种状态的分界含水量,称为界限含水量。土由可塑状态转到流动状态的界限含水量称为液限 w_L;土由半固态转到可塑状态的界限含水量称为塑限 w_p(图 2-6)。

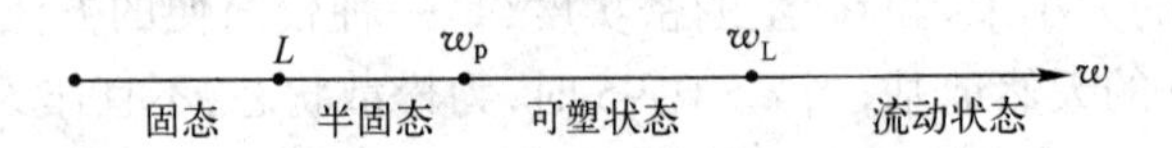

图 2-6　黏性土的状态与含水量关系

2. 黏性土的塑性指数和液性指数

塑性指数是指液限 w_L 和塑限 w_p 的差值,即

$$I_p = w_L - w_p \tag{2-16}$$

式中,w_L 和 w_p 用百分数表示,计算所得的 I_p 值也用百分数表示,但习惯上不带百分符号。

塑性指数表示土处在可塑状态的含水量的变化范围,其值的大小取决于土中黏粒的含量,黏粒含量越多,土的塑性指数就越高。由于 I_p 是描述土的物理状态的重要指标之一,因此,工程上普遍根据其值的大小对黏性土进行分类。

$$I_L = (w - w_p)/I_p \tag{2-17}$$

液性指数是表示黏性土软硬程度(稠度)的物理指标,当 $I_L \leqslant 0$(即 $w \leqslant w_p$)时,土处于坚硬状态;当 $I_L \geqslant 1$(即 $w > w_L$)时,土处于流动状态。因此,根据 I_L 值可以直接判定土的软硬状态,《地基规范》按 I_L 将黏性土划分为坚硬、硬塑、可塑、软塑和流塑状态,见表 2-3。

表 2-3　黏性土状态的划分

稠度状态	坚　　硬	硬　　塑	可　　塑	软　　塑	流　　塑
液性指数 I_L	$I_L \leqslant 0$	$0 < I_L \leqslant 0.25$	$0.25 < I_L \leqslant 0.75$	$0.75 < I_L \leqslant 1$	$I_L > 1$

【例 2-1】　某工程的土工试验成果见表 2-4,表中给出了同一土层 3 个土样的各项物理指标,试分别求出 3 个土样的液性指数,以判别土所处的物理状态。

表 2-4　土工试验成果表

土样编号	土的质量分数 w/%	密度 ρ /(g/cm^3)	相对密度 d_s	孔隙比 e	饱和度 S_r /%	液限 w_L /%	塑限 w_p /%
1—1	29.5	1.97	2.73	0.79	100	34.8	20.9
2—1	30.1	2.01	2.74	0.78	100	37.3	25.8
3—1	27.5	2.00	2.74	0.75	100	35.6	23.8

【**解**】(1) 土样 1—1：$I_p = w_L - w_p = 34.8 - 20.9 = 13.9$

$I_L = (w - w_p)/I_p = (29.5 - 20.9)/13.9 = 0.62$

由表 2-3 可知，土处于可塑状态。

(2) 土样 2—1：$I_p = w_L - w_p = 37.3 - 25.8 = 11.5$

$I_L = (w - w_p)/I_p = (30.1 - 25.8)/11.5 = 0.37$

由表 2-3 可知，土处于可塑状态。

(3) 土样 3—1：$I_p = w_L - w_p = 35.6 - 23.8 = 11.8$

$I_L = (w - w_p)/I_p = (27.5 - 23.8)/11.8 = 0.31$

由表 2-3 可知，土处于可塑状态。

综上可知，该土层处于可塑状态。

2.4　地基土(岩)的工程分类

自然界中土(岩)的种类繁多，性质各异，为了便于认识和评价土(岩)的工程特性，必须对土(岩)进行工程分类。在实际工作中，可以通过分类大致判断出土(岩)的工程特性。

岩石和土的分类方法很多，各部门根据其用途采用不同的分类方法。一般情况下，无黏性土根据颗粒级配分类，黏性土根据塑性指数分类。本节主要介绍《地基规范》的分类方法，地基土(岩)可分为岩石、碎石土、砂土、粉土、黏性土、人工填土 6 大类。

1. 岩石

岩石是天然形成的，颗粒间牢固联结，呈整体或具有节理裂隙的岩体。岩石作为工程地基可按下列原则分类。

(1) 岩石按坚固性可以划分为硬质岩石和软质岩石，见表 2-5。

表 2-5　岩石坚固性的划分

岩石类别	代表性岩石
硬质岩石	花岗岩、花岗片麻岩、闪长岩、玄武岩、石灰岩、石英砂岩、石英岩、硅质砾岩等
软质岩石	页岩、黏土岩、绿泥石片岩、云母片岩等

注：除表中列出的代表性岩石外，凡新鲜岩石的饱和单轴极限抗压强度大于或等于 30 MPa 者，可按硬质岩石考虑；小于 30 MPa 者，可按软质岩石考虑。

(2) 岩石按风化程度可划分为微风化、中等风化和强风化，见表 2-6。

表 2-6　岩石按风化程度分类

风化程度	特　征
微风化	岩质新鲜，表面稍有风化迹象
中等风化	(1) 结构和构造层理清晰； (2) 岩体被节理、裂隙分割成岩块(20～50 cm)，裂隙中填充少量风化物。锤击声脆，且不易击碎； (3) 用镐难挖掘，岩芯钻方可钻进
强风化	(1) 结构和构造层理不清晰，矿物成分已显著变化； (2) 岩体被节理、裂隙分割成碎石状(2～20 cm)，碎石用手可以折断； (3) 用镐可挖掘，手摇钻不易钻进

2. 碎石土

粒径大于 2 mm 的颗粒超过总质量的 50% 的土称为碎石土。碎石土的划分标准见表 2-7，碎石土按密实度可分为密实、中密及稍密 3 种类型。

表 2-7　碎石土的分类

土的名称	颗粒形状	粒组含量
漂石 块石	圆形及亚圆形为主 棱角形为主	粒径大于 200 mm 的颗粒超过总质量的 50%
卵石 砾石	圆形及亚圆形为主 棱角形为主	粒径大于 20 mm 的颗粒超过总质量的 50%
圆砾 角砾	圆形及亚圆形为主 棱角形为主	粒径大于 2 mm 的颗粒超过总质量的 50%

注：分类时应根据粒组含量由大到小以最先符合者确定。

3. 砂土

粒径大于 2 mm 的颗粒不超过总质量的 5%，且粒径大于 0.075 mm 的颗粒超过总质量的 50% 的土称为砂土。砂土的分类标准见表 2-8。

表 2-8　砂土的分类

土的名称	粒组含量
砾砂	粒径大于 2 mm 的颗粒占总质量的 25%～50%
粗砂	粒径大于 0.5 mm 的颗粒超过总质量的 50%
中砂	粒径大于 0.25 mm 的颗粒超过总质量的 50%
细砂	粒径大于 0.075 mm 的颗粒超过总质量的 85%
粉砂	粒径大于 0.075 mm 的颗粒超过总质量的 50%

注：分类时应根据粒组含量由大到小以最先符合者确定。

4. 粉土

粒径大于 0.075 mm 的颗粒质量不超过全部质量的 50%，且塑性指数等于或小于 10 的土称为粉土。粉土的颗粒级配中 0.05～0.1 mm 和 0.005～0.05 mm 的粒组占绝大多数，水与土粒之间的作用明显不同于黏性土和砂土，其性质介于黏性土和砂土之间。

5. 黏性土

塑性指数 $I_p > 10$ 的土为黏性土。黏性土根据塑性指数的大小可分为黏土、粉质黏土见

表2-9。黏性土的状态可按表2-3划分为坚硬、硬塑、可塑、软塑和流塑状态。

表2-9 黏性土的分类

塑性指数 I_p	土的名称	塑性指数 I_p	土的名称
$I_p > 17$	黏土	$10 < I_p \leq 17$	粉质黏土

6. 人工填土

由于人类活动而堆填的土称为人工填土，根据其物质组成和成因可分为素填土、杂填土和冲填土3类。

(1) 素填土是由碎石、砂土、粉土、黏性土等一种或几种材料组成的填土，其中不含杂质或杂质很少。

(2) 杂填土是由建筑垃圾、工业废料、生活垃圾等杂物组成的填土。

(3) 冲填土是由水力冲填泥砂形成的填土。

人工填土的物质成分复杂，均匀性较差，作为地基应注意其不均匀性。除上述6种土类之外，还有一些特殊土，如软土、湿陷性黄土、红黏土、膨胀土等。

思考题

2-1 土由哪几部分组成？土中的三相比例变化对土的性质有何影响？

2-2 如何用土的颗粒级配曲线形状和不均匀系数来判断土的级配状况？

2-3 土中有哪几种形式的水？各种水对土的工程特性有何影响？

2-4 土的三相比例指标中哪几项是可直接测定的？孔隙比和孔隙率含义有什么不同？

2-5 判别无黏性土密实度的指标有哪几种？

2-6 塑性指数的大小反映了土的什么特征？液性指数的大小与土所处的物理状态有何关系？

2-7 地基土一般分为哪几类？依据是什么？

习题

2-1 某土工试验中，用体积为60 cm^3 的环刀取样，经测定，土的质量为108.2 g，放烘箱中烘干后质量为91.7 g，求该土的密度、容重和含水量。

2-2 已知甲、乙两个土样的物理指标见题表2-1，试问：

(1) 甲土与乙土中的黏粒含量哪个更多？分别属于何种类型的土？

(2) 甲土与乙土分别处于哪种稠度状态？

题表2-1 土样物理指标

土样	w/%	w_L/%	w_p/%
甲	31	35	16
乙	12	22	10

第 3 章　土中应力与地基变形计算

在建筑物荷载作用下,地基中原有的应力状态将发生变化,从而引起地基变形,建筑物基础亦随之沉降。对于非均质地基或上部结构荷载差异较大时,基础部分还可能出现不均匀沉降。如果沉降或不均匀沉降超过允许范围,将会影响建筑物的正常使用,严重时还将危及建筑物的安全。因此,研究地基的应力和变形,对于保证建筑物的经济和安全具有重要意义。

本章主要介绍地基中应力的基础概念、应力计算、土的压缩性、压缩性指标及地基最终沉降量的计算。

3.1　自重应力

自重应力是指由土的自身重力在土中所产生的应力。计算土中自重应力时,一般假设地基土为半无限体,因而在任一竖直面和水平面上只有正应力而无剪应力存在,即自重应力作用下土中只能产生竖向变形,而不能产生侧向变形及剪切变形。

地面以下任意深处的自重应力等于作用于该水平面上任一单位面积的土体重力。对于地下水位以下土层的自重应力,应扣除水的浮力的影响,从而得到作用在土骨架的有效自重应力。地面以下任意深度 Z 处自重应力 σ_{cz} 的计算公式为:

$$\sigma_{cz} = \sum_{i=1}^{n} r_i h_i \tag{3-1}$$

式中,r_i——第 i 层土的容重,地下水位以下取有效容重/(kN/m^3);

h_i——第 i 层土的厚度/m。

地基土中除了上述的竖向自重应力外,在竖直面上还作用有水平应力 σ_{cx} 和 σ_{cy},通常称为土的侧向应力,其大小与 σ_{cz} 成正比,即

$$\sigma_{cx} = \sigma_{cy} = K_0 \sigma_{cz} \tag{3-2}$$

式中,K_0——土的侧压力系数或静止土压力系数,不同土的 K_0 值可由试验测定,其经验取值见表 3-1。

【例 3-1】 某地基的地质剖面如图 3-1 所示,试绘出自重应力分布曲线。

【解】 求不同容重分界面上土的自重应力大小:

耕植土层底面处:$\sigma_{cz} = 17.0 \times 0.6\ kPa = 10.2\ kPa$

地下水位处:$\sigma_{cz} = (10.2 + 18.6 \times 0.5) kPa = 19.5\ kPa$

粉质黏土底面处:$\sigma_{cz} = [19.5 + (19.7 - 10) \times 1.5] kPa = 34.05\ kPa$

淤泥质土底面处:$\sigma_{cz} = [34.05 + (16.5 - 10) \times 2.0] kPa = 47.05\ kPa$

表 3-1　K_0 的参考值

土的种类和状态	K_0
碎石土	0.18 ~ 0.25

续表

土的种类和状态	K_0
砂土	0.25~0.33
粉土	0.33
粉质黏土:坚硬状态	0.33
可塑状态	0.43
软塑及流塑状态	0.53
黏土:坚硬状态	0.33
可塑状态	0.53
软塑及流塑状态	0.72

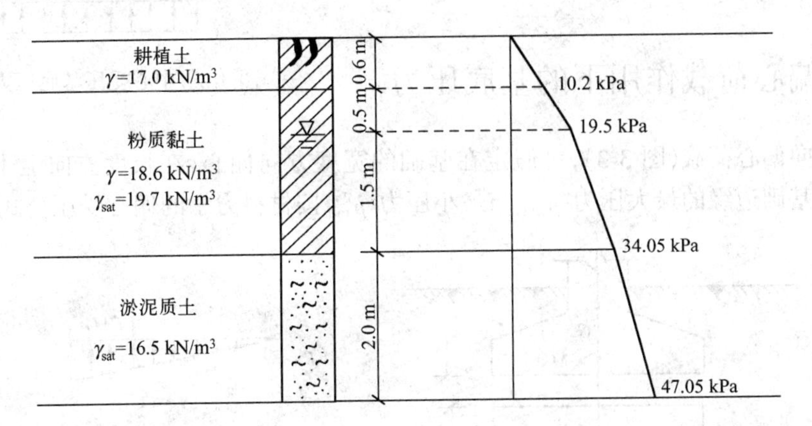

图 3-1　例 3-1 土中自重应力分布曲线

按一定比例在各分界面处水平位置上给出自重应力大小,用直线连接可得如图 3-1 所示自重应力分布曲线。

3.2　基底压力

建筑物荷载(包括基础自重)通过基础传递给地基,基础与地基接触面上的压力称为基底压力(基底反力)。在地基附加应力计算及基础结构设计中,都必须研究基底压力的分布,基底压力的分布是相当复杂的,它不仅与基础的刚度、尺寸大小和埋置深度有关,还与作用在基础上的荷载大小、分布情况和地基土的性质有关。对于柱下独立基础和墙下条形基础,一般假定基底压力为有线分布。实践证明,根据该假定计算所引起的误差在允许范围内。

3.2.1　中心荷载作用下的基底压力

作用于基底上的荷载合力通过基底形心时,基底压力为均匀分布如图 3-2 所示,其值按材料力学的中心受压公式计算,即

$$p = \frac{F + G}{A} \tag{3-3}$$

式中,p——基底压力/kPa;

F——作用在基础顶面上的竖向荷载设计值/kN；

G——基础和基础台阶上的回填土重/kN，其值 $G = r_G A d$；

r_G——基础及回填土平均容重/(kN/m^3)。一般取 20 kN/m^3，如在地下水位以下则取有效容重；

A——基础底面面积/m^2，$A = lb$；

l、b——分别为基础底面的长度和宽度/m；

d——基础埋置深度/m。取室内外地面平均值计算。

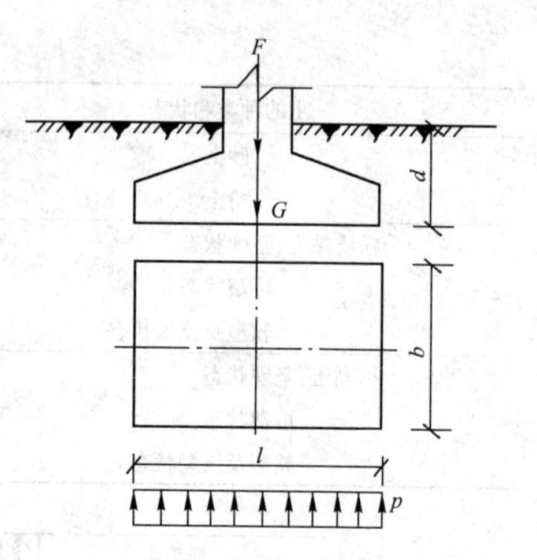

图 3-2　中心受压基底压力分布图

3.2.2　偏心荷载作用下的基底压力

对于单向偏心荷载(图 3-3)，可假定在基础的宽度方向偏心，在长度方向上不偏心，此时沿宽度方向基础边缘的最大压力 p_{max} 与最小压力 p_{min} 按材料力学的偏心受压公式计算：

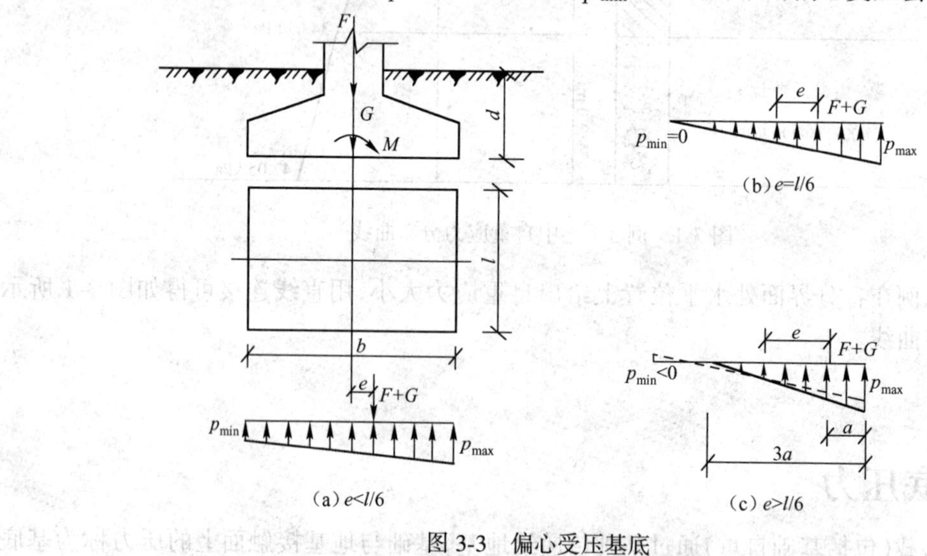

图 3-3　偏心受压基底

$$p_{max} = \frac{F+G}{lb} \pm \frac{M}{W} = \frac{F+G}{lb}\left(1 \pm \frac{6e}{b}\right) \tag{3-4}$$

式中，M——作用于基底的力矩；

W——基础底面的抵抗矩。对矩形基础 $W = \frac{lb^2}{6}$；对条形基础 $W = b^2/6$；

e——荷载偏心矩。

F、G、l、b 符号意义同式(3-3)。

从图(3-3)可知，按荷载偏心矩 e 的大小，基底应力的分布可能出现下述 3 种情况。

① 当 $e < \frac{b}{6}$ 时，$p_{min} > 0$，基底压力呈梯形分布，如图 3-3(a)所示。

② 当 $e = \frac{b}{6}$ 时，$p_{min} = 0$，基底压力呈三角形分布，如图 3-3(b)所示。

③ 当 $e > \frac{b}{6}$ 时，$p_{\min} < 0$，即产生拉应力，如图 3-3(c)所示。

3.2.3 基底附加压力

通常基础总是埋置在天然地面下一定深度处，未造建筑物以前，在该深度处已存在土的自重应力，后来由于开挖，该处原有的自重应力被卸除。因此，作用于基底上的压力扣除该处原有的自重应力后，才是引起地基沉降的新增加的附加应力，简称基底附加应力，其值为：

$$p_0 = p - \gamma_0 d \tag{3-5}$$

式中，p_0——基底附加应力/kPa；

d——基础埋置深度/m。必须以天然地面算起；

γ_0——基底以上天然土层的加权平均容重/(kN/m^3)。地下水位以下取有效容重。

【例3-2】 若在例3-1的土层设计一条形基础，基础埋深 $d = 0.8$m，上部结构线荷载 $F = 200$ kN/m，基础尺寸如图 3-4 所示，试绘出基底附加压力分布图。

【解】 基底压力 $p = (F + G)/A = (200 + 20 \times 1.3 \times 0.8)\text{kPa}/1.3 = 169.85$ kPa

基底附加压力 $p_0 = p - \gamma_0 d$

$= [169.85 - (17.0 \times 0.6 + 18.6 \times 0.2) \times 0.8/(0.6 + 0.2)] = 155.93$ kPa

绘制基底附加压力分布图如图 3-4 所示，基底附加压力为均匀分布，压力大小为 155.93 kPa。

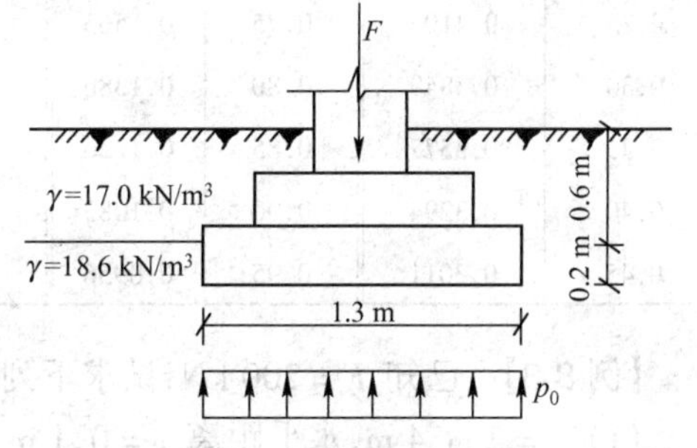

图 3-4 例 3-2 基底附加压力分布图

3.3 地基中附加应力

地基中附加应力是建筑物荷载在地基内引起的应力。计算地基中的附加应力时，除地基性质差异较大以及考虑地基不均匀性的影响外，对一般建筑物地基常假定地基土是均匀，各向同性的半无限线性变形体，其计算公式是以线性弹性理论为基础推导而来的。下面介绍均质、各向同性地基土中附加应力的计算。

3.3.1 竖向集中荷载作用下地基中的附加应力

如图 3-5 所示，在地基表面作用一竖向集中荷载 F，根据线性弹性理论可知，地基中任意点 $M(x, y, z)$ 处附加应力 σ_z 的计算公式为

$$\sigma_z = \alpha \frac{F}{z^2} \tag{3-6}$$

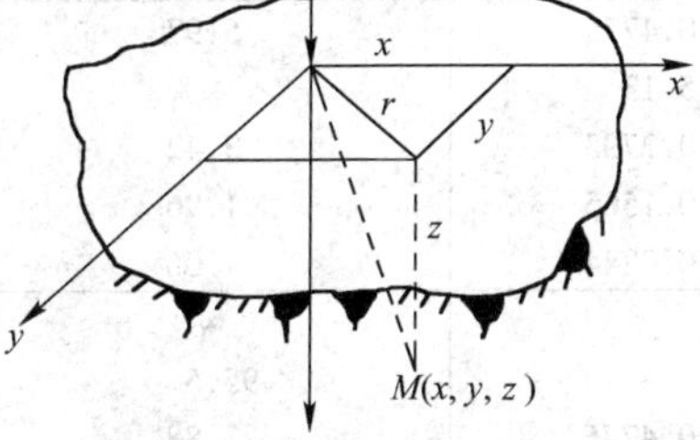

图 3-5 地基表面受竖向集中荷载作用

式中，z——M 点的垂直深度/m；

F——作用于地基表面的竖向集中荷载/kPa；

α——集中荷载作用下土中附加应力系数，其值根据 r/z 由表 3-2 查得或内插求得，γ 值由式(3-7)算出。

$$r = \sqrt{x^2 + y^2} \tag{3-7}$$

式中，r——M 点与集中荷载作用线之间的水平距离/m。

表 3-2　竖向集中荷载作用下附加应力系数

r/z	α	r/z	α	r/z	α	r/z	α	r/z	α
0	0.4775	0.50	0.2733	1.00	0.0844	1.50	0.0251	2.00	0.0085
0.05	0.4745	0.55	0.2466	1.05	0.0744	1.55	0.0224	2.20	0.0058
0.10	0.4657	0.60	0.2214	1.10	0.0658	1.60	0.0200	2.40	0.0040
0.15	0.4516	0.65	0.1978	1.15	0.0581	1.65	0.0179	2.60	0.0029
0.20	0.4329	0.70	0.1762	1.20	0.0513	1.70	0.0160	2.80	0.0021
0.25	0.4103	0.75	0.1565	1.25	0.0454	1.75	0.0144	3.00	0.0015
0.30	0.3849	0.80	0.1386	1.30	0.0402	1.80	0.0129	3.50	0.0007
0.35	0.3577	0.85	0.1226	1.35	0.0357	1.85	0.0116	4.00	0.0004
0.40	0.3294	0.90	0.1083	1.40	0.0317	1.90	0.0105	4.50	0.0002
0.45	0.3011	0.95	0.0956	1.45	0.0282	1.95	0.0095	5.00	0.0001

【例 3-3】 已知 $F = 200$ kN，试求下列各点的附加应力值，并绘其分布图。

(1) $z = 2$ m、4 m，水平距离 $r = 0$、1 m、2 m、3 m、4 m 的点。

(2) $r = 0$ 的竖线上距地面 $z = 0$、1 m、2 m、3 m、4 m 的点。

【解】 按式(3-6)计算后，以 $z = 2$ m、$r = 4$ m 的点为例计算如下：

$r/z = 4/2 = 2.0$，查表 3-2 得，$a = 0.0085$

则 $\sigma_z = 0.0085 \times 200\ \text{kN}/4\text{m}^2 = 0.43$ kPa

其他各点计算过程见表 3-3。σ_z 的分布图如图 3-6 所示。

表 3-3　例 3-3 计算表

z/m	r/m	r/z	α	$\sigma_z = \alpha F/z^2$ /kPa
	0	0	0.4775	23.88
	1	0.5	0.2733	13.67
2	2	1.0	0.0844	4.22
	3	1.5	0.0251	1.26
	4	2.0	0.0085	0.43
	0	0	0.4775	5.97
1	0.25	0.4103	5.13	
4	2	0.5	0.2733	3.42
	3	0.75	0.1565	1.96
	4	1	0.0844	1.06
0				∞
1				95.5
2	0	0	0.4775	23.88
3				10.61
4				5.97

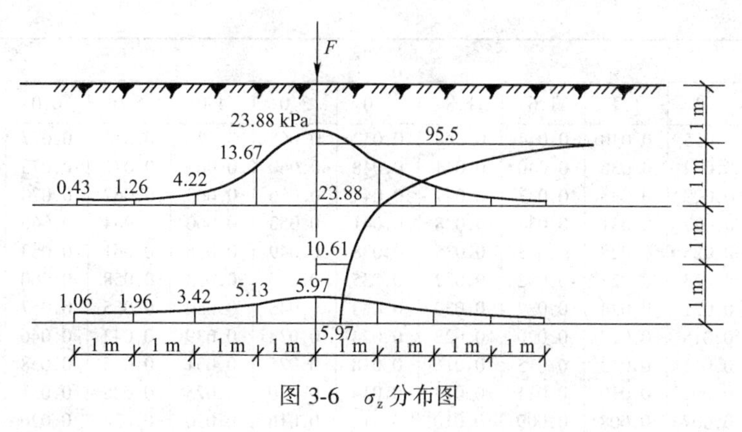

图 3-6　σ_z 分布图

通过例 3-3,可得土中附加应力分布的特征。

① 在集中力作用线上,σ_z 值随深度 z 的增加而减小。

② 在同一深度水平面上,在荷载触线上的附加应力最大,向两侧逐渐减小。

③ 距地面愈深,附加应力分布在水平向上的影响范围愈广。

3.3.2　均布矩形荷载作用下地基中的附加应力

设矩形基础的长度为 l,宽度为 b,矩形基础传给地基的均布矩形荷载为 p_0,则基础角点下任意深度 z 处的附加应力 σ_z 的计算公式为:

$$\sigma_z = \alpha_c p_0 \tag{3-8}$$

式中,α_c——均布矩形荷载作用下角点附加应力系数,其值根据 l/b 及 z/b 由表 3-4 查得。

表 3-4　均布矩形荷载作用下地基角点附加应力系数 α_c

z/b	l/b											
	1.0	1.2	1.4	1.6	1.8	2.0	3.0	4.0	5.0	6.0	10.0	条形
0.0	0.250	0.250	0.250	0.250	0.250	0.250	0.250	0.250	0.250	0.250	0.250	0.250
0.2	0.249	0.249	0.249	0.249	0.249	0.249	0.249	0.249	0.249	0.249	0.249	0.249
0.4	0.240	0.242	0.243	0.243	0.244	0.244	0.244	0.244	0.244	0.244	0.244	0.244
0.6	0.223	0.228	0.230	0.232	0.232	0.233	0.234	0.234	0.234	0.234	0.234	0.234
0.8	0.200	0.207	0.212	0.215	0.216	0.218	0.220	0.220	0.220	0.220	0.220	0.220
1.0	0.175	0.185	0.191	0.195	0.198	0.200	0.203	0.204	0.204	0.204	0.205	0.205
1.2	0.152	0.163	0.171	0.176	0.179	0.182	0.187	0.188	0.189	0.189	0.189	0.189
1.4	0.131	0.142	0.151	0.157	0.161	0.164	0.171	0.173	0.174	0.174	0.174	0.174
1.6	0.112	0.124	0.133	0.140	0.145	0.148	0.157	0.159	0.160	0.160	0.160	0.160
1.8	0.097	0.108	0.117	0.124	0.129	0.133	0.143	0.146	0.147	0.148	0.148	0.148
2.0	0.084	0.095	0.103	0.110	0.116	0.120	0.131	0.135	0.136	0.137	0.137	0.137
2.2	0.073	0.083	0.092	0.098	0.104	0.108	0.121	0.125	0.126	0.127	0.128	0.128
2.4	0.064	0.073	0.081	0.088	0.093	0.098	0.111	0.116	0.118	0.118	0.119	0.119
2.6	0.057	0.065	0.072	0.079	0.084	0.089	0.102	0.107	0.110	0.111	0.112	0.112
2.8	0.050	0.058	0.065	0.071	0.076	0.080	0.094	0.100	0.102	0.104	0.105	0.105
3.0	0.045	0.052	0.058	0.064	0.069	0.073	0.087	0.093	0.096	0.097	0.099	0.099
3.2	0.040	0.047	0.053	0.058	0.063	0.067	0.081	0.087	0.090	0.092	0.093	0.094
3.4	0.036	0.042	0.048	0.053	0.057	0.061	0.075	0.081	0.085	0.086	0.088	0.089
3.6	0.033	0.038	0.043	0.048	0.052	0.056	0.069	0.076	0.080	0.082	0.084	0.084

续表

z/b	l/b											
	1.0	1.2	1.4	1.6	1.8	2.0	3.0	4.0	5.0	6.0	10.0	条形
3.8	0.030	0.035	0.040	0.044	0.048	0.052	0.065	0.072	0.075	0.077	0.080	0.080
4.0	0.027	0.032	0.036	0.040	0.044	0.048	0.060	0.067	0.071	0.073	0.076	0.076
4.2	0.025	0.029	0.033	0.037	0.041	0.044	0.056	0.063	0.067	0.070	0.072	0.073
4.4	0.023	0.027	0.031	0.034	0.038	0.041	0.053	0.060	0.064	0.066	0.069	0.070
4.6	0.021	0.025	0.028	0.032	0.035	0.038	0.049	0.056	0.061	0.063	0.066	0.067
4.8	0.019	0.023	0.026	0.092	0.032	0.035	0.046	0.053	0.058	0.060	0.064	0.064
5.0	0.018	0.021	0.024	0.027	0.030	0.033	0.043	0.050	0.055	0.057	0.061	0.062
6.0	0.013	0.015	0.017	0.020	0.022	0.024	0.033	0.039	0.043	0.046	0.051	0.052
7.0	0.009	0.011	0.013	0.015	0.016	0.018	0.025	0.031	0.035	0.038	0.043	0.045
8.0	0.007	0.009	0.010	0.011	0.013	0.014	0.020	0.025	0.028	0.031	0.037	0.039
9.0	0.006	0.007	0.008	0.009	0.010	0.011	0.016	0.020	0.024	0.026	0.032	0.035
10.0	0.005	0.006	0.007	0.007	0.008	0.009	0.013	0.017	0.020	0.022	0.028	0.032
12.0	0.003	0.004	0.005	0.005	0.006	0.006	0.009	0.012	0.014	0.017	0.022	0.026
14.0	0.002	0.003	0.004	0.004	0.004	0.005	0.007	0.009	0.011	0.013	0.018	0.023
16.0	0.002	0.002	0.003	0.003	0.003	0.004	0.005	0.007	0.009	0.010	0.014	0.020
18.0	0.001	0.002	0.002	0.002	0.003	0.003	0.004	0.006	0.007	0.008	0.012	0.018
20.0	0.001	0.001	0.002	0.002	0.002	0.002	0.004	0.005	0.006	0.007	0.010	0.015
25.0	0.001	0.001	0.001	0.001	0.001	0.002	0.002	0.003	0.004	0.004	0.007	0.013
30.0	0.001	0.001	0.001	0.001	0.001	0.001	0.002	0.002	0.003	0.003	0.005	0.011
35.0	0.000	0.000	0.001	0.001	0.001	0.001	0.001	0.002	0.002	0.002	0.004	0.009
40.0	0.000	0.000	0.000	0.000	0.001	0.001	0.001	0.001	0.001	0.002	0.003	0.008

对于基础角点以外的任意点的附加应力,可用下述角点法求解,即通过欲求点,将荷载面积划分为多个矩形,使得欲求点在各个矩形的共同角点;然后利用式(3-8)求出各均布矩形荷载对欲求点的 σ_z;最后应用叠加原理总和起来即为任意点 σ_z。根据欲求点所在平面位置的不同,可分为以下 3 种情况处理。

(1) 如图 3-7(a)所示,求矩形基础边上任一点以下的 σ_z 时,可通过该点将荷载面积分为Ⅰ、Ⅱ两个矩形计算。

$$\sigma_z = (\alpha_{c\text{Ⅰ}} + \alpha_{c\text{Ⅱ}})p_0$$

(2) 如图 3-7(b)所示,求矩形基础边内任一点 M 下的 σ_z 时,可通过该点将荷载面积分为Ⅰ、Ⅱ、Ⅲ、Ⅳ共 4 个矩形计算。

$$\sigma_z = (\alpha_{c\text{Ⅰ}} + \alpha_{c\text{Ⅱ}} + \alpha_{c\text{Ⅲ}} + \alpha_{c\text{Ⅳ}})p_0$$

(3) 如图 3-7(c)所示,求矩形基础边缘外任一点 M 下的 σ_z 时,用Ⅰ、Ⅱ、Ⅲ、Ⅳ分别代表矩形面积 $Mhbe$、$Mfce$、$Mhag$、$Mfdg$,则

$$\sigma_z = (\alpha_{c\text{Ⅰ}} + \alpha_{c\text{Ⅱ}} - \alpha_{c\text{Ⅲ}} - \alpha_{c\text{Ⅳ}})p_0$$

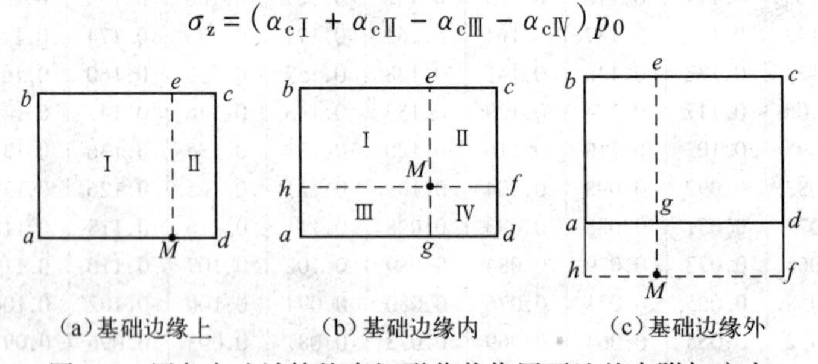

(a)基础边缘上　(b)基础边缘内　(c)基础边缘外

图 3-7　用角点法计算均布矩形荷载作用下地基中附加应力

【例 3-4】　某相邻两基础尺寸,埋深及受力情况均相同,如图 3-8 所示,已知 $F = 1280$ kN,基础埋深范围内土的容重 $\gamma = 18$ kN/m^3,试求基础 A 中由自身荷载引起的地基附加应力并绘

制其分布图;若上邻基础 B 的影响,附加应力要增加多少?

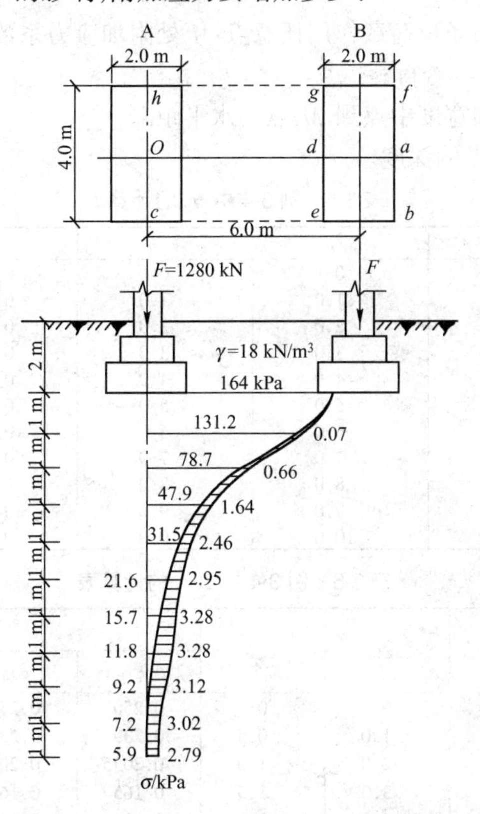

图 3-8　例 3-4 中地基的附加应力分布图

【解】(1) 计算基底附加应力。

基础及基础台阶上的回填土总重为:

$G=\gamma_G Ad=(20\times4.0\times2.0\times2.0)\text{kN}=320\text{ kN}$

基底压力:$p=(F+G)/A=[(1280+320)/(4.0\times2.0)]\text{kPa}=200\text{ kPa}$

基底附加应力:$p_0=p-\gamma d=(200-18\times2.0)\text{kPa}=164\text{ kPa}$

(2) 用角点法计算基础 A 中心点下由自身荷载引起的附加应力 σ_z。通过基础中心点 O 将基础分为 4 个相等的小矩形荷载面积,则中心点 O 均在其角点下。每个小矩形长 $l=2.0$ m,宽 $b=1.0$ m,则 $l/b=2.0$,利用式(3-8)列表计算 σ_z,见表 3-5,σ_z 的分布图如图 3-8 所示。

(3) 用角点法计算基础 A 中心点下由于基础 B 的作用所增加的附加应力 $\Delta\sigma_z$。通过基础中心点 O 将基础分为两个相等的矩形荷载面积Ⅰ($oabc$ 和 $oafh$)和两个相等的矩形荷载面积Ⅱ($odec$ 和 $odgh$)。其中荷载面积Ⅰ的长 $l=7.0$ m,宽 $b=2.0$ m;荷载面积Ⅱ的长 $l=5.0$ m,宽 $b=2.0$ m,利用式(3-8)列表计算 $\Delta\sigma_z$,见表 3-6,$\Delta\sigma_z$ 的分布图如图 3-8 阴影线所示。

3.3.3　均布条形荷载作用下地基中的附加应力

设地基上作用有均布条形荷载 p_0,条形基础宽度为 b,取基础宽度中点为坐标原点,则基础底面下任意点 M 处的附加应力为:

$$\sigma_z=\alpha_{sz}p_0 \tag{3-9}$$

$$\sigma_x=\alpha_{sx}p_0 \tag{3-10}$$

$$\tau_{zx} = \tau_{xz} = \alpha_{szx} p_0 \tag{3-11}$$

式中，α_{sz}、α_{sx}、α_{szx}——均布条形荷载作用任意点 M 处附加应力系数，其值根据 x/b 及 z/b 由表 3-7 查得；

x——基础宽度中点到 M 点的水平距离；

z——M 点的深度。

表 3-5　例 3-4 中 σ_z 的计算表

点　　号	l/b	z/m	z/b	α_c	$\sigma_z = 4\alpha_c p_0$/kPa
0		0	0	0.250	164
1		1.0	1.0	0.200	131.2
2		2.0	2.0	0.120	78.7
3		3.0	3.0	0.073	47.9
4		4.0	4.0	0.048	31.5
5	2.0	5.0	5.0	0.033	21.6
6		6.0	6.0	0.024	15.7
7		7.0	7.0	0.018	11.8
8		8.0	8.0	0.014	9.2
9		9.0	9.0	0.011	7.0
10		10.0	10.0	0.009	5.9

表 3-6　例 3-4 中 $\Delta\sigma_z$ 的计算表

点　　号	l/b		z/m	z/b	α_c		$\sigma_z = 2(\alpha_{c\text{I}} - \alpha_{c\text{II}})p_0$/kPa
	Ⅰ	Ⅱ			$\alpha_{c\text{I}}$	$\alpha_{c\text{II}}$	
0			0	0	0.250	0.250	0
1			1.0	0.5	0.239	0.2388	0.07
2			2.0	1.0	0.2035	0.2015	0.66
3			3.0	1.5	0.165	0.1600	1.64
4			4.0	2.0	0.333	0.1255	2.46
5	3.5	2.5	5.0	2.5	0.109	0.1000	2.95
6			6.0	3.0	0.090	0.080	3.28
7			7.0	3.5	0.0753	0.0653	3.28
8			8.0	4.0	0.0635	0.054	3.12
9			9.0	4.5	0.0545	0.0453	3.02
10			10.0	5.0	0.0405	0.038	2.70

表 3-7　均布条形荷载作用下地基附加应力系数

z/b	x/b																	
	0.00			0.25			0.50			1.00			1.50			2.00		
	α_{sz}	α_{sx}	α_{szx}	α_{sz}	α_{sx}	α_{szx}	α_{sz}	α_{sx}	α_{szx}	α_{sz}	α_{sx}	α_{szx}	α_{sz}	α_{sx}	α_{szx}	α_{sz}	α_{sx}	α_{szx}
0.00	0.00	1.00	0	1.00	1.00	0	0.50	0.50	0.32	0	0	0	0	0	0	0	0	0
0.25	0.96	0.45	0	0.90	0.39	0.13	0.50	0.35	0.30	0.02	0.17	0.05	0.00	0.07	0.01	0	0.04	0
0.50	0.82	0.18	0	0.74	0.19	0.16	0.48	0.23	0.26	0.08	0.21	0.13	0.02	0.12	0.04	0	0.07	0.02
0.75	0.67	0.08	0	0.61	0.10	0.13	0.45	0.14	0.20	0.15	0.22	0.16	0.04	0.14	0.07	0.02	0.10	0.04
1.00	0.55	0.04	0	0.51	0.05	0.10	0.41	0.09	0.16	0.19	0.15	0.16	0.07	0.14	0.10	0.03	0.13	0.05
1.25	0.46	0.02	0	0.44	0.03	0.07	0.37	0.06	0.12	0.20	0.11	0.14	0.10	0.12	0.10	0.04	0.11	0.07
1.50	0.4	0.10	0	0.38	0.02	0.06	0.33	0.04	0.10	0.21	0.08	0.13	0.11	0.10	0.10	0.06	0.10	0.07
1.75	0.35	—	0	0.34	0.01	0.04	0.30	0.03	0.08	0.21	0.06	0.11	0.13	0.09	0.10	0.07	0.09	0.08
2.00	0.31	—	0	0.31	—	0.03	0.28	0.02	0.06	0.20	0.05	0.10	0.14	0.07	0.10	0.08	0.08	0.08
3.00	0.21	—	0	0.21	—	0.02	0.20	0.01	0.03	0.17	0.02	0.06	0.13	0.03	0.07	0.10	0.04	0.07
4.00	0.16	—	0	0.16	—	0.01	0.15	—	0.02	0.14	0.01	0.03	0.12	0.02	0.05	0.10	0.03	0.05
5.00	0.13	—	0	0.13	—	—	0.12	—	—	0.12	—	—	0.11	—	—	0.09		
6.00	0.11	—	0	0.10	—	—	0.10	—	—	0.10	—	—	0.10	—	—	—	—	—

【例 3-5】 对于例 3-2 所示均布条形荷载基础，试计算：(1) 均布条形荷载中点 O 下的地基附加应力 σ_z 并绘其分布图。(2) 均布条形荷载边缘以外 1.30 m 处的 O_1 点下的 σ_z 并绘其分布图。(3) 基础以下深度 $z = 2 \sim 60$ m 处水平面上的 σ_z 并绘其分布图。

【解】按式(3-9)计算中点及边缘外 O_1 点下的 σ_z，选取 $z = 0$、0.65 m、1.30 m、1.95 m、2.60 m、3.25 m 作为计算点，计算结果例于表 3-8，σ_z 分布图如图 3-9 所示。

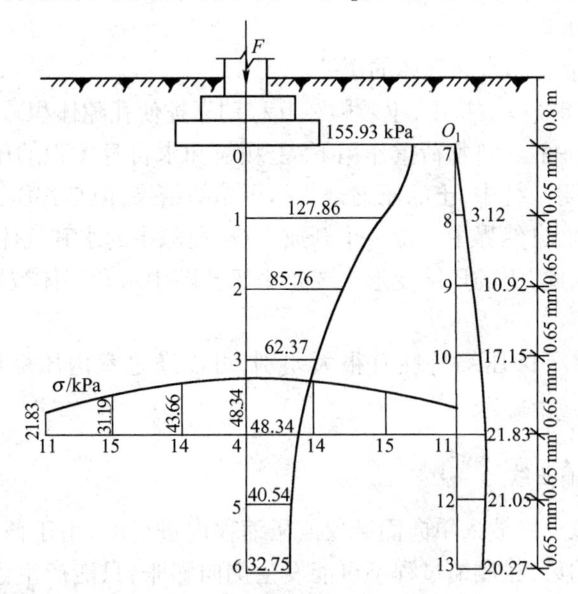

图 3-9 例 3-5 中 σ_z 的分布

计算 $z = 2.60$ m 处水平面上的 σ_z，选取 $x = 0$、0.65 m、1.30 m、1.95 m 作为计算点，计算结果列于表 3-8，σ_z 分布图如图 3-9 所示。

表 3-8 例 3-5 中 σ_z 的计算表

点　号	x/m	z/m	x/b	z/b	α_{sz}	$\sigma_z = \alpha_{sz} p_0$/kPa
0		0		0	1.00	155.93
1		0.65		0.5	0.82	127.86
2		1.30		1.0	0.55	85.76
3	0	1.95	0	1.5	0.40	62.37
4		2.60		2.0	0.31	48.34
5		3.25		2.5	0.26	40.54
6		3.90		3.0	0.21	32.75
7		0		0	0	0
8		0.65		0.5	0.02	3.12
9		1.30		1.0	0.07	10.92
10	1.95	1.95	1.5	1.5	0.11	18.15
11		2.60		2.0	0.14	21.83
12		3.25		2.5	0.135	21.05
13		3.90		3.0	0.13	20.27
4	0		0		0.31	48.34
14	0.65	2.60	0.5		0.28	43.66
15	1.30		1.0		0.20	31.19
11	1.95		1.5		0.14	21.83

3.4　土的压缩性

土在压力作用下体积缩小的特性称为土的压缩性。土体积缩小的原因有以下 3 个方面：

① 土颗粒本身的压缩。

② 土孔隙中不同形态的水和气体的压缩。

③ 孔隙中部分水和气体被挤出，土颗粒相互移动靠拢使孔隙体积减小。

试验研究表明，在一般建筑物荷重作用下，土颗粒和水自身体积的压缩都很小，可以忽略不计气体的压缩性，密闭系统中，土的压缩是气体压缩的结果，但是在压力消失后，土的体积基本恢复，即土呈弹性。而自然界中土是一个开放系统，孔隙中的水和气体在压力作用下不可能被压缩而是被挤出。因此，土的压缩变形主要是由于孔隙中水和气体被挤出，致使土孔隙减小而引起的。

各种土在不同条件下的压缩特性有很大差别，可以通过室内压缩试验和现场荷载试验测定。

1. 压缩试验和压缩曲线

室内压缩试验是取土样放入单向固结仪或压缩仪内进行的，由于该试验中土样受到环刀和护环等刚性护壁的约束，在压缩过程不可能发生侧向膨胀，只能产生竖向变形，因此又称为侧限压缩试验。

试验时，逐级加载，并通过测试微表测量各级压力 p_i 作用下土样压缩后的稳定变形量 Δh_i，然后由式(3-12)计算各项压力下相应的孔隙比 e_i 值，即

$$e_i = e_0 - \frac{\Delta h_i}{h_0}(1 + e_0) \tag{3-12}$$

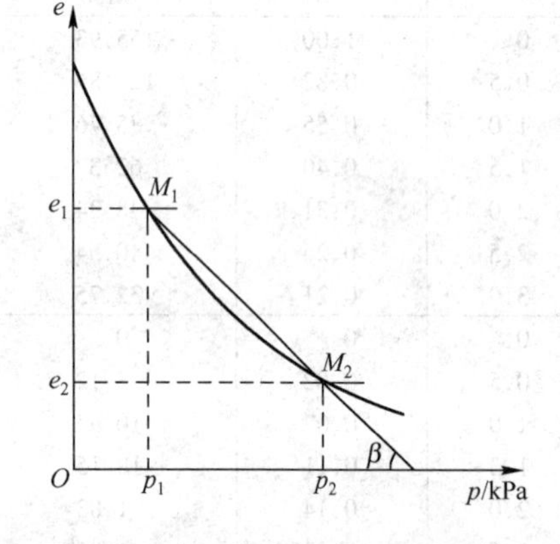

图 3-10　由压缩曲线确定压缩系数 α

式中，e_0——土样的初始孔隙比；

h_0——土样的初始高度。

以压力 p 为横坐标，孔隙比 e 为纵坐标，可以绘出 e—p 关系曲线，此曲线称为压缩曲线，如图 3-10 所示。

2. 压缩系数 α

在图 3-10 所示的压缩曲线中，当压力 $p_1 \sim p_2$ 变化范围不大时，可以将压缩曲线上的 M_1M_2 小段曲线用割线来代替。若 M_1 点压力为 p_1，相应的孔隙比为 e_1；M_2 点的压力为 p_2，相应的孔隙比为 e_2，则 M_1M_2 段的斜率可表示为

$$\alpha = \tan\beta = \frac{e_1 - e_2}{p_2 - p_1} = -\frac{\Delta e}{\Delta p} \tag{3-13}$$

α 值表示单位压力增量所引起的孔隙比的变化，称为土的压缩系数。式(3-13)中 α 的变化称为土的压缩系数。式(3-13)中 α 的常用单位为 MPa^{-1}，而 p 的常用单位为 kPa。显然，α 值越大，表明曲线斜率越陡，说明压力增加时孔隙比减小得越多，则土的压缩性就越高。因此，

压缩系数 α 值是判断土压缩性高低的一个重要指标。

由图 3-10 还可以看出,同一种土的压缩系数并不是常数,而是随所取压力变化范围的不同而改变。为了评价不同种类土的压缩性大小,必须用同一压力变化来比较。工程实践中,常采用 $p=100\sim200$ kPa 压力区间相对应的压缩系数 α_{1-2}来评价土的压缩性;$\alpha_{1-2}<0.1\ \text{MPa}^{-1}$时,为低压缩性土:$0.1\leqslant\alpha_{1-2}<0.5\ \text{MPa}^{-1}$时,为中压缩性土:$\alpha_{1-2}\geqslant0.5\ \text{MPa}^{-1}$时,为高压缩性土。

3. 压缩模量 E_s

由压缩试验还可以计算另一个压缩性指标,即土的侧限压缩模量 E_s,它是指在完全侧限条件下,土的竖向附加应力增量与相应的应变量的比值。设压力增加到 p_2,相应的土样高度为 h_2,压缩模量 $\Delta h=h_1-h_2$,则压缩模量为:

$$E_s=\frac{p_2-p_1}{\Delta h/h_1} \tag{3-14}$$

压缩模量与压缩系数之间存在如下关系:

即

$$E_s=\frac{1+e_1}{\alpha} \tag{3-15}$$

式中,e_1——相应于压力 p_1 时土的孔隙比;

α——相应于压力从 p_1 增加到 p_2 时的压缩系数/MPa^{-1}。

若由压缩曲线求得某压力变化范围相应的 α 值,则可以根据式(3-15),求得相应压力变化范围的 E_s 值。

4. 变形模量 E_0

土的压缩性指标除了由室内压缩试验测定外,还可以通过野外静载荷试验确定。变形模量 E_0 是指土在无侧限条件下单轴受压时应力与相应应变之比值,其物理性质和压缩模量一样,只不过变形模量是在无侧限条件下由现场静载荷试验确定。

3.5 基础最终沉降量计算

基础最终沉降量是指在建筑物荷载作用下地基变形稳定后的基础底面沉降量。基础最终沉降量的计算方法有许多种。下面介绍分层总和法和规范法。

3.5.1 分层总和法

分层总和法是将地基压缩层范围以内的土层划分成若干薄层,分别计算每一层薄层土的变形量,最后总和起来,即得基础的沉降量。

分层总和法通常假定地基土受压后不发生侧向膨胀,为了在一定程度上弥补这一假定使沉降显偏小的缺点,一般取基础底面中心点下的附加应力计算各分层的变形量,各分层沉降量计算公式为:

$$s_i=\frac{e_{1i}-e_{2i}}{1+e_{1i}}h_i \tag{3-16}$$

式中,s_i——第 i 层土的压缩变形量/mm;

e_{1i}——第 i 层土顶面处和底面处自重应力平均值在压缩曲线上查得的孔隙比；

e_{2i}——第 i 层土顶面处和底面处自重应力平均值和附加应力平均值之和在压缩曲线上查得的孔隙比；

h_i——第 i 层土的土层厚度/mm。

每一层的变形量均按式(3-16)计算，叠加起来即得地基的最终沉降量。计算公式为：

$$s = s_1 + s_2 + \cdots + s_n = \sum_{i=l}^{n} s_i = \sum_{i=1}^{n} \frac{e_{1i} + e_{2i}}{1 + e_{1i}} h_i \tag{3-17}$$

式中，n——地基沉降计算范围内的土层数。

因为压缩系数 $\alpha = -\Delta e/\Delta p$，压缩模量 $E_{si} = (1 + e_{1i})/\alpha$，代入式(3-16)、式(3-17)得

$$s_i = \frac{p_{2i} - p_{1i}}{E_{si}} \tag{3-18}$$

$$s = \sum_{i=1}^{n} \frac{\Delta p_i}{E_{si}} h_i \tag{3-19}$$

式中，p_{1i}——第 i 层土顶面处和底面处自重应力平均值 $\bar{\sigma}_{czi}$/kPa；

p_{2i}——第 i 层土顶面处和底面处自重应力平均值 $\bar{\sigma}_{czi}$ 与附加应力平均值 $\bar{\sigma}_{zi}$ 之和/kPa。

式(3-18)和式(3-19)是分层总和法计算地基沉降量的两种不同形式的表达式，在具体计算时，可根据不同的压缩性指标分别选用上述公式进行计算。

综上所述，分层总和法计算地基沉降的具体步骤如下：

① 将基底以下土层按每层厚度 h_i 不得超过基础宽底 b 的 0.4 倍的规定分为若干薄层，当有不同性质土层的界面和地下水面时，应作为分层的一个界面。

② 计算基底中心点以下各分层土面上的自重应力 σ_{cz} 和附加应力 σ_z，并按同一比例绘出自重应力和附加应力分布图。

③ 确定地基压缩层厚度，地基压缩层是指基底向下需要计算压缩的所有土层。由于地基中的附加应力是随深度而变化的，深度愈大，附加应力愈小，产生的变形也愈小，至一定深度时，该变形可忽略不计。因此规定当基础中心轴线上某点的附加应力与自重应力相比可以忽略不计时，这时的深度可作为压缩层的下限，即

$$\sigma_z \leqslant 0.2\sigma_{cz}$$

如果在该深度以下存在着高压缩性土层时，则压缩层下限处的应力应满足 $\sigma_z \leqslant 0.1\sigma_{cz}$，由某底至压缩层下限之间的土层厚底称为压缩层厚度。

④ 计算各层土的平均自重应力 $\bar{\sigma}_{czi} = (\sigma_{czi-1} + \sigma_{czi})/2$ 和平均附加应力 $\bar{\sigma}_{cz} = (\sigma_{zi-1} + \sigma_{zi})/2$。

⑤ 即 $p_{1i} = \bar{\sigma}_{czi}$、$p_{2i} = \bar{\sigma}_{czi} + \bar{\sigma}_{zi}$，从该土层压缩曲线中查相应的 e_{1i} 和 e_{2i}，利用式(3-16)或式(3-18)计算压缩层厚度内各分层土的沉降。

⑥ 利用式(3-17)或式(3-19)计算地基的最终沉降量。

【例 3-6】 某条形基础的基底宽度 $b = 4$ m，埋深 $d = 1.4$ m 荷载及地基情况如图 3-11 所示，黏土层的压缩曲线如图 3-12 所示。试用分层总和法计算地基的最终沉降量。

【解】(1) 地基分层

每层厚度按 $h_i \leqslant 0.40 = 0.4 \times 4 = 1.6$ m 分层，地下水位亦为分面界。

(2) 计算地基自重应力

0 点：$\sigma_{cz} = 19\ \text{kN/m}^3 \times 1.4\ \text{m} = 26.6$ kPa

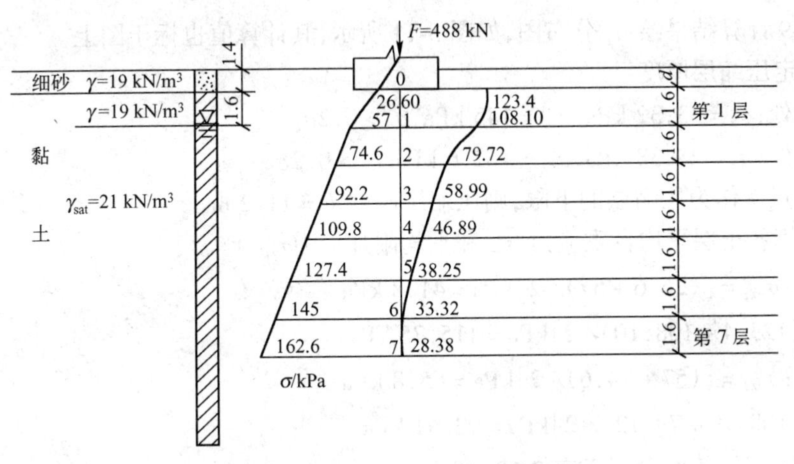

图 3-11　例 3-6 荷载及地基情况

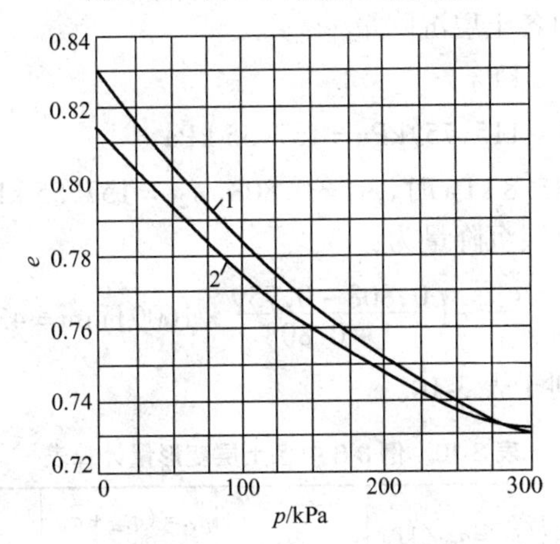

图 3-12　例 3-6 黏土层压缩曲线

1—地下水位以上;2—地下水位以下

1 点:$\sigma_{cz} = 19\ \text{kN/m}^3 \times 3\ \text{m} = 57\ \text{kPa}$

7 点:$\sigma_{cz} = [57 + (21 - 10) \times 9.6]\text{kPa} = 162.6\ \text{kPa}$

绘 σ_{cz}分布图如图 3-11 所示,并计算各分层层面处的 σ_{cz}值,分别标于图 3-11 上。

计算基底中心点下各水平土层层面处的附加应力为:

基底压力 $p = (F + G)/A = [(488 + 20 \times 4 \times 1.4)/(4.0 \times 1.0)]\text{kPa} = 150\ \text{kPa}$

基底附加压力 $p_0 = p - \gamma_0 d = (150 - 19 \times 1.4)\text{kPa}$

$= 123.4\ \text{kPa}$

按式(3-10)计算各点 σ_z 值,见表 3-9。

表 3-9　例 3-6 中 σ_z 的计算表

点　号	x/m	z/m	x/b	z/b	α_{sz}	$\sigma_z = \alpha_{sz} p_0$/kPa
0	0	0	0	0	1.000	123.4
1		1.6		0.4	0.876	108.10
2		3.2		0.8	0.646	79.72
3		4.8		1.2	0.478	58.99
4		6.4		1.6	0.38	46.89
5		8.0		2.0	0.31	38.25
6		9.6		2.4	0.27	33.32
7		11.2		2.8	0.23	28.38

按表 3-9 计算结果绘 σ_z 分布图，如图 3-11 所示，其计算值也标于图上。

(3) 确定压缩层厚度

在点 6 处：$\sigma_z = 33.32\ \text{kPa}, \sigma_{cz} = 145\ \text{kPa}, \sigma_z > 0.2\sigma_{cz}$

在点 7 处：$\sigma_z = 28.38\ \text{kPa}, \sigma_{cz} = 162.6\ \text{kPa}, \sigma_z > 0.2\sigma_{cz}$

因此以点 7 作为压缩层的下限，则压缩层厚度 $h = 11.2$ m。

(4) 计算各土层平均自重应力 $\bar{\sigma}_{czi}$ 和平均附加应力 $\bar{\sigma}_{zi}$

第 1 层：$\bar{\sigma}_{cz1} = [(26.6 + 57)/2]\text{kPa} = 41.8\ \text{kPa}$

$\bar{\sigma}_{z1} = [(123.4 + 108.10)/2]\text{kPa} = 115.75\ \text{kPa}$

第 2 层：$\bar{\sigma}_{cz2} = [(57 + 74.6)/2]\text{kPa} = 65.8\ \text{kPa}$

$\bar{\sigma}_{z2} = [(108.10 + 79.72)/2]\text{kPa} = 93.91\ \text{kPa}$

其余各土层计算结果列于表 3-10。

(5) 计算压缩层厚度内各土层沉降量

第 1 层：$p_{11} = \bar{\sigma}_{cz1} = 41.8\ \text{kPa}$

$p_{21} = \bar{\sigma}_{cz1} + \bar{\sigma}_{z1} = (41.8 + 115.75)\text{kPa} = 157.55\ \text{kPa}$

由图 3-12 查得：$p_{11} = 41.8$ kPa 时，$e_{11} = 0.808$，$p_{21} = 157.55$ kPa 时，$e_{21} = 0.759$。

按式(3-18)计算第 1 土层沉降量为：

$$s_1 = \frac{e_{11} - e_{21}}{1 + e_{11}} = \left(\frac{0.808 - 0.759}{1 + 0.808} \times 1600\right)\text{mm} = 43.4\ \text{mm}$$

其余各土层计算结果列于表 3-10。

表 3-10　例 3-6 中各土层变形量计算表

土层编号	$\bar{\sigma}_{czi}$/ kPa	$\bar{\sigma}_{zi}$/ kPa	$p_{1i} = \bar{\sigma}_{czi}$/ kPa	e_{1i}	$p_{zi} = (\bar{\sigma}_{czi} + \bar{\sigma}_{zi})$ /kPa	e_{zi}	h_i/mm	s_i/mm
1	41.8	115.75	41.8	0.808	157.55	0.759	1600	43.4
2	65.8	93.91	65.8	0.788	159.71	0.759	1600	26.0
3	83.4	69.36	83.4	0.781	152.76	0.760	1600	18.9
4	101.0	52.94	101.0	0.776	153.94	0.760	1600	14.4
5	118.6	42.57	118.6	0.770	161.17	0.758	1600	10.8
6	136.2	35.79	136.2	0.763	171.99	0.754	1600	8.2
7	153.8	30.85	153.8	0.760	184.65	0.750	1600	9.1

(6) 计算总沉降量

$$s = \sum_{i=1}^{7} s_i = (43.4 + 26.0 + 18.9 + 14.4 + 10.8 + 8.2 + 9.1)\text{mm} = 130.8\ \text{mm}$$

3.5.2　规范法

用分层总和法计算地基沉降时，需将地基土分为若干层计算，工作量繁杂。根据多年来的经验，《地基规范》在分层总和法的基础上提出了一种较为简便的计算方法，称为规范法，它实际上是一种简化并经修正后的分层总和法。

将分层总和法计算的沉降量乘以经验系数 φ_s，即得规范法计算基础最终沉降量的计算公式，即

$$s = \varphi_s s' = \varphi_s \sum_{i=1}^{n} \frac{p_0}{E_{si}} (z_i \overline{\alpha}_i - z_{i-1} \overline{\alpha}_{i-1}) \tag{3-20}$$

式中，s——基础最终沉降量/mm；

s'——按分层总和法计算的基础沉降量/mm；

φ_s——沉降计算经验系数。根据地区沉降观测资料及经验确定，也可采用表 3-11 的数值；

n——地基沉降计算深度范围内所划分的土层数，规范法分层是以天然土层分界面来划分的；

p_0——基层附加应力/kPa；

E_{si}——基础底面下第 i 层土的压缩模量，按实际应力范围取值/MPa；

z_i、z_{i-1}——基础底面至第 i 层土、第 $i-1$ 层土底面的距离；

α_i、α_{i-1}——基础底面至第 i 层土、第 $i-1$ 层土底面范围内平均附加应力系数。表 3-12 给出了均布矩形荷载角点下的平均附加应力系数，其值根据 l/b 及 E/b 查得，对于均布条形基础可按 $l/b=10$ 及 z/b 由表 3-12 查得，l/b 分别为基础的长度和宽度。

表 3-11　沉降计算经验系数 φ_s

$\overline{E}_s$/MPa \ 基底附加压力	2.5	4.0	7.0	15.0	20.0
$p_0 \geqslant f_k$	1.4	1.3	1.0	0.4	0.2
$p_0 \leqslant 0.75 f_k$	1.1	1.0	0.7	0.4	0.2

注：① f_k 为地基承载力标准值；

② $\overline{E}_s$ 为沉降计算深度范围内压缩模量的当量值，应按下式计算，即

$$\overline{E}_s = \frac{\sum A_i}{\sum \frac{A_i}{E_{si}}}$$

式中，A_i——第 i 层土附加应力系数沿土层厚度的积分值。

表 3-12　均布矩形荷载角点下的平均附加应力系数

l/b \ z/b	1.0	1.2	1.4	1.6	1.8	2.0	2.4	2.8	3.2	3.6	4.0	5.0	10.0
0.0	0.2500	0.2500	0.2500	0.2500	0.2500	0.2500	0.2500	0.2500	0.2500	0.2500	0.2500	0.2500	0.2500
0.2	0.2496	0.2497	0.2497	0.2498	0.2498	0.2498	0.2498	0.2498	0.2498	0.2498	0.2498	0.2498	0.2498
0.4	0.2474	0.2497	0.2481	0.2483	0.2483	0.2484	0.2485	0.2485	0.2485	0.2485	0.2485	0.2485	0.2485
0.6	0.2423	0.2437	0.2444	0.2448	0.2451	0.2452	0.2454	0.2455	0.2455	0.2455	0.2455	0.2455	0.2456
0.8	0.2346	0.2372	0.2387	0.2395	0.2400	0.2403	0.2407	0.2408	0.2409	0.2409	0.2410	0.2410	0.2410
1.0	0.2252	0.2291	0.2313	0.2326	0.2335	0.2340	0.2346	0.2349	0.2351	0.2352	0.2352	0.2353	0.2353
1.2	0.2149	0.2199	0.2229	0.2248	0.2260	0.2268	0.2278	0.2282	0.2285	0.2286	0.2287	0.2288	0.2289
1.4	0.2043	0.2102	0.2140	0.2164	0.2190	0.2191	0.2204	0.2211	0.2215	0.2217	0.2218	0.2220	0.2221

续表

l/b z/b	1.0	1.2	1.4	1.6	1.8	2.0	2.4	2.8	3.2	3.6	4.0	5.0	10.0
1.6	0.1939	0.2006	0.2049	0.2079	0.2099	0.2113	0.2130	0.2138	0.2143	0.2146	0.2148	0.2150	0.2152
1.8	0.1840	0.1912	0.1960	0.1994	0.2018	0.2034	0.2055	0.2066	0.2073	0.2077	0.2079	0.2082	0.2084
2.0	0.1746	0.1822	0.1875	0.1912	0.1938	0.1958	0.1982	0.1996	0.2004	0.2009	0.2012	0.2015	0.2018
2.2	0.1659	0.1737	0.1793	0.1833	0.1862	0.1883	0.1911	0.1927	0.1937	0.1943	0.1947	0.1952	0.1955
2.4	0.1578	0.1657	0.1715	0.1757	0.1789	0.1812	0.1843	0.1862	0.1873	0.1880	0.1885	0.1890	0.1895
2.6	0.1503	0.1583	0.1642	0.1686	0.1719	0.1745	0.1779	0.1799	0.1812	0.1820	0.1825	0.1832	0.1838
2.8	0.1433	0.1514	0.1574	0.1619	0.1654	0.1680	0.1717	0.1739	0.1753	0.1763	0.1769	0.1777	0.1784
3.0	0.1369	0.1449	0.1510	0.1556	0.1592	0.1619	0.1658	0.1682	0.169S	0.1708	0.1715	0.1725	0.1733
3.2	0.1310	0.1390	0.1450	0.1497	0.1533	0.1562	0.1602	0.1628	0.1645	0.1657	0.1664	0.1675	0.1685
3.4	0.1256	0.1334	0.1394	0.1441	0.1478	0.1508	0.1550	0.1577	0.1595	0.1607	0.1616	0.1628	0.1639
3.6	0.1205	0.1282	0.1342	0.1389	0.1427	0.1456	0.1500	0.1528	0.1548	0.1561	0.1570	0.1583	0.1595
3.8	0.1158	0.1234	0.1293	0.1340	0.1378	0.1408	0.1452	0.1482	0.1502	0.1516	0.1526	0.1541	0.1554
4.0	0.1114	0.1189	0.1248	0.1294	0.1332	0.1362	0.1408	0.1438	0.1459	0.1474	0.1485	0.1500	0.1516
4.2	0.1073	0.1147	0.1205	0.1251	0.1289	0.1319	0.1365	0.1396	0.1418	0.1434	0.1445	0.1462	0.1479
4.4	0.1035	0.1107	0.1164	0.1210	0.1248	0.1279	0.1325	0.1357	0.1379	0.1396	0.1407	0.1425	0.1444
4.6	0.1000	0.1070	0.1127	0.1172	0.1209	0.1240	0.1287	0.1319	0.1342	0.1359	0.1371	0.1390	0.1410
4.8	0.0967	0.1036	0.1091	0.1136	0.1173	0.1204	0.1250	0.1283	0.1307	0.1324	0.1337	0.1357	0.1379
5.0	0.0935	0.1003	0.1057	0.1102	0.1139	0.1169	0.1216	0.1249	0.1273	0.1291	0.1304	0.1325	0.1348
5.2	0.0906	0.0972	0.1026	0.1070	0.1106	0.1136	0.1183	0.1217	0.1241	0.1259	0.1273	0.1295	0.1320
5.4	0.0878	0.0943	0.0996	0.1039	0.1075	0.1105	0.1152	0.1186	0.1211	0.1229	0.1243	0.1265	0.1292
5.6	0.0852	0.0916	0.0968	0.1010	0.1046	0.1076	0.1122	0.1156	0.1181	0.1200	0.1215	0.1238	0.1266
5.8	0.0828	0.0890	0.0941	0.0983	0.1018	0.1047	0.1094	0.1128	0.1153	0.1172	0.1187	0.1211	0.1240
6.0	0.0805	0.0866	0.0916	0.0957	0.0991	0.1021	0.1067	0.1101	0.1126	0.1146	0.1161	0.1185	0.1216
6.2	0.0783	0.0842	0.0891	0.0932	0.0966	0.0995	0.1041	0.1075	0.1101	0.1120	0.1136	0.1161	0.1193
6.4	0.0762	0.0820	0.0869	0.0909	0.0942	0.0971	0.1016	0.1050	0.1076	0.1096	0.1111	0.1137	0.1171
6.6	0.0742	0.0799	0.0847	0.0886	0.0919	0.0948	0.0993	0.1027	0.1053	0.1073	0.1088	0.1114	0.1149
6.8	0.0723	0.0799	0.0826	0.0865	0.0898	0.0926	0.0970	0.1004	0.1030	0.1050	0.1066	0.1092	0.1129
7.0	0.0705	0.0761	0.0806	0.0844	0.0877	0.0904	0.0949	0.0982	0.1008	0.1028	0.1044	0.1071	0.1109
7.2	0.0688	0.0742	0.0787	0.0825	0.0857	0.0884	0.0928	0.0962	0.0987	0.1008	0.1023	0.1051	0.1090
7.4	0.0672	0.0725	0.0769	0.0806	0.0838	0.0865	0.0908	0.0942	0.0967	0.0988	0.1004	0.1031	0.1071
7.6	0.0656	0.0709	0.0752	0.0789	0.0820	0.0846	0.0889	0.0922	0.0948	0.0968	0.0984	0.1012	0.1054
7.8	0.0642	0.0693	0.0736	0.0771	0.0802	0.0828	0.0871	0.0904	0.0929	0.0950	0.0966	0.0994	0.1036
8.0	0.0627	0.0678	0.0720	0.0755	0.0785	0.0811	0.0853	0.0886	0.0912	0.0932	0.0948	0.0976	0.1020
8.2	0.0614	0.0663	0.0705	0.0739	0.0769	0.0795	0.0837	0.0869	0.0894	0.0914	0.0931	0.0959	0.1004
8.4	0.0601	0.0649	0.0690	0.0724	0.0754	0.0779	0.0820	0.0852	0.0878	0.0898	0.0914	0.0943	0.0988
8.6	0.0588	0.0636	0.0676	0.0710	0.0739	0.0764	0.0805	0.0836	0.0862	0.0882	0.0898	0.0927	0.0973

续表

l/b z/b	1.0	1.2	1.4	1.6	1.8	2.0	2.4	2.8	3.2	3.6	4.0	5.0	10.0
8.8	0.0576	0.0623	0.0663	0.0696	0.0724	0.0749	0.0790	0.0821	0.0846	0.0866	0.0882	0.0912	0.0959
9.2	0.0554	0.0599	0.0637	0.0670	0.0697	0.0721	0.0761	0.0792	0.0817	0.0837	0.0853	0.0882	0.0931
9.6	0.0533	0.0577	0.0614	0.0645	0.0672	0.0696	0.0734	0.0765	0.0789	0.0809	0.0825	0.0855	0.0905
10.0	0.0514	0.0556	0.0592	0.0622	0.0649	0.0672	0.0710	0.0739	0.0763	0.0783	0.0799	0.0829	0.0880
10.4	0.0496	0.0533	0.0572	0.0601	0.0627	0.0649	0.0686	0.0716	0.0739	0.0759	0.0775	0.0804	0.0857
10.8	0.0479	0.0519	0.0553	0.0581	0.0606	0.0628	0.0664	0.0693	0.0717	0.0736	0.0751	0.0781	0.0834
11.2	0.0463	0.0502	0.0535	0.0563	0.0587	0.0606	0.0644	0.0672	0.0695	0.0714	0.0730	0.0759	0.0813
11.6	0.0448	0.0486	0.0518	0.0545	0.0569	0.0590	0.0625	0.0652	0.0675	0.0694	0.0709	0.0738	0.0793
12.0	0.0435	0.0471	0.0502	0.0529	0.0552	0.0573	0.0606	0.0634	0.0656	0.0674	0.0690	0.0719	0.0774
12.8	0.0409	0.0444	0.0474	0.0499	0.0521	0.0541	0.0573	0.0599	0.0621	0.0639	0.0654	0.0682	0.0739
13.6	0.0387	0.0420	0.0448	0.0472	0.0493	0.0512	0.0543	0.0568	0.0589	0.0607	0.0621	0.0649	0.0707
14.4	0.0367	0.0398	0.0425	0.0448	0.0468	0.0486	0.0516	0.0540	0.0561	0.0577	0.0592	0.0619	0.0677
15.2	0.0349	0.0379	0.0404	0.0426	0.0446	0.0463	0.0492	0.0515	0.0535	0.0551	0.0565	0.0592	0.0650
16.0	0.0332	0.0361	0.0385	0.0407	0.0425	0.0442	0.0492	0.0469	0.0511	0.0527	0.0540	0.0567	0.0625
18.0	0.0297	0.0323	0.0345	0.0364	0.0381	0.0396	0.0422	0.0442	0.0460	0.0475	0.0487	0.0512	0.0570
20.0	0.0269	0.0292	0.0312	0.0330	0.0345	0.0359	0.0383	0.0402	0.0418	0.0432	0.0444	0.0468	0.0524

规范中地基沉降计算深度 Z_n 应符合下式要求，即

$$\Delta s'_n \leqslant 0.025 \sum_{i=1}^{n} \Delta s'_i \tag{3-21}$$

式中，$\Delta s'_i$——计算深度范围内第 i 层土的计算沉降量/m；

$\Delta s'_n$——由计算深度 Z_n 处向上取厚度为 ΔZ 的土层计算沉降值(m)，ΔZ 可按表 3-13 确定。

表 3-13　ΔZ 值

b/m	$b \leqslant 2$	$2 < b \leqslant 4$	$4 < b \leqslant 8$	$8 < b \leqslant 15$	$15 < b \leqslant 30$	$b > 30$
ΔZ/m	0.3	0.6	0.8	1.0	1.2	1.5

如果按式(3-21)确定的计算深度下部仍有较软土层时，应继续往下计算。

当无相邻荷载影响，且基础宽度 b 在 1 ~ 50 m 范围内时，基础中点的地基沉降计算深度 Z_n 也可按下式计算，即

$$Z_n = b(2.5 - 0.41nb) \tag{3-22}$$

式中，各符号意义同前。

【例 3-7】　用规范法计算例 3-6 条形基础的最终沉降量。

【解】(1) 地基分层

从基础底面以下按天然分界面划分：$Z_1 = 1.6$ m，$Z_2 = 19.20$ m。

(2) 计算基底附加压力

由例 3-6 知 $p_0 = 123.4$ kPa

(3) 计算 E_{si}

地下水位以上,由例 3-6 压缩曲线有:

$p_1 = 100$ kPa 时, $e_1 = 0.784$

$p_2 = 200$ kPa 时, $e_2 = 0.752$

则 $E_{si} = [(1+e_1)/\alpha_{1-2}]\,\text{MPa} = 5.575$ MPa

同理,地下水位以下 $E_{sf} = 6.124$ MPa

(4) 计算 α_i

由基础中点将基础划分为 4 个相等的小矩形,应用角点法由 l/b 及 e_i/b 查表 3-12 计算,计算结果列于表 3-14。

(5) 计算各分层的沉降量,计算结果如表 3-14 所示。

表 3-14　例 3-7 计算表

Z_i/m	l/b	Z_i/b	α_i	$Z_i\alpha_i$	$Z_i\alpha_i - z_{i-1}\alpha_{i-1}$	E_{si}	$\Delta s' = P_0(z_i\alpha_i - z_{i-1}\alpha_{i-1})/E_{si}$	$s' = \sum s_i'$
0		0	$4 \times 0.2500 = 1.000$	—	—	—	—	—
1.60	10	0.8	$4 \times 0.2410 = 0.9640$	1.5424	1.5425	5.575	31.143	34.14
19.20		9.6	$4 \times 0.0905 = 0.362$	6.9504	5.408	6.124	108.97	140.11
18.60		9.3	$4 \times 0.0925 = 0.37$	6.8820	0.0684	6.124	1.38	—

(6) 确定计算深度。试取计算深度 $e_n = 19.20$ m,从 Z_n 处向上取计算厚度,可由表 3-13 查约为 0.6 m,该土层计算变形量由表 3-14 查得 $\Delta s_n' = 1.38$ mm,则

$$\Delta s_n' \sum \Delta s_i' = 1.38/140.11 = 0.010 < 0.025$$

符合地基沉降计算深度的要求,故取 $Z_n = 19.20$ m

(7) 确定沉降计算经验系数

$$\bar{E}_s = \frac{\sum A_i}{\sum \dfrac{A_i}{E_{si}}} = \frac{\sum p_0(z_i\alpha_i - z_i\alpha_{i-1})}{\dfrac{\sum p_0(z_i\alpha_i - z_{i-1}\alpha_{i-1})}{E_{si}}} = \left[\frac{1.5424 + 5.408}{\dfrac{1.5424}{5.575} + \dfrac{5.408}{6.124}}\right]$$

$$= 5.99 \text{ MPa}$$

由表 3-11 得 $\psi_s = 1.0$

(8) 基础最终沉降量 $s = \psi_s s' = 1.0 \times 140.11 = 140.11$ mm

3.6　地基变形与时间的关系

在工程实践中,常因建筑地基的非均质性、建筑物荷载分布不均及相邻荷载等因素的影响致使地基产生不均匀沉降。因此,除计算基础最终沉降量外,还必须了解建筑物在施工期间和使用时间的沉降量,以及在不同时期建筑物各部位可能产生的沉降差,以便采取适当措施,例如控制施工进度、考虑建筑物各部分之间的连接方法等。

地基变形的稳定需要一定的时间才能完成,影响地基变形与时间关系的因素相当复杂,主

要取决于地基土的渗透性大小和排水条件。一般地,建筑物在施工期间完成的变形量,对于砂土,由于其渗透性强,可以认为其变形已基本完成。对于低压缩黏性土,可以认为已完成最终变形的50%~80%;对于中压缩黏性土可以认为已完成20%~50%;对于高压缩黏性土可以认为已完成5%~20%。因此,实践中一般只考虑黏性土的变形与时间关系。

3.6.1 土的渗透性

土的渗透性是由于骨架颗粒之间存在的孔隙构造了水的通道,与其他液体一样,在水头差的作用下,水将在土体内部相互贯通的孔隙中流动,称为渗流(渗透)。

由水力学知识知道,水在土中渗流满足达西定律,即

$$v = ki \tag{3-23}$$

式中,v——渗流速度,土中单位时间内流经单位横断面的水量/(m/s);

i——水力梯度,沿渗透途径出现的水头差 Δh 与相应渗流长度 L 的比值,$i = \Delta h / L$;

k——渗透系数/(m/s)。

由式(3-23)可以看出,当水力梯度为定值时,渗透系数越大,渗流速度就越大;当渗流速度为定值时,渗透系数越大,水力梯度越小。由此可见,渗透系数与土的透水性强弱有关,渗透系数越大,土的透水能力越强。土的渗透系数可通过室内渗透试验或现场抽水试验测定。

3.6.2 土的有效应力原理

外部荷载在饱和土体中产生的应力,是由于土体中骨架与孔隙水共同来承担的。由颗粒骨架所承担的应力,称为有效应力,用符号 σ' 表示。有效应力的作用将使土颗粒产生位移,引起土体的变形和强度变化。由孔隙中的水所承担的应力称为孔隙水压力,用符号 μ 来表示。由于孔隙水压力在土中一点各个方向产生的压力相等,因此它只能压缩土颗粒本身不能引起土粒产生位移,而土粒本身的压缩量是可以忽略的,所以孔隙水压力的作用不能直接引起土体的变形和强度变化。因此,只有有效应力 σ' 才是影响土的变化及其强度特性的决定因素。饱和土体所受的总应力 σ 等于有效应力 σ' 和孔隙水压力 μ 之和,即

$$\sigma = \sigma' + \mu \tag{3-24}$$

式(3-24)即为饱和土体有效应力原理,由式(3-24)可知,当总应力一定时,若土体中孔隙水压力增加或减小,则会相应地引起有效应力的减小或增加。

3.6.3 渗透固结沉降与时间关系

土的渗透固结(简称主固结)是指因饱和土体在附加应力的作用下,孔隙水逐渐被排出,而土体逐渐被压缩的过程。

固结度 U_t 是指土体在固结过程中某一时间土的固结沉降量 s_t 与固结稳定的最终沉降量 s 之比(或用固结百分数表示),即

$$U_t = \frac{s_t}{s} \tag{3-25}$$

由式(3-25)可知,当 $t = 0$ 时,$s_t = 0$,则 $U_t = 0$(或0%);当固结稳定时,即 $t = t_{稳}$ 时,$s_t =$

s，则 $U_t = 1.0$（或 100%），即固结度变化范围为 0～1，它表示在某一荷载作用下经过 t 时间后土体所能达到的固结程度。

在前面已经讨论了对最终沉降量 s 的计算方法，如果能够知道某一时间 t 的 U_t 值，则由式(3-25)即可计算出相应于该时间的固结沉降量 s_t 值。对于不同的固结情况，即固结土层中附加应力分布和排水条件两方面的情况，固结度计算公式亦不相同，实际地基计算中常将其归纳为 5 种，如图 3-13 所示，不同固结情况其固结度计算公式虽不同，但它们都是时间因数的函数，即

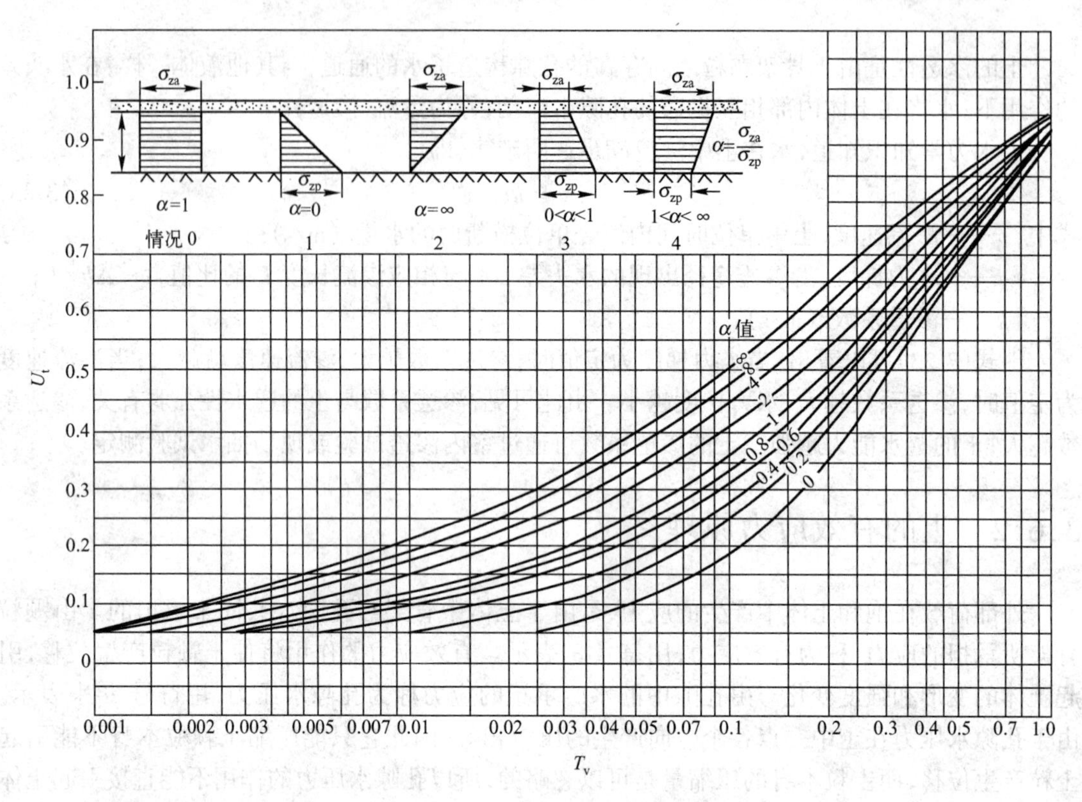

图 3-13　$U_t - T_v$ 关系曲线

$$U_t = f(T_v) \tag{3-26}$$

式中，T_v——时间因数，$T_v = C_v t / H^2$，无量纲；

C_v——土的固结系数，$C_v = 1000\, k(1+e)/\gamma_w \alpha$，单位为 m²/年；

t——固结过程中某一时间/年；

H——土层中最大排水距离。当土层为单面排水时，H 为土层厚度；若为双面排水，则 H 为土层厚度之半/m；

k——土的渗透系数/(m/年)；

e——土的初始孔隙比；

γ_w——水的容重，其值 $\gamma_w = 10$ kN/m³；

α——土的压缩系数。

为简化计算，将不同固结情况的 $U_t = f(T_v)$ 关系绘成图 3-13 以备查用，应用该图时，先根据地基的实际情况画出地基中的附加应力分布图，然后结合土层的排水条件求得 α（$\alpha = \sigma_{za}/\sigma_{zp}$，$\sigma_{za}$为排水面附加应力，$\sigma_{zp}$为不排水面附加应力）和 T_v 值，再利用该图中的曲线即可查

得相应情况的 U_t 值。

应该指出的是,图 3-13 中所给出的均为单面排水情况,若土层为双面排水,则不论附加应力分布图属何种图形,均按情况 0 计算其固结度。

应用时,基础沉降与时间关系的计算步骤如下:

(1) 计算某一时间 t 的沉降量 s_t

① 根据土层的 k、α、e、求 C_v。

② 根据给定的时间 t 和土层厚度 H 及 C_v,求 T_v。

③ 根据 $\alpha=\sigma_{za}/\sigma_{zp}$ 和 T_v,由图 3-13 查相应的 U_t。

④ 由 $U_t=\frac{s_t}{s}$ 求 s_t。

(2) 计算达到某一沉降量 s_t 所需时间 t

① 根据 s_t 计算 U_t。

② 根据 α 和 U_t,由图 3-13 查相应的 T_v。

③ 根据已知资料求 C_v。

④ 根据 T_v、C_v 及 H,即可求得 t。

【例 3-8】 某基础基底中点下的附加应力分布如图 3-14 所示,地基为厚 $H=5$ m 的饱和黏土层,顶部有薄层砂,可排水,底部为坚硬不透水层。该黏土层在自重应力作用下已固结完毕,其初始孔隙比 $e_1=0.84$,由试验测得在自重应力和附加应力作用下 $e_2=0.80$,渗透系数 $k=0.016$ m/年,试求:(1) 1 年后地基的沉降量;(2) 沉降达 100 mm 时需的时间。

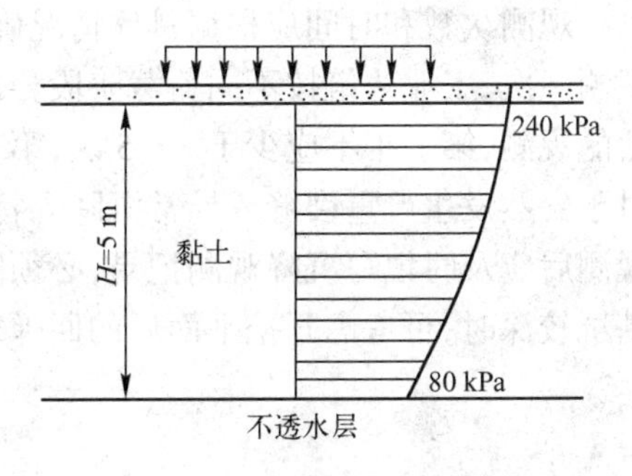

图 3-14 例 3-8 图

【解】(1) 计算地基最终沉降量

$$s=\frac{e_1-e_2}{1+e_1}H=\left(\frac{0.84-0.80}{1+0.84}\times5\times1000\right)\text{mm}=108.70\text{ mm}$$

(2) 计算 1 年后的沉降量

压缩系数:$\alpha=\Delta e/\Delta\sigma=[2000\times(0.84-0.80)/(240+80)]\text{MPa}^{-1}$
$=0.25\text{ MPa}^{-1}$

则固结系数:$C_v=1000\text{ k}(1+e)/\gamma_w\alpha=[1000\times(1+0.84)\times0.016/(10\times0.25)]$
$=11.78\text{ m}^2/年$

时间因数:$T_v=C_vt/H^2=11.78\times1/5^2=0.4712$

附加应力比值:$\alpha=\sigma_{za}/\sigma_{zp}=240/80=3.0$,属于情况 4。由图 3-13 查得 $U_t=0.77$

1 年后沉降量:$s_t=U_ts=0.77\times108.70\text{ mm}=83.70\text{ mm}$

(3) 计算沉降 $s_t=100$ mm 所需的时间

固结度 $U_t=s_t/s=100/108.70=0.92$

由 $U_t=0.92$、$\alpha=3.0$,查图 3-13 得 $T_v=0.87$

则 $t=T_vH^2/C_v=(0.87\times5^2/11.78)=1.85$ 年

3.6.4 建筑物沉降观测

前面介绍了地基变形的计算方法,但由于地基土的复杂性,导致理论计算值与实际值并不完全符合。为了保证建筑物的使用安全,对建筑物的沉降观测是非常必要的,其目的是可以提供有关建筑物沉降量与沉降速率。尤其对重要建筑物及建造在软弱地基上的建筑物更为必要。

在进行沉降观测时,水准点的设置应以保证其稳定可靠为原则,一般宜设置在基岩上或低压缩性的土层上。水准点的位置应尽可能靠近观测对象,但必须在建筑物产生的压力影响范围以外,一般为 30 ~ 80 m。在一个观测区内,水准点应不少于 3 个。观测点的设置应能全面反映建筑物的沉降并结合地质情况确定,数量不宜少于 6 个。对于工业建筑通常设置在柱(或柱基)和承重墙上;对于民用建筑常设置在外墙的转角处,纵横墙的交接处及沉降缝两侧;对于宽度较大的建筑物,内墙也应设置观测点。如有特殊要求,可以根据具体情况适当增设观测点。

水准测量观测工具宜采用精密水准仪和钢卷尺,对每一观测对象宜固定测量工具和监测人员,观测前应严格检查仪器。测量精度宜采用Ⅱ级水准测量,视线长度宜为 20 ~ 30 m,视线高度不宜低于 0.3 m,水准测量应采用闭合法。

观测次数和时间应根据具体情况确定。通常,民用建筑每施工完一层(包括地下部分)应观测一次,工业建筑按不同荷载阶段分次观测,但施工期间的观测不应少于 4 次。建筑物竣工后的观测,第一年不应少于 3 ~ 5 次,第二年不应少于 2 次,以后每年 1 次,直到下沉稳定为止。对于突然发生严重裂缝或异常沉降等特殊情况则应增加观测次数,观测时还应注意气象资料,观测后应及时填写沉降观测记录,必须附有沉降观测点及水准点位置平面图,便于以后复查,基坑较深时,可考虑开挖平面后的回弹观测。

3.7 建筑物的地基变形允许值

建筑物的地基变形允许值是指保证建筑物正常使用的最大变形值,可由《地基规范》查得,如表 3-15 所示。对于表中未涉及的其他建筑物的地基变形允许值,可根据上部结构对地基变形的适应能力和使用要求确定。

表 3-15 建筑物的地基变形允许值

变形特征	地基土类别	
	中、低压缩性土	高压缩性土
砌体承重结构基础的局部倾斜	0.002	0.003
工业与民用建筑相邻柱基的沉降差		
(1) 框架结构	0.002l	0.003l
(2) 砖石墙填充的边排柱	0.0007l	0.001l
(3) 当基础不均匀沉降时不产生附加应力的结构	0.005l	0.005l
单层排架结构(柱距为 6 m)柱基的沉降量/mm	(120)	200
桥式起重机轨面的倾斜(按不调整轨道考虑)		
纵向	0.004	
横向	0.003	

续表

变形特征	地基土类别	
	中、低压缩性土	高压缩性土
多层和高层建筑基础的倾斜 $H_g \leqslant 24$ $24 < H_g \leqslant 60$ $60 < H_g \leqslant 100$ $H_g > 100$	0.004 0.003 0.002 0.0015	
高耸结构基础的倾斜 $H_g \leqslant 20$ $20 < H_g \leqslant 50$ $50 < H_g \leqslant 100$ $100 < H_g \leqslant 150$ $150 < H_g \leqslant 200$ $200 < H_g \leqslant 250$	0.008 0.006 0.005 0.004 0.003 0.002	
高耸结构基础的沉降量/mm $H_g \leqslant 100$ $100 < H_g \leqslant 200$ $200 < H_g \leqslant 250$	(200)	400 300 200

注:① 有括号者仅适用于中压缩性土;

② l 为相邻柱基的中心距离/mm;H_g 为自室外地面算起的建筑物高度/m。

地基变形允许值按其变形特征有以下 4 种:

沉降量——指基础中心点的沉降值;

沉降差——指相邻单独基础沉降量的差值;

倾斜——指基础倾斜方向两端点的沉降差与其距离的比值;

局部倾斜——指砌体承重结构沿纵墙 6~10 m 内基础某两点的沉降差与其距离的比值。

当建筑物地基不均匀或上部荷载差异过大结构体型复杂时,对于砌体承重结构应由局部倾斜控制;对于框架结构和单层排架结构应由沉降差控制;对于多层或高层建筑和高耸结构应由倾斜控制。

习题

3-1　试绘制题图 3-1 地质剖面图的自重应力分布曲线。

3-2　如题图 3-2 所示矩形基础偏心受压,偏心荷载 $F = 170$ kN,基础底面尺寸为 1.2 m×1.0 m,试计算偏心距 e 为 0.1 m 时的基底附加压力并绘其分布图。

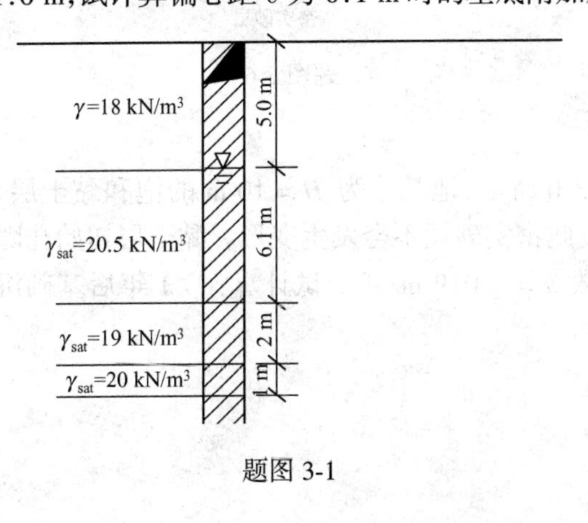

题图 3-1

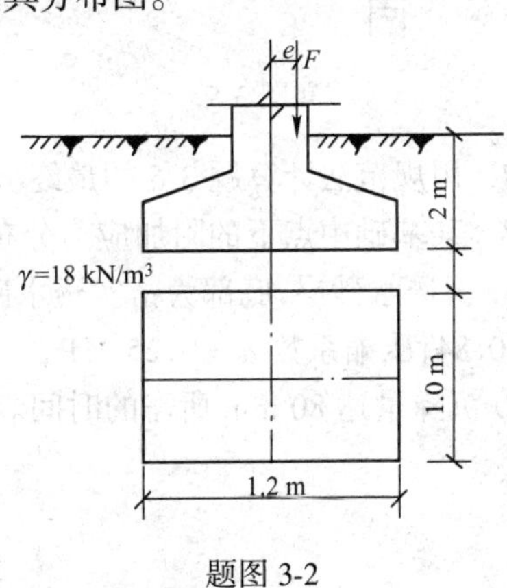

题图 3-2

3-3　如题图 3-3 所示，地基表面作用有集中荷载 $F_1=500$ kN，$F_2=100$ kN，试计算 1、2、3 点产生的附加应力。

3-4　某矩形基础如题图 3-4 所示，基础底面尺寸为 4 m×2 m，基础埋深 $d=1.0$ m，埋深范围内土的容重 $\gamma=17.5$ kN/m³，作用在基础上的荷载 $F=1100$ kN，试计算：① 基础底面下 $Z=2.0$ m 的水平面上，距基础中心轴线分别为 0、1 m、2 m 各点的附加应力值，并绘出分布图；② 基础中心轴线上，距基础底面 $Z=0$、1 m、2 m、3 m 各点的附加应力值，并绘出分布图。

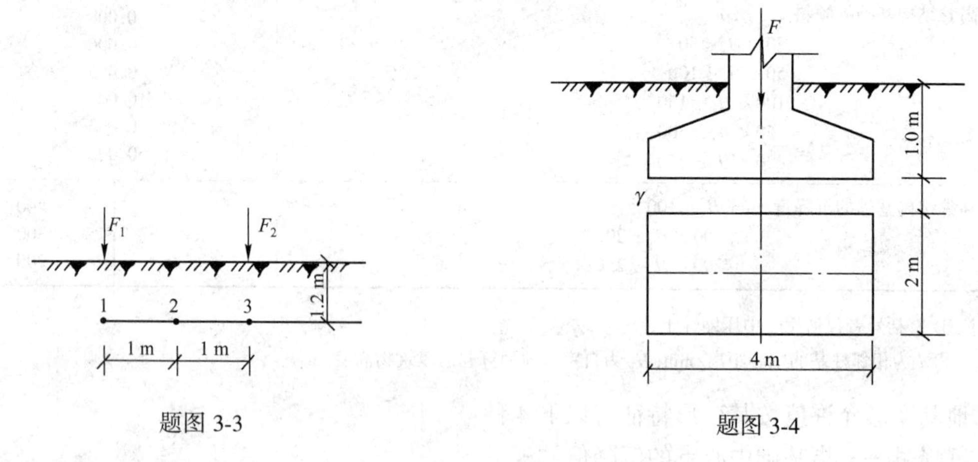

题图 3-3　　　　题图 3-4

3-5　一条形基础如题图 3-5 所示，作用在基础上的线荷载 $F=500$ kN/m，基底宽度 $b=4$ m。埋深 $d=2$ m，埋深范围内土层情况如题图 3-1 所示，试绘出基础中心轴线上地基中的附加应力。

3-6　已知资料同题 3-5，试用分层总和法计算该基础的最终沉降量。黏土层的压缩曲线如题图 3-6 所示。

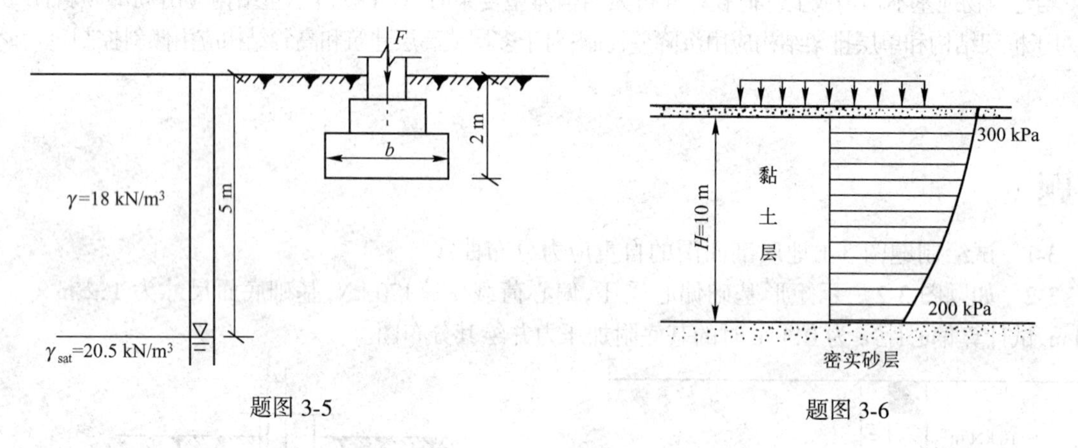

题图 3-5　　　　题图 3-6

3-7　用规范法计算题 3-6 的最终沉降量。

3-8　某基础中点下的附加应力分布如题图 3-6 所示，地基厚为 $H=10$ m 的饱和黏土层，顶部有一薄透水砂层，底部为密实透水砂层，假设此密实砂层不会发生变形。黏土层初始孔隙比 $e_1=0.84$，压缩系数 $\alpha=0.25\ \text{MPa}^{-1}$，渗透系数 $k=0.019$ m/年。试计算：① 1 年后基础沉降量；② 沉降量达 80 mm 所需的时间。

第 4 章　土的抗剪强度与地基承载力

地基基础设计必须满足两个基本条件,即变形条件和强度条件。关于地基的变形计算已在第 3 章中介绍,本章将主要介绍地基的强度和稳定问题,它包括土的抗剪强度以及地基基础设计时的地基承载力的计算问题。

土的强度问题实质上就是抗剪强度问题。当地基受到荷载作用后,土中各点将产生法向应力与剪应力,若某点的剪应力达到该点的抗剪强度,土即沿着剪应力作用方向产生相对滑动,此时称该点剪切破坏。若荷载继续增加,则剪应力达到抗剪强度的区域(塑性区)越来越大,最后形成连续的滑动面,一部分土体相对另一部分土体产生滑动,基础因此产生很大的沉降或倾斜,整个地基达到剪切破坏,此时称地基丧失了稳定性。

土的抗剪强度是指在外力作用下,土体内部产生剪应力时,土对剪切破坏的极限抵抗能力。土的抗剪强度主要应用于地基承载力的计算和地基稳定性分析、边坡稳定性分析、挡土墙及地下结构物上的土压力计算等。

4.1　土的抗剪强度

4.1.1　抗剪强度的库仑定律

土的抗剪强度和金属材料的抗剪强度一样可以通过试验的方法予以测定,但土的抗剪强度与之不同的是,它不是一个定值,而是受诸多因素的影响。不同类型的土其抗剪强度不同,即使同一类土,在不同条件下的抗剪强度也不相同。

测定土的抗剪强度的方法很多,最简单的方法是直接剪切试验,简称直剪试验。试验用直剪仪进行(分应变控制式和应力控制式两种,应变式直剪仪应用较为普遍)。图 4-1 为应变式直剪仪示意图,该仪器主要部分由固定的上盒和活动的下盒组成,用销钉固定成一完整的剪切盒。用环刀推入土样,土样上下各放一块透水石。试验时,先通过加压板施加竖向力 F 然后拔出销钉,在下盒上匀速施加一水平力 F,若试样的水平截面积为 A,则垂直压应力为 $\sigma = F/A$,此时,土的抗剪强度(土样破坏时对此推力的极限抵抗能力)为 $\tau_f = T/A$。

试验时,通常用四个相同的试样,使它们在不同的垂直压应力 σ_1、σ_2、σ_3、σ_4 作用下剪切破坏,得出相应的抗剪强度为 τ_1、τ_2、τ_3、τ_4,以 σ 为横坐标,τ_f 为纵坐标,绘制 σ—τ_f 关系曲线,如图 4-2 所示。若土样为砂土,其曲线为一条通过坐标原点并与横坐标成 φ 角的直线,其方程为

$$\tau_f = \sigma \tan\varphi \tag{4-1}$$

式中,τ_f——在法向应力 σ 作用下土的抗剪强度/kPa;

σ——作用在剪切面上的法向应力/kPa；

φ——土的内摩擦角/(°)；

$\tan\varphi$——土的内摩擦系数。

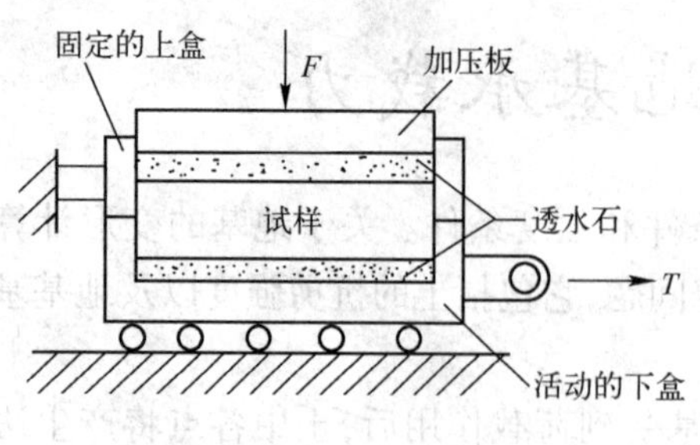

图 4-1 应变式直剪仪示意图

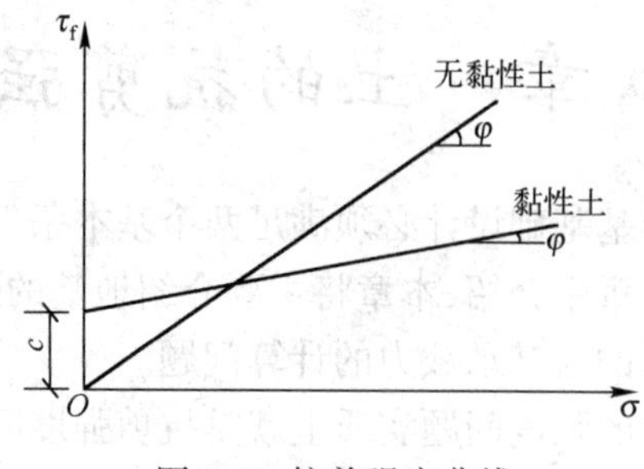

图 4-2 抗剪强度曲线

式(4-1)是库仑(Coulomb)于 1713 年提出的，称为库仑定律或土的抗剪强度定律。

若所用土样为黏性土，则黏性土的法向应力 σ 与抗剪强度 τ_f 之间基本上仍成直线关系，但该直线不通过坐标原点且在纵坐标轴上有一截距 c，这是由于黏性土的抗剪强度除内摩擦力外，还有一部分黏聚力，它是由土的性质决定的，与作用于剪切面上的法向应力 σ 的大小无关。黏性土的抗剪强度可写为

$$\tau_f = c + \sigma \cdot \tan\varphi \tag{4-2}$$

式中，τ_f——土的抗剪强度/kPa；

c、φ——土的抗剪强度指标(或参数)。

4.1.2 抗剪强度的影响因素

影响土的抗剪强度的因素很多，主要包括以下几个方面。

(1) 土颗粒的矿物成分、形状及颗粒级配。颗粒越大，形状越不规则，表面粗糙以及级配良好的土(影响 φ 角)，其摩擦力与咬合力都大，抗剪强度就大。砂土级配中粗粒含量的增多使内摩擦角增大，抗剪强度随之提高。棱角颗粒比河床搬运的砂和砾石具有更大的咬合力，因而抗剪强度更高。

(2) 初始密度。土的初始密度越大，土粒间接触越紧密，粒间摩擦力和咬合力就越大，因而抗剪强度就越大。此外，土的初始密度大也意味着土粒间空隙小，接触紧密，其黏聚力也大。因此，土的初始密度对土的抗剪强度有很大影响。

(3) 含水量。土中含水量的多少对抗剪强度的影响极为显著，含水量增加时，抗剪强度降低，这是因为自由水在土粒表面起了润滑作用，降低了表面摩擦力，因而内摩擦角减小。对细粒土，含水量增加时，结合水膜增厚，颗粒间电分子引力减弱，因而黏聚力降低。

(4) 土的结构扰动情况。当黏性土的结构受到扰动破坏时，土丧失了部分黏聚力，土的抗剪强度随之降低，故原状土的抗剪强度高于同样密度和含水量的重塑土。因此，在基坑开挖施工时，保持基底土不受扰动极为重要。

(5) 有效应力。从有效应力原理可知，土中某点受到的总应力等于有效应力和孔隙水压力之和。随着孔隙水压力的消散，土中有效应力增加，土骨架压缩紧密，部分土结构破坏而颗粒密度增加，其结果是使土中摩擦力和黏聚力相应增大，抗剪强度提高。

(6) 应力历史。超固结土因为受过比现在作用压力大的有效压力的密度,所以抗剪强度较高;反之,欠固结土,因压密程度不足,抗剪强度较低。

(7) 试验条件。土的抗剪强度是随试验时的条件而变的,如试验方法、加荷方法、加荷速率、试验时的排水条件、技术人员的技能等对抗剪强度指标的测定都有很大影响,其中最主要的是试验时的排水条件,即同一种土在不同的排水条件下进行试验,可以得出不同的试验结果。

4.2 土的强度理论——极限平衡条件

在研究土的应力和强度问题时,常采用最大剪应力理论。该理论认为:材料的剪切破坏主要是由于某一截面上的剪应力达到极限值所致,但材料达到破坏的剪切强度也和该截面上的正应力有关。

当土中某点的剪应力小于土的抗剪强度时,土体不会发生剪切破坏;当土中剪应力等于土的抗剪强度时,土体达到临界状态,称为极限平衡状态,此时土中大小主应力与土的抗剪强度指标之间的关系,称为土的极限平衡条件。

4.2.1 土中某点的应力状态

为简单起见,现在研究平面应力状态时的情况。设想一无限长条形荷载作用于弹性半无限体的表面上,根据弹性理论,这属于平面变形问题。垂直于基础长度方向的任意横截面上,其应力状态如图 4-3 所示。地基中任意一点 M 皆为平面应力状态,其上作用的应力为主应力 σ_x、σ_z 和剪应力 τ_{xz}。由材料力学可知,该点的大,小主应力为

$$\frac{\sigma_1}{\sigma_3} = \frac{\sigma_x + \sigma_z}{2} \pm \sqrt{\left(\frac{\sigma_x - \sigma_z}{2}\right)^2 + \tau_{xz}^2} \tag{4-3}$$

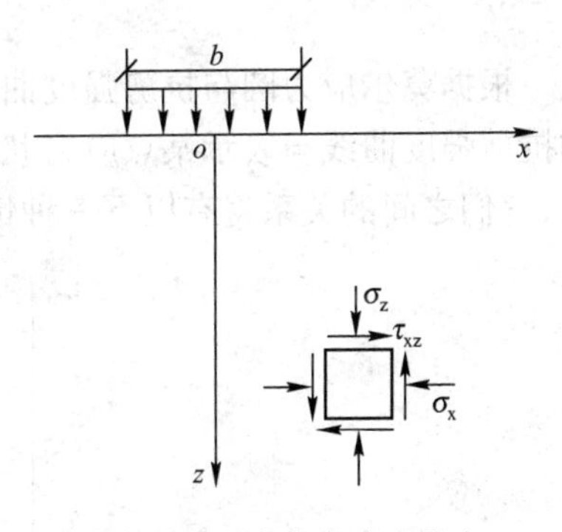

图 4-3 土中某点应力状态

当主应力已知时,可求过该点的任意截面上的应力,如图 4-4 所示。

$$\sigma = \frac{\sigma_1 + \sigma_3}{2} + \frac{\sigma_1 - \sigma_3}{2}\cos 2\alpha \tag{4-4}$$

$$\tau = \frac{\sigma_1 - \sigma_3}{2}\sin 2\alpha \tag{4-5}$$

在已知 σ_1、σ_3 的情况下,mn 斜面上的 σ 和 τ 仅与该面的倾角 α 有关。式(4-4)和式(4-5)是以 2α 为参数的圆的方程,为了消去 α,先对式(4-4)进行移项,进而得式(4-4)和式(4-5),两边分别平方并相加,整理后得

$$\left[\sigma - \frac{1}{2}(\sigma_1 + \sigma_3)\right]^2 + \tau^2 = \left[\frac{1}{2}(\sigma_1 - \sigma_3)\right]^2 \tag{4-6}$$

式(4-6)为标准圆方程,在 σ—τ 坐标系中,圆的半径为$(\sigma_1 - \sigma_3)/2$,圆心坐标为$\left(\frac{\sigma_1 + \sigma_3}{2}, 0\right)$,

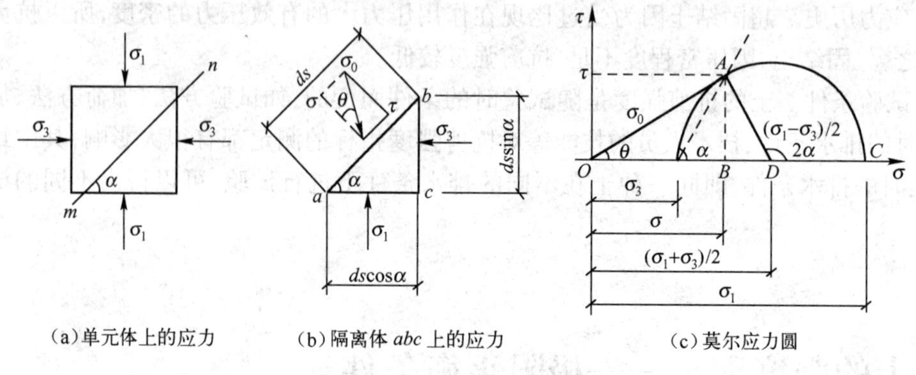

(a)单元体上的应力　　(b)隔离体 abc 上的应力　　(c)莫尔应力圆

图 4-4　土体中任意一点的应力状态

该圆就称为莫尔应力圆，OA 为总应力 σ_0，即 σ 和 τ 的合力，$\angle AOB$ 为 θ，即 σ 和 τ 的夹角，称为倾斜角。

莫尔应力圆上每一点的横、纵坐标分别表示土中相应点与主平面成 α 倾角的 mn 平面上的法向应力 σ 和剪应力 τ，即土体中每一点在已知其主应力 σ_1 和 σ_3 时，可用莫尔应力圆求该点不同倾斜面上的法向应力 σ 和剪应力 τ，因而莫尔应力圆上的纵、横坐标可以表示土中任一点的应力状态。

4.2.2　土体极限平衡条件

根据莫尔应力圆与抗剪强度曲线的关系可以判断土中某点是否处于极限平衡状态。将土的抗剪强度曲线与表示某点应力状态的莫尔应力圆绘于同一直角坐标系上(图 4-5)，进行比较，它们之间的关系将有以下三种情况。

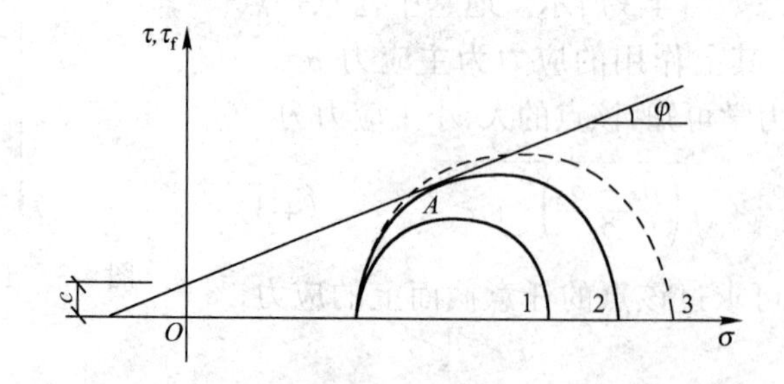

图 4-5　莫尔应力圆与抗剪强度线的关系

(1) 莫尔应力圆位于抗剪强度线下方(圆 1)，说明这个应力圆所表示的土中这一点在任何方向的平面上其剪应力都小于土的抗剪强度，因此该点不会发生剪切破坏，该点处于弹性平衡状态。

(2) 莫尔应力圆与抗剪强度线相切(圆 2)，切点为 A，说明 A 点代表的平面上的剪应力刚好等于土的抗剪强度，该点处于极限平衡状态。这个应力圆称为极限应力圆。

(3) 抗剪强度线是莫尔应力圆的割线(圆 3)，说明土中过这一点的某些平面上的剪应力已经超过了土的抗剪强度，从理论上讲该点早已破坏，因而这种应力状态是不会存在的，实际在这里已产生塑性流动和应力重新分布，故圆 3 用虚线表示。

根据莫尔应力圆与抗剪强度线的几何关系，可建立极限平衡条件方程式。图 4-6(a)所示土体中微元体的受力情况，mn 为破裂面，它与大主应力作用面呈 α_{cr}角。该点处于极限平衡状态，其莫尔应力圆如图 4-6(b)所示。根据直角三角形 $AO'D$ 的边角关系，得到了黏性土的极限平衡条件，即

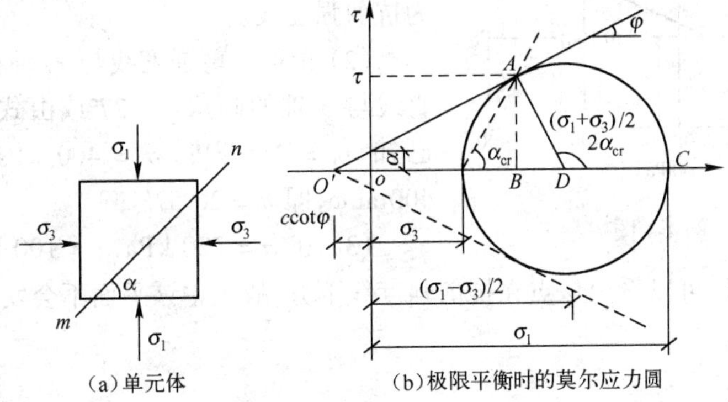

(a)单元体　　(b)极限平衡时的莫尔应力圆

图 4-6　土中一点达到极限平衡状态时的莫尔应力圆

$$\sigma_1 = \sigma_3 \tan^2\left(45° + \frac{\varphi}{2}\right) + 2c\tan\left(45° + \frac{\varphi}{2}\right) \tag{4-7}$$

$$\sigma_3 = \sigma_1 \tan^2\left(45° - \frac{\varphi}{2}\right) - 2c\tan\left(45° - \frac{\varphi}{2}\right) \tag{4-8}$$

对于无黏性土，由于 $c = 0$，根据式(4-7)和式(4-8)可得出无黏性土的极限平衡条件，即

$$\sigma_1 = \sigma_3 \tan^2\left(45° + \frac{\varphi}{2}\right) \tag{4-9}$$

$$\sigma_3 = \sigma_1 \tan^2\left(45° - \frac{\varphi}{2}\right) \tag{4-10}$$

在图 4-6(b)的三角形 $AO'D$ 中，由外角与内角的关系可得

$$2\alpha_{cr} = 90° + \varphi$$

即破裂角

$$\alpha_{cr} = 45° + \frac{\varphi}{2} \tag{4-11}$$

在极限平衡状态时，通过土中一点出现一对滑动面，如图 4-6(b)所示。这一对滑动面与大主应力 σ_1 作用面夹角为 $\pm(45° + \varphi/2)$，即与小主应力作用面夹角为 $\pm(45° - \varphi/2)$，而这对滑动面之间的夹角在 σ 作用方向等于 $90° + \varphi$。

综合上述分析，土的强度理论可归结为以下几点。

① 土的强度破坏是由于土中某点剪切面上的剪应力达到和超过了土的抗剪强度所致。

② 一般情况下，剪切破坏不发生在剪应力最大的平面上，而是发生在与大主应力作用面呈 $\alpha_{cr} = 45° + \varphi/2$ 的斜面上，只有 $\varphi = 0$ 时，剪切破坏面才与剪应力最大的平面一致。

③ 当极限平衡状态时，土中该点的极限应力圆与抗剪强度线相切，一组极限应力圆的公切线即为土的强度包线。

【例 4-1】　已知一组直剪试验结果，在法向应力 σ 为 100 kPa、200 kPa、300 kPa、400 kPa 时，测得抗剪强度 τ_f 分别为 67 kPa、119 kPa、162 kPa、215 kPa。试作图求该土的抗剪强度指标 c、φ 值。若作用在此土中某平面上的主应力和剪应力分别为 220 kPa 和 100 kPa，试问土样是否会剪切破坏？

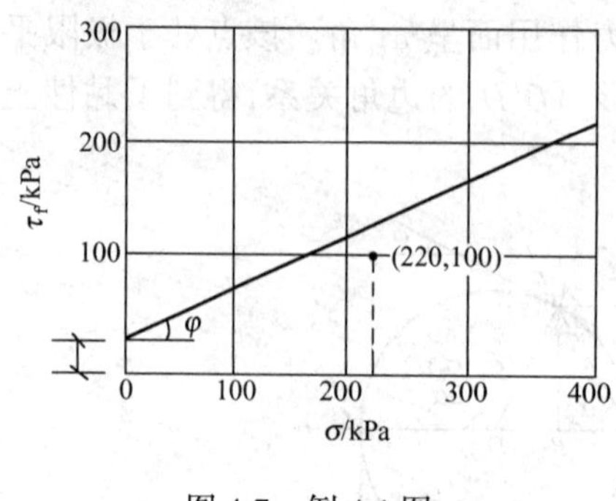

图 4-7 例 4-1 图

【解】(1) 以法向应力 σ 为横坐标,抗剪强度 τ_f 为纵坐标,σ 与 τ_f 的比例尺相同,将土样的直剪试验结果点在坐标系上,如图 4-7 所示,连接成直线即为抗剪强度线。

(2) 量得抗剪强度线与 τ_f 轴截距 $c = 150$ kPa,直线与 σ 轴的倾角 $\varphi = 27°$或由式(4-2)计算 φ 角。已知 $\tau_f = 215$ kPa, $\sigma = 400$ kPa, 则 $215 = 15 + 400\tan\varphi$,即 $\varphi = 26°57'$。

(3) 在 $\sigma = 220$ kPa, $\tau = 100$ kPa 时,将此值绘在坐标系(图 4-7)上,可以看出该点在抗剪强度线下方,故土中该平面不会发生剪切破坏。

4.3 抗剪强度指标的测定方法

4.3.1 直剪试验

直剪试验的原理已在 4.1 节中介绍过,这里不再赘述。由于直剪仪构造简单,土样制备和试验操作方便,现在仍被一般工程试验所采用,但该仪器在技术性能上存在不少缺点,主要有以下几点。

(1) 剪切面限定在上、下盒之间的平面上,不能反映土的实际薄弱剪切面。

(2) 在剪切过程中,土样面积逐渐减小,垂直荷载发生偏心,使剪应力分布不均匀,土样中的应力状态复杂,给试验分析造成一定误差。

(3) 试验时不能严格控制试样的排水条件,不能测量孔隙水压力等。

因此,对于饱和黏性土,要想真实地反映实际土受力情况和排水条件以及深入研究土的抗剪强度基本性能,直剪仪已不能满足要求了。

4.3.2 三轴剪切试验

三轴压缩仪(或称三轴剪力仪,简称三轴仪)能较好地解决直剪试验中存在的上述问题,对强度要求高的重要科研与工程项目的剪切试验常采用三轴仪。

三轴仪的主要工作部分为压力室,如图 4-8 所示。经过精心切取的圆柱形土样,直径一般为 $d > 38$ mm,高为 $2d$,用乳胶膜包裹,上下各放置一块透水石后再放入压力室内。试验时,先通过阀门 A 向压力室内施加液体压力 σ_3,使试样受到周围均布压力作用,如图 4-9(a)所示。由于此时 3 个方向的主应力都相等,所以土中无剪应力,然后在 σ_3 不变的情况下再施加垂直均布压力 $\Delta\sigma$(称偏应力),此时垂直轴向压应力为 $\sigma_1 = \sigma_3 + \Delta\sigma$,试样中开始出现剪应力,逐渐增加 σ_1,实际上是增大 $\Delta\sigma$,试样内部剪应力也相应增大,当 σ_1 增大到一定数值时,试样因受剪而达到剪切破坏。

试样剪切破坏时的主应力 σ_1 和 σ_3 处于极限应力状态,因此,由 σ_1 和 σ_3 作出的应力圆是极限应力圆,必与土的抗剪强度线相切,为求得强度包线(抗剪强度线),可在同一土层中取

3～4 个试样，在不同的压力作用下使之剪切破坏，绘出相应的极限应力圆，这些应力圆的包线(公切线)即为土的抗剪强度包线。抗剪强度线与纵轴的截距为土的黏聚力 c，与横轴的夹角即土的内摩擦角 φ，如图 4-9 所示。

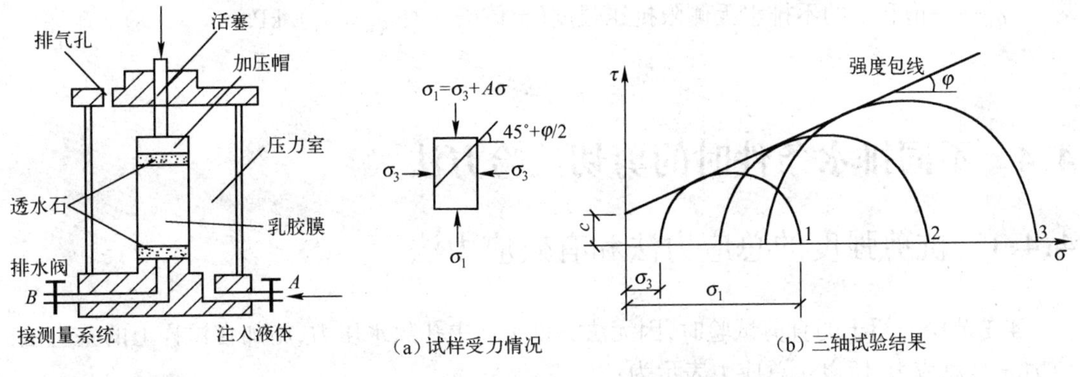

图 4-8　三轴仪示意图　　图 4-9　三轴压缩试验

进行上述试验时，根据需要还可以控制试样的排水条件，测量试验过程中土样的孔隙水压力以及试样的变形等一些参数。因此，三轴仪除图 4-8 所示工作室外，还附有观测系统和控制系统。

从上面的介绍可以看出，进行三轴试验时，试样的受力比较明确，即在主应力作用下，破坏发生在最危险的剪切面上，试验过程中可以严格控制排水条件和测量孔隙水压力。

4.3.3　无侧限压缩试验

无侧限压缩试验是一种侧向压力 $\sigma_3=0$ 的三轴试验。饱和黏性土样在三轴仪上进行试验时，不排水剪切试验的破坏包线接近于一条小平线(图 4-10)。虽然三个试样的周围压力 σ_3 不等，但破坏时的主应力差($\sigma_1-\sigma_3$)相等，即三个应力圆的半径相等，其内摩擦角 $\varphi=0$。因此，对饱和黏性土的不排水剪切试验就不需要施加侧向压力 σ_3，只需施加垂直压力使土样达到剪切破坏。因此，可以用构造简单的无侧限压缩仪(图 4-11)来代替三轴仪对饱和土进行不排水剪切试验。进行无侧限压缩试验时，只需对一个土样加压破坏就能求得强度包线。图 4-10中所示的是此种试验的莫尔圆图。但应该做 3 个以上的试验以便得到一个最佳平均值 q_u，绘出莫尔应力圆并且得出：

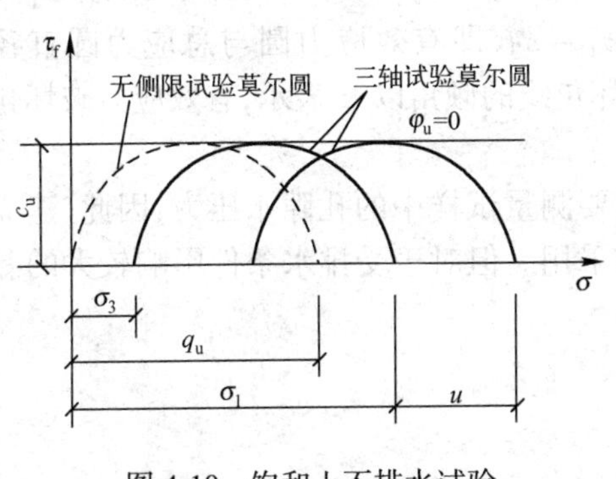

图 4-10　饱和土不排水试验

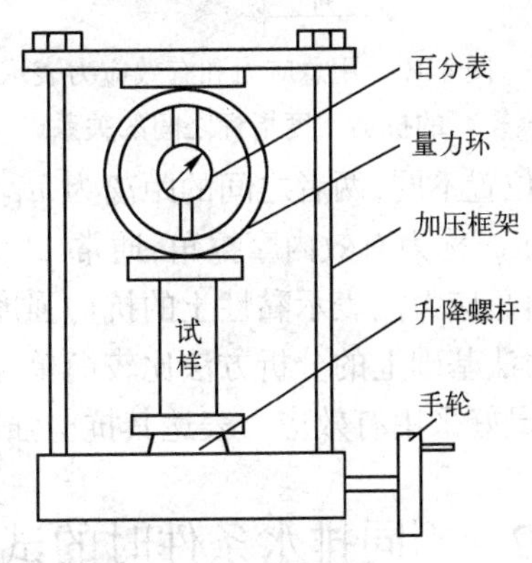

图 4-11　无侧限压缩仪示意图

$$\tau_u = c_u = q_u/2 \tag{4-12}$$

式中,τ_u——饱和土的不排水抗剪强度/kPa;

c_u——饱和土的不排水黏聚力/kPa;

q_u——饱和土的不排水无侧限抗压强度(土体破坏时 $q_u = \sigma_1$)/kPa。

4.4 不同排水条件时的剪切试验方法

4.4.1 抗剪强度的总应力法和有效应力法

4.1 节中介绍土的直剪试验时,因无法测量土样中孔隙水压力,施加在试样上的垂直法向应力 σ 是总应力,所以用总应力表示为:

$$\tau_f = c + \sigma\tan\varphi \tag{4-13}$$

由于土中某点的总应力 σ 等于有效应力与孔隙水压力 μ_f 之和,即 $\sigma = \sigma' + \mu_f$,故用有效应力表示为:

$$\tau_f = c' + \sigma'\tan\varphi' \tag{4-14}$$

或

$$\tau_f = c' + (\sigma - \mu_f)\tan\varphi' \tag{4-15}$$

式中,σ'——剪切破坏面上的法向有效应力/kPa;

c'——土的有效黏聚力/kPa;

φ'——土的有效内摩擦角/(°);

μ_f——剪切破坏时的孔隙水压力/kPa。

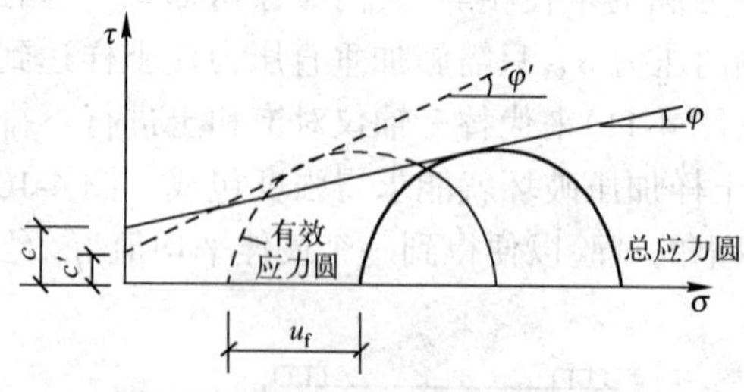

图 4-12　用总应力和有效应力表示的抗剪强度指标之间的关系

图 4-12 为用总应力和有效应力表示的抗剪强度指标之间的关系。图中以实线表示的是总应力圆和总应力破坏包线,若试验时测量孔隙水压力,试验结果可以用有效应力整理,图中以虚线表示的是有效应力圆和有效应力破坏包线,u_f 为剪切破坏时产生的正孔隙水压力,由于 $\sigma'_1 = \sigma_1 - u_f$,$\sigma'_3 = \sigma_3 - u_f$,故 $\sigma'_1 - \sigma'_3 = \sigma_1 - \sigma_3$,即有效应力圆与总应力圆直径相等,但位置不同,两者之间的距离为 u_f。总应力破坏包线的倾角以 φ 表示,有效应力破坏包线的倾角 φ' 称为有效内摩擦角,通常 $\varphi' > \varphi$。

由总应力法表示黏性土的抗剪强度,由于不需要测量试样中的孔隙水压力,因此,建立在总应力法基础上的分析方法比较简单,故目前仍在采用。但对于受排水条件影响较大的黏性土,应最好采用有效应力表达其抗剪强度。

4.4.2 不同排水条件时的试验方法

同一种土在不同排水条件下进行试验,可以得出不同的抗剪强度指标,即土的抗剪强度在很大程度上取决于试验方法，根据实验时的排水条件可分为以下 3 种试验方法。

（1）不固结—不排水剪试验（Unconsolidation Undrained Shear Test，简称 UU 试验）

这种试验方法是在整个试验过程中都不让试样排水固结，简称不排水剪试验。在三轴剪切试验中，自始至终关闭排水阀门，无论在周围压力 σ_3 作用下或随后施加竖向压力 $\Delta\sigma(=\sigma_1-\sigma_3)$，剪切时都不使土样排水，因而在试验过程中土样的含水量保持不变。加上试样的周围压力部分由孔隙水承担，孔隙压力将上升到某一数值 μ_1，而有效周围压力 $\sigma_3(=\sigma_3-\mu)$ 保持不变；通过活塞施加轴向压力 $\Delta\sigma$ 使试样剪切时，孔隙水压力产生变化，其增量为 μ_2，有效应力随之变化；至剪切破坏时，试样的大主应力 $\sigma=\sigma_3+\Delta\sigma$，小主应力为 σ_3，孔隙水压力 $\mu=\mu_1+\mu_2$，有效应力 $\sigma'_1=\sigma_3+\Delta\sigma-\mu$，$\sigma'_3=\sigma_3-\mu$，测得的抗剪强度指标用 c_μ、φ_μ 表示。直剪试验时，在试样的上下两面均贴以蜡纸或将上下两杯透水石换成不透水的金属板，因而施加的是总应力 σ，不能测定孔隙水压力 μ 的变化。

不排水剪试验是模拟建筑场地土体来不及固结排水就较快地加载的情况，在实际工作中，对渗透性较差、排水条件不良、建筑物施工速度快的地基土或斜坡稳定性验算时，可以采用这种试验条件来测定土的抗剪强度指标。

（2）固结—不排水剪试验（Consolidation Undrained Shear Test，简称 CU 试验）

试验时，先使试样在周围压力 σ_3 作用下充分排水，然后关闭排水阀门，在不排水条件下施加 $\Delta\sigma$ 至土样剪切破坏。破坏时 $\mu_1=0$，$\mu_2\neq0$，$\mu=\mu_2$，$\sigma'_1=\sigma_3+\Delta\sigma-\mu_2$，测得的抗剪强度指标用 $c_{c\mu}$、$\varphi_{c\mu}$ 表示。直剪试验时，施加重直压力，并使试样在施加水平力过程中来不及排水。

固结—不排水剪试验是模拟建筑场地土体在自重或正常荷载作用下已达到充分固结，然后遇到突然施加荷载的情况。对一般建筑物地基的稳定性验算以及预计建筑物施工期间能够排水固结，但在竣工后将施加大活载荷（如料仓、油罐等），或可能有突然活荷载（如风力等）情况，就应用固结—不排水剪试验的指标。

（3）固结—排水剪试验（Consolidation Drained Shear Teat，简称 CD 试验）

试验时，在周围压力作用下持续足够的时间使土样充分排水，孔隙水压力 μ_2 降为零后才施加 $\Delta\sigma$，$\Delta\sigma$ 的施加速率仍很缓慢，不使孔隙水压力增量 μ_2 出现，即在应力变化过程中孔隙水压力始终处于零的固结状态。故在试样破坏时，$\mu=0$，$\sigma'_1=\sigma_3+\Delta\sigma$，$\sigma'_3=0$。由于孔隙水压力充分消散，此时总应力法和有效应力法表达的抗剪强度指标也一致，测得的强度指标用 c_a，φ_d 表示。

固结—排水剪试验是模拟地基土体已充分固结后开始缓慢施加荷载的情况，在实际工程中，对土的排水条件良好（如黏土层中夹砂层）、地基土透水性较好（如低塑性黏性土）以及加荷速率慢时可选用。但因工程的正常施工速度不易使孔隙水压力完全消散，试验过程既费时又费力，因而较少采用。

4.5 地基的变形与破坏

4.5.1 地基变形的三个阶段

对地基进行静荷载试验时，在局部荷载作用下，一般可以得到如图 4-13 所示的荷载 p 和沉降 s 的关系曲线。从开始施加荷载并逐渐增加至地基发生破坏，地基的变形大致经过下列 3

个阶段。

(1) 线性变形阶段(压密阶段)

在 p—s 曲线的 Oa 部分,由于荷载较小,荷载与变形呈直线变化,地基的变形主要是土中孔隙体积的减小,土粒的竖向位移产生压密变形,所以也称为压密阶段。此时土中各点的剪应力均小于土的抗剪强度,土体处于弹性平衡状态(图 4-13(b)),在这一阶段内可以借用弹性力学解地基中的应力与应变问题。

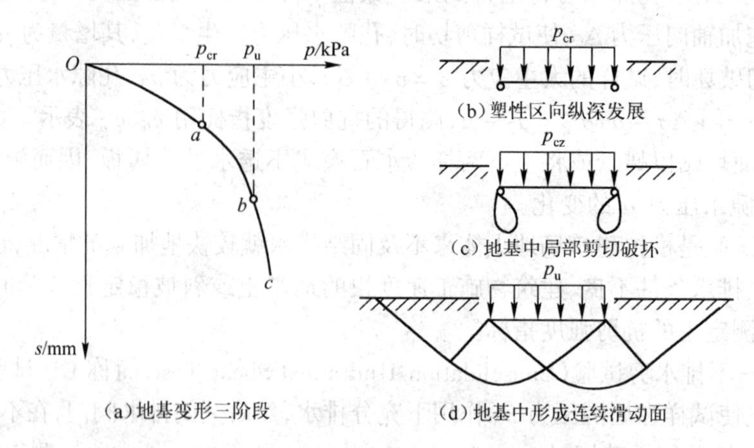

图 4-13　荷载试验时的 p—s 曲线及地基中塑性区发展

(2) 塑性变形阶段(剪切阶段)

在 p—s 曲线的 ab 部分由于荷载增大,当大到超过 a 点的压力时,地基中的变形不再线性变化。此时地基中局部范围内的剪应力达到土的抗剪强度,发生剪切破坏,地基土产生剪切破坏的范围称为塑性区(图 4-13(c))。随着荷载的增加,塑性变形区首先从基础的边缘开始,进而向深度和宽度方向发展,直至在地基中形成连续的滑动面。

(3) 完全破坏阶段

相应于 p—s 曲线的 bc 段,此时塑性区已发展到形成连续的滑动面(图 4-13(d)),当荷载超过 b 点以后,荷载增加很少,基础就会急剧下沉,同时,在基础周围的地面产生隆起现象,地基完全丧失稳定,发生整体剪切破坏。

相应于上述地基变形的三个阶段,在 p—s 曲线上有两个转折点,可得到两个荷载:

① 临界荷载:即处于线性变形阶段到塑性变形阶段时的荷载,在 p—s 曲线上相应于 a 点的荷载,用符号 p_{cr}表示。

② 极限荷载:即处于塑性变形阶段到完全破坏阶段时的荷载,在 p—s 曲线上相应于 b 点的荷载,用符号 p_u 表示。

在塑性变形阶段的荷载称为塑性荷载,用符号 p_{cz}表示。

试验研究证明,在荷载作用下,建筑物地基的破坏通常是由承载力不足而引起的剪切破坏,地基剪切破坏时的形式,可分为整体剪切破坏、局部剪切破坏和冲剪破坏 3 种。

整体剪切破坏的特征是,当基础荷载较小时,基底压力 p 与沉降 s 基本上成直线关系,属线性变形阶段,当荷载增加到某一数值时,基础边缘处的土开始发生剪切破坏,随着荷载的增加,剪切破坏区逐渐扩大,压力与沉降之间成曲线关系,属弹塑性变形阶段。如果基础上的荷载继续增加,剪切破坏区不断扩大,最终在地基中形成连续的滑动面,基础急剧下沉或倾斜,同时基础四周的地面明显隆起,地基发生整体剪切破坏。

冲剪破坏先是由于基础下软土的压缩变形使基础连续下沉,若荷载增加到某一数值时,基础可能向下"切入",土中基础侧面的土体因自重剪切而破坏,冲剪破坏时,地基中没有出现明显的连续滑动面,基础四周地面不隆起,基础没有很大倾斜,压力与沉降关系曲线不出现明显转折现象。

局部剪切破坏是介于整体剪切破坏和冲剪破坏之间的一种破坏形式,剪切破坏也从基础边缘开始,但滑动面不发展到地面,而是限制在地基中某一区域,基础四周也有隆起现象,但不会有明显的倾斜,压力与沉降关系曲线从一开始就呈现非线性关系。

本章将要介绍的地基承载力的理论计算公式是在整体剪切破坏的条件下得到的,对于局部剪切和冲剪破坏的情况,目前尚无理论公式可循。

4.5.2 临塑荷载

临塑荷载是地基中将要出现但尚未出现塑性区时作用在地基单位面积上的压力,其计算公式为:

$$p_{\mathrm{cr}} = \frac{\pi(\gamma_0 d + c \cdot \cot\varphi)}{\cot\varphi + \varphi - \dfrac{\pi}{2}} + \gamma_0 d = cN_{\mathrm{c}} + \gamma_0 dN_{\mathrm{d}} \tag{4-16}$$

其中 $N_{\mathrm{c}} = \dfrac{\pi\cot\varphi}{\cot\varphi + \varphi - \dfrac{\pi}{2}}$ $N_{\mathrm{d}} = \dfrac{\cot\varphi + \varphi + \dfrac{\pi}{2}}{\cot\varphi + \varphi - \dfrac{\pi}{2}}$

式中,γ_0——基础埋深范围内土的容重/$(\mathrm{kN/m^3})$;

d——基础埋置深度/m;

c——基底下土的黏聚力/kPa;

φ——基底下土的内摩擦角/(°)。

4.5.3 塑性荷载

理论分析和实践经验证明,用 p_{cr}作为浅基础的地基承载力是偏于保守的,但地基中的塑性区允许深度与建筑类型、荷载性质及土的特性等因素有关。一般认为,在中心垂直荷载作用下,塑性区的最大开展深度 $Z_{\max}$可控制在基础宽度的1/4,即 $Z_{\max} = b/4$;对于偏心荷载作用的基础,取 $Z_{\max} = b/3$,则与之相应的荷载分别称为 $p_{1/4}$和 $p_{1/3}$,即

$$p_{1/4} = \frac{\pi\left(\gamma \cdot \dfrac{b}{4} + \gamma_0 d + \cot\varphi\right)}{\cot\varphi + \varphi + \pi/2} + \gamma_0 d = \gamma_{\mathrm{b}} N_{1/4} + cN_{\mathrm{c}} + \gamma_0 dN_{\mathrm{d}} \tag{4-17}$$

$$p_{1/3} = \frac{\pi\left(\gamma \cdot \dfrac{b}{3} + \gamma_0 d + \cot\varphi\right)}{\cot\varphi + \varphi + \pi/2} + \gamma_0 d = \gamma_{\mathrm{b}} N_{1/3} + cN_{\mathrm{c}} + \gamma_0 dN_{\mathrm{d}} \tag{4-18}$$

其中 $N_{1/4} = \dfrac{\dfrac{\pi}{4}}{\cot\varphi + \varphi - \pi/2}$ $N_{1/3} = \dfrac{\dfrac{\pi}{3}}{\cot\varphi + \varphi - \pi/2}$

应该指出,上述 p_{cr}、$p_{1/4}$、$p_{1/3}$都是在均布条形荷载条件下导出的,对矩形或圆形基础上述公式有一定误差,但其结果偏于安全。此外,在 $p_{1/4}$、$p_{1/3}$公式的推导中用线性变形体的弹性

理论求解土中应力,与实际地基中已出现塑性区的非线性地基也有出入,因而用式(4-17)、式(4-18)确定地基承载力时仅满足地基强度条件,还必须进行地基变形计算。

4.6 地基承载力

地基承载力是指地基承受荷载的能力,是地基基础设计的主要依据,不仅与土的物理、力学性质有关,而且还与基础的类型、宽度、埋深以及结构物的类型和施工速度等有关。因此,地基承载力的确定是一个很复杂的问题。

《地基规范》规定,应根据建筑物等级选用确定承载力的方法。对一级建筑物应采用静荷载试验,理论公式及其他原理测试等方法综合确定;对不需做地基变形计算的二级建筑物可查规范承载力表或原位测试确定,对需做地基变形计算的二级建筑物应结合《地基规范》推荐理论公式计算确定;对三级建筑物可借鉴临近建筑物的经验确定。即确定承载力的方法有如下几种。

(1) 根据土的物理、力学性质指标的平均值查《地基规范》承载力表。

(2) 现场原位测试,如静荷载试验、动力和静力触探等。

(3) 理论计算。

(4) 借鉴已有相邻建筑物的经验确定。

4.6.1 规范法

在总结了新中国成立以来大量工程实践经验和试验结果的基础上,根据土的物理、力学性质指标,《地基规范》中给出了各种地基原承载力表,供地基基础设计时应用。

1. 岩石及碎石土

根据野外鉴别结果,查表 4-1 和表 4-2 确定地基承载力标准值。

表 4-1 岩石承载力标准值 f_k 单位:kPa

风化程度 / 岩石类别	强风化	中等风化	微风化
硬质岩石	500 ~ 1000	1500 ~ 2500	≥4000
软质岩石	200 ~ 500	700 ~ 1200	1500 ~ 2000

注:① 对于微风化的硬岩石,其承载力如大于 4000 kPa 时,应由试验确定;

② 对于强风化的岩石,当与残积土难以区分时按土考虑;

③ 除强风化的特殊情况外,岩石地基承载力不进行深度修正,即承载力标准值等于设计值。

表 4-2 碎石土承载力标准值 f_k 单位:kPa

密实度 / 土的名称	稍密	中密	密实
卵石	300 ~ 500	500 ~ 800	800 ~ 1000
碎石	250 ~ 400	400 ~ 700	700 ~ 900

续表

土的名称 \ 密实度	稍密	中密	密实
圆砾	200 ~ 300	300 ~ 500	500 ~ 700
角砾	200 ~ 250	250 ~ 400	400 ~ 600

注:① 表中数值适用于骨架颗粒孔隙全部由中砂、粗砂或硬塑、坚硬状态的黏性土或稍湿的粉土所充填;

② 当粗颗粒为中等风化或强风化时,可按其风化程度适当降低承载力。当颗粒间呈半胶结状态时,可适当提高承载力。

2. 粉土黏性土等

根据土的物理、力学性质指标平均值,查表 4-3 ~ 表 4-7 确定地基承载力基本值。

表 4-3 粉土承载力基本值 f_0 单位:kPa

第一指标孔隙比 e \ 第二指标含水量 $w/\%$	10	15	20	25	30	35	40
0.5	410	390	(265)	—	—	—	—
0.6	310	300	280	(270)	—	—	—
0.7	250	240	225	215	(205)	—	—
0.8	200	190	180	170	(165)	—	—
0.9	160	150	145	140	130	(125)	—
1.0	130	125	120	115	110	105	(100)

注:① 有括号仅供内插用;

② 折算系数 ζ 为 0;

③ 在湖、塘、沟谷与河漫滩地段,新近沉积的粉土,其工程性质一般较差,应当根据当地实际经验取值。

表 4-4 黏性土承载力基本值 f_0 单位:kPa

第一指标孔隙比 e \ 第二指标液性指数 I_L	0	0.25	0.50	0.75	1.00	1.20
0.5	475	430	390	(360)	—	—
0.6	400	360	325	395	(265)	—
0.7	350	295	265	240	210	170
0.8	275	240	220	200	170	135
0.9	230	210	190	170	135	105
1.0	200	180	160	135	115	—
1.1	—	160	135	115	105	—

注:① 有括号仅供内插用;

② 折算系数 ζ 为 0.1;

③ 在湖、塘、沟谷与河漫滩地段,新近沉积的黏性土,其工程性质一般较差,第四纪晚更新世(Q_3)及其以前沉积的老黏性土,其工程性能通常较好,这些土均应根据当地实际经验取值。

表 4-5 沿海地区淤泥和淤泥质土承载力基本值 f_0 单位:kPa

天然含水量 $w/\%$	36	40	45	50	55	65	75
承载能力 f_0/kPa	100	90	80	70	60	50	40

注:对内陆地淤泥和淤泥质土,可参照使用。

表 4-6　红黏土承载力基本值 f_0　　单位：kPa

土的名称	第一指标含水比 $\alpha_w = w / w_L$ 第二指标液塑比 $I_r = w_L / w_0$	0.5	0.6	0.7	0.8	0.9	1.0
红黏土	≤1.7	380	270	210	180	150	140
	≥2.3	180	200	160	130	110	100
次生红黏土		250	190	150	130	110	100

注：① 本表仅适用于定义范围内的红黏土；

② 折算系数 ζ 为 0.4。

表 4-7　素填土承载力基本值 f_0

压缩模量 E_{s1-2}/MPa	7	5	4	3	2
基本值 f_0/kPa	160	135	115	85	65

注：① 本表仅适用于堆填时间超过 10 年的黏性土以及超过 5 年的粉土；

② 压实填土地基的承载力可按《地基规范》第六章确定。

3. 地基承载力标准值

当根据土的物理、力学性质指标查表确定地基承载力时，由于土层的不均匀性和试验时的误差，使土的性能指标试验符合规程要求，则可减少其离散性，但随机因素引起的离散性仍无法完全消除，因此，可采用数理统计方法处理。

《地基规范》规定，由表 4-3 ~ 表 4-7 确定地基承载力时，应将由表中查得的承载力基本值乘以回归修正系数，得出承载力标准值。具体方法为：

$$f_k = \varphi_f f_0 \tag{4-19}$$

式中，f_k——地基承载力标准值/kPa；

f_0——地基承载力基本值/kPa；

φ_f——回归修正系数，其值 $\varphi_f = 1 - \left(\dfrac{2.884}{\sqrt{n}} + \dfrac{7.918}{n^2}\right)\delta$；

n——据以查表的土性指标参加统计的样本数，n 不宜少于 6 个；

δ——变异系数，其值为 $\delta = \sigma / \mu$；

σ——标准差，其值为 $\dfrac{\sqrt{\sum_{i=1}^{n}\mu_i^2 - n\mu^2}}{n-1}$；

μ——据以查表的某一土性指标试验平均值，其值为 $\mu = \dfrac{\sum_{i=1}^{n}\mu_i}{n}$；

μ_i——第 i 次试验的实测值。当表 4-4 ~ 表 4-8 中并列两个指标时，采用该两个指标的变异系数折算后的综合变异系数，$\delta = \delta_1 + \zeta\delta_2$，$\delta_1$ 为第一指标变异系数，δ_2 为第二指标变异系数，ζ 为第二指标折算系数，见有关承载力表下的附注。

若按式(4-19)计算得出的回归修正系数小于 0.75，应分析标准差过大的原因，如分层是否合理、试验有无差错等，并应同时增加试样数量。

4. **地基承载力设计值**

以上按土的物理性质指标查表确定地基承载力是在基础埋深 $d \leqslant 0.5$ m、基底宽度 $b \leqslant 3$ m 时的标准值。《地基规范》规定，当基础宽度小于 3 m 或埋深大于 0.5 m 时，除岩石地基外，其他地基承载力设计值按下式计算，即

$$f = f_k + \eta_b \gamma + (b - 3.0) + \eta_d \gamma_0 (d - 0.5) \tag{4-20}$$

式中，f——地基承载力设计值，可由基本值乘以回归修正系数确定/kPa；

f_k——地基承载力标准值，可由基本值乘以回归的修正系数确定/kPa；

η_b、η_d——基础宽度和埋深的地基承载力修正系数，可根据土类查表 4-8 确定；

γ——基底下土的天然容重，地下水位以下取有效容重/(kN/m^3)；

γ_0——基底以上土的加权平均容重，地下水位以下取有效容重/(kN/m^3)；

b——基础底面宽度，当基底宽度小于 3 m 时按 3 m 考虑，大于 6 m 时按 6 m 考虑；

d——基础埋置深度，一般自室外地面标高算起。在填方平整地区，可自填土地面标高算起，但填土在上部结构施工后完成时，应从天然地面算起；对于地下室，如采用箱基或筏基时，基础埋置深度自室外地面标高算起。其他情况下应从室内地面标高算起。

当计算所得设计值 $f < 1.1 f_k$ 时，可取 $f = 1.1 f_k$；当基底宽度和埋深不满足上述要求时，可按 $f = 1.1 f_k$，直接确定地基承载力设计值。

表 4-8 地基承载力修正系数

土的类别		η_b	η_d
淤泥和淤泥质土	$f_k < 50$ kPa	0	1.0
	$f_k \geqslant 50$ kPa	0	1.1
人工填土 e 或 $I_L \geqslant 0.85$ 的黏性土 $e \geqslant 0.85$ 或 $S_r \geqslant 0.85$ 的粉土		0	1.1
红黏土	含水比 $\alpha_w > 0.8$	0	1.2
	含水比 $\alpha_w \leqslant 0.8$	0.15	1.4
E 及 I_L 均小于 0.85 的黏性土		0.3	1.6
$e < 0.85$ 及 $S_r \leqslant 0.5$ 的粉土		0.5	2.2
粉砂、细砂(不包括很湿及饱和时的稍密状态)		2.0	3.0
中砂、粗砂、砾砂和碎石土		3.0	4.4

注：强风化的岩石可参照风化的相应土类取值。

4.6.2 承载力理论公式

《地基规范》中推荐用式(4-21)作为地基承载力的理论计算公式，即

$$f_v = M_a \gamma_0 b + M_b \gamma_b + M_c c_k \tag{4-21}$$

式中，f_v——由土的抗剪强度指标准确的地基承载力设计值/kPa；

M_a、M_b、M_c——承载力系数，根据 φ_k 查表 4-9 确定；

b——基础底面宽度，大于 6 m 按 6 m 考虑，对于砂土，小于 3 m 时按 3 m 考虑；

φ_k、c_k、γ——基底下一倍基宽深度内土的内摩擦角、黏聚力和容重的标准值，地下水位下土

的容重取有效容重；

γ_0——基底上土的加权平均容重/(kN/m³)。

表 4-9　承载力系数 M_b、M_a、M_c

φ_k	M_b	M_a	M_c	φ_k	M_b	M_a	M_c
0	0	0	1.00	22	0.61	3.44	6.04
2	0.03	0.04	1.12	24	0.80	3.87	6.45
4	0.06	0.08	1.25	26	1.11	4.37	6.90
6	0.10	0.13	1.39	28	1.40	4.93	7.40
8	0.14	0.18	1.55	30	1.90	5.59	7.95
10	0.18	0.25	1.73	32	2.60	6.35	8.55
12	0.23	0.31	1.94	34	3.40	7.21	9.22
14	0.29	0.39	2.17	36	4.20	8.25	9.97
16	0.36	0.48	2.43	38	5.00	9.44	10.80
18	0.43	0.58	2.72	40	5.80	10.84	11.73
20	0.51	0.69	3.05				

式(4-21)是依据经验和试验对式(4-17)中 $\varphi \geqslant 22°$的 $N_{1/4}$作了修正，得出 M_b，M_b 值要比理论值大，以便更合理地发挥土的作用，适用于偏心距 $e \leqslant 0.033$ 倍基底宽度的情况，因为 $p_{1/4}$公式是根据均布荷载导出的，故对上式增加了偏心距的限制。按式(4-21)确定地基承载力时，只能保证地基强度具有足够的安全度，故还应对地基进行变形验算。

4.6.3　现场原位测试

在建筑场地测定承载力的原位测试是最符合实际也是较准确的方法，尤其是对难以取得原状土样的饱和软黏土和地下水位以下的砂土、粉土更具有实际意义。《地基规范》规定：对一、二级建筑物强调用现场原位测试确定地基承载力。原位测试有静荷载试验、十字板剪切试验、动力触探、静力触探和旁压试验等。

1. 现场荷载试验

对难以取得有代表性土样的杂填土和风化岩石，地质条件复杂，土质特殊，对沉降有特殊要求的建筑物及规范规定的一级建筑物，推荐使用现场荷载试验确定地基承载力。

根据荷载试验可绘制 $p—s$ 曲线，由 $p—s$ 曲线可确定地基承载力。

(1) 当 $p—s$ 曲线有明显直线段时，取临塑荷载 p_{cr}作为地基承载力基本值 f_0，如图 4-14(a)所示，对有些土能确定极限承载力 p_u，但 $p_u < 1.5p_{cr}$时，取 p_u 的一半作为地基承载力基本值。

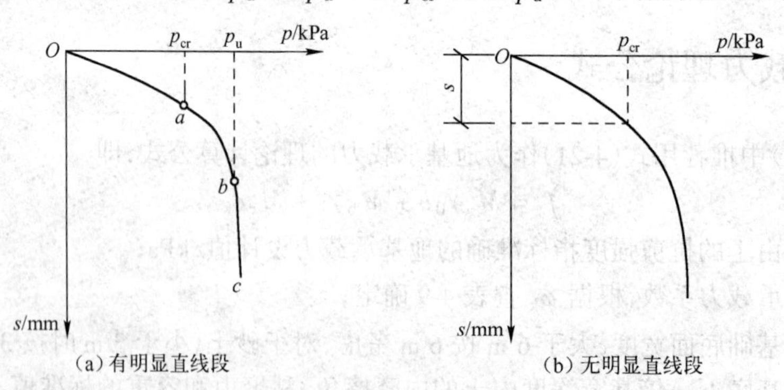

图 4-14　按 $p—s$ 曲线确定地基承载力

(2) 当 $p—s$ 曲线无明显拐点时(图 4-14(b)),若荷载板面积为 0.25 ~ 0.50 m^2,对低压缩性土和砂性土,取 $s=(0.01\sim0.015)b$(b 为荷载板宽度)对应的荷载作为地基承载力基本值;对高压缩性土,取 $s=0.02b$ 对应的荷载作为 f_0。

(3) 若在 $p—s$ 曲线上难以确定极限荷载时,可用 $s=0.06b$ 对应的荷载作为地基极限荷载 p_u,p_u 除以安全系数 $K=2$,即为地基承载力基本值。

对同一土层,参加统计的试验点,不应少于 3 点,基本值的极差(最大值与最小值的差值)不应超过取此平均值作为地基承载力的标准值。

现场静荷载试验能较好地反映土的压力与变形的特性,确定的承载力较可靠。但这种试验费工费时,影响深度一般只有 $(1\sim1.5)b$,故只能反映持力层土的承载特性。

2. 静力触探

静力触探的原理是通过压入土中的探头测定土的阻力,根据探头比贯入阻力 P_s 与承载力对比试验,可建立相关经验关系,从而确定地基承载力。

目前,不少于地区都建立了经验公式,可参考有关文献。

3. 动力触探

动力触探包括标准贯入试验和轻便触探试验等。用标准贯入试验和轻便触探试验确定地基承载力标准值,见表 4-10 ~ 表 4-13。

表 4-10 砂类土承载力标准值 f_k 单位:kPa

土类 \ N①	10	15	30	50
中砂、粗砂	180	250	340	500
粉砂、细砂	140	180	250	340

注:① 修正后,标准贯入试验锤击数。

表 4-11 黏性土承载力标准值 f_k

N	3	5	7	9	11	13	15	17	19	21	23
f_k/kPa	105	145	190	235	280	325	370	430	515	600	680

表 4-12 红黏性土承载力标准值 f_k

N_{10}①	15	20	25	30
f_k/kPa	105	145	190	230

注:① 修正后,轻便触探锤击数。

表 4-13 素填土承载力标准值 f_k

N_{10}	10	20	30	40
f_k/kPa	85	115	135	160

注:本表只适用于黏性土与粉土组成的素填土。

4.6.4 经验方法

在拟建建筑物场地,常有各种不同时期建成的建筑物,调查这些建筑物的使用情况,观测这些建筑物是否存在裂缝及其损坏现象，则可根据实际情况借鉴原有建筑物的经验确定地基承载力，有些地方如上海、北京、天津、沈阳等地编制了地区性“工程地质图”，对区域性工程地质条件和地基承载力作出评价。

思考题

4-1　什么是土的抗剪强度？同一种土的抗剪强度是不是一个定值？

4-2　土的密度和含水量对土的抗剪强度指标有何影响？

4-3　为什么土的抗剪强度与试验方法有关？

4-4　什么是土的极限平衡状态？什么是土的极限平衡条件？

4-5　土体中发生剪切破坏的平面是不是剪应力最大的平面？在什么情况下剪切破坏面与最大主应力面是一致的？在一般情况下剪切破坏面与最大主应力面成什么角度？

习题

4-1　某土样进行三轴剪切试验，剪切破坏时，测得 $\sigma_1 = 500\ \text{kPa}$，$\sigma_b = 100\ \text{kPa}$，剪切破坏面与水平面夹角为 60°。求：(1) 土的 c、φ 值。(2) 计算剪切破坏面上的正应力和剪应力。

4-2　某条形基础下地基土中一点的应力为：$\sigma_z = 500\ \text{kPa}$，$\sigma_x = 500\ \text{kPa}$，$\tau_{zx} = 40\ \text{kPa}$，已知土的 $c = 0$，$\varphi = 30°$，问该点是否剪切破坏？若 σ_z 和 σ_x 不变，τ_{zx}增至 60 kPa，则该点又如何？

4-3　已知土的抗剪强度指标为：$c = 100\ \text{kPa}$，$\varphi = 30°$，作用在此土中某平面上的总应力 $\sigma_0 = 170\ \text{kPa}$，倾斜角 $\theta = 31°$，试问会不会发生剪切破坏？

4-4　某土的内摩擦角和黏聚力分别为 $\varphi = 25°$，$c = 15\ \text{kPa}$，若 $\sigma_3 = 100\ \text{kPa}$，求：

(1) 达到极限平衡时的大主应力 σ_1？

(2) 极限平衡面与大主应力面的夹角？

(3) 当 $\sigma_1 = 300\ \text{kPa}$ 时，土体是否被剪切破坏？

第 5 章　土压力与土坡稳定

5.1　土压力

在土木工程中,为了防止土体滑坡和坍塌,常用各种类型的挡土结构加以支挡,如防止土体坍塌的挡土墙、支挡建筑物周围填土的挡墙、房屋地下室的侧墙、桥台、堆放散粒料材的挡墙以及支撑基抗的板柱墙等,如图 5-1 所示。

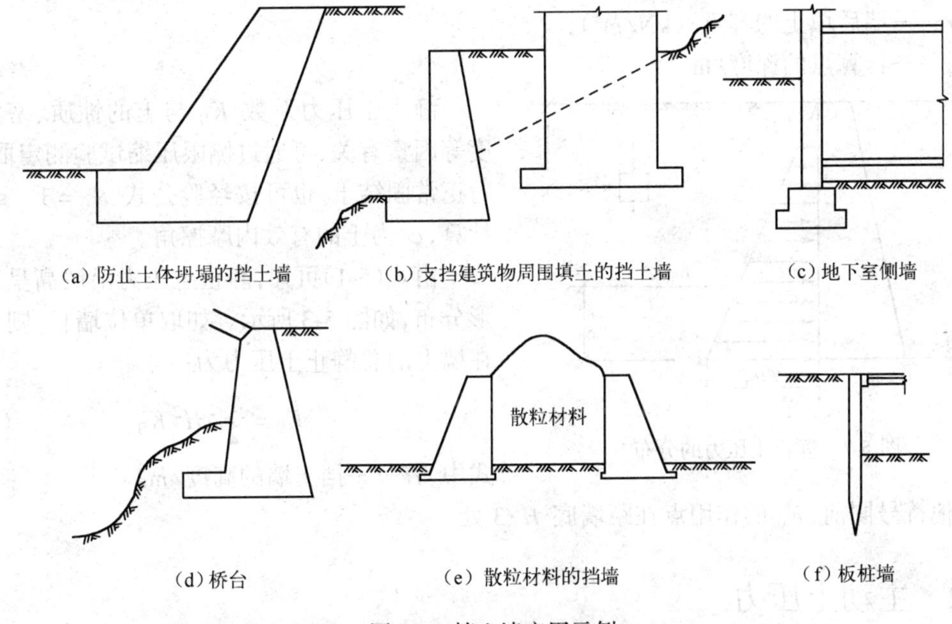

(a) 防止土体坍塌的挡土墙　(b) 支挡建筑物周围填土的挡土墙　(c) 地下室侧墙

(d) 桥台　(e) 散粒材料的挡墙　(f) 板桩墙

图 5-1　挡土墙应用示例

土压力是指挡土墙后的填土因自重或外荷载作用对墙背产生的侧向压力,土压力是挡土墙所承受的主要外荷载。如何准确地确定作用在挡土墙上土压力的分布、大小、方向和作用点,是保证挡土墙设计安全可靠、经济合理的必要性。

根据挡土墙的位移情况和墙后土体所处的应力状态,作用在挡土墙上的土压力可以分为静止土压力、主动土压力和被动土压力 3 种。

5.1.1　静止土压力

挡土墙在土压力作用下不发生任何位移或转动,墙后土体处于弹性平衡状态,这时作用在墙背上的土压力称为静止土压力,用 E_0 表示,如图 5-2(a)所示,其压力分布如图 5-3 所示,在

填土表面任意深度 z 处取一微元体,作用于单元体水平面上的应力为 γz,则该处的静止土压力强度均按下式计算,即

$$\sigma_0 = K_0 \gamma z \tag{5-1}$$

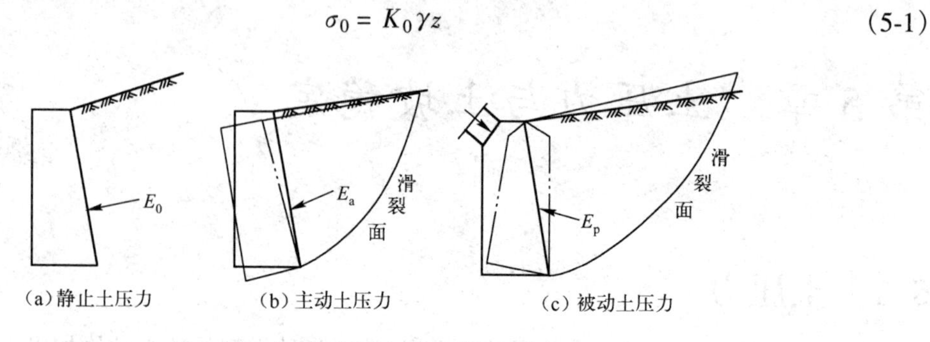

图 5-2　挡土墙上的三种土压力

式中,σ_0——静止土压力强度/kPa;

K_0——静止土压力系数;

γ——墙后填土的容重/(kN/m^3);

z——计算点的深度/m。

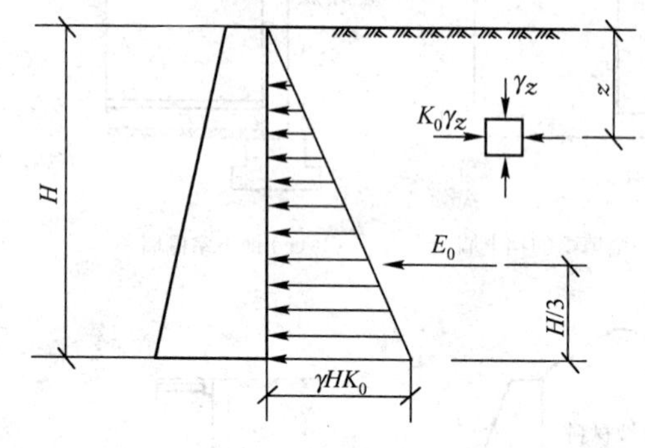

图 5-3　静止土压力的分布

静止土压力系数 K_0 与土的性质、密实程度等因素有关,可通过侧限压缩试验测定取值。对正常固结土,也可按经验公式 $K_0 = 1 - \sin\varphi'$ 计算,φ'为土的有效内摩擦角。

由式(5-1)可知,静止土压力沿墙高呈三角形分布,如图 5-3 所示。如取单位墙长,则作用在墙上的总静止土压力为:

$$E_0 = \frac{1}{2}\gamma H^2 K_0 \tag{5-2}$$

式中,H——挡土墙的高度/m。

其他符号同前,E_0 的作用点在距墙底 $H/3$ 处。

5.1.2　主动土压力

如果挡土墙在土压力作用下背离填土方向移动或转动,随着位移的增大,墙后土压力逐渐减小,当达到某一位移量时,土体即将出现滑裂面,墙后填土处于主动极限平衡状态,这时作用在墙背上的土压力称为主动压力,用 E_a 表示,如图 5-2(b)所示。

5.1.3　被动土压力

如果挡土墙在外力作用下向填土方向移动或转动,墙挤压土体,墙后土压力逐渐增大,当达到某一位移量时,土体即将出现滑裂面,墙后土体处于被动极限平衡状态,这时作用在墙背上的土压力称为被动土压力,用 E_p 如图 5-2(c)所示。

上述 3 种土压力的产生条件及其与挡土墙位移的关系如图 5-4 所示。试验研究表明,相

同条件下产生被动土压力所需的位移量 Δ_p 比产生主动土压力所需的位移量 Δ_a 要大得多。主动土压力小于静止土压力，而静止土压力小于被动土压力，即 $E_a < E_0 < E_p$。

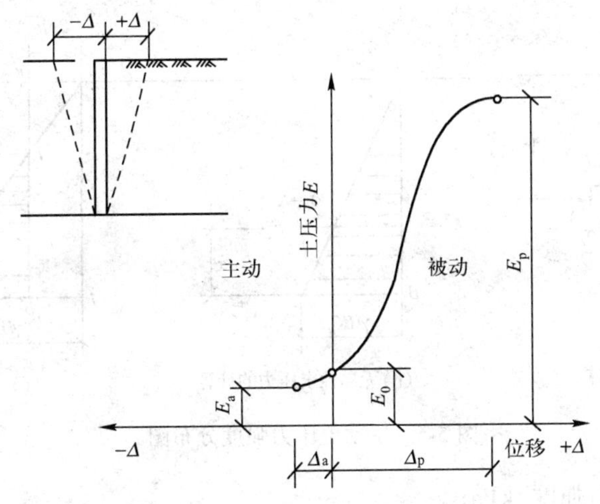

图 5-4　墙身位移与土压力的关系

5.2　朗肯土压力理论

朗肯(Rankine)土压力理论属古典土压力理论之一，它是根据弹性半空间土体处于极限平衡状态下的大小主应力间极限平衡关系提出的。其基本假设如下：

(1) 挡土墙是无限均质土体的一部分。

(2) 墙背垂直光滑。

(3) 墙后填土面是水平的。

5.2.1　主动土压力

由土的强度理论可知，当土体中某点处于极限平衡状态时，大主应力 σ_1 和小主应力 σ_3 之间应满足下列关系式，即

黏性土：

$$\sigma_1 = \sigma_3 \tan^2\left(45° + \frac{\varphi}{2}\right) + 2c\tan\left(45° + \frac{\varphi}{2}\right) \tag{5-3}$$

$$\sigma_3 = \sigma_1 \tan^2\left(45° - \frac{\varphi}{2}\right) - 2c\tan\left(45° + \frac{\varphi}{2}\right) \tag{5-4}$$

无黏性土：

$$\sigma_1 = \sigma_3 \tan^2\left(45° + \frac{\varphi}{2}\right) \tag{5-5}$$

$$\sigma_3 = \sigma_1 \tan^2\left(45° - \frac{\varphi}{2}\right) \tag{5-6}$$

当挡土墙背离填土时(图 5-5(a))，墙后填土任一深度 z 处的竖向应力 $\sigma_z = \gamma z$ 为大应力 σ_1，且数值不变，水平向应力 $\sigma_x = \sigma_a$ 为小主应力 σ_3，也就是主动土压力强度，由式(5-3)～式(5-6)得

黏性土：

$$\sigma_a = \sigma_z \tan^2(45° - \varphi/2) - 2c\tan(45° - \varphi/2)$$

或

$$\sigma_a = \sigma_z K_a - 2c\sqrt{K_a} \tag{5-7}$$

无黏性土：　　　　　　　　$\sigma_a = \sigma_z \tan^2(45° - \varphi/2)$

或　　　　　　　　　　　　　$\sigma_a = \sigma_z K_a$　　　　　　　　　　　　　　(5-8)

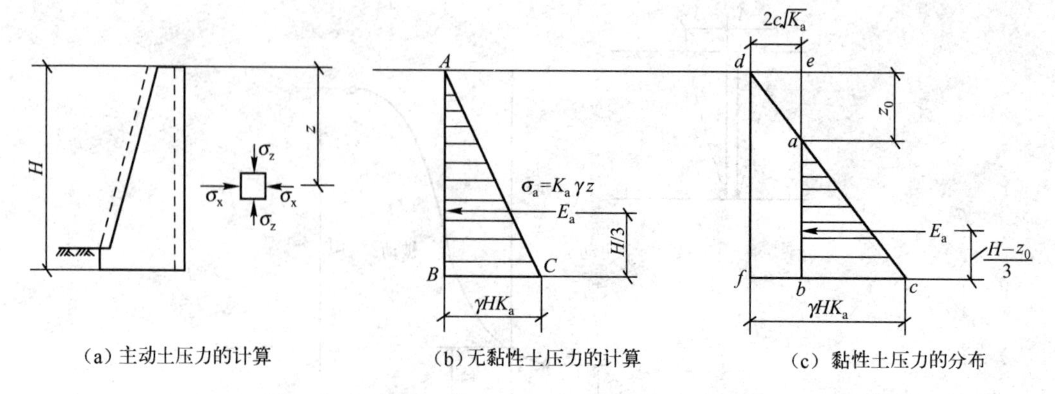

(a) 主动土压力的计算　　(b) 无黏性土压力的计算　　(c) 黏性土压力的分布

图 5-5　主动土压力强度分布图

式中，σ_a——主动土压力强度/kPa；

K_a——主动土压力系数，其值为 $K_a = \tan^2(45° - \varphi/2)$；

c——填土的黏聚力/kPa；

φ——填土的内摩擦角/(°)。

式(5-8)表明，无黏性土的主动土压力强度与 z 成正比，沿墙高的土压力呈三角形分布，如图 5-5(b)所示，如取单位墙长，则主动土压力为：

$$E_a = \frac{1}{2}\gamma H^2 K_a \tag{5-9}$$

E_a 的作用点通过三角形的形心，距墙底 $H/3$ 处。

由式(5-7)可知，黏性土的主动土压力强度包括两部分：一部分是由土的自重引起的侧压力；另一部分是由黏聚力 c 引起的负侧压力，这两部分土压力叠加的结果如图 5-5(c)所示，其中 ade 部分为负侧压力，对墙背是拉力，实际上墙与土之间不能承受拉力，在计算土压力时，这部分应略去不计，因此，黏性土的土压力分布实际上仅是 abc 部分。

a 点离填土表面的深度 z_0 称为临界深度，在填土表面无荷载的条件下，可令式(5-7)为零确定其值，即 $\sigma_a = \sigma_z K_a - 2c\sqrt{K_a} = 0$，则有：

$$z_0 = \frac{2c}{\gamma\sqrt{K_a}} \tag{5-10}$$

若取单位墙长计算，则主动土压力为：

$$E_a = \frac{1}{2}(H - z_0)(\gamma H K_a - 2c\sqrt{K_a}) \tag{5-11}$$

将 z_0 代入上式，得

$$E_a = \frac{1}{2}\gamma H^2 K_a - 2cH\sqrt{K_a} + \frac{2c^2}{\gamma}$$

主动土压力 E_a 通过三角形分布图 abc 的形心，即作用在离墙面$(H - z_0)/3$ 处。

5.2.2　被动土压力

当挡土墙在外力作用下推挤土体而出现被动极限状态时，墙背土体中任一点的竖向应力

$\sigma_z=\gamma z$保持不变，且成为小主应力σ_3，而σ_z达到最大值σ_p成为大主应力σ_1，可以推出相应的被动主压力强度计算公式，即

黏性土：
$$\sigma_p=\sigma_z K_p+2c\sqrt{K_p} \tag{5-12}$$

无黏性土：
$$\sigma_p=\sigma_z K_p \tag{5-13}$$

式中，K_p——被动土压力系数，$K_p=\tan^2(45°+\varphi/2)$。

其他符号同前。

被动土压力的计算如图 5-6(a)所示。

被动土压力分布如图 5-6(b)、(c)所示，如取单位墙长计算，则被动土压力为：

黏性土：
$$E_p=\frac{1}{2}\gamma H^2 K_p+2cH\sqrt{K_p} \tag{5-14}$$

无黏性土：
$$E_p=\frac{1}{2}\gamma H^2 K_p \tag{5-15}$$

被动土压力E_p合力作用点通过三角形或梯形压力分布图的形心。

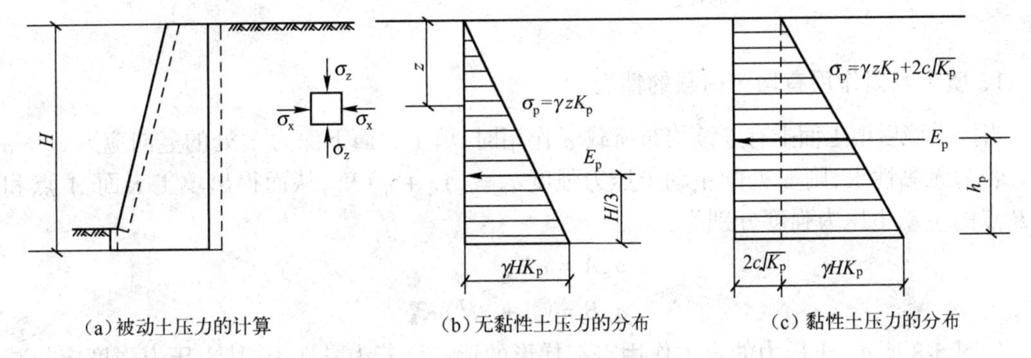

(a) 被动土压力的计算　(b) 无黏性土压力的分布　(c) 黏性土压力的分布

图 5-6　被动土压力强度分布图

【例 5-1】 某挡土墙，高度为 6 m，墙背直立，光滑，填土面水平。填土为黏性土，其物理力学性质指标为：$c=8$ kPa，$\varphi=20°$，$\gamma=18$ kN/m³。试求主动土压力及其合力作用点，并绘出主动压力分布图。

【解】 墙底处的主动土压力强度为：

$$\begin{aligned}\sigma_a &= \gamma H\tan^2(45°-\varphi/2)-2c\tan(45°-\varphi/2)\\ &=18\times6\times\tan^2(45°-20°/2)-2\times8\times\tan(45°-20°/2)\\ &=41.75\ \text{kPa}\end{aligned}$$

临界深度：$z_0=\dfrac{2c}{\gamma\sqrt{K_a}}=\dfrac{2\times8}{18\times\tan(45°-20°/2)}=1.27$ m

主动土压力：$E_a=\dfrac{1}{2}(H-z_0)(\gamma HK_a-2c\sqrt{K_a})$

$$=\frac{1}{2}\times(6-1.27)\times41.75=98.74\ \text{kN/m}$$

主动土压力距离墙底的距离为：

$$(H-z_0)/3=(6-1.27)/3=1.58\ \text{m}$$

主动土压力分布如图 5-7 所示。

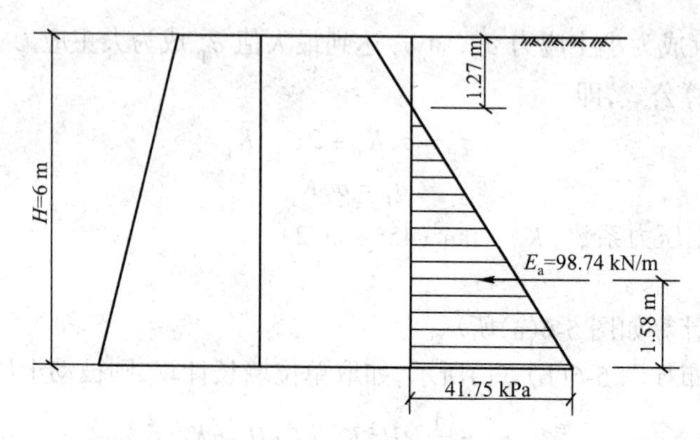

图 5-7　例 5-1 主动土压力分布

5.2.3　常见情况下的土压力计算

1. 填土表面作用有均布荷载的情况

当挡土墙后填土面上有连续均布荷载 q 作用时，填土表面下深为 z 处的竖向应力 $\sigma_z = q + \gamma z$。若为无黏性土，则 z 处的主动土压力强度 $\sigma_a = (\gamma z + q) K_a$，从而得出填土表面 A 点和墙底 B 点的主动土压力强度分别为：

$$\sigma_a A = qK_a$$

$$\sigma_a B = (q + \gamma H) K_a$$

如图 5-8 所示，土压力的合力作用点在梯形的形心。若为黏性土，其土压力强度应扣减相应的负侧向压力 $2c\sqrt{K_a}$。

2. 成层填土

当挡土墙后填土由几种不同的土层组成时，仍可用朗肯理论计算土压力。以无黏性土为例，若求离填土表面深为 h 处的土压力强度，则先求出该处的竖向应力，然后乘以该土层的主动土压力系数，如图 5-9 所示(其中 $\varphi_1 < \varphi_2$、$\varphi_3 < \varphi_2$)。

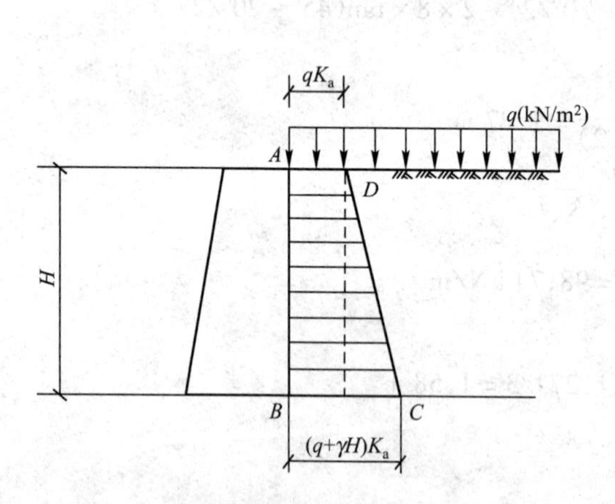

图 5-8　填土面有均布荷载的土压力计算

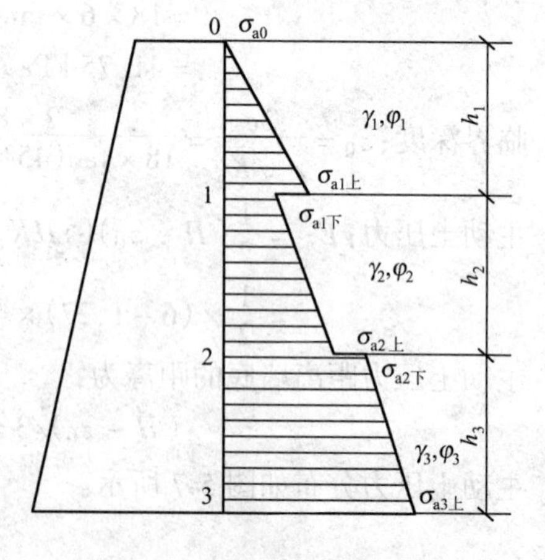

图 5-9　成层填土的土压力计算

$$\sigma_{a0} = 0$$

$$\sigma_{a1上} = \gamma_1 h_1 K_{a1}$$

$$\sigma_{a1下} = \gamma_1 h_1 K_{a2}$$

$$\sigma_{a2上} = (\gamma_1 h_1 + \gamma_2 h_2) K_{a2}$$

$$\sigma_{a2下} = (\gamma_1 h_1 + \gamma_2 h_2) K_{a3}$$

$$\sigma_{a3上} = (\gamma_1 h_1 + \gamma_2 h_2 + \gamma_3 h_3) K_{a3}$$

若为更多层时,主动土压力强度计算依次类推。但应注意,由于各层土的性质不同,主动土压力系数 K_a 也不同,因此,在土层的分界面上,主动土压力强度会出现两个数值。若为黏性土,其土压力强度应扣减相应的负侧向压力 $2c\sqrt{K_a}$。

3. 墙后填土有地下水

当墙后填土有地下水时,作用在墙背上的侧压力由土压力和水压力两部分组成。计算土压力时,假设水上、水下土的内摩擦角 φ、黏聚力 c 及墙与土之间的摩擦角 δ 相同,地下水位以下取有效容重进行计算,总侧压力为土压力和水压力之和。如图 5-10 所示 $abdec$ 部分为土压力分布图,cef 部分为水压力分布图。

【例 5-2】 某挡土墙,高度为 5 m,填土的物理力学性质指标为:$\varphi = 30°$, $c = 0$, $\gamma = 18\ \text{kN/m}^3$,墙背直立、光滑,填土面水平并有均布荷载 $q = 10$ kPa,试求主动土压力 E_a 及其作用点,并绘出土压力强度分布图。

【解】 填土表面的主动土压力强度:

$$\sigma_{a1} = qK_a = 10 \times \tan^2(45° - 30°/2) = 3.33\ \text{kPa}$$

墙底处的土压力强度:

$$\sigma_{a2} = (q + \gamma H) k_a = (10 + 18 \times 5) \times \tan^2(45° - 30°/2) = 33.33\ \text{kPa}$$

总主动土压力:

$$E_a = (\sigma_{a1} + \sigma_{a2}) H/2 = (3.33 + 33.33) \times 5/2 = 91.65\ \text{kN/m}$$

土压力作用点的位置:

$$h_a = \frac{1}{3} \times H \times \frac{2\sigma_{a1} + \sigma_{a2}}{\sigma_{a1} + \sigma_{a2}} = \frac{5}{3} \times \frac{2 \times 3.33 + 33.33}{3.33 + 33.33} = 1.82\ \text{m}$$

土压力分布如图 5-11 所示。

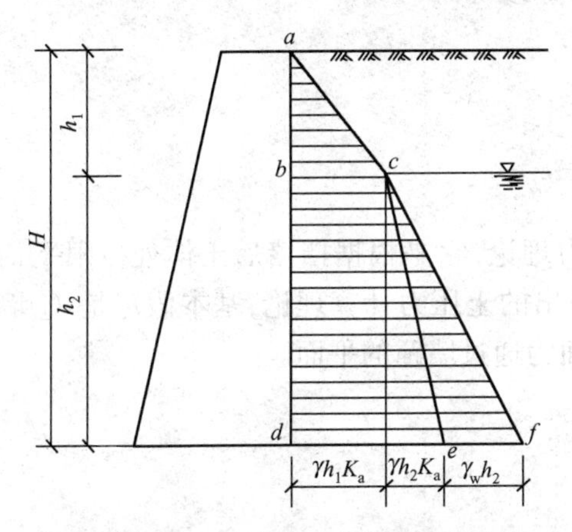

图 5-10 填土中有地下水的土压力计算

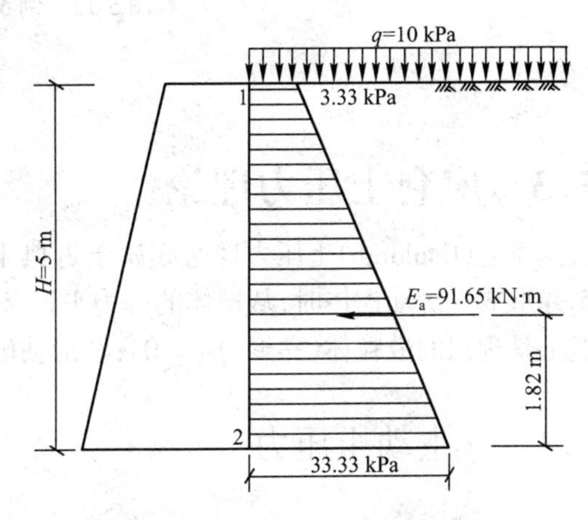

图 5-11 土压力分布

【例 5-3】 某挡土墙高 $H=5$ m,墙背垂直光滑,墙后填土面水平。填土分两层,第一层土:$\varphi_1=30°$,$c_1=0$,$\gamma_1=18\ \mathrm{kN/m^3}$,$h_1=3$ m;第二层土:$\gamma_{sat}=20\ \mathrm{kN/m^3}$,$\varphi_2=20°$,$c_2=10$ kPa,$h_2=2$ m。地下水位距地面以下 3 m,试求墙背总侧压力 E 并绘制出侧压力分布图。

【解】两层土的主动土压力系数为:

$$K_{a1}=\tan^2(45°-\varphi_1/2)=\tan^2(45°-30°/2)=0.33$$

$$K_{a2}=\tan^2(45°-\varphi_2/2)=\tan^2(45°-20°/2)=0.49$$

土压力强度分布:

第一层土顶面处:$\sigma_{a0}=0$

第一层土底面处:$\sigma_{a1上}=\gamma_1 h_1 K_{a1}=18\times3\times0.33=17.82$ kPa

第二层土顶面处:$\sigma_{a1}=\gamma_1 h_1 K_{a2}-2c_2\sqrt{K_{a2}}=18\times3\times0.49-2\times10\times\sqrt{0.49}=12.46$ kPa

第二层土底面处:$\sigma_{a2}=(\gamma_1 h_1+\gamma h_2)K_{a2}-2c_2\sqrt{K_{a2}}=[18\times3+(20-10)\times2]\times0.49-2\times10\times\sqrt{0.49}=22.26$ kPa

主动土压力:$E_a=17.82\times3/2+(12.46+22.26)\times2/2=61.45$ kN/m

静水压力强度:$\sigma_w=\gamma_m h_2=10\times2=20$ kPa

静水压力:$E_w=20\times2/2=20$ kN/m

总侧压力:$E=E_a+E_w=61.45+20=81.45$ kN/m

土压力分布如图 5-12 所示。

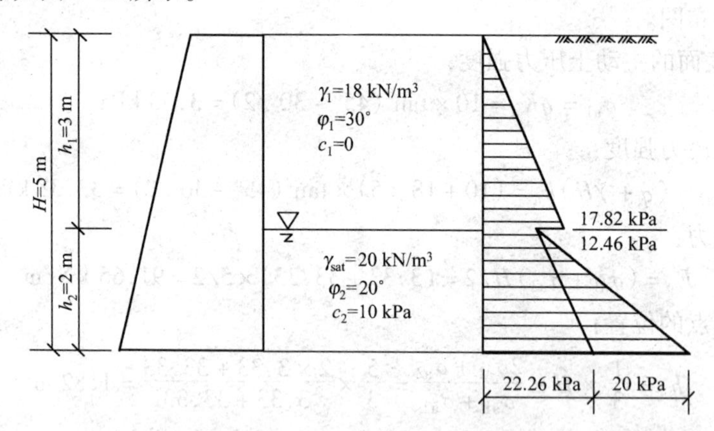

图 5-12 例 5-3 土压力分布图

5.3 库仑土压力理论

库仑(Coulomb)土压力理论亦属于古典土压力理论,它是根据挡墙后土体处极限平衡状态并形成一滑动楔体时,从楔体的静力平衡条件得出的土压力计算理论,基本假定是:①墙后填土是理想的散粒体(黏聚力 $c=0$);②滑动破裂面为通过墙踵的平面。

5.3.1 主动土压力

设某挡土墙,其库仑主动土压力为计算图如图 5-13(a)、(b)、(c)所示,墙高为 H,墙背俯斜，与垂线的夹角 ε，墙后填土为砂土，填土面与水平面的夹角为 β，墙背与填土间的摩擦角(称为外摩擦角)为 δ。当墙体背离填土方向移动或转动而使墙后土体处于主动极限平衡状态时，墙后填土形成一滑动楔体 ABC，其破裂面为通过墙踵 B 点的平面 BC，破裂面与水平面的夹角为 θ，取单位墙长计算，此时作用于楔体 ABC 上的力有：

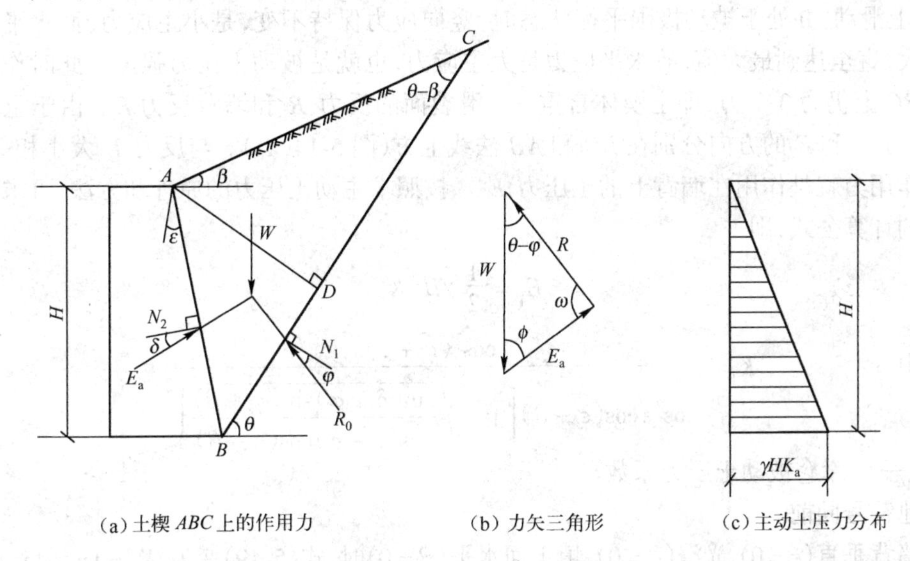

(a) 土楔 ABC 上的作用力　　(b) 力矢三角形　　(c) 主动土压力分布

图 5-13　库仑主动土压力计算图

(1) 土楔体自重 $W=\gamma\triangle ABC$，其中 γ 为填土容重，当确定了破裂面 BC 的位置后，便可求出 W 的大小，其方向垂直向下。

(2) 破裂面 BC 上的反力 R_0 大小未知，方向已知，其与破裂面 BC 的法线 N_1 的夹角等于土的内摩擦角 φ，并位于法线的下方。

(3) 墙背对土楔体的反力 E 大小未知，方向已知，其与墙背 AB 的法线 N_2 的夹角为 δ，并位于法线下方，与反力 E 大小相等、方向相反的作用力就是作用在墙背上的土压力 E_a。

土楔体 ABC 在以上力的作用下处于静力平衡状态，由平衡条件可得

$$E_a=\frac{1}{2}\gamma H^2 K_a \tag{5-16}$$

其中

$$K_a=\frac{\cos^2(\varphi-\varepsilon)}{\cos^2\varepsilon\cos(\delta+\varepsilon)\left[1+\sqrt{\dfrac{\sin(\delta+\varphi)\sin(\varphi-\beta)}{\cos(\delta+\varepsilon)\cos(\varepsilon-\beta)}}\right]^2} \tag{5-17}$$

式中，K_a——库仑主动土压力系数，按式(5-17)计算或在有关图书中查表；

ε——墙背垂直倾斜角/(°)。俯斜时取正号，仰斜时取负号；

β——填土表面的水平倾角/(°)；

δ——墙背与土体的外摩擦角/(°)。

当墙背垂直($\varepsilon=0$)、光滑($\delta=0$)、填土面水平($\beta=0$)时，式(5-17)变为 $K_a=\tan^2(45°-\varphi/2)$。由此可见，在上述条件下库仑主动土压力公式与朗肯主动土压力公式相同。

由式(5-16)可知，主动土压力强度沿墙高呈三角形分布，主动土压力的合力作用点在距墙底 $H/3$ 处。

5.3.2 被动土压力

挡土墙在外力作用下向填土方向移动或转动,直至土体沿某一破裂面 BC 破坏时,土楔体 ABC 向上滑动,并处于被动极限平衡状态时,竖向应力保持不变,是小主应力,而水平应力却逐渐增大,直至达到最大值,故水平应力是大主应力,也就是被动土压力强度。此时作用在土楔体 ABC 上仍为 3 个力,即土楔体自重 W、滑裂面的反力 R 和墙背反力 E。由于土楔体上滑,故反力 R 和 E 的方向分别在 BC 和 AB 法线上方(图 5-14(a))。与反力 E 大小相等、方向相反的作用力就是作用在墙背上的土压力 E_p。按照求主动土压力的原理和方法,可求得被动土压力的计算公式,即

$$E_p = \frac{1}{2}\gamma H^2 K_p \tag{5-18}$$

其中

$$K_p = \frac{\cos^2(\varphi+\varepsilon)}{\cos^2\varepsilon\cos(\varepsilon-\delta)\left[1-\sqrt{\dfrac{\sin(\delta+\varphi)\sin(\varphi+\beta)}{\cos(\varepsilon-\delta)\cos(\varepsilon-\beta)}}\right]^2} \tag{5-19}$$

式中,K_p——库仑被动土压力系数。

其他符号同前。

当墙背垂直($\varepsilon=0$)、光滑($\delta=0$)、填土面水平($\beta=0$)时,式(5-19)变为 $K_p=\tan^2(45°+\varphi/2)$。由此可见,在上述条件下库仑被动土压力公式与朗肯被动土压力公式也相同。

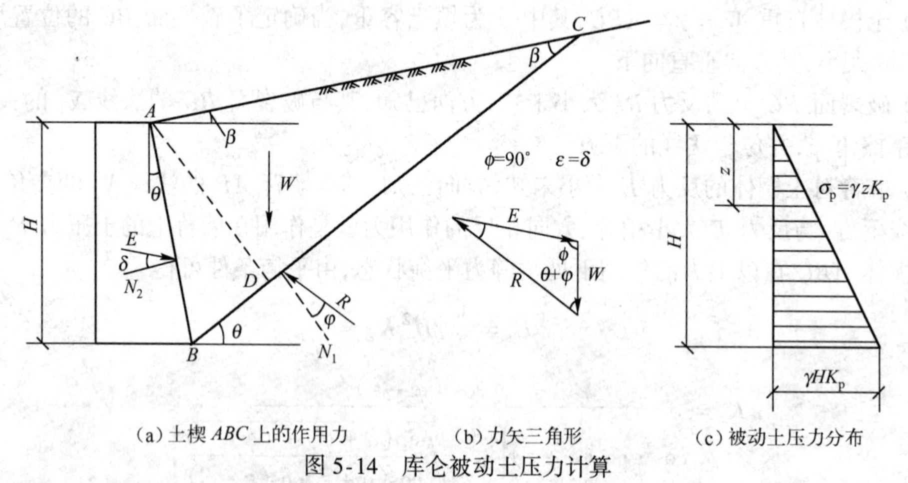

(a) 土楔 ABC 上的作用力　　(b) 力矢三角形　　(c) 被动土压力分布

图 5-14 库仑被动土压力计算

库仑被动土压力强度沿墙高也呈三角形分布(图 5-14(c)),土压力合力作用点在距离墙底 $H/3$处。

综上所述,朗肯土压力理论与库仑土压力理论是在不同的假定条件下,应用不同的分析方法得到的土压力计算公式。只有在简单的情况下($\varepsilon=0,\beta=0,\delta=0$),用这两种理论计算的土压力值才相等,所以各自有不同的适用范围且计算结果存在差异。

对于黏性土和非黏性土都可以直接用朗肯理论计算,但由于该理论在推导过程中假定墙背垂直、光滑、填土面水平,因此适用范围受到限制。此外,由于朗肯理论忽略了墙背与填土之间的摩擦力,使计算的主动土压力偏大,被动土压力偏小。

库仑理论考虑了墙背与填土之间的摩擦力,并可用于填土面倾斜、墙背倾斜的情况。但由于该理论假定填土为理想的散粒体,故不能直接应用库仑公式计算黏性土的土压力。此外,库

仑理论假定通过墙踵的破裂面为平面，而实际却为曲面，实验证明，只有当墙背倾角及墙背与填土间的外摩擦角较小时，主动土压力的破裂面才接近平面，因此计算结果与实际有较大出入。至于被动土压力的计算，库仑理论误差较大，一般不用。

库仑理论适用范围较广，计算主动土压力值接近实际情况，并略为偏低，因此用来设计无黏性土重力式挡土墙一般是经济合理的。如果计算悬臂式和扶臂式挡土墙的主动土压力值，则采用朗肯理论较方便。

5.4 《建筑地基基础设计规范》推荐计算方法

为了克服经典土压力理论适用范围的局限性，《建筑地基基础设计规范》（以下简称《地基规范》）提出一种在各种土质、直线形边界等条件下都能适用的土压力计算公式，建议当墙后的填土为黏性土，且表面有连续均布荷载 q 作用时（图 5-15）主动土压力可按下列公式计算，即

$$E_a = \frac{1}{2}\gamma H^2 K_a \tag{5-20}$$

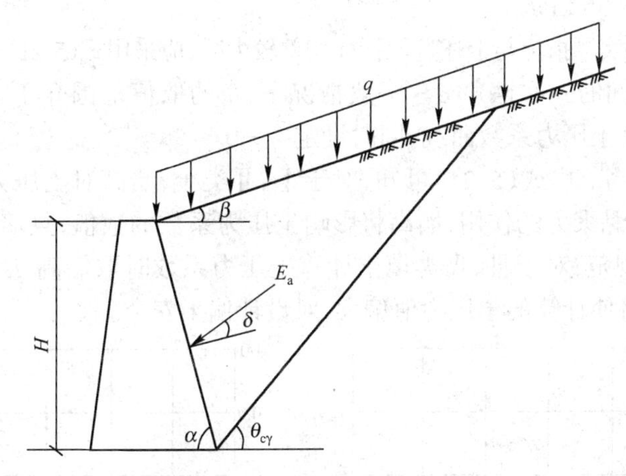

图 5-15　主动土压力计算简图

其中

$$K_a = \frac{\sin(\alpha+\beta)}{\sin^2\alpha\sin^2(\alpha+\beta-\varphi-\delta)}\Big\{K_q[\sin(\alpha+\beta)\sin(\alpha-\beta)+\sin(\varphi+\delta)\sin(\varphi-\beta)] + 2\eta\sin\alpha\cos\varphi\cos(\alpha+\beta-\varphi-\delta) - 2[K_q\sin(\alpha+\beta)\sin(\varphi-\beta)+\eta\sin\alpha\cos\varphi][(K_q\sin(\alpha-\delta)\sin(\varphi+\delta)+\eta\sin\alpha\cos\varphi]^{\frac{1}{2}}\Big\} \tag{5-21}$$

$$K_q = 1 + \frac{2q\sin\alpha\cos\beta}{\gamma H\sin(\alpha+\beta)}$$

$$\eta = \frac{2c}{\gamma h}$$

式中，q——填土面的均布荷载（以单位水平投影面上的荷载强度计）/kPa；

α——墙背与水平面的夹角/(°)；

K_q——考虑填土表面均布荷载影响的系数。

其余符号同前。

为了避免对土压力系数的烦琐计算,《地基规范》对墙高 $H \leqslant 5$ m 的挡土墙,当填土和排水条件符合《地基规范》规定时,根据土类、α 和 β 值给出了主动土压力系数 K_a 的曲线图,如图 5-16(a)、(b)、(c)、(d)所示。为了便于查用和绘制该曲线,《地基规范》在绘制曲线时作了一定的假定。因此,在查用 K_a 曲线时应注意以下问题。

(1) 填土类别及质量。《地基规范》将填土分为四类并给出相应的 K_a 曲线,各类填土填筑的质量要求有以下几项:

Ⅰ类:碎石(填)土,密实度为中密,干密度≥2.0 t/m³

Ⅱ类:砂(填)土,包括砾砂、粗砂、中砂,其密实度为中密,干密度≥1.65 t/m³

Ⅲ类:黏土夹块石(填)土,干密度≥1.9 t/m³

Ⅳ类:粉质黏(填)土,干密度≥1.65 t/m³

(2) 填土的抗剪强度指标。针对上述四类土 K_a 曲线粗略选取的抗剪强度指标为:

Ⅰ类:$\varphi = 40°, c = 0$

Ⅱ类:$\varphi = 30°, c = 0$

Ⅲ类:$\varphi = 20°, c = 30$ kPa

Ⅳ类:$\varphi = 15°, c = 35$ kPa

工程实践中,现场实测指标与上述选取指标相差较大时,应采用式(5-21)计算土压力系数。

(3) 墙背与填土间的外摩擦角 δ。一般情况下,δ 的取值范围介于 $0 \sim \varphi$ 之间,《地基规范》采用 $\delta = \varphi/2$ 计算土压力系数曲线,同时设定 $q = 0$。

(4) 挡土墙的墙高。由式(5-21)可知,对于Ⅰ、Ⅱ类土,墙高对土压力系数并无影响。而对于Ⅲ、Ⅳ类土,由于黏聚力的作用,墙高将影响土压力系数的数值,且墙高越大,土压力系数就越大。对此《地基规范》对于Ⅲ、Ⅳ类填土计算土压力系数时取墙高 $H = 5$ m。当墙高小于 5 m 时,采用该曲线将使计算的土压力值偏大,对设计偏于安全。

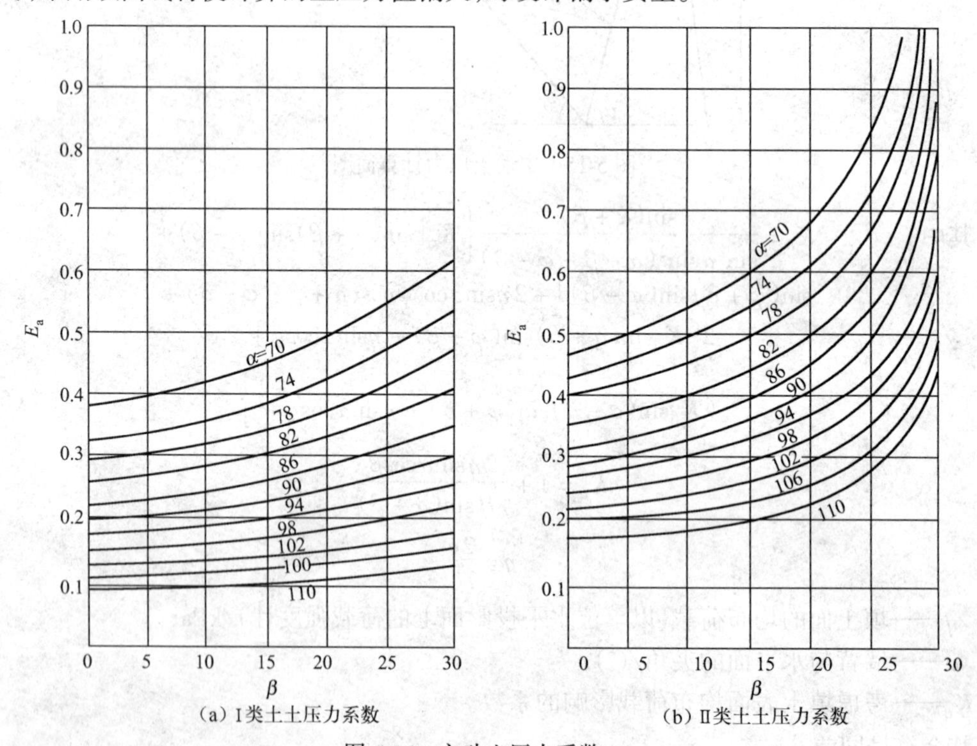

(a) Ⅰ类土土压力系数　　(b) Ⅱ类土土压力系数

图 5-16　主动土压力系数 K_a

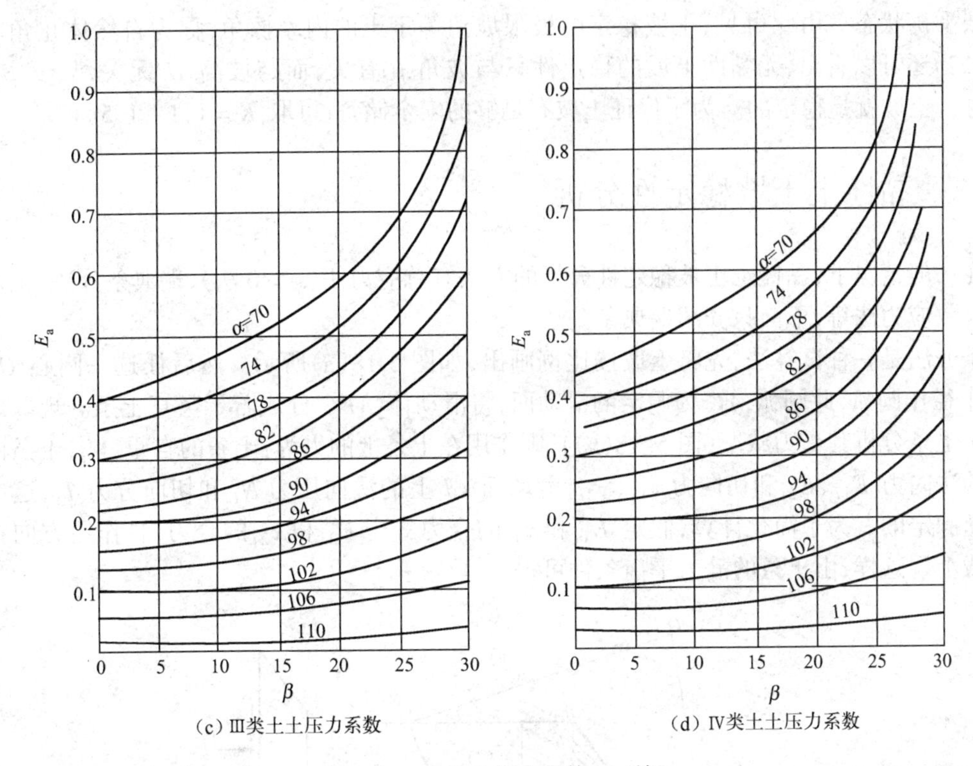

图 5-16 主动土压力系数 K_a(续)

5.5 土坡稳定分析

5.5.1 无黏性土土坡稳定性分析

图 5-17 所示是坡角为 β 的无黏性土土坡稳定性分析。由于无黏性土颗粒间没有黏聚力，只有摩擦力，因此，只要坡面不滑动，土坡就可以保持稳定状态。

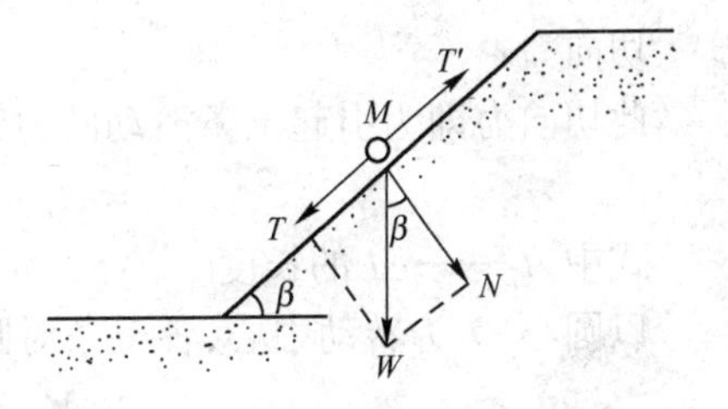

图 5-17 无黏性土土坡稳定性分析

设在土坡表面上任取一颗粒 M，如图 5-17 所示，其自重为 W，砂土的内摩擦角为 φ。将土颗粒自重 W 分解为与坡面垂直法向分力 N 和与坡面平行的切向分力 T，即

$$N = W\cos\beta$$

$$T = W\sin\beta$$

显然，切向分力 T 将使土颗粒 M 向下滑动，是滑动力。而阻止 M 下滑的抗滑力则是由垂直于坡面上的法向分力 N 引起的最大静摩擦力 T'，即 $T' = N\tan\varphi = W\cos\beta\tan\varphi$，对于平面滑动或某一土颗粒，抗滑力与滑动力的比值称为土坡稳定安全系数，用 K 表示，即

$$K = T'/T = \tan\varphi/\tan\beta \tag{5-22}$$

由式(5-22)可知，当坡角与土的内摩擦角相等时，土坡稳定安全系数 $K = 1$，此时，土坡处

于极限平衡状态。由此可见,土坡稳定的极限坡角等于土的内摩擦角,称为自然休止角。从式(5-22)还可以看出,无黏性土坡的稳定性只与坡角 β 有关,而与坡高 H 无关,只要 $\beta<\varphi$ ($K>1$),土坡就是稳定的。为了保证土坡有足够的安全储备,可取 $K=1.1\sim1.5$。

5.5.2 黏性土土坡稳定性分析

在一般情况下,黏性土土坡稳定性分析的方法有总应力法($\varphi=0$ 法)、瑞典条分法、稳定数法和有效应力法等,下面只介绍瑞典条分法。

条分法是一种试算法,先将土坡按比例画出,如图 5-18(a)所示。然后任选一圆心 O,以 R 为半径作圆弧,此圆弧 AC 为假定的滑动面,将滑动体 ABC 分成若干竖直土条。现取出其中第 i 土条分析其受力状况(图 5-18(b)),则作用在土条上的力为:土条的自重 W_i,土条两侧作用的法向力 E_{1i}、E_{2i}和切向力 x_{1i}、x_{2i},滑动面 cd 上的法向压力 N_i 和切向分力 T_i,这一力系是超静定的。为了简化计算,假定 E_{1i}和 x_{1i}的合力等于 E_{2i}和 x_{2i}的合力,且作用方向在同一直线上。这样,由土条的静力平衡条件可得

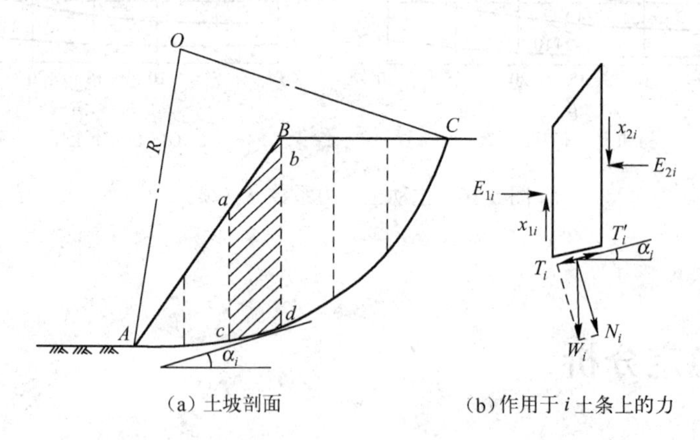

(a) 土坡剖面　　(b) 作用于 i 土条上的力

图 5-18　黏性土土坡稳定性分析

法向力:

$$N_i = W_i\cos\alpha_i$$

切向力:

$$T_i = W_i\sin\alpha_i$$

此切向力即为引起土条滑动的力,称为滑动力。土条弧面 cd 上的切向抗滑力为:

$$T'_i = cl_i + N_i\tan\varphi = cl_i + W_i\cos\alpha_i\tan\varphi$$

式中,l_i——cd 的长度。

以圆心 O 为转动中心,各土条对圆心的总滑动力矩为:

$$M_s = \sum T_iR = R\sum W_i\sin\alpha_i$$

各土条抗滑力 T'_i 对圆心 O 的总抗滑力矩为:

$$M_r = \sum T_i'R = R\sum(cl_i + W_i\cos\alpha_i\tan\varphi) = R(cl_{AC} + \tan\varphi\sum W_i\cos\alpha_i)$$

对于圆弧总抗滑力矩与总滑动力矩之比值称为稳定安全系数 K,即

$$K = \frac{M_r}{M_s} = \frac{R(cl_{AC} + \tan\varphi\sum W_i\cos\alpha_i)}{R\sum W_i\sin\alpha_i} = \frac{cl_{AC} + \tan\varphi\sum W_i\cos\alpha_i}{\sum W_i\sin\alpha_i} \tag{5-23}$$

式中，φ——土的内摩擦角/(°)；

c——土的黏聚力/kPa；

a_i——第 i 土条 cd 弧面的倾角/(°)；

l_{AC}——滑弧面 AC 的长度。

由于滑动圆心是任意选定的，因此所给定的滑弧就不一定是真正的最危险滑弧。为了求得最危险滑弧，必须用计算法，即选择若干个滑动圆弧，按上述方法分别算出相应的稳定安全系数，其最小安全系数对应的滑弧就是最危险滑弧。$K_{min}>1$ 时土坡是稳定的，工程上要求 K_{min} 应不小于 1.1～1.5。

这种试算工作量很大，目前可用电子计算机进行计算。在简单土坡计算中，可参照图5-19按下列方法较快地找出最危险滑弧的圆心。

试算经验表明，最危险滑弧的中心在 DE 线 E 点附近，如图 5-19 所示，D 点的位置在坡脚 A 点垂下 H 深再水平向右 $4.5H$ 处。E 点的位置由与坡角 β 相关的角 α_1、α_2 确定（α_1，α_2 值查表 5-1）。当 $\varphi=0$ 时，最危险滑弧的圆心在 E 点且通过坡角 A 点。当 $\varphi>0$ 时则最危险圆心将在 DE 的延长线上。试算时在 DE 的延长线上选 3～5 个点 O_1、O_2、…为圆心，计算相应的 K_1、K_2、…，按一定的比例画在各点与 DE 相垂直的线上，并连成 K 值曲线，可求出最小的安全系数 K_{min}，但其对应的圆心 O 并不一定是最危险圆心，还需过圆心 O 作 VE 的垂线，并在 O 点附近另选 O'_1、O'_2、…为圆心，分别算出 K'_1、K'_2、…，也绘出 K' 值曲线，即可求出最小稳定安全系数 K'_{min}，与其相对应的圆心 O' 即为最危险滑弧的圆心。

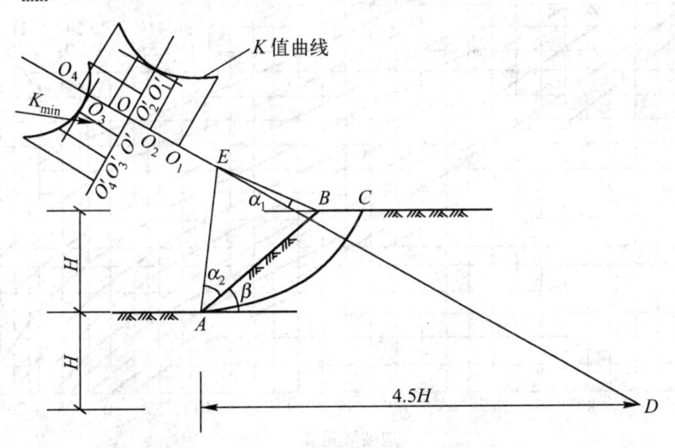

图 5-19　最危险滑弧圆心的确定

表 5-1　α_1 角和 α_2 角的数值

土坡坡度	坡角 β	α_1 角	α_2 角
1:0.58	60°	29°	40°
1:1.0	45°	28°	37°
1:1.5	33°41′	26°	35°
1:2.0	26°34′	25°	35°
1:3.0	18°26′	25°	35°
1:4.0	14°03′	25°	36°
1:5.0	11°19′	25°	37°

瑞典条分法不仅可以分析简单土坡,而且可以用来分析复杂土坡。例如,对土坡坡度有变化、土质不均匀、坡上或坡顶作用有荷载,坡中间有护坡道等复杂土坡的稳定性分析。

5.5.3 人工边坡的确定

人工边坡的确定方法有图表法、查表法及计算法等,现简单介绍图表法和查表法。

1. 图表法

对于黏性土简单土坡,其稳定计算问题可按大量计算资料综合整理而得到的计算图来求解。如图 5-20 所示,横坐标代表稳定边坡坡角 β,它是土的性质及土坡高度的函数,即 $\beta = f(\varphi、c、\gamma、H)$,纵坐标表示 N, $N = c/\gamma H$。其中每根曲线代表土的内摩擦角为 φ 时 N 与 β 的关系,应用此图可以解决两类问题。

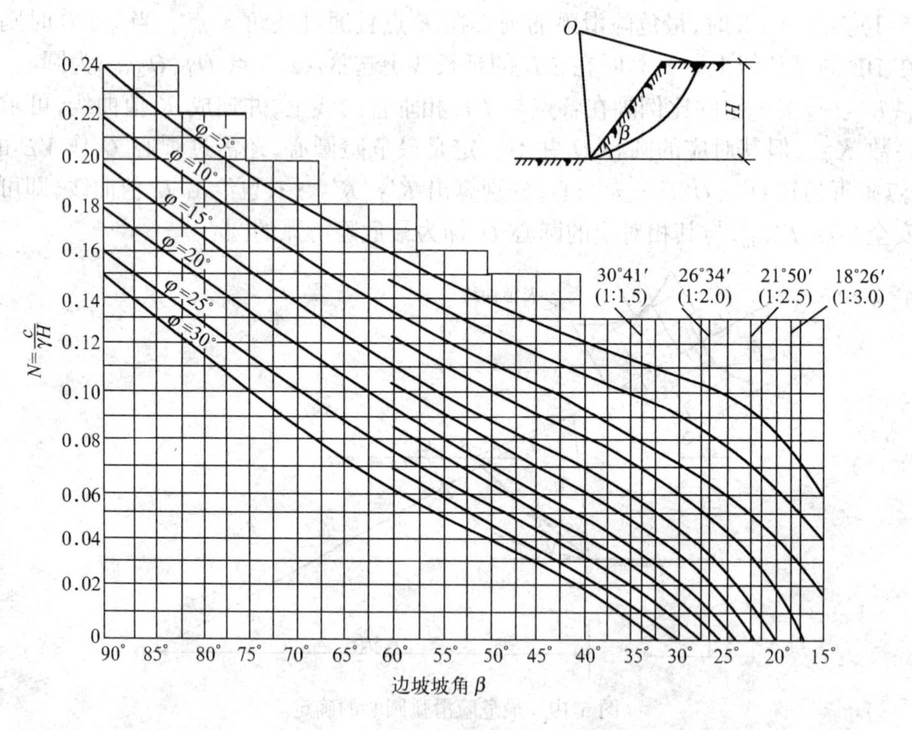

图 5-20　黏性土简单土坡计算图

① 已知 β、φ、c、γ,求最大边坡高度 H。这时,可由 β、φ 查图 5-20 得 N,再由 c、γ 计算出 H。

② 已知 c、φ、γ、H,求稳定土坡坡角 β。可先由 c、γ、H 计算出 N,再由 N、φ 查图 5-20 得 β。

【例 5-4】 某工程基坑开挖深度 $H = 5$ m,地基土容重 $\gamma = 20$ kN/m^3,内摩擦角 $\varphi = 15°$,黏聚力 $c = 10$ kPa,试确定使基坑开挖时边坡稳定的坡角 β。

【解】 由已知 H、γ、c 计算稳定数 N 为:

$$N = c/\gamma H = 10/(20 \times 5) = 0.1$$

再根据 $N = 0.1$, $\varphi = 15°$查图 5-20 得 $\beta = 53°$。

2. 查表法

当地质条件良好、土(岩)质比较均匀时,边坡开挖的允许值(高宽比)可按《地基规范》规定的表 5-2 值确定。

表 5-2　土质边坡允许坡度值

土的类别	密实度或状态	坡度允许值(高宽比)	
		坡高在 5 m 以内	坡高 5 ~ 10 m
黏性土	密实	1:0.35 ~ 1:0.50	1:0.50 ~ 1:0.75
	中密	1:0.50 ~ 1:0.75	1:0.75 ~ 1:1.00
	稍密	1:0.75 ~ 1:1.00	1:1.00 ~ 1:1.25
粉土	$S_r \leqslant 0.5$	1:1.00 ~ 1:1.25	1:1.25 ~ 1:1.50
碎石土	坚硬	1:0.75 ~ 1:1.00	1:1.00 ~ 1:1.25
	硬塑	1:1.00 ~ 1:1.25	1:1.25 ~ 1:1.50

注:① 表中碎石土的充填物为坚硬或硬塑状态的黏性土;
② 对于砂土或充填物为砂土的碎石土,其边坡坡度允许值由自然休止角确定。

5.6　挡土墙设计

5.6.1　挡土墙的类型

挡土墙按其结构形式可分为以下 3 种主要类型。

1. 重力式挡土墙

重力式挡土墙一般由块石或素混凝土砌筑而成。它主要靠自身的重力来维持墙体稳定,故墙身的截面尺寸较大,墙体的抗拉强度较低,一般用于低挡土墙。重力式挡土墙具有结构简单、施工方便、能够就地取材等优点,因此在工程中应用较广,如图 5-21(a)所示。

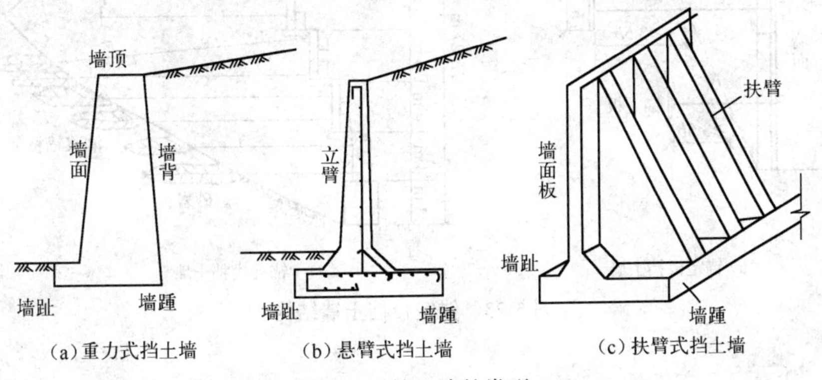

(a)重力式挡土墙　(b)悬臂式挡土墙　(c)扶臂式挡土墙

图 5-21　挡土墙的类型

重力式挡土墙墙背的倾斜形式又可分为仰斜、垂直和俯斜 3 种,如图 5-22 所示,其中在俯斜式挡土墙上作用的主动土压力最大,仰斜式挡土墙上作用的主动土压力最小。

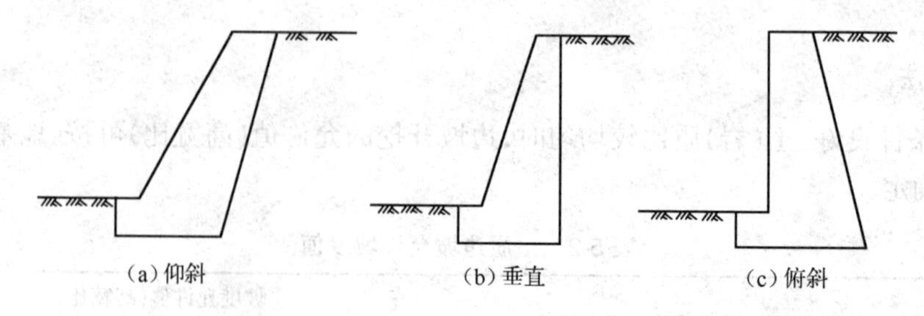

图 5-22　重力式挡土墙墙背倾斜形式

2. 悬臂式挡土墙

悬臂式挡土墙一般用钢筋混凝土建造，它由 3 个悬臂板组成，即立臂、墙趾悬臂和墙踵悬臂，如图 5-21(b)所示，其墙体稳定主要靠墙踵悬臂上的土重维持，墙体内的拉力由钢筋承受。这类挡土墙的优点是能充分利用钢筋混凝土的受力特性，墙体截面尺寸较小，在市政工程及厂矿仓库中较常用。

3. 扶臂式挡土墙

当挡土墙较高时，为了增强悬臂式挡土墙中立臂的抗弯性能，常沿墙的纵向每隔一定距离设置一道扶臂，故称为扶臂式挡土墙，如图 5-21(c)所示，其墙体稳定主要靠扶臂间填土重维持。

此外，还有其他形式的挡土墙，例如锚杆式挡土墙、锚定板挡土墙、混合式挡土墙、垛式挡土墙、加筋挡土墙、土工织物挡土墙及板桩墙等。

图 5-23(a)为锚定板挡土墙，一般由预制的钢筋混凝土面板、立柱、钢拉杆和埋于土中的锚定板组成，挡土墙的稳定由拉杆和锚定板来保证。锚杆式挡土墙则是利用伸入岩层的灌浆锚杆来承受压力的挡土墙结构(图 5-23(b))，与重力式挡土墙相比，其结构轻便并有柔性，造价低，施工方便，特别适用于地基承载力不大的地方。

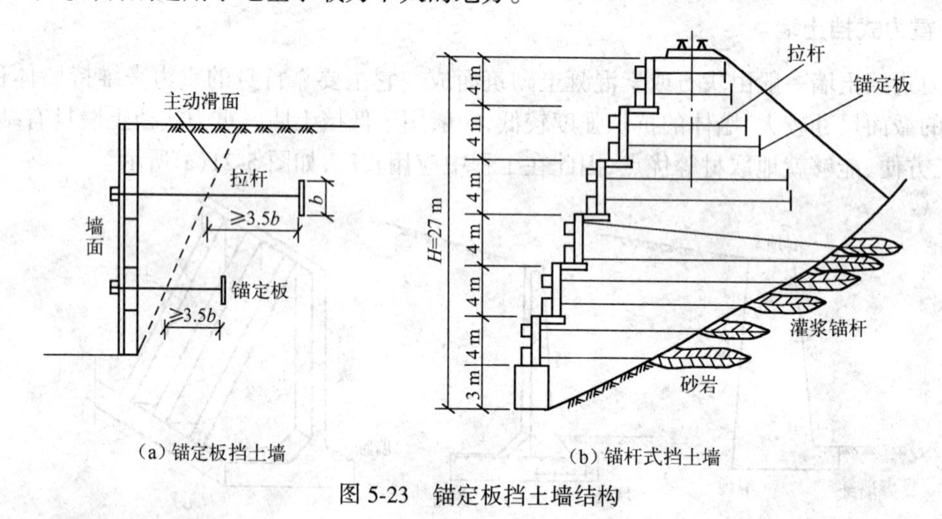

图 5-23　锚定板挡土墙结构

5.6.2　重力式挡土墙的计算

设计挡土墙时，一般先根据挡土墙所处的条件(如工程地质、填土性质、荷载情况以及建筑材料和施工条件等)，依据经验初步拟定截面尺寸，然后进行挡土墙的各种验算。若不满足要求，则应改变截面尺寸或采取其他措施。

挡土墙的计算通常包括下列内容：稳定性验算(包括抗倾覆稳定性验算和抗滑移稳定性验算)；地基承载力验算(验算方法及要求见第 7 章)；墙身强度验算(验算方法参见《混凝土结构设计规范》(GBJ10—1989)和《砌体结构设计规范》(GBJ3—1988))。

作用在挡土墙上的力主要有墙身自重、土压力和基底反力(图 5-24)。如果挡墙后填土中有地下水且排水不良时，还应考虑静水压力，如墙后有堆载或建筑物，则需考虑由超载引起的附加压力，在地震区还要考虑地震的影响。

挡土墙的稳定性破坏通常有两种形式：一种是在土压力作用下绕墙趾 O 点外倾(图 5-25(a))，对此应进行倾覆稳定性验算；另一种是在土压力作用下沿基底滑移(图 5-25(b))，对此应进行滑动稳定性验算。

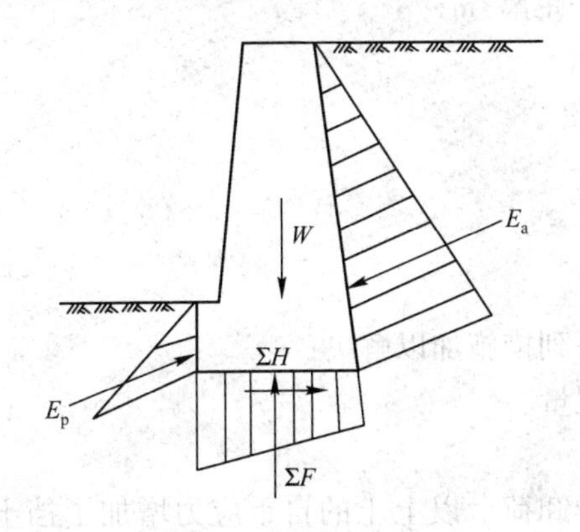

图 5-24 作用在挡土墙上的力

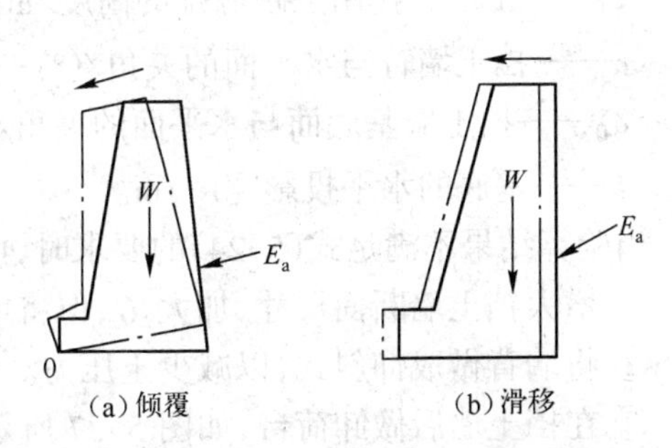

图 5-25 挡土墙的倾覆和滑移

1. 倾覆稳定性验算

图 5-26 所示为一基底倾斜的挡土墙，将主动土压力分解为水平分力 E_{ax} 和垂直分力 E_{az}，抗倾覆力矩($Gx_0+E_{ax}x_f$)与倾覆力矩之比称为抗倾覆安全系数，应满足下式要求，即

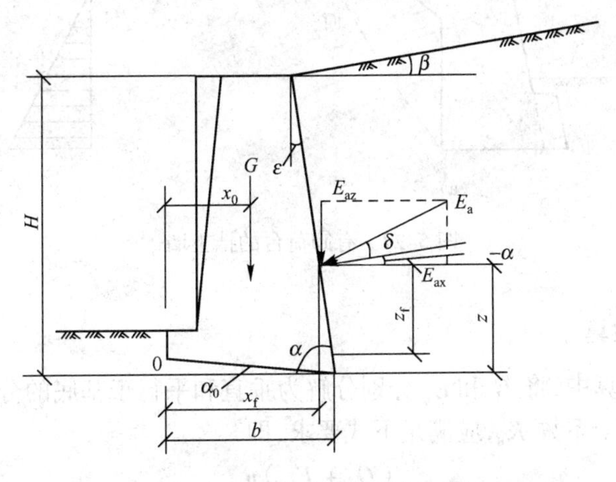

图 5-26 挡土墙的稳定性验算

$$K_t = \frac{Gx_0 + E_{ax}x_f}{E_{ax}z_f} \geqslant 1.5 \tag{5-24}$$

其中 $E_{ax} = E_a \sin(\alpha - \delta)$

$E_{az} = E_a \cos(\alpha - \delta)$

$x_f = b - z\cot\alpha$

$z_f = Z - b\tan\alpha_0$

式中，G——挡土墙每米自重/(kN/m)；

E_{ax}——主动土压力的水平分力/(kN/m)；

E_{az}——主动土压力的垂直分力/(kN/m)；

x_0——挡土墙重心离墙趾 O 的水平距离/m；

x_f——土压力的竖向分力 E_{ax}距墙趾 O 的水平距离/m；

z——土压力作用点距墙踵的高度/m；

z_f——土压力作用点距墙趾的高度/m；

α——挡土墙背与水平面的夹角/(°)；

α_0——挡土墙基底面与水平面的夹角/(°)；

b——基底的水平投影宽度/m。

当验算结果不满足式(5-24)的要求时，可采取下列措施加以解决：

① 增大挡土墙断面尺寸，加大 G，但将增加工程量。

② 将墙背做成仰斜式，以减少土压力。

③ 在挡土墙后做卸荷台，如图 5-27 所示。由于卸荷台以上土的自重应力增加了挡土墙的自重，减少了侧向土压力，从而增大了抗倾覆力矩，减少了倾覆力矩。

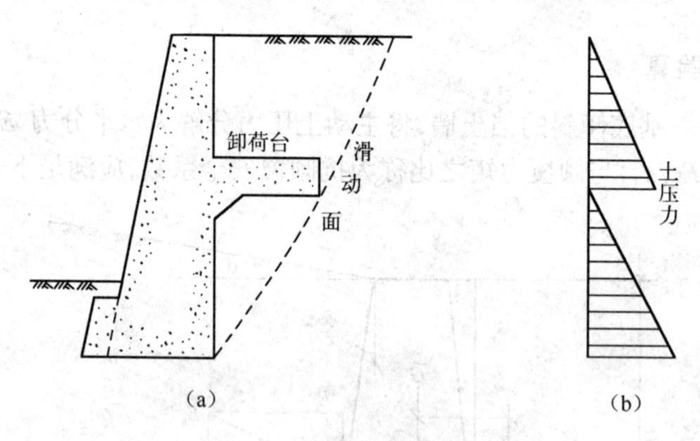

图 5-27　有卸荷台的挡土墙

2. 滑动稳定性验算

在滑动稳定性验算中，将 G 和 E_a 分别分解为垂直和平行于基底的分力，抗滑力与滑动力之比称为抗滑稳定安全系数 K_s，应满足下式要求，即

$$K_s = \frac{(G_n + E_{an})u}{E_{at} - G_t} \geqslant 1.3 \tag{5-25}$$

其中 $G_n = G\cos\alpha_0$

$$G_t = G\sin\alpha_0$$

$$E_{an} = E_a\cos(\alpha - s - \alpha_0)$$

$$E_{at} = E_a\sin(\alpha - s - \alpha_0)$$

式中，μ——土对挡土墙基底的摩擦系数，宜通过试验确定，亦可按表 5-3 选用。

表 5-3 土对挡土墙基底的摩擦系数

土的类别		摩擦系数 μ
黏性土	可塑	0.25~0.30
	硬塑	0.30~0.35
	坚硬	0.35~0.45
粉土	$S_r \leqslant 0.5$	0.30~0.40
中砂、粗砂、砾砂		0.40~0.50
碎石土		0.40~0.60
软质岩石		0.40~0.60
表面粗糙的硬质岩石		0.65~0.75

注：对于易风化的软质岩石，$I_p > 22$ 的黏性土，μ 值应通过试验确定。

当验算结果不满足式(5-25)的要求时，可采取下列措施：

① 增大挡土墙断面尺寸，加大 G。

② 在挡土墙底面做砂、石垫层，以加大 μ。

③ 在挡土墙底面做逆坡，利用滑动面上部分反力来抗滑。

④ 在软土地基上，其他方法无效或不经济时，可在墙踵后加拖板，利用拖板上的土重抗滑，拖板与挡土墙之间用钢筋连接。

【例 5-5】 某挡土墙高 $H = 6$ m，墙背垂直光滑($\varepsilon = 0, \delta = 0$)，填土面水平($\beta = 0$)，挡土墙采用毛石和 M2.5 水泥砂浆砌筑，墙体容重 $\gamma_k = 22$ kN/m³，填土内摩擦角 $\varphi = 40°$，$c = 0$，填土容重 $\gamma = 18$ kN/m³，基底摩擦系数 $\mu = 0.5$，地基承载力设计值为 170 kPa，试设计该挡土墙。

【解】(1) 确定挡土墙的断面尺寸

一般重力式挡土墙的顶宽约为 $H/12$，底宽 b 宜取$(1/3 \sim 1/2)H$，初步选取顶宽 0.6 m，底宽 2.5 m。

(2) 计算主动土压力 E_a

$$E_a = \frac{1}{2}\gamma H^2\tan^2\left(45° - \frac{\varphi}{2}\right) = \frac{1}{2} \times 18 \times 6^2 \times \tan^2(45° - 40°/2) = 70.45 \text{ kN/m}$$

土压力作用点离墙底距离：$h_a = \frac{1}{3}H = \frac{1}{3} \times 6 = 2$ m

(3) 计算挡土墙自重及重心

为计算方便，将挡土墙截面分成一个矩形和一个三角形(图 5-28)，并分别计算它们的自重。

$$G_1 = \frac{1}{2} \times 1.9 \times 6 \times 22 = 125.4 \text{ kN/m}$$

$$G_2 = 0.6 \times 6 \times 22 = 79.2\ \text{kN/m}$$

G_1、G_2 的作用点距 O 点的距离 x_1、x_2 分别为：

$$x_1 = \frac{2}{3} \times 1.9 = 1.27\ \text{m}$$

$$x_2 = 1.9 + \frac{1}{2} \times 0.6 = 2.2\ \text{m}$$

(4) 倾覆稳定性验算

$$K_t = \frac{G_1 x_1 + G_2 x_2}{E_a h_a} = \frac{125.4 \times 1.27 + 79.2 \times 2.2}{70.45 \times 2} = 2.37 > 1.5$$

(5) 滑动稳定性验算

$$K_s = \frac{(G_1 + G_2)\mu}{E_a} = \frac{(125.4 + 79.2) \times 0.5}{70.45} = 1.45 > 1.3$$

(6) 地基承载力验算(图 5-28)

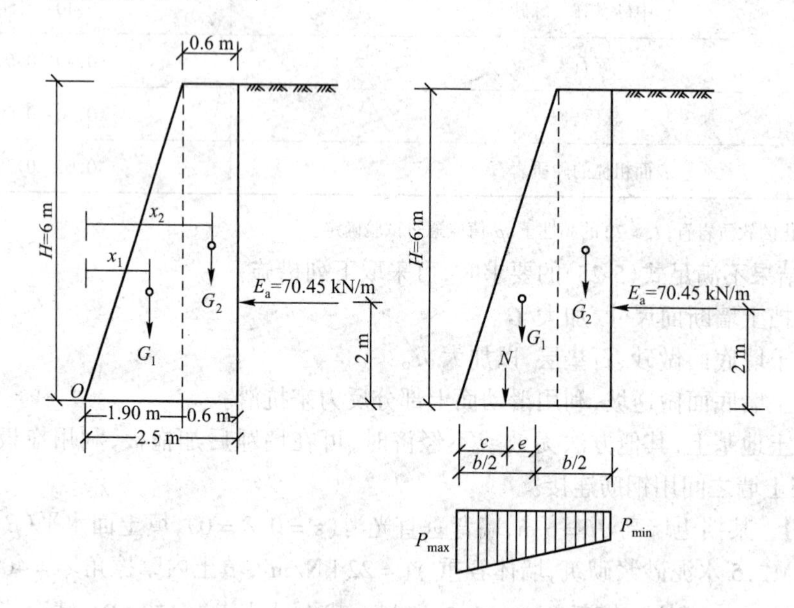

图 5-28 例 5-5 图

作用在基底的点垂直力为：

$$N = G_1 + G_2 = 125.4 + 79.2 = 204.6\ \text{kN/m}$$

合力作用点离 O 点距离为：

$$c = \frac{G_1 x_1 + G_2 x_2 - E_a h_a}{N} = \frac{125.4 \times 1.27 + 79.2 \times 2.2 - 70.45 \times 2}{204.6} = 0.94\ \text{m}$$

偏心距 $e = \frac{b}{2} - c = \frac{2.5}{2} - 0.94 = 0.31 < \frac{b}{6}$

基应压力 $p = \frac{N}{b} = \frac{204.6}{2.5} = 81.84\ \text{kPa} < f = 170\ \text{kPa}$(满足要求)

$$P_{\min}^{\max} = \frac{N}{b}\left(1 \pm \frac{6e}{b}\right) = \frac{204.6}{2.5} \times \left(1 \pm \frac{6 \times 0.31}{2.5}\right) = 81.84 \times (1 \pm 0.744) = \begin{cases} 142.73\ \text{kPa} \\ 20.95\ \text{kPa} \end{cases}$$

$$P_{\max} < 1.2f = 1.2 \times 170 = 204\ \text{kPa}\text{(满足要求)}$$

(7) 墙身强度验算(略)

5.6.3 重力式挡土墙的构造措施

1. 挡土墙截面尺寸及墙背倾斜形式

一般重力式挡土墙的顶宽为墙高的1/12,对于块石挡土墙不应小于0.5 m,混凝土墙可缩小为0.2~0.4 m,底宽约为墙高的1/3~1/2。挡土墙的埋置深度一般不应小于0.5 m,对于岩石地基应将基底埋入未风化的岩层内。

墙背的倾斜形式应根据使用要求、地形和施工要求综合考虑确定,从受力情况分析,仰斜墙的主动土压力最小,而俯斜墙的土压力最大。从挖填方角度来看,如果边坡是挖方,墙背采用倾斜较合理,因为仰斜墙背可与边坡紧密贴合;若边坡是填方,则墙背以垂直或俯斜较合理,因仰斜墙背填方的夯实施工比较困难。当墙前地面较陡时,墙面可取(1:0.05)~(1:0.2)仰斜坡度,亦可直立;当墙前地形较为平坦时,对于中、高挡土墙,墙面坡度可较缓,不但不宜缓于1:0.4,以免增高墙身或增加开挖宽度。仰斜墙背坡度越缓,主动土压力越小,但为避免施工困难,仰斜墙背坡度一般不宜缓于1:0.25,墙面坡应尽量与墙背坡平行。

为了增强挡土墙的抗滑稳定性,可将基底做成逆坡,如图5-29所示。一般土质地基的基底逆坡不宜大于0.1:1,对岩石地基一般不宜大于0.2:1。当墙高较大时,为了使基底压力不超过地基承载力设计值,可加设墙趾台阶,其宽高比可取 $h:a=2:1$,a 不得小于20 cm。

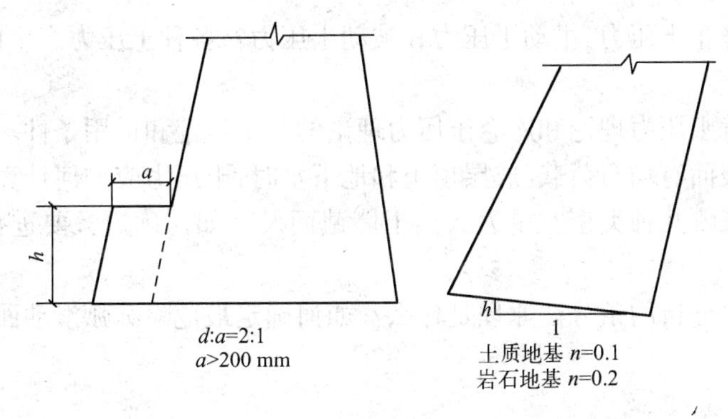

图5-29 基底逆坡及墙趾台阶

2. 墙后排水措施

挡土墙排水若不畅可使填土中存有大量积水,结果使填土容重增加,抗剪强底降低,土压力增大,有时还会受到水的渗透和静水压力的影响,导致挡土墙破坏。因此,挡土墙应设置泄水孔,其间距宜取2~3 m,外斜5%,孔眼尺寸不宜小于 ϕ100 mm。墙后要做好滤水层和必要的排水盲沟,在墙顶背后的地面宜铺设防水层。当墙后有山坡时,还应在坡下设置截水沟。图5-30是排水措施的两个工程实例。

3. 填土质量要求

挡土墙填土宜选择透水性较大的土,例如砂土、砾石、碎石等,因为这类土的抗剪强度较稳定,易于排水。不应采用淤泥、耕植土、膨胀黏土等作为填料,填土料中也不应掺杂大的冻结土块、木块或其他杂物。当采用黏性土作为填料时,宜掺入适量的块石。墙后回填土应分层夯实。

挡土墙应每隔 10 ~ 20 m 设置沉降缝，当地基有变化时，宜加设沉降缝，在拐角处，应适当采取加强构造措施。

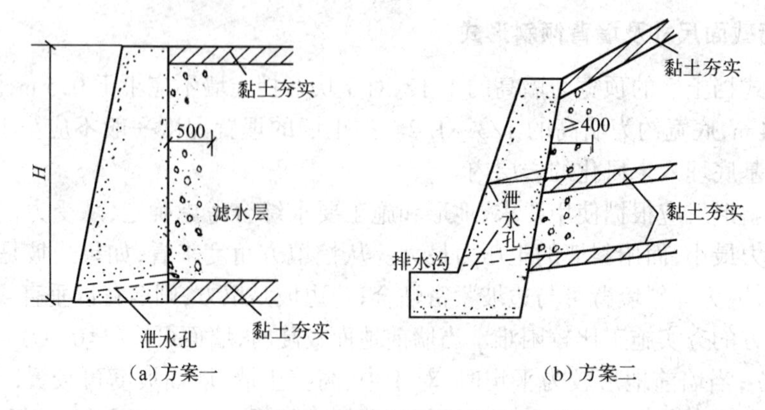

图 5-30　挡土墙排水措施

思考题

5-1　什么是静止土压力、主动土压力和被动土压力？各种土压力产生的条件是什么？比较三者数值的大小。

5-2　比较朗肯土压力理论和库仑土压力理论的基本假定和适用条件。

5-3　当填土表面有均布荷载、成层填土和地下水时，土压力应如何计算？

5-4　挡土墙有哪几种类型？重力式挡土墙截面尺寸如何确定？要进行哪些验算？如何验算？

5-5　土坡稳定分析的条分法原理是什么？如何确定最危险圆弧滑动面？

习题

5-1　某挡土墙高 5 m，墙背垂直光滑，填土面水平，墙后填土为黏性土，其物理指标为：$\gamma = 18\ \text{kN/m}^3$，$c = 8\ \text{kPa}$，$\varphi = 30°$，试求主动土压力及其作用点，并给出主动土压力强度分布图。

5-2　挡土墙高 6 m，墙背垂直光滑，填土面水平并作用有均布荷载 $q = 9\ \text{kPa}$，各层土的物理力学性质如题图 5-1 所示，试求出主动土压力，并绘出主动土压力强度分布图。

5-3　某挡土墙高 6 m，墙背垂直光滑，填土面水平，地下水位距填土表面 3.5 m，墙后填土为砂土，$\gamma = 18\ \text{kN/m}^3$，$\gamma_{sat} = 20\ \text{kN/m}^3$，$\varphi = 20°$，试求挡土墙的总侧向压力，并绘制出主动土压力强度和静水压力分布图。

5-4　某挡土墙高 5 m，墙背倾斜角 $\varepsilon = 10°$，填土与墙背的摩擦角 $\delta = 15°$，墙后填土为中砂，$\gamma = 19\ \text{kN/m}^3$，$\varphi = 30°$，如题图 5-2 所示，试用库仑理论计算主动土压力的大小、方向和作用点的位置，并绘出主动土压力强度沿墙高的分布图。

5-5 某工程基坑开挖深度 $H = 5$ m,地基土的容重 $\gamma = 20$ kN/m^3,内摩擦角 $\varphi = 25°$,黏聚力 $c = 8$ kPa,求基坑开挖时的稳定坡角。

5-6 某重力式挡土墙高 5 m,墙背垂直光滑,填土面水平,墙后填土为中砂,$\varphi = 35°$,$\gamma = 19$ kN/m^3,$c = 0$,毛石砌体容重 $\gamma_k = 22$ kN/m^3,并用 M2.5 水泥砂浆砌筑,基底摩擦系数 $\mu = 0.5$,地基承载力设计值为 180 kPa,试设计该挡土墙。

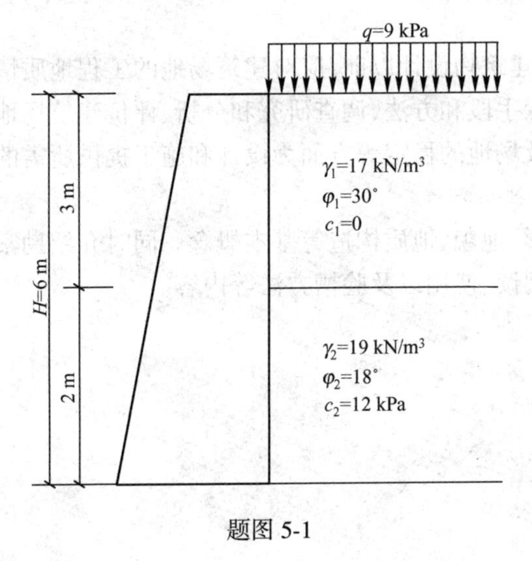

题图 5-1

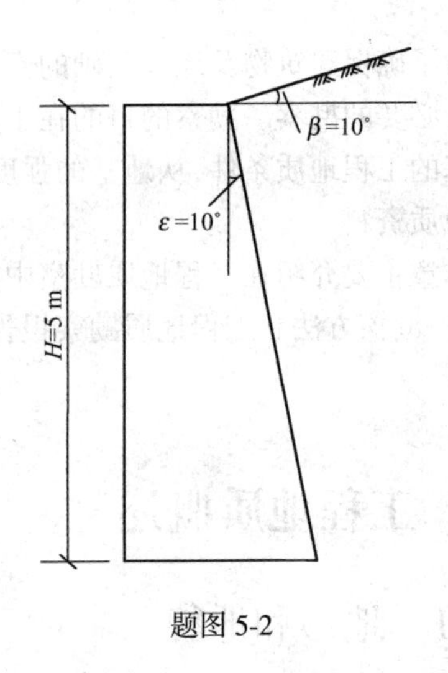

题图 5-2

第 6 章　工程地质勘察

为了确保建筑物及地基基础的安全，在进行建筑物设计以前，应对建筑场地的工程地质情况进行必要的勘察。勘察的目的在于用各种勘探手段和方法，调查研究和分析、评价建筑场地及地基的工程地质条件，从地基的强度、变形以及场地的稳定等方面为设计和施工提供所需的工程地质资料。

本章主要介绍在工程地质勘察中常用的地形、地貌、地质构造等基本概念。同时介绍勘察的任务、勘探方法和工程地质勘察报告的编制、阅读、使用以及验槽方法等内容。

6.1　工程地质概述

6.1.1　地形和地貌

了解场地的地形、地貌特征，可以初步判别建筑场地的复杂程度。地形是指地表形态的外部特征，如高低起伏、坡度大小和空间分布等。地貌则是指从地质学和地理学观点考察、研究地形形成的地质原因、年代及其在漫长的地质历史中不断演化的过程和将来发展趋势的地表形态。在工程地质勘察中，常按地形的原因、形态等进行地貌单元的划分，由于每种地貌单元都反映出不同特征和性质，所以在进行建筑物选址时，应当考虑地貌条件，以下是几种常见的地貌类型。

1．构造、剥蚀地貌

构造、剥蚀地貌主要由构造和强烈的冰川剥蚀地质作用引起，其中又以构造作用为主，其地貌单元有以下几类。

① 山地按其构造的形式可分为断块山、褶皱断块山、褶皱山；山地按地貌形态又可分为最高山、高山、中山、低山。

② 丘陵是指经过长期剥蚀，外貌呈低矮而平缓的起伏地形，其绝对高度小于 500 m，相对高度小于 200 m。

③ 剥蚀残山是指低山在长期的剥蚀过程中，绝大部分的山地都被夷平为准平原，但在个别地段形成了比较坚硬的残丘。

④ 剥蚀准平原是指低山经过长期的剥蚀和夷平，外貌显得更为低缓平坦，具有微弱起伏的地形。

2．山麓斜坡堆积地貌

山麓斜坡堆积地貌主要由山谷洪流的洪积和山坡面流的坡积地质作用形成，其地貌单元有以下几类。

① 洪积扇主要在山谷出口处形成。山区河流自山谷流入平原后，流速减低，形成分散的漫流，流水挟带的碎屑物质开始堆积，形成由山谷出口处向边缘缓慢倾斜的扇形地貌。

② 坡积裙是由山坡上面流将风化的碎屑物质携带到山坡脚下，并围绕坡脚堆积而形成的裙状地貌。

③ 在干旱、半干旱的天气条件下，暂时水流在山前堆积了大量的洪积物，这些洪积物和山坡上面流所携带下来的坡积物汇成宽广平坦的山前平原。

④ 山间凹地是指被环绕的山地所包围而形成的堆积盆地。

3. 河流侵蚀堆积地貌

河流侵蚀堆积地貌主要是由河流侵蚀、切割、冲积地质作用而形成，其地貌单元有以下几类。

① 河谷可分为由地表水流切割而形成的侵蚀河谷、由地壳构造运动和水流作用而形成的构造河谷、分布在火山裂隙处的火山河谷、经过冰川活动所形成的河谷、岩溶河谷以及风力河谷。河谷内各地貌单元的特征又分为河床、河漫滩、谷坡、谷岸(图 6-1)、牛轭湖(图 6-2)等。

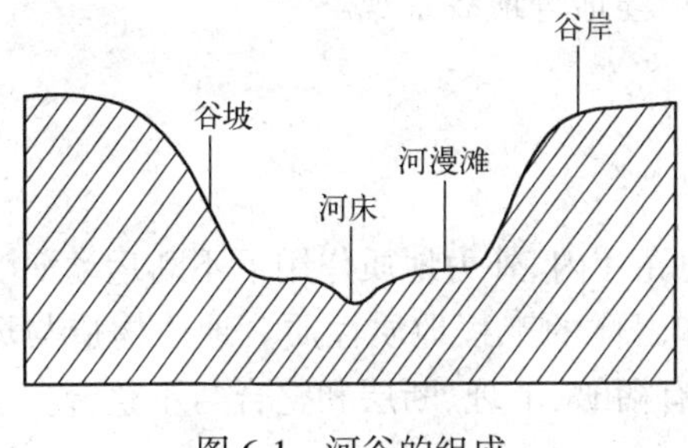

图 6-1　河谷的组成

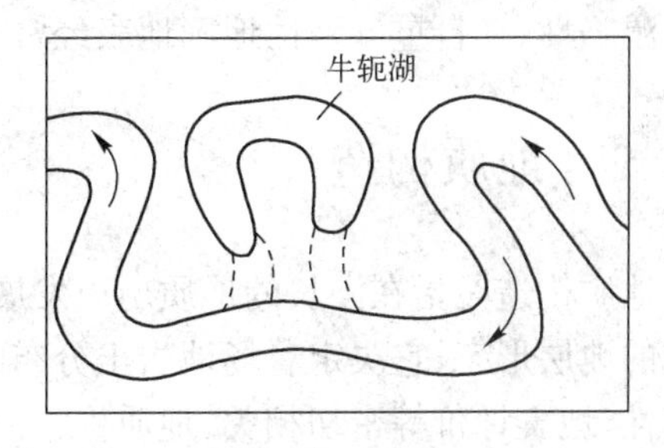

图 6-2　牛轭湖

② 河谷相互之间隔开的广阔地段，称为分水岭。在山区，分水岭通常是峻高的山脊；在平原地区，分水岭常表现为较平坦的地形，外表上不很明显，水仅从一个微高的地段流向两条不同的河流，这种分水岭称为河间地块。

4. 河流堆积地貌

河流堆积地貌主要是由河流的冲积作用而形成的，其地貌单元有以下几类。

① 冲积平原一般是在巨大的河流中下游，有非常开阔的河谷，以致产生十分强烈的堆积作用。每当雨季，洪水溢出河床，流速降低，堆积大量碎屑，在两岸逐渐形成了天然堤，当洪水继续向河床以外广阔地面上淹没时，流速越来越小，堆积了更小的物质，形成了一片广阔的冲积平原。

② 河流在入海或入湖的地方堆积了大量的碎屑物，构成了一个三角形的地段，称为河口三角洲。由于河口三角洲是河流的最末端，入海或入湖处经常受到海浪或潮汐的顶托，流速几乎为零，使淤泥等最细小的颗粒能全部堆积下来，形成巨厚的淤泥层。河口三角洲地下水位一般很浅，地基土的承载力很低，常为软地基。

5. 大陆停泄水堆积地貌

大陆停泄水堆积地貌是由湖泊堆积和沼泽堆积作用而形成的，地貌单元也相应为湖泊平原和沼泽地。

① 当地表水将大量的风化碎屑物带到湖泊洼地时,造成湖岸堆积、湖边堆积和湖心堆积并不断扩大和发展,从而形成了大片向湖心倾斜的平原,即湖泊平原。湖泊平原地下水位一般都很浅,土质也较弱。

② 湖泊洼地中水草茂盛,大量有机物在洼地中积聚,逐渐产生了湖泊的沼泽化,当喜水植物长满整个湖泊洼地时,便形成了沼泽地。

6. 大陆构造—侵蚀地貌

大陆构造—侵蚀地貌主要是由中等构造运动,长期黄土堆积和侵蚀作用而形成的,其地貌单元分别称为构造平原、黄土塬、梁、峁。

① 构造平原是由于地壳的缓慢上升,海水不断退出陆地,形成了向海洋微微倾斜的平原。

② 由黄土覆盖的高原称为黄土高原,黄土高原地形平坦,但常被冲沟切割得支离破碎,这种被切割后还保持的大片平缓倾斜的黄土平台,称为黄土塬。当黄土塬上受两条平行的冲沟切割而成条状的高地时,称为黄土梁。当黄土梁进一步受冲沟的切割而成孤立的或连续的馒头状的高地或者由于古地面的影响而形成单个孤立的丘陵时,称为黄土峁。由于黄土浸水后具有湿陷性,在自重湿陷性地区地表经常有漏斗、碟形洼地等地貌景观。

6.1.2 地质构造

地质构造是指在漫长的地质历史发展过程中,地壳在内、外力地质作用下不断运动演变所造成的地层形态,它决定着场地岩土分布的均一性和岩体的工程地质性质。地质构造与场地稳定性、地震评价等密切相关,地质构造的基本内容有褶皱、节理、断层和整合与不整合。

1. 褶皱

褶皱是指地壳受构造作用的水平力挤压后,形成波状起伏的构造,一个波状的弯曲称为褶曲,一系列褶曲连在一起称为褶波。描述褶波的基本要素有轴面、褶皱轴、翼、脊和翼角(图 6-3)。褶曲虽然各式各样,但基本形式只有两种,即背斜和向斜(图 6-4)。

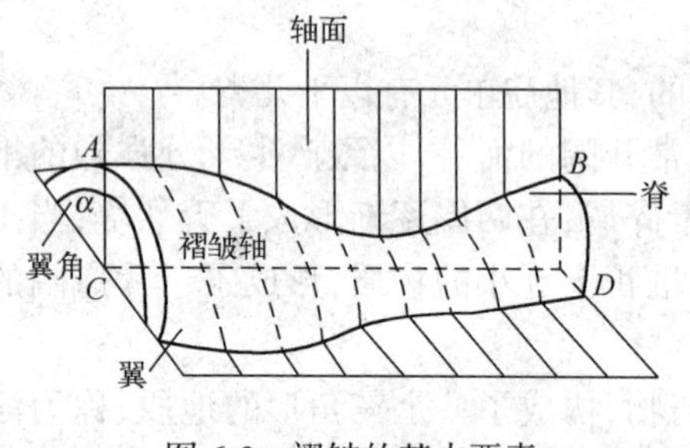

图 6-3　褶皱的基本要素

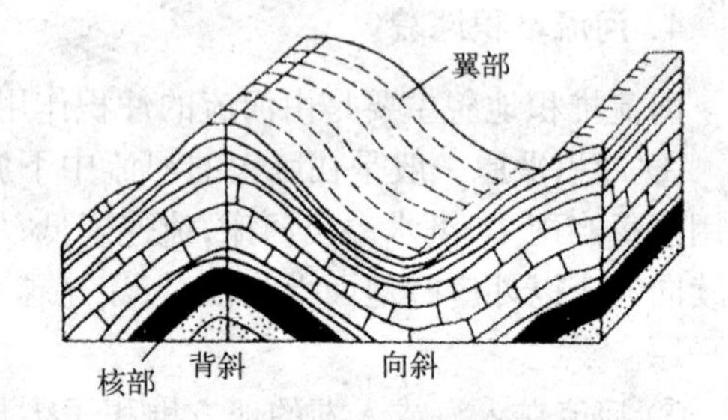

图 6-4　背斜与向斜示意图

2. 节理

节理(裂隙)是指沿断裂面两侧的岩层未发生位移或仅有微小错动的断裂构造。岩层因地壳运动引起的剪应力而形成的断裂称为剪节理,其一般是闭合的,常呈两组平直相交的 X 形。

岩层受力弯曲时,外凸部分由拉应力引起的断裂称为张节理,其裂隙明显,节理面粗糙。此外,由于岩浆冷凝收缩或基岩风化作用而产生的裂隙统称为非构造节理。在褶皱山区,岩层强裂破碎,顺向坡岩体易沿岩层层面和节理面滑动,而丧失稳定性。同时节理发育的岩体加速了风化作用的进行,从而使岩体的强度大大降低。

3. 断层

断层是指沿着断裂面两侧的岩层发生了相对移动的断裂构造。断层的基本要素有断层面、断层线、走向线、倾斜线等,断层面往往不是一个简单的平面,而是有一定宽度的断层带。断层规模越大,这个带就越宽,破坏程度就越严重。因此,建筑场地选址应避免将建筑物跨放在断层上,而且要避开近期活动的断层地带。

6.1.3 地下水

存在于地面下土和岩石的孔隙、裂隙或溶洞中的水称为地下水。在工程地质勘察中应查明地下水的埋藏条件、地下水位及其变化幅度、地下水化学成分及其对建筑基础材料的侵蚀性等情况,并作出评价。

1. 地下水的埋藏条件

地下水按其埋藏条件可分为上层滞水、潜水和承压水 3 种类型,如图 6-5 所示。

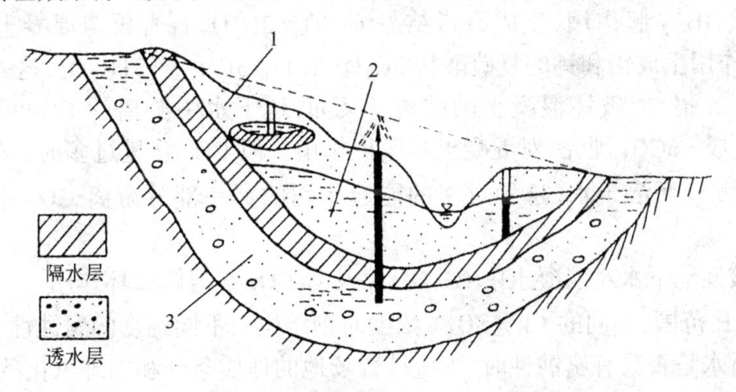

图 6-5 各种类型地下水埋藏示意图

1—上层滞水;2—潜水;3—承压水

① 上层滞水是指埋藏在地表浅处,被阻隔在局部隔水透镜体的上部,且具有自由水面的地下水,它的分布范围有限,其来源主要是由大气降水补给。因此,它的动态变化与气候、季节、隔水透镜体厚度及分布范围等因素有关,只能被作为季节性的或临时性的水源。

② 潜水是埋藏在地表以下第一个稳定隔水层以上的具有自由水面的地下水。潜水一般埋藏在第四纪沉积层及基岩的风化层中,潜水直接受雨水渗透或从河流渗入土中得到补给,同时也直接由于蒸发或流入河流而排泄,它的分布和补给区是一致的。因此,潜水水位变化直接受气候条件变化的影响。

③ 承压水是指充满于两个稳定层之间的含水层中的地下水,它承受一定的静水压力,在地面打井至承压水层时,水便会在井中上升甚至喷出地表。由于承压水的上面存在隔水顶板

的作用，它的埋藏区与地表补给区不一致。因此，承压水的动态变化受局部气候因素影响不明显。

2. 地下水位及其变化幅度

在工程地质勘察时要查明地下水的实测水位和历年最高水位。实测水位是指勘察时实测的稳定水位，而历年最高水位是根据多年地下水位观测记录曲线确定的极大值，该曲线的极大值和极小值之差就是水位变化幅度。

地下水位的变化幅度是确定基础方案、施工方案的重要依据。当地下水位在基础底面以下压缩层范围内发生变化时，可能直接影响工程的安全。若地下水位在压缩层范围内上升，能浸湿和软化岩土，从而使地基的强度降低，压缩性增大，使建筑物产生过大沉降，而且土质不均匀时可引起不均匀沉降。若地下水位在压缩层范围内下降，能增加土的自重应力，引起基础的附加沉降。而当地下水位的升降只是在基础底面以上某一范围内变化时，对地基、基础影响不大。

3. 地下水的侵蚀性

地下水中含有各种化学成分，当某些成分含量过多时，会腐蚀混凝土、钢筋混凝土、石料、金属结构等基础材料而造成危害。

根据《岩土工程勘察规范》(GB 50021—1994)规定常见的腐蚀性化学分析项目有 pH、Ca^{2+}、Mg^{2+}、Cl^-、SO_4^{2-}、CO_3^{2-}、游离 CO_2 等。例如，地下水中的 SO_4^{2-} 含量过多时将与水泥硬化后生成的 $Ca(OH)_2$ 起作用，生成石膏结晶 $CaSO_4 \cdot 2H_2O$，石膏再与混凝土中的铝酸四钙 $4CaO \cdot Al_2O_3$ 起作用生成铝和钙的复硫酸盐 $3CaO \cdot Al_2O_3 \cdot 3CaSO_4 \cdot 31H_2O$。这一化合物的体积比化合前膨胀 2.5 倍，能破坏混凝土的结构。又如，地下水中游离的 CO_2 可与混凝土中的 $Ca(OH)_2$化合生成 $CaCO_3$ 硬壳，对混凝土起保护作用。但 CO_2 含量过多时，又会与 $CaCO_3$ 化合生成 $Ca(HCO_3)_2$ 而溶于水，这种过多的能起作用的那一部分游离 CO_2 称为腐蚀性二氧化碳。

$pH < 7$ 的酸性地下水对混凝土中 $Ca(OH)_2$ 及 $CaCO_3$ 起溶解破坏作用。

在一定的 pH 范围，不同的 Cl^-、SO_4^{2-} 浓度对钢结构有不同程度的腐蚀性。

在评价地下水是否具有腐蚀性时，则应结合场地的地质条件和物理风化条件综合考虑，把腐蚀性划为无腐蚀、弱腐蚀、中等腐蚀、强腐蚀及严重腐蚀 5 个等级，并根据腐蚀程度的评价，相应采用抗腐蚀建筑材料及有关防护措施。

6.2 工程地质勘察的目的和任务

工程地质勘察的目的在于通过不同的勘察方法，取得建筑用的工程地质资料，为工程设计和施工提供可靠和充分的依据，从而提高设计和施工的质量。在中外建筑史上，由于没有进行工程地质勘察而盲目设计与施工，或没有进行认真、准确的勘察，造成工程事故的例子是不少的。因此，在建筑工程的设计与施工前都必须按照基本建设程序进行工程地质勘察，取得可靠的工程地质资料，以保证建筑工程设计与施工的质量，保证建筑物的正常使用与安全。

工程地质勘察根据设计阶段的划分可分为选择场址勘察、初步勘察和详细勘察 3 个阶段。

6.2.1 选址勘察

选择场址勘察阶段,应对拟选场址的稳定性和适应性作出工程地质评价,这一阶段的工作是要收集区域地质、地形地貌、地震、矿产和附近地区的工程地质资料及当地的经验。在收集和分析已有资料的基础上,通过踏勘,了解场地的地层、构造、岩石和土的性质、不良地质现象及地下水等情况。对工程地质条件复杂,已有资料不能满足要求时,应根据具体情况进行必要的勘察工作。

6.2.2 初步勘察

初步勘察阶段,应对场地内建筑地段的稳定性作出评价,并为确定建筑总平面布置、主要建筑物地基基础方案及对不良地质现象的防治提供工程地质资料。在这一阶段,要初步查明地层、构造、岩石和土的物理力学性质、地下水埋藏及土的冻土深度。查明场地不良地质现象的成因、分布范围,对场地稳定性的影响程度及发展趋势。对抗震设防烈度大于或等于7度的场地应判定场地和地基的地震效应。应初步查明地下水对工程的影响,调查地下水的类型、补给和排泄条件,实测地下水位,初步判定其变化幅度,并对地下水对基础的侵蚀性作出评价。

6.2.3 详细勘察

详细勘察阶段是与施工图相配合的勘察阶段。在详细勘察阶段应对建筑地基作出工程地质评价,为地基基础设计、地基处理、不良现象的防治措施提供准确的工程地质资料,并对可能采用的基础形式、地基处理方法、不良现象的防治措施等具体方案作出论证和建议,在这一阶段主要应进行以下工作:

(1) 取得附有坐标及地形的建筑物总平面布置图,各建筑物的地面整平标高,建筑物的性质、规模、结构特点,可能采取的基础形式、尺寸、预计埋置深度,对地基基础设计的特殊要求等。

(2) 查明不良地质现象的成因、类型、分布范围、发展趋势及对建筑物的危害程度,并提出评价与整治所需的岩土技术参数和整治方案建议。

(3) 查明建筑物范围各层岩土的类型、结构、厚度、工程特性,计算和评价地基的稳定性和承载力,并提供地基基础设计、计算所需的有关岩土技术参数。

(4) 查明地下水的埋藏条件。必要时,还应查明水位变化幅度与规律,提供地层的渗透性,以便于进行基坑降水设计。同时应判断地基土与地下水在建筑物施工和使用期间可能产生的变化及其对工程的影响,提出防治措施及建议。

(5) 对抗震设防烈度大于或等于6度的场地,应划分场地土类型和场地类别;对抗震设防烈度大于或等于7度的场地还应分析预测地震效应,判定饱和砂土或饱和粉土的地震液化,并计算液化指数。

对工程地质条件复杂或有特殊施工要求的重、大型建筑物地基,应根据有关规范进行有针对性的勘察,或进行施工勘察。而对面积不大且工程地质条件简单的建筑场地,或有较多经验的地区,可适当简化勘察阶段。

工程地质勘察工作的主要内容是：了解工程地质勘察的任务，进行现场地质勘察、室内土工试验、分析整理资料、编写工程地质勘察报告。

6.3 工程地质勘探方法

工程地质勘察常采用的勘探方法可分为槽探、井探、钻探、触探和地球物理勘探等。

6.3.1 槽探、井探

槽探、井探是在现场通过向下挖坑、槽或井的形式以了解土层情况的方法。由于槽探、井探主要是用人工进行，为减少开挖土方的工程量，断面尺寸不宜过大。槽探的深度较浅，一般仅 3 ~ 4 m，槽口尺寸一般宽 1 m，长 1.5 ~ 2 m；探井深度可超过 10 m，甚至更深，断面一般为圆形，直径仅为 1 ~ 2 m。在疏松的软弱土层或无黏性土中开挖时，必须采取支护以保证人员安全。同时，当深度超过地下水位时，应有排水措施。

槽探一般适用于了解构造线、破碎带宽度、不同地层岩性的分界线、岩脉宽度及其延伸方向等；井探能直接观察地层情况，详细给出岩性和分层，能取到接近实际的原状土样。因此，槽探、井探适用于地质条件复杂的地区。

6.3.2 钻探、触探

钻探是采用钻探设备进行钻孔勘探以获得地质资料的一种最广泛应用的勘探方法。钻探通过钻机在地层中钻孔，然后根据钻头提取出的土样，确定和划分地层，观测地下水位，也可以根据需要在钻孔中进行原位测试以及利用取土器采取原状土样送室内土工试验，以获取土的有关物理、力学性质指标。

1. 钻进方法

根据钻进方法的不同可以分冲击钻进、回转钻进、冲击—回转钻进、振动钻进四种方法。冲击钻进是利用钻具的重力和冲击力使钻头冲击孔底以碎岩土。根据使用的工具不同可分为钻杆冲击钻进和钢绳冲击钻进，以钢绳冲击钻进应用较普遍；回转钻进是利用钻具回转使钻头的切削刃或研磨材料削磨岩土使之破碎；冲击—回转钻进也称综合钻进，岩土的破碎是在冲击、回转的综合作用下发生的；振动钻进是将机械动力所产生的振动力，通过连接杆及钻具传到圆筒形钻头周围土中。由于振动器高速振动的结果，使土的抗剪力急剧降低，这时钻头依靠钻具和振动器的重量进入土层。而冲击钻进、回转钻进、冲击—回转钻进如果采用冲洗液时称为冲洗钻进。由于每种钻进方法都有各自特点，因此分别适用于不同的地层和不同的勘察要求。根据《岩土工程勘察规范》(GB 50021—1994)的规定，钻探时钻进方法可根据地层类别及勘察要求按表 6-1 选择。

2. 触探

触探是现场原位测试土的工程性质的一种常用手段，是通过探杆用静力或动力将金属探头贯入土层，并量测各层土对触探头的贯入阻力大小的指标。触探往往和钻探等其他勘探方法配合使用，可用于划分地层、了解土层的均匀性，也可用于直接估计地基土的承载力和变形指标，触探分为静力触探和动力触探两种。

表 6-1　钻探方法的适用范围

钻探方法		钻进地层					勘察要求	
		黏性土	粉土	砂土	碎石土	岩石	直观鉴别、采取不扰动试样	直观鉴别、采取扰动试样
回转	螺旋钻探	＋＋	＋	＋	－	－	＋＋	＋＋
	无岩芯钻探	＋＋	＋＋	＋＋	＋	＋＋	－	－
	岩芯钻探	＋＋	＋＋	＋＋	＋	＋＋	＋＋	＋＋
冲击	冲击钻探	－	＋	＋＋	＋＋	－	－	－
	锤击钻探	＋＋	＋＋	＋＋	＋	－	＋＋	＋＋
振动钻探		＋＋	＋＋	＋＋	＋	－	＋	＋＋
冲击钻探		＋	＋＋	＋＋	－	－	－	－

注：“＋＋”适用，“＋”部分适用，“－”不适用。

1）静力触探

静力触探是通过在触探杆上施加静压力，将触探头压入土中，利用电子测量仪器记录贯入阻力变化，根据贯入阻力大小来判定土的力学性质。静力触探试验成果常用于划分土层、确定土的类别、估算地基土承载力和变形模量、选择桩基持力层、预估单桩承载力等。

静力触探设备主要由加压装置、反力装置及触探头三部分组成。加压装置的作用是提供加在触探头上的静压力，根据加压方式不同，可分为手摇式轻型静力触探、齿轮机械式静力触探、全液压传动静力触探 3 种。手摇式轻型静力触探适用于较大设备难以进入的狭小场地的浅层地基现场测试；齿轮机械式静力触探既可单独落地组装，也可装在汽车上，但贯入力较小，贯入深度有限；全液压传动静力触探在国内使用比较普遍，一般是将载重卡车改装成轿车型静力触探车，其动力来源既可使用汽车本身动力，也可使用外接电源，工作条件较好，最大静压力可达 200 kN。静力触探的反力装置是为垂直向下的静压力提供平衡反力的。可以用三种形式解决，第一种是利用地锚提供反力，地锚根数视反力大小而定，一般可用 2 ~ 4 根或更多，每根地锚的长度一般约为 1.5 m，应设计成可拆卸的，并且以单叶片为好；第二种是用重物作反力，如地表土为砂砾、碎石土等，地锚难以进入时，可采用钢轨、钢锭等重物来解决反力问题，一般软土地基中贯入 30 m 以内需 40 000 ~ 50 000 kN 重物；第三种是利用车辆自重作反力，将整个触探设备装在载重汽车上，利用汽车自重作反力，如反力仍不够，再配合以前两种形式共同作用来满足反力要求。由于静压力是通过触探杆传到触探头上，要求触探杆要有一定的刚度，因此触探杆外径通常为 32 ~ 35 mm，壁厚一般为 5 mm 的高强度无缝钢管，同时为了使用方便，每根触探杆的长度以 1 m 为宜，钻杆接头采用平接，以减少压入过程中钻杆与土的摩擦力。触探头是静力触探设备中的核心部分，触探杆将探头匀速贯入土层时，一方面引起尖锥以下局部土层的压缩，于是产生了作用于尖锥的阻力；另一方面又在孔壁周围形成一圈挤实层，从而导致作用于探头侧壁的摩阻力，探头的这两种阻力是土的力学性质的综合反映。因此，只要通过适当的内部结构设计，使探头具有能测得土层阻力的传感器的功能，便可根据所测得阻力大小来确定土的性质。触探头按其结构分为单桥探头和双桥探头两种，它们的构造如图 6-6 和图 6-7 所示。

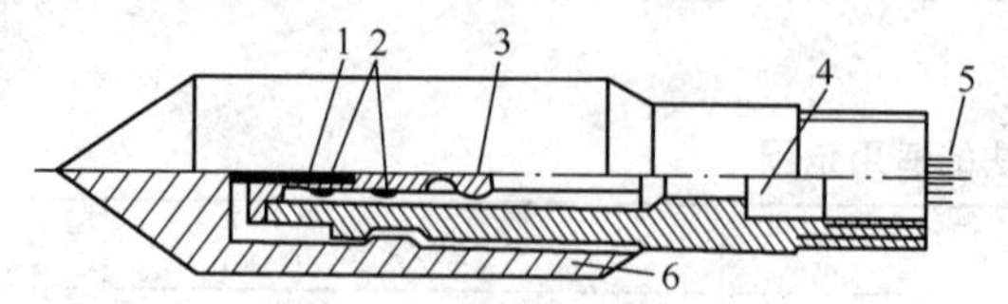

图 6-6　单桥探头构造

1—顶柱；2—电阻应变片；3—传感器；4—密封垫圈套；5—四芯电缆；6—外套筒

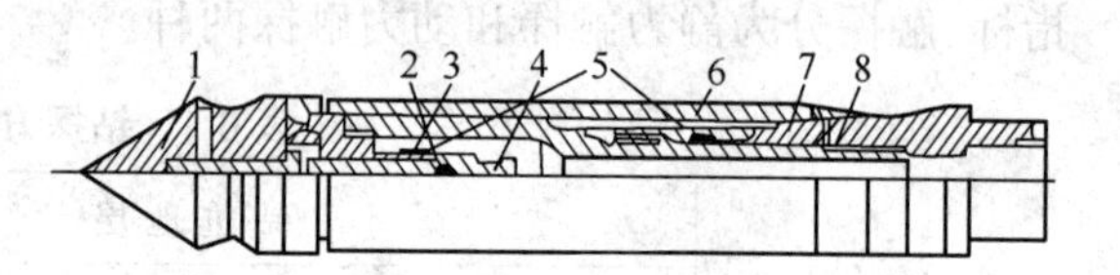

图 6-7　双桥探头构造

1—锥尖头；2—钢珠；3—顶柱；4—锥尖传感器；5—电阻应变片；6—摩擦筒；7—摩擦传感器；8—传力杆

单桥探头测到的是包括锥尖阻力和侧壁摩阻力在内的总贯入阻力，通常比贯入阻力用 p_s 来表示，即

$$p_s = p/A \tag{6-1}$$

式中，p——探头总贯入阻力/kN；

A——探头截面积/m^2；

p_s——比贯入阻力/kPa。

双桥探头可以同时分别测得锥尖总阻力 Q_c(kN)和侧壁总摩阻力 P_f(kN)，则单位面积锥尖阻力 q_c 和侧壁单位面积摩阻力 f_s 表示为

$$q_c = Q_c/A \tag{6-2}$$

$$f_s = P_f/F_s \tag{6-3}$$

式中，q_c——单位面积锥尖阻力/kPa；

f_s——侧壁单位面积摩阻力/kPa；

F_s——外套筒的总侧面积/m^2。

根据单位面积锥尖阻力和侧壁单位面积摩阻力可计算同一深度处的摩阻比 R_s，即

$$R_s = f_s/q_c \times 100\% \tag{6-4}$$

在现场测试以后可绘制或由静力触探自动记录仪自动绘制各种阻力与深度的关系曲线。

地基土的承载力取决于土本身的力学性质，而静力触探所得的比贯入阻力等指标在一定程度上反映了土的某些力学性质。根据静力触探试验资料和其他的测试结果(如取原状土在室内进行测试)相互对比，建立相关关系，或者可间接地按地区性的经验关系估算土的承载力、压缩性指标、单桩承载力、沉桩可能性和判定液化等。

静力触探试验适用于黏性土、粉土、砂土及含少量碎石的土层，尤其适用于地层变化较大的复杂场地，以及不易取得原状土的饱和砂土的高灵敏度软黏土地层。但静力触探不能直接识别地层，而且对碎石类地层和较密实的砂土层难以贯入，因此经常与钻探配合使用。

2）动力触探

动力触探是使一定质量的穿心锤从一定高度(落距)自由落下，将一定形式的触探头贯入土层内一定深度，并记录锤击次数来判明土的性质。动力触探设备主要由触探头、触探杆和穿心锤 3 部分组成。

(1) 根据穿心锤质量、落距、贯入土层深度、触探头等指标的不同，目前国内动力触探的类型主要有轻型、中型、重型和超重型，见表 6-2。常用的是轻型动力触探和重型动力触探。轻型动力触探穿心锤质量 10 kg、落距为 500 mm，触探杆外径 25 mm，每根长 1 ~ 1.5 m，贯入

30 cm的锤击数，如图 6-8 所示，一般用于贯入深度小于 4 m 的黏性土和黏性素填土或验槽；重型动力触探穿心锤质量 63.5 kg、落距为 760 mm、触探杆外径 42 mm，贯入 10 cm 的锤击数，其探头如图 6-9 所示，当触探杆长度大于 2 m 或触探地下水以下的土层时需考虑校正锤击数，一般适用于砂土和碎石土。根据动力触探试验成果指标，并结合地区经验可以判定地基土的工程特性，可以依其确定地基土承载力，评价砂土、碎石土的密实度、确定抗剪强度和变化模量以及桩尖持力层和单桩承载力等。

表 6-2　国内动力触探类型及规格

触探类型	落锤质量 /kg	落锤距离 /cm	探头规格	触探指标	触探杆外径 /mm
轻型	10 ± 0.2	50 ± 2	圆锥头，锥角 60°，锥底直径 4.0 cm，锥底面积 12.6 cm^2	贯入 30 cm 的锤击数 N_{10}	25
中型	28 ± 0.2	80 ± 2	圆锥头，锥角 60°，锥底直径 6.18 cm，锥底面积 30 cm^2	贯入 10 cm 的锤击数 N_{26}	33.5
重型	63.5 ± 0.5	76 ± 2	圆锥头，锥角 60°，锥底直径 7.4 cm，锥底面积 43 cm^2	贯入 10 cm 的锤击数 $N_{63.5}$	42
超重型	120 ± 1.0	100 ± 2	圆锥头，锥角 60°，锥底直径 7.4 cm，锥底面积 43 cm^2	贯入 10 cm 的锤击数 N_{120}	50 ~ 60

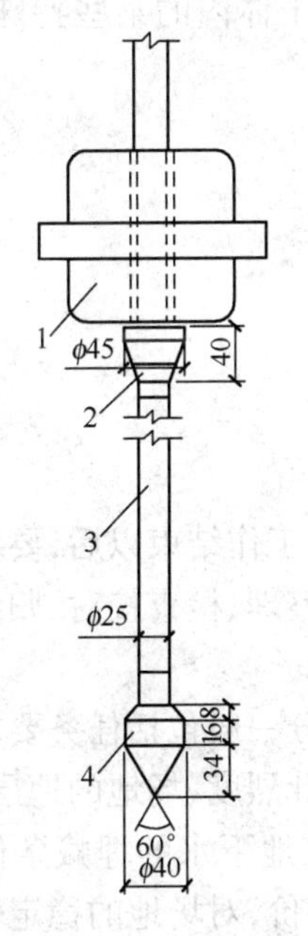

图 6-8　轻型动力触探试验设备

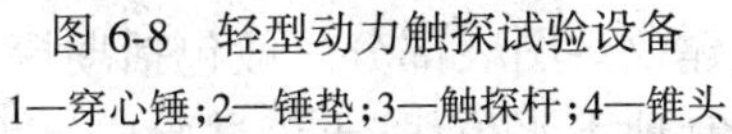
1—穿心锤；2—锤垫；3—触探杆；4—锥头

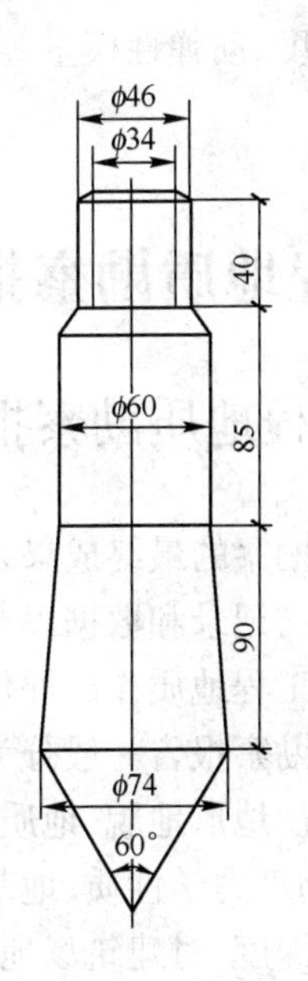

图 6-9　重型动力触探探头

(2) 如果将动力触探的触探头换为标准贯入器(图 6-10)，则称标准贯入试验。标准贯入器穿心锤质量 63.5 kg、落距为 760 mm，触探杆外径 42 mm，贯入 30 cm 的锤击数，当触探杆长度大于 3 m 时需考虑校正锤击数。标准贯入试验一般适用于砂土、粉土及一般黏性土。根据标准贯入试验成果并结合地区经验可以评价砂土的密实度、确定黏性土状态以及地基土的承载力，并对砂土、粉土的液化等作出评价。

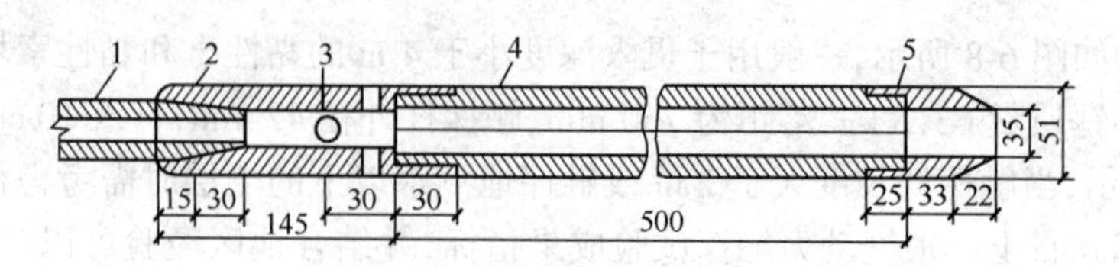

图 6-10 标准贯入器示意图

1—触探杆;2—贯入器头;3—出水孔;4—由两个半圆形管合成的贯入器身;5—贯入器靴

6.3.3 地球物理勘探

地球物理勘探简称物探,是指利用地球物理的方法来探测地层岩性、地质构造等地质问题的勘探方法。由于不同的岩石、地层和地质构造各自具有不同的物理特性,例如在导电性、磁性、弹性、湿度、密度、天然放射性等方面存在差异,因此针对不同的物理特性,采用专门的手段和物探设备,测量出具体的定量指标,就可以作出定性的判断,达到了解地质情况的目的。

目前常用的探物方法有电法勘探、地震勘探、重力勘探、磁法勘探、声波探测等,而电法勘探又分为直流电法勘探和交流电法勘探两大类,每一类中又分别有电阻率法、电位法和频率测深法、电磁法、交流激发极化法等。物探方法一般适用于作为钻探的先行手段,了解隐蔽的地质界线、界面或异常点、异常带,可使钻探方案的制订更经济合理,同时也作为钻孔的辅助手段,在钻孔之间增设物探点,以修正和补充钻孔成果及测定岩土体内的某些特殊的物理参数,如波的传播速度、动弹性模量等。

6.4 工程地质勘察报告

6.4.1 工程地质勘察报告的编制

工程地质勘察的最终成果是以报告书的形式提出的,勘察工作结束以后,要把野外工作和室内试验取得的记录和数据以及收集到的有关资料进行分析整理、检查校对、归纳总结,最后,对拟建场地的工程地质作出评价。

工程地质勘察报告一般分为文字和图表两部分。文字部分一般包括任务要求及勘察工作概况、场地位置、地形地貌、地质构造、不良地质现象及地震设计烈度、场地的地层分布、岩石和土的均匀性、物理力学性质、地基承载力和其他设计计算指标、地下水的埋藏条件和腐蚀性以及土层的冻结深度,对建筑场地及地基进行综合的工程地质评价,对场地的稳定性和适宜性作出结论,并指出存在的问题和提出有关地基基础方案的建议。图表部分一般包括勘探点平面布置图、工程地质剖面图、地质柱状图或综合地质柱状图、地下水位线、土工试验成果表、其他测试成果图表(如现场荷载试验标准贯入试验、静力触探试验、旁压试验等)。

6.4.2 工程地质勘察报告的阅读和使用

为了充分发挥工程地质勘察报告在设计和施工中的作用,必须认真阅读工程地质勘察报告的内容,了解勘察报告的结论和建议,分析各项岩土参数的可靠程度,从而能正确地使用工程地质勘察报告。

1. 持力层的选择

地基持力层的选择应该从地基、基础和上部结构的整体概念出发,综合考虑场地的土层分布情况和土层的物理力学性质,以及建筑物的外形、结构类型、荷载等情况。对不会发生场地稳定性不良现象的建筑区段,地基基础设计必须满足地基承载力和基础沉降这两个基本要求。同时本着经济节约和充分发挥地基潜力出发,应尽量采用天然地基上浅基础的设计方案。

根据勘察资料,合理地确定地基承载力是选择持力层的关键。而地基承载力的确定取决于很多因素,单纯依靠某种方法确定的承载力值不一定完全合理,只有通过认真阅读勘察报告,分析所得到的有关野外和室内的各种指标,并结合当地实践经验,才能确定地基承载力。然后在熟悉场地各土层的分布和物理力学性质(如层状分布情况、状态、压缩性和抗剪强度、厚度、埋深及均匀程度等)的基础上,综合拟建工程的具体情况初步确定持力层,并经过试算或方案比较,最后作出决定。

2. 场地稳定性的评价

对于地质条件复杂的地区,综合分析的首要任务是评价场地的稳定性,然后才是地基土的承载力和变形问题。

场地的地质构造(如褶皱、断层等)、不良地质现象(如滑坡、泥石流、塌陷等)、地层形成条件和地震等都会影响场地的稳定性,在勘察中必须查明其分布规律、具体条件和危害程度。

存在不良地质发育现象且对场地稳定性有直接危害或潜在威胁的地区修建建筑物,必须慎重对待,如不得不在其中较为稳定的地段进行建筑,要事先采取有力措施,防患于未然,以免造成损失。

6.5 验槽

当基坑(槽)开挖至设计标高时,施工单位应组织勘察、设计、质量监督和建设单位等有关人员共同检查坑底土层是否与设计、勘察资料相符,是否存在填井、填塘、暗沟、墓穴等不良地质情况,这个过程称为验槽。

验槽的方法以观察为主,辅以夯、拍或轻便触探、针探等方法。

6.5.1 观察验槽

观察验槽首先应根据槽断面土层分布情况及走向,初步判明槽底是否已挖至设计要求深度的土层;其次,检查槽底时应观察刚开挖的未受扰动的土的结构、孔隙、湿度、含有物等,确定是否为原设计所提出的持力层土质,特别应重点注意柱基、墙角、承重墙下或其他受力较大的部位。除在重点部位取土鉴定外,还应在整个槽底进行全面观察,观察槽底土的颜色是否均匀一致，土的坚硬度是否一样，有没有局部含水量异常的现象等，对可疑之处，都应查明原因，以便为地基处理或设计变更提供可靠的依据。

6.5.2 夯、拍或轻便勘探

夯、拍验槽是用木夯、蛙式打夯机械或其他施工工具对干燥的基坑进行夯、拍(对潮湿和软土地基不宜夯、拍，以免破坏槽底土层)，从夯拍声音判断土中是否存在洞或墓穴，对可疑之处可采用轻便勘探方法进一步调查。

轻便勘探验槽是用钎探、轻便触探、手摇小螺纹钻、洛阳铲等对地基主要受力层范围的土层进行勘探，或对前述观察、夯或拍发现的异常情况进行探查。

轻便触探前面已介绍，这里不再重复。钎探是用 ϕ22 mm ~ ϕ25 mm 的钢筋作钢钎，钎尖呈 60°锥状(图 6-11(a))，长度为 1.8 ~ 2.0 m，每 300 mm 作一刻度。钎探时，用质量为 4 ~ 5 kg 的大锤将钢钎打入土中，落锤高 500 ~ 700 mm，记录每打入 300 mm 的锤击数，据此可判断土质的软硬程度。

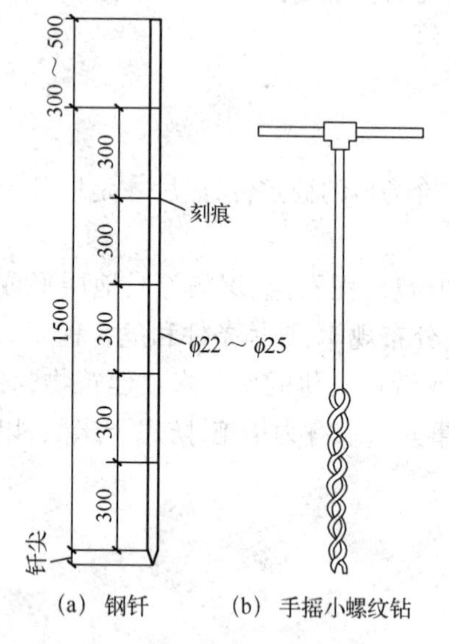

图 6-11 两种轻便勘探工具

钎孔的布置和深度应根据地基土的复杂程度和基槽形状、宽度而定，孔距一般取 1 ~ 2 m，对于较软弱的人工填土及软土，钎孔间距不应大于 1.5 m。发现洞穴等应加密探点，以确定洞穴的范围。钎孔的平面布置可采用行列式或梅花形，钎孔的深度为 1.5 ~ 2.0 m。

在钎探以前，需绘制基槽平面图，在图上根据要求确定钎探点的平面布置，并依次编号，绘成钎探平面图。钎探时按钎探平面图标定的钎探点顺序进行，并同时记录钎探结果。每一栋建筑物基坑(槽)钎探完毕后，要全面地逐层分析钎探记录，将锤击数明显过多或过少的钎孔在平面图中标出，以备重点检查。

手摇小螺纹钻是一种小型的轻便钻具(图 6-11(b))，钻头呈螺旋形，上接一 T 形手把，由人力旋入土中。钻杆根据需要可接长，钻探深度一般为 6 m，在软土中可达 10 m，孔径约 70 mm。每钻入土中 300 mm(钻杆上有刻度)后将钻竖直拔出，由附在钻头上的土了解土层情况。

根据验槽结果，如果发现有异常现象，针对不同的情况应分别认真对待。如槽底土层与设计不符，需对原设计进行修改(如加大埋深增加基底面积等)；如遇局部软土、洞穴等不良情况，则要根据局部软弱土层的范围和深度，采取相应的措施。总之，根据具体情况，采用相应的措施，保证使建筑物基础不均匀沉降控制在允许范围之内。

思考题

6-1 工程地质勘察的目的是什么？

6-2 工程地质勘察分哪三个阶段？每个阶段的任务是什么？

6-3 建筑场地勘探常用的勘探方法有哪几种？动力触探有哪几种？

6-4 地下水按埋藏条件不同可分为哪几类？地下水位发生变化对地基会有什么影响？

6-5 工程地质勘察报告一般应包括哪些内容？

6-6 验槽的目的是什么？如何进行验槽？

6-7 什么是钎探？钎探时，同一建筑场地可以采用不同重的锤吗？为什么？

第 7 章　天然地基上的浅基础

7.1　概述

天然地基上浅基础由于埋置浅,施工方便,技术简单,造价经济,在方案选择上是设计人员首先考虑的基础形式。

常用的浅基础体型不大,结构简单,在计算单个基础时,一般既不遵循上部结构与基础的变形协调条件,也不考虑地基与基础的相互作用,通常称为常规设计方法,这种简化方法也经常用于其他复杂的大型基础的初步设计。

天然地基上的浅基础设计,其内容及步骤通常如下:

(1) 阅读分析建筑场地的地质勘察资料和建筑物的设计资料,充分掌握拟建场地的工程地质条件、水文地质条件及上部结构类型、荷载性质、大小、分布及建筑布置和使用要求。

(2) 选择基础的结构类型和建筑材料。

(3) 选择基础的埋置深度,确定地基持力层。

(4) 按地基承载力确定基础底面尺寸。

(5) 进行必要的地基验算,包括地基持力层及软弱下卧层的承载力验算,必要的地基稳定性、变形验算,根据验算结构修正基础底面尺寸。

(6) 基础结构和构造设计。

(7) 绘制基础施工图,编制施工说明。

上述各个方面是密切关联、相互制约的,因此地基设计工作往往要反复进行才能取得满意的结果,对规模较大的基础工程,若满足要求的方案不止一个,还应进行经济技术比较,最后选择最优方案。

7.2　浅基础分类

7.2.1　刚性基础和柔性基础

1. 刚性基础

用砖、毛石、素混凝土等材料做成的基础具有较好的抗压性能,但抗拉、抗剪强度不高,因此设计时必须保证在基础内产生的拉应力和剪应力都不大于相应材料强度的设计值,为满足这一设计要求,可以采取构造措施施工,即限制基础台阶的宽度和高度之比值不超过表 7-1 规定的基础台阶宽度和高度比值的允许值来实现,即

表 7-1　无筋扩展基础台阶宽高比的允许值

<table>
<tr><th rowspan="2">基础材料</th><th rowspan="2" colspan="2">质量要求</th><th colspan="3">台阶宽高比的允许值(tanα)</th></tr>
<tr><th>$p\leqslant 100$</th><th>$100 < p\leqslant 200$</th><th>$200 < p\leqslant 300$</th></tr>
<tr><td rowspan="2">混凝土基础</td><td colspan="2">C10 混凝土</td><td>1:1.00</td><td>1:1.00</td><td>1:1.25</td></tr>
<tr><td colspan="2">C7.5 混凝土</td><td>1:1.00</td><td>1:1.25</td><td>1:1.50</td></tr>
<tr><td>毛石混凝土基础</td><td colspan="2">C7.5 ~ C10 混凝土</td><td>1:1.00</td><td>1:1.25</td><td>1:1.50</td></tr>
<tr><td rowspan="2">砖基础</td><td rowspan="2">砖强度等级不低于 MU7.5</td><td>M5 砂浆</td><td>1:1.50</td><td>1:1.50</td><td>1:1.50</td></tr>
<tr><td>M2.5 砂浆</td><td>1:1.50</td><td>1:1.50</td><td>1:1.50</td></tr>
<tr><td rowspan="2">毛石基础</td><td colspan="2">M2.5 ~ M5 砂浆</td><td>1:1.25</td><td>1:1.50</td><td></td></tr>
<tr><td colspan="2">M1 砂浆</td><td>1:1.50</td><td></td><td></td></tr>
<tr><td>灰土基础</td><td colspan="2">体积比为 3:7 或 2:8 的灰土,其最小干密度
对粉土为 1.55 t/m³
对粉质黏土为 1.50 t/m³
对黏土为 1.45 t/m³</td><td>1:1.25</td><td>1:1.50</td><td></td></tr>
<tr><td>三合土基础</td><td colspan="2">石灰:砂:骨料的体积比 1:2:4 ~ 1:3:6
每层约虚铺 220 mm,夯至 150 mm</td><td>1:1.50</td><td>1:2.00</td><td></td></tr>
</table>

注:① p 为基础底面处的平均压力/kPa;

② 阶梯形毛石基础的每阶伸出宽度不宜大于 220 mm;

③ 当基础由不同材料叠合组成时,应对接触部分作局部受压承载力计算。

$$\frac{b_0}{h_0}\leqslant\left[\frac{b_0}{h_0}\right] \qquad (7\text{-}1)$$

式中,$\left[\frac{b_0}{h_0}\right]$为基础台阶宽度和高度比值的允许值。

从图 7-1 可看出,b_0/h_0 比值就是角度 α 的正切值,即 $\tan\alpha = b_0/h_0$,与允许$[b_0/h_0]$相对应的角度 α 称为基础的刚性角。

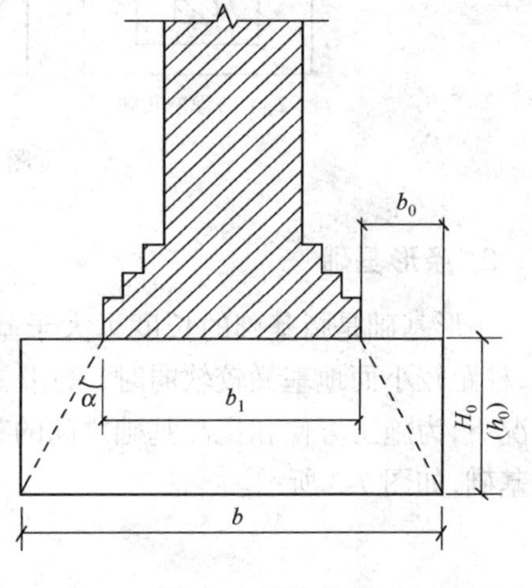

图 7-1　刚性基础

按上述构造要求,基础的相对高度比较大,几乎不发生挠曲变形。设计时,先选择基础埋深 d 和基础底面尺寸,设基底宽度为 b,则基础的构造高度应满足下列要求:

$$H_0\geqslant\frac{1}{2}(b-b_1)/\tan\alpha \qquad (7\text{-}2)$$

式中,b_1——基础顶面处的砌体宽度/m;

H_0——基础高度/m;

$\tan\alpha$——基础台阶宽高比允许值,即 $\tan\alpha=[b_0/h_0]$。

当荷载较大时,按式(7-2)要求则 H_0 也大,这势必要增加基础埋深 d,因此当上部结构荷载较大时,而持力层的土质较差又较厚时,采用刚性基础是不适宜的,刚性基础在建筑工程中一般适用于 6 层和 6 层以下(三合土基础不宜超过 4 层)的民用建筑和砌体承重厂房。

刚性基础常用作柱下单独基础、墙下条形基础及桥涵的刚性扩大基础等。

2. 柔性基础

由钢筋混凝土修建的基础,具有很好的抗弯性能,基础截面尺寸不受刚性角限制,可以做成扁平形状，用较小的基础高度，把荷载传到较大的基础底面上去，当上部结构荷载较大或利用软土地基地表硬壳设计"宽基浅埋"时，可采用这类基础。

7.2.2 浅基础的结构类型

1. 单独基础

单独基础包括柱下单独基础和墙下单独基础，从材料性能上可分成刚性基础和钢筋混凝土基础，基础的形式可做成阶梯形、锥形及杯形等，如图 7-2 所示。

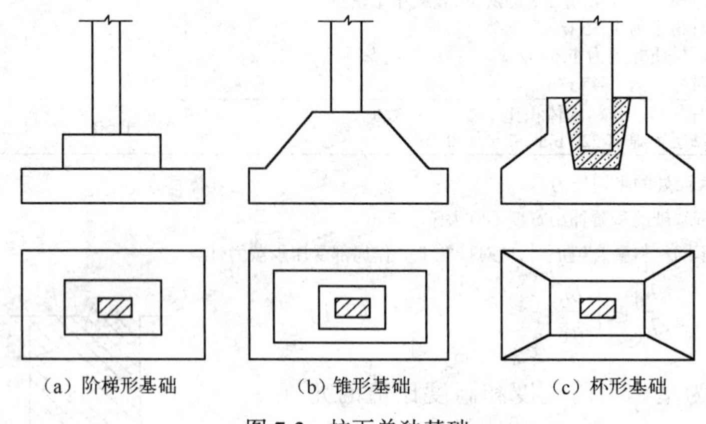

图 7-2 柱下单独基础

2. 条形基础

条形基础是指基础的长度远大于基础宽度的一种形式，如墙下条形基础，若上部荷载较大，柱距较小而地基又较软弱时，采用柱下单独基础，基础底面积必然很大而相互接近。这种情况下，为施工方便和提高基础之间的整体性，减少不均匀沉降，往往将基础连通，形成柱下条形基础，如图 7-3 所示。

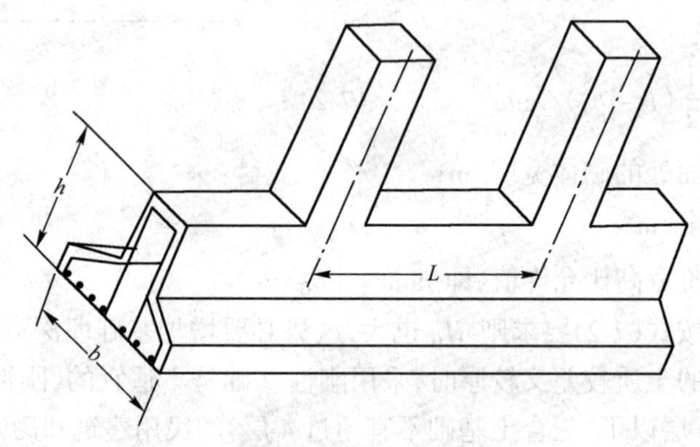

图 7-3 柱下条形基础

3. 柱下十字形基础(交梁基础)

柱下十字形基础实际上是柱下条形基础的演变和发展，即将纵横两个方向上柱下条形基础连接起来,如图 7-4 所示,形成柱下十字形基础。

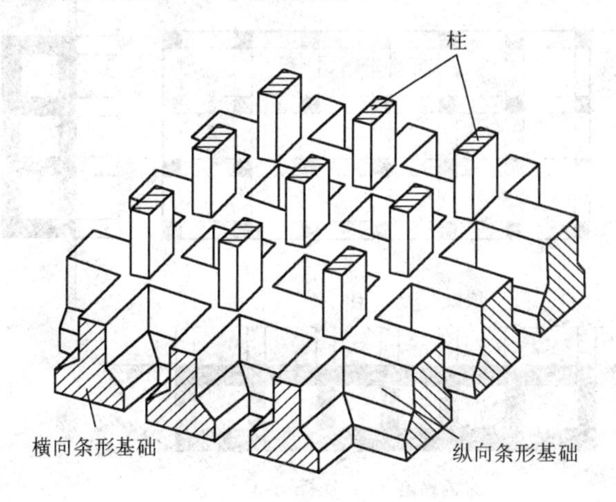

图 7-4　柱下十字形基础

4. 片筏基础(筏板基础)

如果地基软弱而荷载又很大,采用十字形基础仍不能满足要求;或地下水位常年在地下室地坪以上,为防止地下水渗入室内时,往往把整个建筑物的基础连成一片连续的钢筋混凝土板,称为片筏基础,如图 7-5 所示。

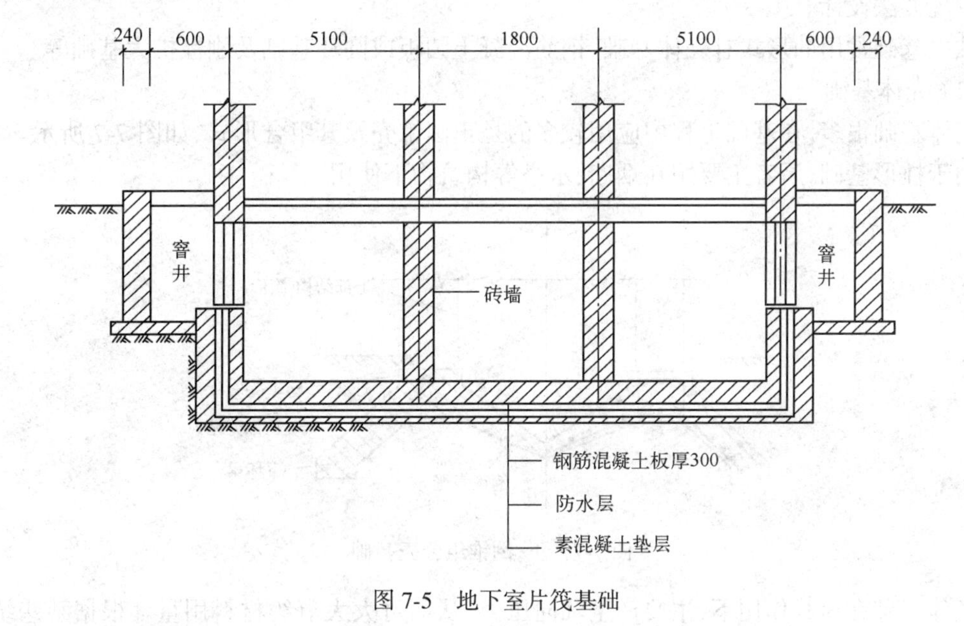

图 7-5　地下室片筏基础

5. 箱形基础

箱形基础是由钢筋混凝土底板、顶板、纵横隔墙组成的整体格式基础,如图 7-6 所示,其具有很大的整体刚度,能减少不均匀沉降,在高层建筑中应用极为广泛。

箱形基础的中空部分可作地下室用,与实体基础比较,这种中空有补偿荷载的能力。这在承载力低的软弱土中往往被采用。

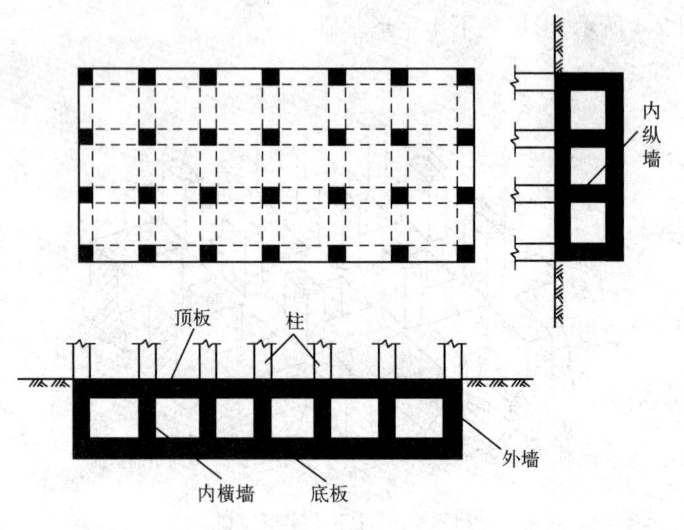

图 7-6　箱形基础

6. 独立基础

独立基础是配置于整个建筑物(如烟囱、水塔、高炉、桥台等)之下的刚性或柔性的单个基础,这类基础与上部结构连成一体,或自身形成一个块状实体,因此具有很大的整体刚度,一般可按常规方法设计。

独立基础常用的形式有壳体基础、钢筋混凝土圆板或圆环基础及刚性扩大基础等。

(1) 壳体基础

壳体基础很多,在基础工程中应用较多的是正圆锥壳及其组合形式,如图 7-7 所示。前者可以用于柱形基础,后者主要用在烟囱、水塔等构筑物下使用。

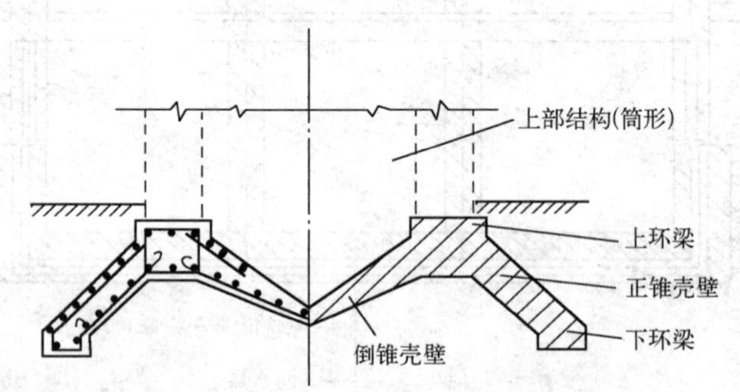

图 7-7　正、倒锥组合壳基础

壳体基础在荷载作用下,主要产生轴向压力,从而可大大节约材料用量。根据某些统计,中、小型筒形构筑物的壳体基础,可比一般梁、板式的钢筋混凝土基础少用混凝土 50%左右,节约钢筋 30%以上。

(2) 刚性扩大基础

刚性扩大基础是桥涵及其他构筑物常用的基础,其形状常为矩形,如图 7-8 所示。基础平面尺寸一般均较上面结构物的底面(如墩、台底面)每边扩大的尺寸最小为 0.20 ~ 0.50 m,视基础厚度、埋置深度及施工方法而定。作为基础,每边扩大的最大尺寸应受到材料刚性限制。当基础较厚时,可在纵横两个剖面上筑成台阶形,以减少基础自重,节约材料。

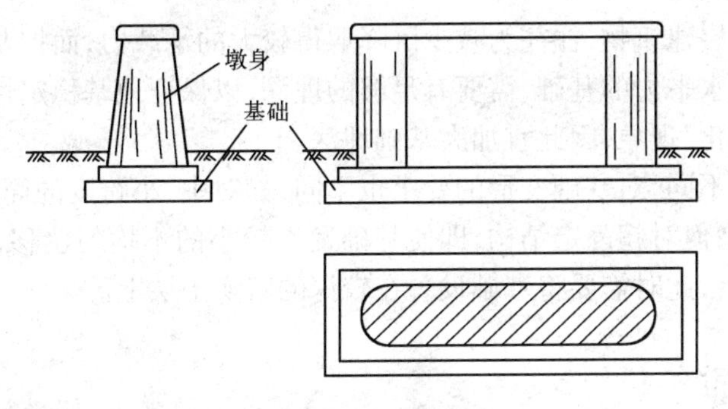

图 7-8　刚性扩大基础

7.3　基础埋置深度的确定

基础底面埋在地下的深度，称为基础的埋置深度，建筑物基础的埋深常用 d 表示，一般自室外地面标高算起，在填方整平区，可自填土地面标高算起；但填土在上部结构施工完成时，应从天然地面标高算起；对于地下室，当采用箱形基础或筏板基础时，基础埋置深度自室外地面标高算起；其他情况下，应从室内地面标高算起，公路桥涵基础的埋深常用 h 表示，对于受水流冲刷的基础，由一般冲刷线算起；不受水流冲刷的基础，由挖方后的地面算起。

确定基础埋置深度是基础工程中很重要的一步，它直接关系到地基是否可靠，施工的难易，工程造价的高低。影响基础埋深的因素很多，但对于某一具体工程，往往是其中一两种因素起决定作用，所以设计时必须从实际出发，抓住主要因素进行分析、研究，确定合理的埋置深度。

7.3.1　建筑物的用途、结构类型、荷载性质和大小

基础埋深首先要满足建筑物的用途要求。当有地下室、地下管沟和设备基础时，基础埋深相应加深；如果由于建筑物使用上的要求，同一建筑物基础须有不同埋深时(如地下室和非地下室连接段纵墙的基础)，宜将基础做成台阶式，逐步过渡，台阶高度 ΔH 和宽度 L 之比为 1/2，如图 7-9 所示。

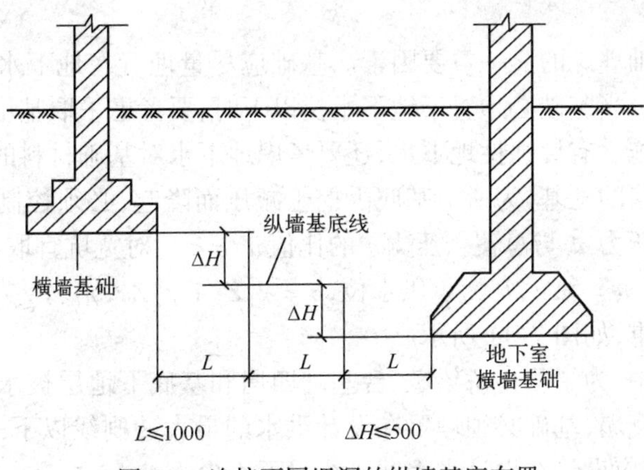

图 7-9　连接不同埋深的纵墙基底布置

位于土基上的高层建筑物,往往为减少沉降取得较大的承载力,而把基础埋置在较深的良好土层上。承受较大水平力的基础,需要有足够的埋深,以保证地基稳定性的要求。在动荷载下,某些土易产生"液化"现象,因此宜加大基础埋深。

上部结构的形式不同,对基础变形的要求也不同,如对中、小跨度的简支梁桥来说,对确定基础埋深的影响不大;但对超静定结构,即使基础发生较小的不均匀位移,也会使内力产生一定的变化,如拱桥桥台,此时需要将基础设置在较深的坚实土层上。

7.3.2 工程地质条件

工程地质条件是确定基础埋深的主要因素之一,选择基础埋置深度,实际上就是确定地基的持力层,为保证建筑物的安全、正常使用,必须根据荷载的大小、性质,选择可靠的土层作为基础的持力层。

当上层土的承载力大于下层土时,宜取上层土作为持力层,以减少基础的埋深;当上层土为软土而下层土较好时,基础的埋深应根据软土的厚度、建筑物的类型,考虑施工难易、材料用量等方面,作方案比较后确定。如取下层土作持力层,所需底面积尺寸较小,但埋深较大。如取上层土为持力层,情况刚好相反。

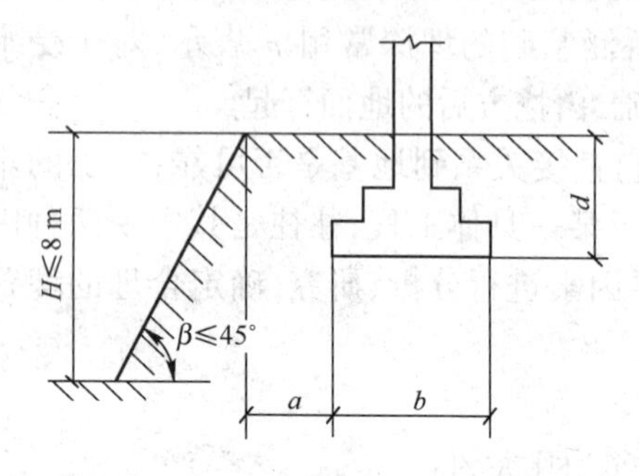

图 7-10　土坡坡顶基础的最小埋深

若按地基条件选择埋深时,还需要从减少不均匀沉降的角度来考虑。如当土层的分布明显不均匀时,可采用不同的基础埋深来调整不均匀沉降。

对于修建坡高 H 和坡角 β 不太大的稳定土坡坡顶的基础,如图 7-10 所示,当垂直于坡顶边缘线的基础底面边长 $b \leqslant 3$ m,从基础底面外缘到坡顶边缘的水平距离 $a \geqslant 2.5$ m 时,如基础埋深 d 符合下式要求:

$$d \geqslant (xb - a)\tan\beta \tag{7-3}$$

则土坡坡面附近由修建基础所引起的附加应力不影响土坡的稳定性。式中系数 x 取 3.5(对条形基础)或 2.5(对矩形和圆形基础)。

7.3.3 水文地质条件

地下水是影响基础埋深的又一重要因素。基础应尽量埋置在地下水位以上,以避免地下水对基坑开挖的影响。当基础必须置于地下水位以下时,要考虑采取基坑排水、坑壁围护及保护地基不受扰动等措施。有侵蚀性地下水,还要考虑地下水对基础材料的化学腐蚀作用。

对埋藏有承压水层的地基,为避免基底因挖土减压而隆起,必须控制基坑开挖深度,使承压含水层顶部的静水压力 u 与总覆盖压力 σ 的比值 $u/\sigma < 1$,对宽坑宜取 $u/\sigma < 0.7$,否则应设法降低承压水位,式中 $u = \gamma\omega h$,h 为承压水位,$\sigma = \gamma_1 Z_1 + \gamma_2 Z_2$,$\gamma_1$、$\gamma_2$ 为各土层的容重,地下水位以下土取饱和容重,如图 7-11 所示。

在有冲刷的河流中,为了防止桥梁墩、台基础四周和基底下地层被水流挖空冲走,不致使墩台基础失去支持而倒塌,基础必须埋置在设计洪水的最大冲刷线以下一定深度。一般情况下,小桥梁的基础底面应设计在设计洪水冲刷线以下不少于 1 m。

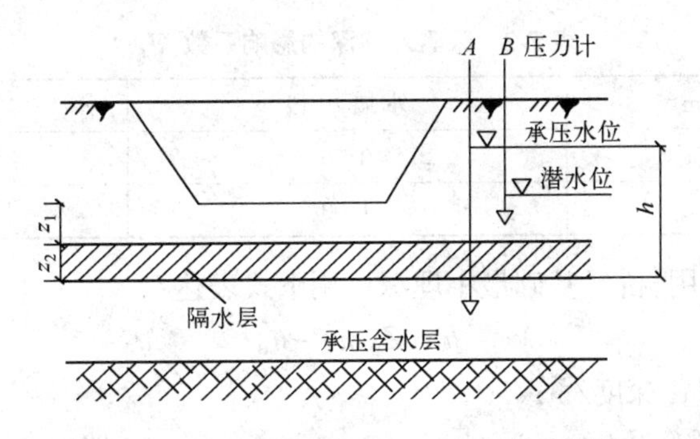

图 7-11　基坑下埋藏有承压含水层的情况

基础在设计洪水冲刷线以下的最小埋置深度不是一个定值。它与河床底层的抗冲刷能力、计算设计流量的可靠性、选用计算冲刷深度的方法、桥梁的重要性及破坏后修复的难易等因素有关,可参照表 7-2 采用。

表 7-2　考虑冲刷时大、中桥梁基础基底最小埋置深度值

最大冲刷深度/m 最小埋深/m 桥梁类型	0	<3	≥3	≥8	≥15	≥20
一般桥梁	1.0	1.5	2.0	2.5	3.0	3.5
技术复杂修复困难的特大桥及其他重要大桥	1.5	2.0	2.5	3.0	3.5	4.0

7.3.4　地基冻融条件

一年内交替出现冻结和解冻一次以上的土层称为季节性冻土。

季节性冻土在我国分布很广,含水量较高且冻结期地下水位较高的细粒土层在冻结时,土中弱结合水从未冻区向冻区聚集,使冻结区的含水量增加并继续冻结,土体积膨胀,这种现象称为土的冻胀,如果冻胀力大于基底荷载,基础会隆起;土层解冻时,原冻结区土的含水量增加,孔隙增大,又因为细粒土的排水能力差,土层处于饱和、软化状态,强度大大降低,使建筑物发生下陷,称为融陷,因冻胀和融陷都是不均匀的,因而会造成建筑物开裂破坏。

置于胀性土中的建筑基础,按下式确定基础的最小埋深 d_{min} 为:

$$d_{min} = Z_0 \Psi_t - d_{fr} \tag{7-4}$$

式中,d_{min}——基础最小埋深/m;

Z_0——标准冻深/m,无实测资料时,可参照《建筑地基基础设计规范》所附"季节性冻土标准冻深图"查取;

Ψ_t——采暖对冻深的影响系数,当室内地面直接建在有冻胀性土层上时,按表 7-3 确定,对采暖期间,室内月平均温度小于 10℃,取 1.00;不采暖的建筑物可取 1.10;

d_{fr}——基底下允许残留冻土层厚度/m,弱冻胀土:$d_{fr} = 0.17Z_0\Psi_t + 0.26$;冻胀土:$d_{fr} = 0.15Z_0\Psi_t$;强冻胀土:$d_{fr} = 0$。

表 7-3 采暖对冻深的影响系数 Ψ_t

室内外地面高差/mm	外墙中段	外墙角段
≤300	0.70	0.85
≥750	1.00	1.00

考虑地基土冻胀作用,桥涵基础最小埋深可用下式表达:

$$h = Z_0 m_t - h_d \tag{7-5}$$

式中,h——基础最小埋置深度/m;

Z_0——桥位处标准冻深/m;

m_t——标准冻深修正系数;

h_d——基底下允许残留冻土层厚度/m,当为弱冻胀土时,$h_d = 0.24Z_0 + 0.31$;当为冻胀土时,$h_d = 0.22Z_0$;当为强冻胀土和特强冻胀土时,$h_d = 0$。

7.3.5 场地环境条件

对靠近原有建筑物修建的新建筑物基础,为保证原有建筑物的安全和正常使用,要求新建筑物基础埋深不超过原有建筑物基础的埋深,否则新旧基础之间应保留一定的净距,其值依据原有基础荷载和地基土质情况而定,且不小于 1～2 倍相邻基底标高差,如图 7-12 所示。不能满足上述要求时,宜采取有效措施,保证原有建筑物的安全。

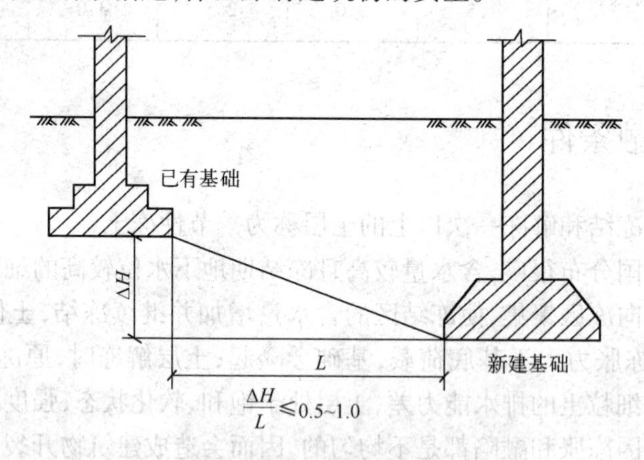

图 7-12 相邻基础埋深

除此之外,因为地表土一般都松软,易受雨水等外界影响,性质不稳定,所以不宜作为持力层,为保证地基基础的稳定性,《建筑地基基础设计规范》规定,除岩石地基外,基础的埋置深度不宜小于 0.5 m,为避免基础外露,基础顶面应低于设计地面 0.1 m 以上,《公路桥涵地基基础设计规范》也规定,基础的埋置深度(除岩石地基外)应在天然地面或无冲刷河流的河底以下不小于 1 m 处。

7.4 地基承载力的确定

地基承载力是地基承受荷载的能力,它是基础工程设计中必需的参数,在确定地基承载力时，除应保证地基的强度和稳定性外，还应保证建筑物的沉降和不均匀沉降能满足正常使用的要求，并考虑影响地基承载力的诸多因素(如土层的物理力学性质，基础的形式、尺寸，基础埋深及施工速度等)。目前确定地基承载力的方法主要有：根据土的抗剪强度指标按理论公式计算，现场载荷试验确定和查规范承载力表格确定等方法，这些方法各有长短，互为补充，必要时用多种方法综合确定。

7.4.1 按理论公式计算

对于竖向荷载偏心和水平力都不大的基础来说，当荷载偏心距 $e \leqslant b/30$(b 为偏心方向基础边长)时，可以采用《建筑地基基础设计规范》推荐的，以临界荷载 $p_{1/4}$为基础的理论公式，计算地基承载力的设计值 f_v 为：

$$f_v = M_r \gamma b + M_q q + M_c C_k \tag{7-6}$$

式中，M_r、M_q、M_c——承载力系数，按 φ_k 查表 7-4。对砂土地基当 $\varphi_k \geqslant 24°$时，宜取比 M_r 的理论值(表 7-4 括号内的数值)大的经验值，可以充分发挥土的承载力；

b——基础底面宽度/m，大于 6 m 时按 6 m 考虑；对于砂土，小于 3 m 时按 3 m 考虑；

φ_k、C_k、γ——基底下一倍基宽深度内土的内摩擦角(°)、黏聚力(kPa)、容重标准值(kN/m^3)，地下水位以下，土的容重用深容重；

q——基底以上土重/kPa，$q = \gamma_0 d$，γ_0 为埋深 d 范围内土的平均容重。

表 7-4 承载力系数 M_r、M_q、M_c

φ_k/(°)	M_r	M_q	M_c	φ_k/(°)	M_r	M_q	M_c
0	0.00	1.00	3.14	22	0.61	3.44	6.0
2	0.03	1.12	3.32	24	0.80(0.7)	3.87	6.4
4	0.06	1.25	3.51	26	1.10(0.8)	4.37	6.9
6	0.10	3.39	3.71	28	1.40(1.0)	4.93	7.4
8	0.14	1.55	3.93	30	1.90(1.2)	5.59	7.9
10	0.18	1.73	4.17	32	2.60(1.4)	6.35	8.5
12	0.23	1.94	4.42	34	3.40(1.6)	7.21	9.2
14	0.29	2.17	4.69	36	4.20(1.8)	8.25	9.9
16	0.36	2.43	5.00	38	5.00(2.1)	9.44	10
18	0.43	2.72	5.31	40	5.80(2.5)	10.84	11
20	0.51	3.06	5.66				

注：表中括号内的数字仅供对比用，查表时不采用。

另外，我国交通部《港口工程技术规范》和其他地区性《建筑地基基础设计规范》已推荐采用 J.B. 汉森(Hansen，1970)承载力公式，它与 A.S. 魏锡克(Vesic，1970)公式的形式完全一致，只是系数的数值有所不同而已，采用汉森公式求出极限承载力后，将它除以安全系数 K，便可得到地基承载力的允许值，安全系数 K 的取值是个比较复杂的问题，它和建筑物的安全等级、荷载性质、土的抗剪强度指标取值的可靠度等因素有关，一般可取 2 ~ 3。

7.4.2 按静载荷试验确定

《建筑地基基础设计规范》(GBJ7—89)规定,对一级建筑物采用原位荷载试验直接测定土的承载力,规范中的地基承载力表所提供的经验数值也是以静荷载试验成果为基础的。

静载荷试验方法见《土力学》有关章节,根据载荷试验结果,可绘成荷载和沉降的关系曲线,即 $p—s$ 曲线。对密实砂土,硬塑黏土等低压缩性土,其 $p—s$ 曲线有明显的起始直线和极限值,如图 7-13(a)所示,考虑低压缩性土的承载力基本值一般由强度安全所控制,因此规范规定,取图 7-13(a)中 p_1(比例界限荷载)作为地基承载力的基本值;有些"脆性"破坏的土,p_1 与极限荷载 p_u 很接近,当 $p_u < 1.5p_1$ 时,则取 p_u 值的一半作为地基承载力基本值。

对有一定强度的中、高压缩性土,如松砂、填土、可塑黏土等,$p—s$ 曲线无明显转折,如图 7-13(b)所示,无法取得 p_1、p_u 值。由于中、高压缩性土的承载力基本值往往受允许沉降量控制,因此可以从沉降的观点来考虑,即在 $p—s$ 曲线上,以一定的允许沉降值所对应的荷载作为地基的承载力。由于沉降量与基础的底面尺寸、形状有关,而试验采用的载荷板通常小于实际的基础尺寸,因此不能直接利用基础的允许变形值在 $p—s$ 曲线上确定地基承载力。由沉降原理可知,如果载荷板和基础下的压力相同,且地基土是均匀的,则它们的沉降值与各自宽度 b 的比值大致相同。规范根据实测资料规定:当承压板面积为 $0.25 \sim 0.50\ m^2$ 时,取 $s = 0.02b$(b 为承压板宽度或直径)。所对应的荷载值作为黏性土地基承载力的基本值,如图 7-13(b)所示,对砂土,可取 $s = (0.010 \sim 0.015)b$ 所对应的荷载值作为承载力的基本值。

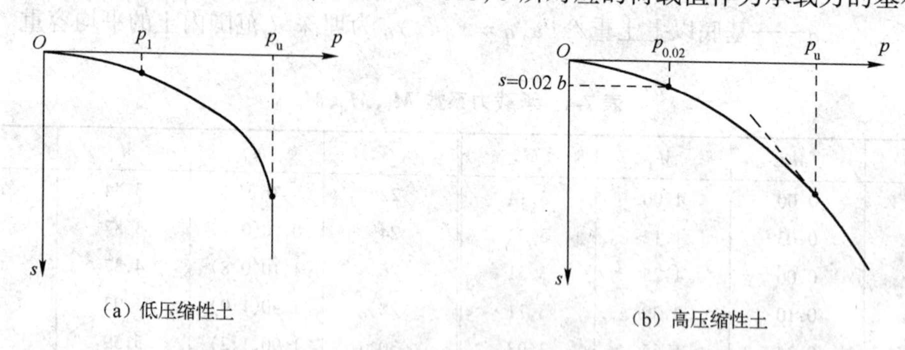

图 7-13 按载荷试验结果确定地基承载力基本值

同一土层参加统计的试验点不应少于 3 点,如所得基本值的极差不超过平均值的 30%,则取该平均值作为地基承载力的标准值,然后再考虑基础的实际宽度 b 和埋深 d,按式(7-13)修正为设计值。

静荷载试验是一种原位测试方法,试验结果比较可靠,但试验费工费时,影响深度有限(一般为承压板宽度的 1~2 倍),如果在荷载板影响深度之下有软弱土层,而该土层又处于基础的主要受力层内,此时除非采用大尺寸的荷载板做试验,否则意义不大。

7.4.3 按规范承载力表格确定

根据全国各地大量的试验资料和建筑经验,《建筑地基基础设计规范》(GBJ7—89)对各类土建立了承载力表格,可依此按土的物理力学性能指标或野外鉴别来确定地基承载力基本值或标准值。

地基承载力标准值由以下几种方法确定。

(1) 对于岩石、碎石类土,可根据野外鉴别结果,由表 7-5 及表 7-6 确定地基承载力标准值 f_k。

表 7-5 岩石承载力标准值 单位:kPa

岩石类别	风化程度		
	强风化	中等风化	微风化
硬质岩石	500 ~ 1000	1500 ~ 2500	⩾4000
软质岩石	200 ~ 500	700 ~ 1200	1500 ~ 2000

注:① 对于微风化的硬质岩石,地基承载力如取用大于 4000 kPa 时,应由试验确定;

② 对于强风化的岩石,当与残积土难以区分时按土考虑。

表 7-6 碎石类土承载力标准值 单位:kPa

土的类别	密实度		
	稍密	中密	密实
卵石	300 ~ 500	500 ~ 800	800 ~ 1000
碎石	250 ~ 400	400 ~ 700	700 ~ 900
圆砾	200 ~ 300	300 ~ 500	500 ~ 700
角砾	200 ~ 250	250 ~ 400	400 ~ 600

注:① 表中数值适用于骨架颗粒空隙全部由中砂、粗砂或硬塑、坚硬状态的黏性土或稍湿的粗土所充填;

② 当粗颗粒为中等风化或强风化时,可按其风化程度适当降低承载力;当颗粒间呈半胶结状时,可适当提高承载力。

(2) 当根据土的室内物理力学性质指标平均值来确定地基承载力标准值 f_k 时,由于土层的不均匀性和试验时的误差,同类土层测得的土性指标是离散的,在确定过程中应采用数理统计方法进行处理。

规范规定,利用表 7-7 ~ 表 7-11 确定地基承载力标准值 f_k:

$$f_k = \Psi_f f_0 \tag{7-7}$$

式中,f_k——地基承载力标准值/kPa;

f_0——地基承载力基本值/kPa,查表 7-7 ~ 表 7-11 确定;

Ψ_f——回归修正系数。

表 7-7 粉土承载力基本值

第一指标:孔隙比 e	第二指标:含水量 w/%						
	10	15	20	25	30	35	40
0.5	410	390	(365)				
0.6	310	300	280	(270)			
0.7	250	240	225	215	(205)		
0.8	200	190	180	170	(165)		
0.9	160	150	145	140	130	(125)	
1.0	130	125	120	115	110	105	(100)

注:① 括号内数字仅供内插用;

② 第二指标的折算系数 ζ 为 0;

③ 在湖、塘、沟、谷与河漫滩地段新近沉积的粉土,其工程性质一般较差,应根据当地实践经验取值。

表 7-8　黏性土承载力基本值　kPa

第一指标:孔隙比 e	第二指标:液性指数 I_L					
	0	0.25	0.50	0.75	1.00	1.20
0.5	475	430	390	(360)		
0.6	400	360	325	295	(265)	
0.7	325	295	265	240	210	
0.8	275	240	220	200	170	170
0.9	230	210	190	170	135	135
1.0	200	180	160	135	115	105
1.1		160	135	115	105	

注:① 括号内数字仅供内插用;

② 第二指标的折算系数 ζ 为 0.1;

③ 在湖、塘、沟、谷与河漫滩地段新近沉积的黏性土,其工程性能一般较差;第四纪晚更新世(Q_3)及其以前沉积的老黏性土,其工程性能通常较好。这些土均应根据当地实践经验取值。

表 7-9　沿海地区淤泥和淤泥质土承载力基本值

天然含水量 w/%	36	40	45	50	55	65	75
f_0/kPa	100	90	80	70	60	50	40

注:对于内陆淤泥和淤泥质土,可参照使用。

表 7-10　红黏土承载力基本值　kPa

土 的 名 称	第二指标:液塑比 $I_t=\frac{w_L}{w_p}$	第一指标:含水比 $a_w=\frac{w}{w_L}$					
		0.5	0.6	0.7	0.8	0.9	1.0
红黏土	≤1.7	380	270	210	180	150	140
	≥2.3	280	200	160	130	110	100
次生红黏土		250	190	150	130	110	100

注:① 本表仅适用于定义范围内的红黏土;

② 第二指标的折算系数 ζ 为 0.4。

表 7-11　素填土承载力基本值

压缩模量 E_{s1-2}/MPa	7	5	4	3	2
f_0/kPa	160	135	115	85	65

注:本表只适用于堆填时间超过 10 年的黏性土,以及超过 5 年的粉土。

回归修正系数 Ψ_f 可按下式计算:

$$\Psi_f = 1 - \left(\frac{2.884}{\sqrt{n}} + \frac{7.918}{n^2}\right)\delta \tag{7-8}$$

式中,δ——变异系数;

n——参加统计的土指标样本数。

变异系数可按下式计算:

$$\delta = \frac{\sigma}{\mu} \tag{7-9}$$

$$\mu = \frac{\sum_{i=1}^{n} \mu_i}{n} \quad (7\text{-}10)$$

式中，μ——查表所得的某一土性指标的平均值；

σ——标准差；

μ_i——某一土性指标第 i 次试验的实测值。

当承载力表中有两个并列指标时，要计算综合变异系数：

$$\delta = \delta_1 + \xi \delta_2 \quad (7\text{-}11)$$

式中，δ_1——第一指标的变异系数；

δ_2——第二指标的折算系数，可见有关承载力表的附注。

当回归修正系数小于 0.75 时，应分析 δ 过大的原因，如分层是否合理，试验有无差错等，并应同时增加试样数量。

(3) 根据标准贯入试验锤击数 N 或轻便触探试验锤击数 N_0 查表 7-12 ~ 表 7-15 确定地基承载力标准值时，现场试验锤击数需经下式修正：

$$N(N_{10}) = \mu - 1.645\sigma \quad (7\text{-}12)$$

式中，μ、σ——现场试验锤击数的平均数和标准差。

表 7-12　砂类土承载力标准值　　单位：kPa

土类 \ N	10	15	30	50
中砂、粗砂	180	250	340	500
粉砂、细砂	140	180	250	340

表 7-13　黏性土承载力标准值

N	3	5	7	9	11	13	15	17	19	21	23
f_k/kPa	105	145	190	235	280	325	370	430	515	600	680

表 7-14　红黏性土承载力标准值

N_{10}	15	20	25	30
f_k/kPa	105	145	190	230

表 7-15　素填土承载力标准值

N_{10}	10	20	30	40
f_k/kPa	85	115	135	160

注：本表只适用于黏性土与粉土组成的素填土。

表 7-16　承载力修正系数

土的类别		η_b	η_d
淤泥和淤泥质土	$f_k < 50$ kPa	0	1.0
	$f_k \geqslant 50$ kPa	0	1.1
人工填土 e 或 I_L 大于等于 0.85 的黏性土 $e \geqslant 0.85$ 或 $S_r > 0.5$ 的粉土		0	1.1

续表

土的类别		η_b	η_d
红黏土	含水比 $a_w > 0.8$	0	1.2
	含水比 $a_w \leqslant 0.8$	0.15	1.4
e 及 I_L 均小于 0.85 的黏性土		0.3	1.6
$e < 0.85$ 及 $S_r \leqslant 0.5$ 的粉土		0.5	2.2
粉砂、细砂(不包括很湿与饱和时的稍密状态)		2.0	3.0
中砂、粗砂、砾砂和碎石类土		3.0	4.4

注:强风化的岩石,可参照所风化成的相应土类取值。

7.4.4 地基承载力设计值

试验表明,地基承载力不仅与土的性质有关,还与基础的大小、形状、埋深有关,采用载荷试验、查承载力表等确定地基承载为标准值时,是对应于基础宽度 $b \leqslant 3$ m、埋置深度 $d \leqslant 0.5$ m条件下的值。而在进行地基基础工程设计和计算时,应计入实际基础宽度、埋深给承载力带来的影响,进行宽度和深度修正后得到承载力的设计值,即

$$f = f_k + \eta_b \gamma (b - 3) + \eta_d \gamma_0 (d - 0.5) \tag{7-13}$$

式中,f——地基承载力设计值/kPa;

f_k——地基承载力标准值/kPa;

η_b、η_d——基础宽度和埋深的承载力修正系数,按基底下土类查表 7-16 确定;

γ——基底下土的天然容重,地下水位以下用浮容重/(kN/m^3);

b——基础宽度/m,当宽度小于 3 m 时,按 3 m 计;大于 6 m 时,按 6 m 计;

γ_0——基础以上土的加权平均容重/(kN/m^3);

d——基础的埋置深度/m。

当计算所得设计值 $f < 1.1 f_k$ 时,可取 $f = 1.1 f_k$,当满足式(7-13)的计算条件时,可按 $f = 1.1 f_k$ 直接确定地基承载力设计值。

同样,《公路桥涵地基基础设计规范》给出了当基础最小边宽 $b \leqslant 2$ m,埋置深度 $h \leqslant 3$ m 时各类土的地基允许承载力$[\sigma_0]$表。当基础宽度大于 2 m 或埋深超过 3 m 且 $h/d \leqslant 4$ 时,为不透水性土时采用饱和容重;如持力层为透水性土时应采用浮容重。

一般地基土(除冻土和岩石外)的允许承载力$[\sigma]$可按下式计算:

$$[\sigma] = [\sigma_0] + K_1 \gamma_1 (b - 2) + K_2 \gamma_2 (h - 3) \tag{7-14}$$

式中,$[\sigma_0]$——按表 7-17、表 7-18 查得的地基土允许承载力/kPa;

b——基础底面的最小边宽或直径/m,当 $h < 3$ m 时,按 3 m 计;

K_1、K_2——按持力层土类从表 7-19 选用在宽度和深度方面的修正系数;

γ_1——基底下持力层的天然容重/(kN/m^3),如持力层在水面以下且为透水性土时,应取用浮容重;

γ_2——基底以上土的容重(kN/m^3)或不同土层的换算容重,如持力层在水面以下并为不透水性土时,采用饱和容重;如持力层为透水性土时,应采用浮容重。

表 7-17　砂类土地基的允许承载力[σ_0]

名称	[σ_0] 密实度 / 湿度	密实的/kPa	中等密实的/kPa	稍松的/kPa
砾砂 粗砂	与湿度无关	550	400	200
中砂	与湿度无关	450	350	150
细砂	水上 水下	350 300	250 200	100 —
粉砂	水上 水下	300 200	200 100	— —

表 7-18　一般黏性土地基的允许承载力[σ_0]　　单位:kPa

土的天然孔隙比 e_0	地基土的液性指数										
	0	0.1	0.2	0.3	0.4	0.5	0.6	0.7	0.8	0.9	1.0
0.5	450	440	430	420	400	380	350	310	270	—	—
0.6	420	410	400	380	360	340	310	280	250	210	—
0.7	400	370	350	330	310	290	270	240	220	190	150
0.8	380	330	300	280	260	240	230	210	180	160	140
0.9	320	280	260	240	220	210	190	180	160	140	120
1.0	—	230	220	210	190	170	160	150	140	120	—
1.1	—	—	160	150	140	130	120	110	100	—	—

注:当土中含有粒径大于 2 mm 的颗粒重量超过全部重量的 3%时,[σ_0]可酌量提高。

表 7-19　修正系数 K_1、K_2

土名 / 系数	黏性土					黄土		砂土								碎石土			
	新近沉积黏性土	一般黏性土		老黏性土	残积土	一般新黄土、老黄土	新近堆积黄土	粉砂		细砂		中砂		砾砂粗砂		碎石圆砾角砾		卵石	
		$I_L<0.5$	$I_L<0.5$					密实	中密	密实	中密	密实	中密	密实	中密	密实	中密	密实	中密
K_1	0	0	0	0	0	0	0	1.2	1.0	2.0	1.5	3.0	2.0	4.0	3.0	4.0	3.0	4.0	3.0
K_2	1	2.5	1.5	2.5	1.5	1.5	1.0	2.5	2.0	4.0	3.0	5.5	4.0	6.0	5.0	6.0	5.0	10.0	6.0

注:① 对于稍松状态的砂类土和松散状态的卵石类土的 K_1、K_2 值,可按表中相应中密系数值折半计算;

② 节理不发育或较发育的岩石不作宽、深修正,节理发育或很发育的岩石 K_1、K_2 可参照碎石的系数,但对已风化成砂、土状者,可参照砂土、黏性土的系数。

7.5　基础底面尺寸的确定

在选择基础类型、确定基础埋深以后,就可以根据结构的上部荷载和地基土层的承载力计算基础的底面尺寸。

作用在基础上的竖向荷载包括上部结构物的自重、屋面荷载、楼面荷载和基础(包括基础台阶上填土)的自重等;水平荷载包括土压力、水压力、风压力等。活荷载应按规范折减,荷载计算方法按规范要求进行。

计算荷载时应按传力系统自建筑屋顶面开始,自上而下累计至设计地面。当室内外地坪不同时,对于外墙或外柱可累计至室内外设计地面的平均高程 $\bar{d}$,如图 7-14 所示。

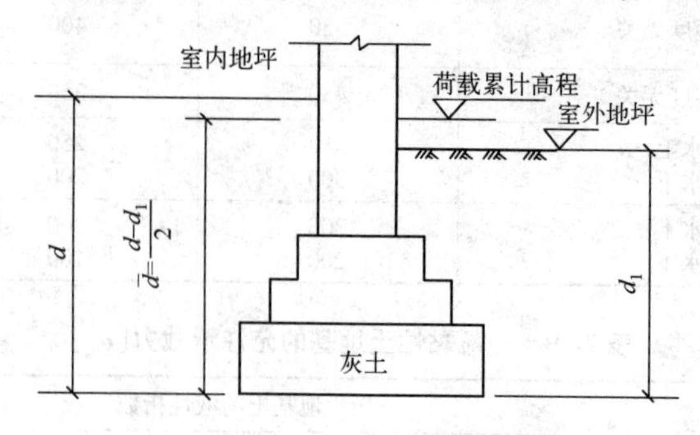

图 7-14 外墙(柱)荷载累计高程

计算作用在墙下条形基础上的荷载时,要注意计算段的选取,通常有以下几种情况:

(1) 墙体没有门窗,而且作用在墙下的荷载是均布荷载(如一般内横墙),可以沿墙的长度方向取 1 m 长的一段计算。

(2) 有门窗的墙体且作用在墙上的荷载是均布荷载(如一般外纵墙),可以沿墙的长度方向,取门或作中线至中线间的一段,即一个开间长为计算段,算出的荷载再均分到全段上,得到作用在每米长度上的荷载。

(3) 对于有梁等集中荷载的墙体,需考虑集中荷载在墙内的扩散作用,计算段的选取应根据实际情况选定。

7.5.1 按持力层承载力确定基础底面尺寸

地基按承载力设计时,要求作用在基础底面上的压应力设计值小于或等于地基承载力设计值,即

$$p \leqslant f \tag{7-15}$$

地基与基础面接触处的基底压力分布与基底形状、刚度等因素有关。一般情况下,当基底尺寸较小、刚度较大时,可假定基底压力分布为直线形,在这种情况下,可以用材料力学的基本公式来计算基底压力。根据荷载作用的不同组合,可分为中心荷载作用下的基础和偏心荷载下的基础两种情况进行计算。

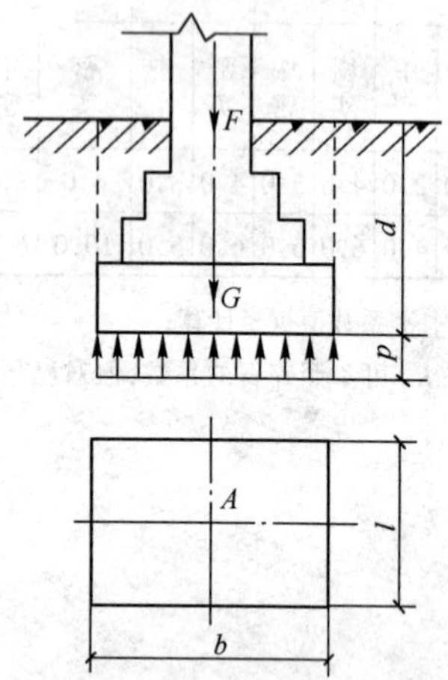

图 7-15 中心受压基底反力

1. 中心荷载作用下的基础

中心荷载下的基础,其所受荷载的合力通过基底形心,如图 7-15 所示。基底压力假定为均匀分布,此时基底平均压力按下式计算:

$$p = \frac{F + G}{A} \tag{7-16}$$

式中,F——上部结构传至基础顶面的竖向力设计值/kPa;

G——基础自重设计值加基础上土重的标准值/kN,对一般实体基础,初步估算时可近

似取 $G=\gamma_G A d$,其中 γ_G 为基础及回填土的平均容重,一般取 20 kN/m³,在地下水位以下部分,应扣除浮力;

A——基底面积/m²,对矩形基础 $A=l\times b$,l 和 b 分别为矩形基底的长度和宽度。

将式(7-16)代入式(7-15)有:

$$A\geqslant\frac{F}{f-\gamma_G d}\tag{7-17}$$

对条形基础,取基础长度 l 为 1 m 计算,F 为单位墙长的荷载值,此时 $A=b\times 1$,由式(7-17)得:

$$b\geqslant\frac{F}{f-\gamma_G d}\tag{7-18}$$

若荷载较小而地基承载力又比较大时,按式(7-18)计算可能基础宽度较小,为保证安全和便于施工,承重墙下的基础宽度不得小于 600～700 mm;非承重墙下的基础宽度不得小于 500 mm。如果用式(7-18)计算得到的基础宽度(矩形)大于 3 m 时,需要修正承载力 f 后,再用式(7-17)重新计算,直到求得比较精准的基底面积。

2. 偏心荷载作用下的基础

对偏心荷载下的基础,如果采用汉森一类公式计算地基承载力的设计值 f,则在 f 之中已经考虑了荷载偏心和倾斜引起地基承载力的折减,此时只需满足式(7-15)的要求即可。如果 f 是按静载荷试验或规范表格确定的,则尚应满足以下附加条件:

$$P_{\max}\leqslant 1.2f\tag{7-19}$$

偏心荷载作用下基底面积可通过试算确定,即先按中心荷载作用的公式求基底面积,考虑到偏心荷载的作用,将计算出的基底面积增大10%～40%,然后将增大后的基底面积代入下式求基底边缘的最大应力:

$$P_{\max}=\frac{F+G}{A}+\frac{M}{W}\tag{7-20}$$

式中,$P_{\max}$——按直线分布假设计算的基底边缘处的最大压应力/kPa,偏心受压基础的基底反力如图 7-16 所示;

M——作用于基底的力矩/(kN·m);

W——基底截面模量/m³。

如果计算不满足式(7-19)要求,应调整尺寸再行验算,如此反复一两次,便可定出合适的尺寸。

为保证基础不致产生过分倾斜,在确定基础边长时,应注意荷载对基础的偏心距不宜过大,通常要求偏心距 e 应满足下列条件:

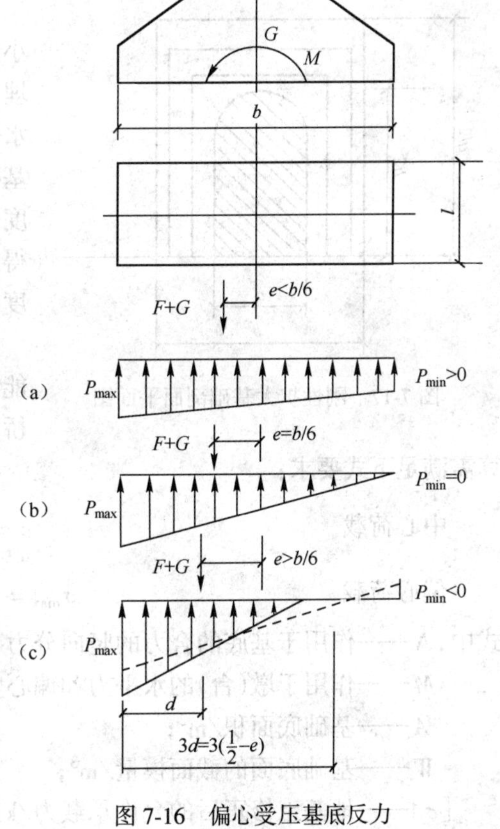

图 7-16　偏心受压基底反力

$$e = \frac{M}{F + G} \leqslant \frac{b}{6} \tag{7-21}$$

式中，b——偏心方向的基础边长。

一般情况下对中、高压缩性土上的基础，或有吊车的厂房柱基础，偏心距 e 不宜大于 $b/6$；对低压缩性土，当考虑短暂作用的偏心荷载时 e 应控制在 $b/4$ 以内。对承受方向不变的大偏心荷载基础，可以考虑采用沿荷载偏心方向上形状不对称的基础，使基底形心尽量靠近荷载合力的作用点。

7.5.2 公路桥涵刚性扩大基础底面尺寸的拟定

刚性扩大基础的平面形式一般应考虑墩(台)身底面形状而确定，实体桥墩身截面常用的是圆墩形，如图 7-17 所示，基础底面长度尺寸与高度有如下关系：

长度(横桥向)
$$a = l + 2H\tan\alpha \tag{7-22}$$
宽度(顺桥向)
$$b = d + 2H\tan\alpha \tag{7-23}$$

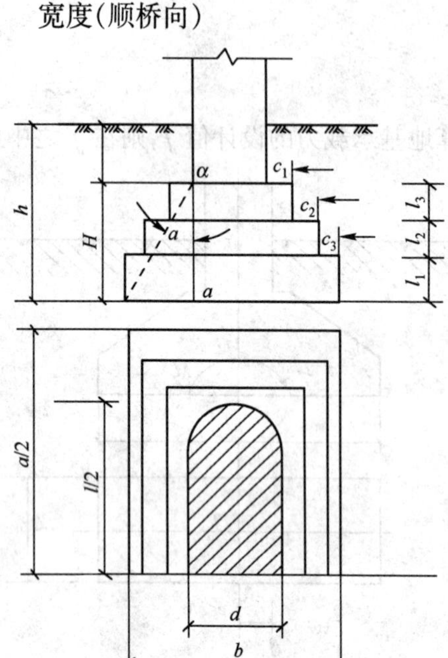

图 7-17　刚性扩大基础剖面平面图

式中，l——墩(台)身底界面的长度/m；

d——墩(台)身底界面的宽度/m；

H——基础高度/ m；

α——墩(台)身底截面边缘至基础边缘的连线与垂线间的夹角，$\alpha < \alpha_{max}$，α_{max} 为基础材料的刚性角(度)。

基础的厚度应根据墩(台)身结构形式、荷载大小、选用的基础材料等来确定。基底标高应按前述埋置深度要求确定，水中基础顶面一般不高于最低水位，在季节性流水的河流或旱地上的桥梁墩(台)基础，则不宜高出地面，以防碰损。这样，基础的厚度可按上述要求所确定的基础底面和顶面标高求得。在一般情况下，大、中桥墩(台)混凝土基础的厚度在 1.0～2.0 m 范围内。

基础平面尺寸确定后，应先根据最不利而且可能情况下的荷载组合进行地基承载力验算。《公路桥涵地基基础设计规范》规定，地基持力层承载力验算需满足下式要求：

中心荷载
$$\sigma = \frac{N}{A} \leqslant [\sigma] \tag{7-24}$$

偏心荷载
$$\sigma_{max} = \frac{N}{A} + \frac{M}{W} \leqslant [\sigma] \tag{7-25}$$

式中，N——作用于基底的合力的竖向分力/kPa；

M——作用于墩(台)的水平力和偏心竖向力对基底形心轴的弯矩/(kN·m)；

A——基础底面积/m^2；

W——基础底面的截面模量/m^3；

$[\sigma]$——地基土修正后的允许承载力/kPa。

对于公路桥梁，通常取基础横桥向控制计算，但对通航河流或河流中有漂流物时，应计算船舶撞击力或漂流物撞击力在横桥向产生的基底应力，并与顺桥向基底应力相比较，取最大者控制设计。

在曲线上修筑的弯桥，除顺桥向引起力矩 M_x 外尚有离心力(横桥向水平力)在横桥向产生的力矩 M_y 或桥面上活载考虑偏心矩时，则偏心竖直力在基底两个中心轴上均有偏心矩，如图 7-18 所示。在计算基底应力时，应采用的计算式为：

$$\sigma_{\min}^{\max}=\frac{N}{A}\pm\frac{M_x}{W_x}\pm\frac{M_y}{W_y} \tag{7-26}$$

式中，M_x、M_y——偏心竖直力对基底中心轴 x 和 y 的力矩/(kN·m)，$M_x=N\cdot e_y$，$M_y=N\cdot e_x$；

W_x、W_y——基础底面对 x、y 轴的截面抵抗矩/m^3。

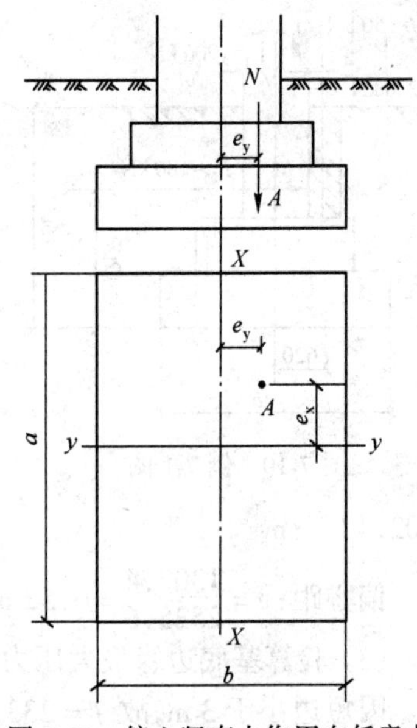

图 7-18　偏心竖直力作用在任意点

在式(7-25)中 N 值和 M 值，应按能产生最大力矩 $M_{\max}$值时的活荷载布置及与此相对应的 N 值和能产生最大竖直力 $N_{\max}$值时的活载布置及与此对应的 M 值，分别计算基底应力，并取最大者为控制值。

墩(台)基础的设计计算也必须控制基底合力偏心距，其目的是尽可能使基底应力分布比较均匀，避免基础产生较大的不均匀沉降。桥涵墩(台)基础的合力偏心距 e_0 应符合表 7-20 的规定。

表 7-20　墩(台)基础合力偏心距的限制

荷载情况	地基条件	合力偏心距	备　注
墩(台)仅受恒载作用时	非岩石地基	桥墩 $e_0\leqslant 0.1\rho$	对于拱桥墩(台)其合力作用点应尽量保持在基底中线附近
		桥台 $e_0\leqslant 0.75\rho$	
墩(台)受荷载组合 Ⅱ、Ⅲ、Ⅳ	非岩石地基	$e_0\leqslant\rho$	
	石质较差的岩石地基	$e_0\leqslant 1.2\rho$	
	坚密岩石地基	$e_0\leqslant 1.5\rho$	

注：① 表中 ρ 为墩(台)基底截面核心半径：

$$\rho=W/A$$

② 表中 e_0 为基底以上外力合力作用点对基底重心轴的偏心距：

$$e_0=\frac{\sum M}{N}$$

【例 7-1】　某有吊车的厂房柱基础，各项荷载设计值及深度尺寸如图 7-19 所示，地基土为黏土，容重 $\gamma=19.0\ \text{kN/m}^3$，$f_k=203$ kPa，孔隙比 $e=0.84$，$\omega=30\%$，$\omega_L=36\%$，$\omega_p=23\%$，试确定矩形基础的底面积。

【解】(1)按中心荷载初步估计所需的底面尺寸 A_0

地基承载力设计值，先不考虑宽度修正，$I_p=36-23=13$，$I_L=(30-23)/13=0.53$。查表 7-16，对 e 和 I_L 均小于 0.85 的黏性土，取 $\eta_b=0.3$，$\eta_d=1.6$，由式(7-13)得：

$$f=203+1.6\times19(1.5-0.5)=233.4\ \text{kPa}$$

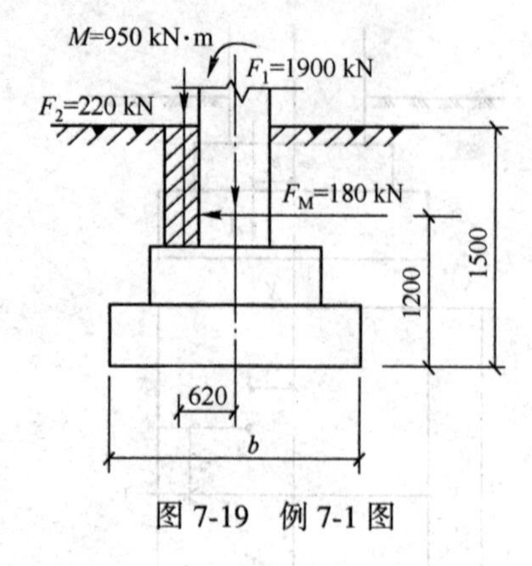

图 7-19　例 7-1 图

代入式(7-17)得：

$$A_0=\frac{1900+220}{233.4-20\times1.5}=\frac{2120}{203.4}=10.4\ \text{m}^2$$

考虑荷载偏心，将面积 A_0 增加 30%，即 $lb=13.5\ \text{m}^2$，取基底边长 $b/l=2$（b 为荷载偏心方向边长），故 $lb=2l^2=13.5\ \text{m}^2$，$l=2.6\ \text{m}$，$b=5.2\ \text{m}$。

(2) 验算荷载偏心距

基底处的总竖向力：$F+G=1900+220+20\times2.6\times5.2\times1.5=2525.6\ \text{kPa}$

基底处的总力矩：$M=950+180\times1.2+220\times0.62=1302.4\ \text{kN·m}$

偏心距：$e=\dfrac{1302.4}{2525.6}=0.52\ \text{m}\left(<\dfrac{b}{6}=0.867\ \text{m}，满足要求\right)$

(3) 验算基底边缘最大压力 $p_{\max}$

因短边小于 3 m，故 $f=233.4\ \text{kPa}$ 不变，由式(7-20)得：

$$p_{\max}=\frac{2525.6}{2.6\times5.2}\left(1+\frac{6\times0.52}{5.2}\right)=299\ \text{kPa}(>1.2f=280\ \text{kPa})$$

(4) 调整基底底面尺寸后再验算

取 $l=2.7\ \text{m}$，$b=5.4\ \text{m}$（地基承载力设计值不变），则有：

$$F+G=1900+220+20\times2.7\times5.4\times1.5=2557\ \text{kN}$$

$$e=\frac{1302.4}{2557}=0.51\ \text{m}$$

$$p_{\max}=\frac{2557}{2.7\times5.4}\left(1+\frac{6\times0.51}{5.4}\right)=275\ \text{kPa}(<1.2f，满足要求)$$

7.5.3　软弱下卧层的验算

当地基受力层范围内有软弱下卧层时，按持力层土承载力计算得出基础底面尺寸后，还应进行软弱下卧层承载力验算，即满足：

$$\sigma_z+\sigma_{cz}\leqslant f_z \tag{7-27}$$

式中，σ_z——软弱下卧层顶面处的附加应力设计值/kPa；

σ_{cz}——软弱下卧层顶面处土的自重应力标准值/kPa；

f_z——软弱下卧层顶面处经深度修正后地基承载力设计值/kPa。

关于附加应力的计算，《建筑地基基础设计规范》中通过实验研究，并能按双层地基中附加应力分布的理论解答，提出了以下简化计算方法，当持力层与下卧软弱土层的压缩模量 $E_{s_1}/E_{s_2}\geqslant3$时，对矩形或条形基础，假定基底压力以某一角度 θ 向下扩散，如图 7-20 所示，根据扩散前后总压力相等的条件，可得深度 z 处的附加应力。

矩形基础：

$$\sigma_z=\frac{bl(p-\sigma_c)}{(b+2z\tan\theta)(l+2z\tan\theta)} \tag{7-28}$$

条形基础：

$$\sigma_z = \frac{b(p - \sigma_c)}{b + 2z\tan\theta} \tag{7-29}$$

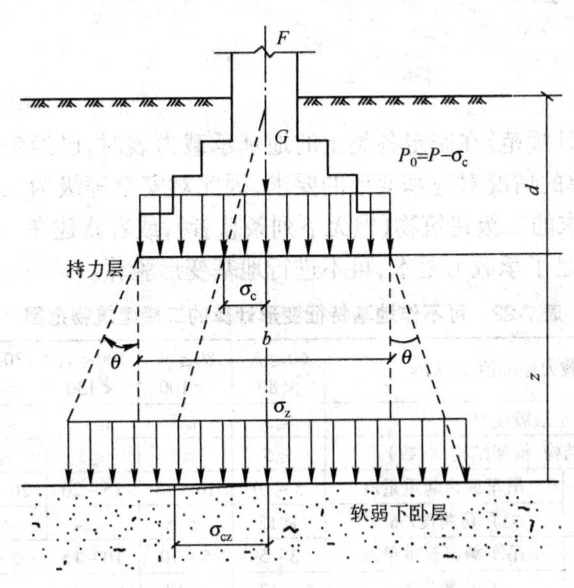

图 7-20 软弱下卧层承载力验算图

式中，b——矩形和条形基础底边的宽度/m；

l——矩形基础底面的长度/m；

p——基底处的平均压力设计值/kPa；

σ_c——基底处土的自重应力标准值/kPa；

z——基底至软弱下卧层顶面的距离/m；

θ——基底压力扩散角，可按表 7-21 采用。

表 7-21 地基压力扩散角 θ

$\alpha = \frac{E_{s_1}}{E_{s_2}}$	z/b	
	0.25	0.50
3	6°	23°
5	10°	25°
10	20°	30°

注：① E_{s_1}、E_{s_2} 分别为上层土与下层土压缩模量；

② $z<0.25b$ 时一般 $\theta=0$，必要时，宜由试验确定；$z>0.50b$ 时 θ 值不变。

在《公路桥涵地基基础设计规范》中，取

$$\sigma_z = \alpha(\sigma - \gamma_2 h) \tag{7-30}$$

式中，γ_2——基础埋深范围内土层的加权平均容重/(kN/m³)；

α——基底中心下土中的附加应力系数，可查规范系数表；

σ——由计算荷载产生的基底压力/kPa，当基底压力为不均匀分布且 z/b（或 z/d）$\leqslant 1$ 时，σ 按基底应力图形，采用距最大应力边 $b/3 \sim b/4$ 处的压应力（其中 b 为矩形基础的短边宽度，d 为圆形基础的直径）；

h——基础埋置深度/m。

7.5.4 地基变形验算

1. 变形验算范围

《建筑地基基础设计规范》在制定各类土的地基承载力表时，已经考虑了一般中小型建筑物在地基条件比较简单的情况对地基变形的要求，因此对安全等级为三级或地基条件和建筑物类型符合表 7-22 要求的二级建筑物(但无下列条款者)，或者修建在一般土质条件下的中小型桥梁的基础，只要满足了承载力要求，可不进行地基变形验算。

表 7-22 可不作地基特征变形计算的二级建筑物范围

<table>
<tr><td rowspan="2">地基主要受力层的情况</td><td colspan="3">地基承载力标准值 f_k/kPa</td><td>$60\leqslant f_k<80$</td><td>$80\leqslant f_k<100$</td><td>$100\leqslant f_k<130$</td><td>$130\leqslant f_k<160$</td><td>$160\leqslant f_k<200$</td><td>$200\leqslant f_k<300$</td></tr>
<tr><td colspan="3">各土层坡度/%</td><td>≤5</td><td>≤5</td><td>≤10</td><td>≤10</td><td>≤10</td><td></td></tr>
<tr><td rowspan="9">建筑类型</td><td colspan="3">砌体承重结构、框架结构(层数)</td><td>≤5</td><td>≤5</td><td>≤5</td><td>≤6</td><td>≤6</td><td>≤7</td></tr>
<tr><td rowspan="4">单层排架结构(6 m 柱距)</td><td rowspan="2">单跨</td><td>吊车额定起重量/t</td><td>5 ~ 10</td><td>10 ~ 15</td><td>15 ~ 20</td><td>20 ~ 30</td><td>30 ~ 50</td><td>50 ~ 100</td></tr>
<tr><td>厂房跨度/m</td><td>≤12</td><td>≤18</td><td>≤24</td><td>≤30</td><td>≤30</td><td>≤30</td></tr>
<tr><td rowspan="2">多跨</td><td>吊车额定起重量/t</td><td>3 ~ 5</td><td>5 ~ 10</td><td>10 ~ 15</td><td>15 ~ 20</td><td>20 ~ 30</td><td>30 ~ 75</td></tr>
<tr><td>厂房跨度/m</td><td>≤12</td><td>≤18</td><td>≤24</td><td>≤30</td><td>≤30</td><td>≤30</td></tr>
<tr><td>烟囱</td><td colspan="2">高度/m</td><td>≤30</td><td>≤40</td><td>≤50</td><td colspan="2">50 ~ 75</td><td>75 ~ 100</td></tr>
<tr><td rowspan="2">水塔</td><td colspan="2">高度/m</td><td>≤15</td><td>≤20</td><td>≤30</td><td colspan="2">≤30</td><td>≤30</td></tr>
<tr><td colspan="2">容积/m³</td><td>≤50</td><td>50 ~ 100</td><td>100 ~ 200</td><td>200 ~ 300</td><td>300 ~ 500</td><td>500 ~ 1 000</td></tr>
</table>

注：① 地基主要受力层是指条形基础底面下深度为 $3b$(b 为基础底面宽度)，单独基础下为 $1.5b$，且厚度均不小于 5 m 的范围(二层以下的民用建筑除外)；

② 地基主要受力层中如有承载力标准值小于 130 kPa 的土层时，表中砌体承重结构的设计，应符合《建筑地基基础设计规范》第七章的有关要求；

③ 表中砌体承重结构和框架结构均指民用建筑，对于工业建筑可按厂房高度、荷重情况折合成与其相当的民用建筑层数；

④ 表中吊车额定起重量、烟囱高度和水塔容积的数值是指最大值。

建筑工程凡属下列情况之一者，在按地基承载力确定基础底面尺寸之后，尚需进行地基变形验算。

① 安全等级为一级的建筑物。

② 表 7-22 所列范围以外的二级建筑物。

③ 表 7-22 所列范围以内有下列情况之一的二级建筑物：

- 地基承载力标准值小于 130kPa，且体型复杂的建筑物；
- 在基础上及其附近有地面荷载或相邻基础荷载差异较大，引起地基产生过大的不均匀沉降时；
- 软弱地基上的相邻建筑物如距离过近，可能发生倾斜时；
- 地基内有厚度较大或厚薄不均匀的填土，其自重固结未完成时。

对公路桥梁工程有下列情况之一者，则需要验算地基的沉降，使其不大于规定的允许值。

① 修建在地质条件复杂，地层分布不均或强度较小的软黏土地基及湿陷性黄土上的基础。

② 修建在非岩石地基上的拱桥、连续梁桥等超静定结构的基础。

③ 当相邻基础下地基强度有明显不同或相邻跨度相差悬殊而必须考虑其沉降差时。

④ 对于跨线(主要指跨铁路)桥，跨线渡桥要保证桥(或槽)下净空高度时。

2. 变形特征值

建筑物的结构类型、整体刚度和使用功能不同,对地基变形的适应性或者说地基变形可能造成的危害程度是不一样的。在变形验算时,应根据不同类型的建筑物,计算与其相应的变形特征值 Δ,验算其是否在允许值[Δ]之内,即要求满足下式:

$$\Delta \leqslant [\Delta] \tag{7-31}$$

地基变形特征值 Δ,实际上就是广义变形,一般分为以下 4 种:

① 沉降量——基础某点的沉降值。

② 沉降差——基础两点或相邻柱基中心点的沉降量之差。

③ 倾斜——基础倾斜方向两端点的沉降差与其距离的比值。

④ 局部倾斜——砌体承重结构沿纵向 6 ~ 10 m 内基础两点的沉降差与其距离的比值。

我国《建筑地基基础设计规范》综合分析了国内外各类建筑物的有关资料,提出了表 7-23 所列的地基特征变形允许值,供设计时采用。对表中未包括的其他建筑物的地基变形允许值,可根据上部结构对地基变形的适应能力和使用要求自行确定。

表 7-23 建筑物的地基特征变形允许值

变形特征	地基土类型	
	中低压缩性土,桩基	高压缩性土
砌体承重结构基础的局部倾斜	0.002	0.003
工业建筑与民用建筑相邻桩基的沉降差 (1) 框架结构 (2) 砖石墙填充的边排柱 (3) 当基础不均匀沉降时不产生附加应力的结构	 $0.002l$ $0.0007l$ $0.005l$	 $0.003l$ $0.001l$ $0.005l$
单层排架结构(柱距为 6 m)桩基的沉降量/mm	(120)	200
桥式吊车轨面的倾斜(按不调整轨道考虑) 纵向 横向	 0.004 0.003	
多层建筑和高层建筑基础倾斜 $H_g \leqslant 24$ $24 < H_g \leqslant 60$ $60 < H_g \leqslant 100$ $H > 100$	0.004 0.003 0.002 0.0015	
高耸结构基础的倾斜 $H_g \leqslant 20$ $20 < H_g \leqslant 50$ $50 < H_g \leqslant 100$ $100 < H_g \leqslant 150$ $150 < H_g \leqslant 200$ $200 < H_g \leqslant 250$	0.008 0.006 0.005 0.004 0.003 0.002	
高耸结构基础的沉降量/mm $H_g \leqslant 100$ $100 < H_g \leqslant 200$ $200 < H_g \leqslant 250$	(200)	400 300 200

注:① 括号内数字仅适用于中压缩性土;

② l 为相邻柱基的中心距离/mm;H_g 为自室外地面起算的建筑物高度/m。

在桥梁工程设计时,为了防止由于偏心荷载使同一基础两侧产生较大的不均匀沉降而导致结构倾斜或造成墩(台)顶面发生过大的水平位移等后果,对于较低的墩(台)可用限制基础上的合力偏心距的方法来解决。对于结构物较高、土质又较差或上部为静定结构物,则需验算基础的倾斜,从而保证结构物顶面的水平位移控制在允许范围之内。

$$\Delta = l\tan\theta + \delta_0 \leqslant [\Delta] \tag{7-32}$$

式中,l——自基础底面至墩(台)顶的高度/m;

θ——基础底面的转角(°),$\tan\theta = \frac{s_1 - s_2}{b}$,其中 s_1、s_2 分别为基础两侧边缘中心处按分层总和法求得的沉降量,b 为验算截面的底面宽度;

δ_0——根据上部结构要求,设计规定的墩(台)顶的允许水平位移值,1985 年颁布的《公路砖石及混凝土桥涵设计规范》规定:$[\Delta] = 0.5L$ cm,其中 L 为相邻墩(台)间最小跨径长度,单位 m,跨径小于 25 m 时仍以 25 m 计算。

地基特征变形验算的结果如不满足式(7-31)和式(7-32)的要求,可以先通过适当调整基础底面尺寸或埋深,如仍未满足要求,再考虑从建筑结构、施工等方面采取有效措施,以防止不均匀沉降对建筑物的损害,或改用其他地基基础设计方案。

地基土的沉降可根据土的变形性指标,按规范或《土力学》介绍的有关公式计算,传至基础底面的荷载按长期效应组合,不计入风荷载、汽车荷载和地震作用。

7.5.5 地基基础稳定性验算

基础工程设计时,必须保证地基基础具有足够的稳定性。

1. 基础倾覆稳定性验算

基础的倾覆或倾斜除了地基的强度和变形原因外,往往发生在承受较大的单向水平推力而其合力作用点又离基础底面的距离较高的结构物上。如高桥台受侧向土压力作用,大跨径拱桥在施工中墩(台)受到不平衡的推力等,此时在单向恒载推力作用下,均可能引起墩(台)连同基础的倾覆和倾斜。

桥涵墩(台)基础的抗倾覆安全系数 K_0 按下式计算:

$$K_0 = y/e_0 \tag{7-33}$$

式中,y——基底截面重心轴至截面最大受压边缘的距离/m,荷载作用在重心轴上的矩形基础 $y = b/2$,如图 7-21(a)所示;

e_0——外力合力偏心距/m。

例如外力合力不作用在重心轴上,如图 7-21(b)所示,基底截面有一个方向不对称,而合力又不作用在重心轴上,如图 7-21(c)所示,其压力最大一边的边缘线应是外包线,如图 7-21(b)、(c),y 值应是通过重心与合力作用点的连线并延长与外包线相交点至重心的距离。

2. 基础滑动稳定性验算

基础在水平荷载作用下沿基础底面滑动的可能性,可用基底与土间的摩擦阻力与水平荷载之比值 K_c 来表示,K_c 称为抗滑动稳定系数:

$$K_c = \frac{\mu \sum P_i}{\sum T_i} \tag{7-34}$$

式中,μ——基础底面与地基土之间的摩擦系数,在无实测资料中,可参照表 7-24 确定;

P_i、T_i 意义同前。

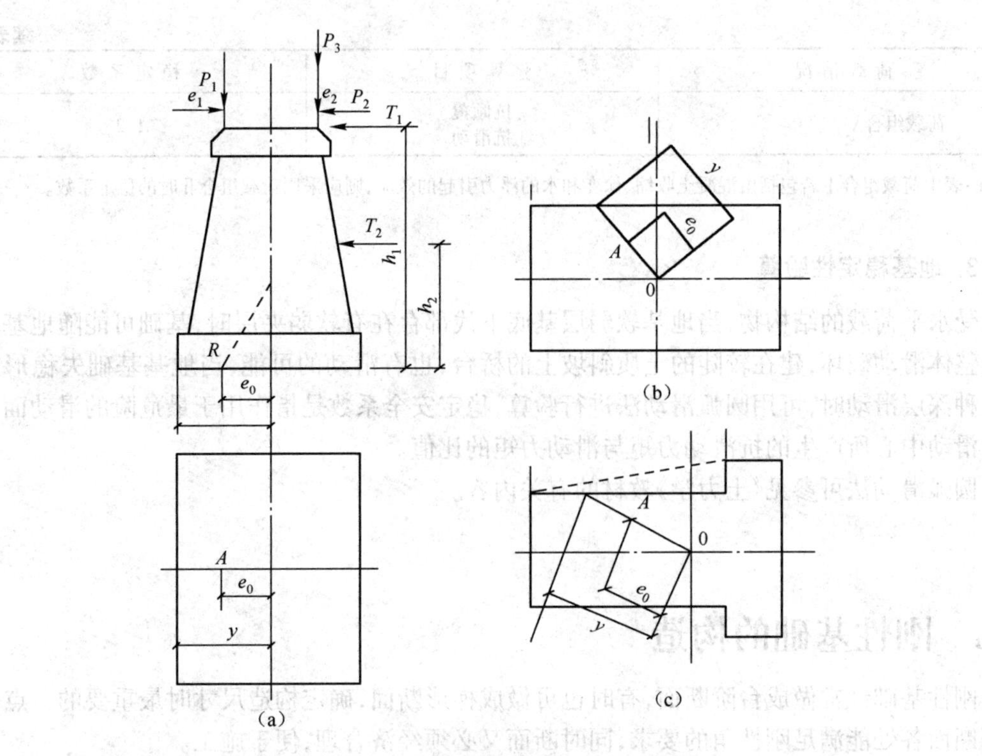

图 7-21　基础倾覆稳定性计算

表 7-24　基底摩擦系数

地基土分类	μ
软塑黏土	0.25
硬塑黏土	0.30
亚砂土、亚黏土、半干硬的黏土	0.30～0.40
砂类土	0.40
碎石类土	0.50
软质岩石	0.40～0.60
硬质岩石	0.60～0.70

验算桥台基础的滑动性时，如台前填土保证不受冲刷，可同时考虑计入与台后土压力方向相反的台前土压力，其数值可按主动或静止土压力进行计算。

修建在非岩石地基上的拱桥桥台基础，在拱的水平推力和弯矩作用下，基础可能向路堤方向滑移或转动，此项水平位移和转动发生的因素，还与台后土抗力的大小有关。

验算墩(台)抗倾覆和抗滑动的稳定时，稳定系数不宜小于表 7-25 的规定。

表 7-25　抗倾覆和抗滑动的稳定系数

荷 载 情 况	验 算 项 目	稳 定 系 数
荷载组合Ⅰ	抗倾覆 抗滑动	1.5 1.3
荷载组合Ⅱ、Ⅲ、Ⅳ	抗倾覆 抗滑动	1.3

续表

荷载情况	验算项目	稳定系数
荷载组合Ⅴ	抗倾覆 抗滑动	1.2

注:表中荷载组合Ⅰ若包括由混凝土收缩、徐变和水的浮力引起的效应,则应采用荷载组合Ⅱ时的稳定系数。

3. 地基稳定性验算

受水平荷载的结构物,当地基软弱层基底下浅部存在有软弱夹层时,基础可能随地基一起发生整体滑动破坏,建在较陡的土质斜坡上的桥台,也有滑动的可能,当地基基础失稳形式属于这种深层滑动时,可用圆弧滑动法进行验算,稳定安全系数是指作用于最危险的滑动面上诸力对滑动中心所产生的抗滑动力矩与滑动力矩的比值。

圆弧滑动法可参见《土力学》教材的有关内容。

7.6 刚性基础的构造

刚性基础经常做成台阶断面,有时也可做成梯形断面,确定构造尺寸时最重要的一点是要保证断面各处能满足刚性角的要求,同时断面又必须经济合理,便于施工。

7.6.1 砖基础

砖基础的剖面为阶梯形,称为大放角,砖基础的大放角的砌法有两种:一种是按台阶的宽高比为1/2,即二皮一收,如图7-22(a)所示。另一种按台阶的宽高比为1/1.5,即二一间隔收,如图7-22(b)所示。

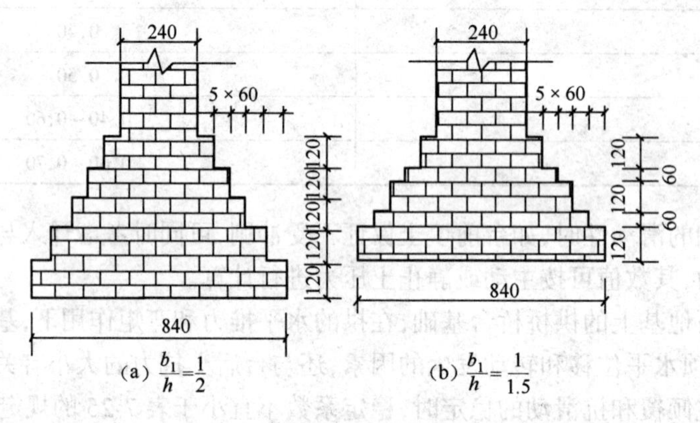

图7-22 砖基础

为了得到一个平整的基槽底,便于砌砖,在槽底可先浇筑100 ~ 200 mm厚的素混凝土垫层;对于低层房屋也可在槽底打两步(300 mm)三七灰土代替混凝土垫层。

为了防止土中水分沿砖基础上升,可在砖基础中,在室内地面以下50 mm左右处铺设防潮层,如图7-23所示,防潮层可以是掺有防水剂的1:3水泥砂浆,厚20 ~ 30 mm;也可铺设沥青油毡。

砖基础的强度及抗冻性较差，对砂浆与砖的强度等级，根据地区的潮湿程度和寒冷程度有不同的要求，可查有关规范要求。

7.6.2 砌石基础

砌石基础是采用强度大且未风化的料石砌筑，台阶的高度要求不小于 300 mm，分层砌筑时，为保证上一层砌石的边能压紧下一层砌石的边块，每个台阶伸长的长度不应大于 150 mm，如图 7-24 所示。

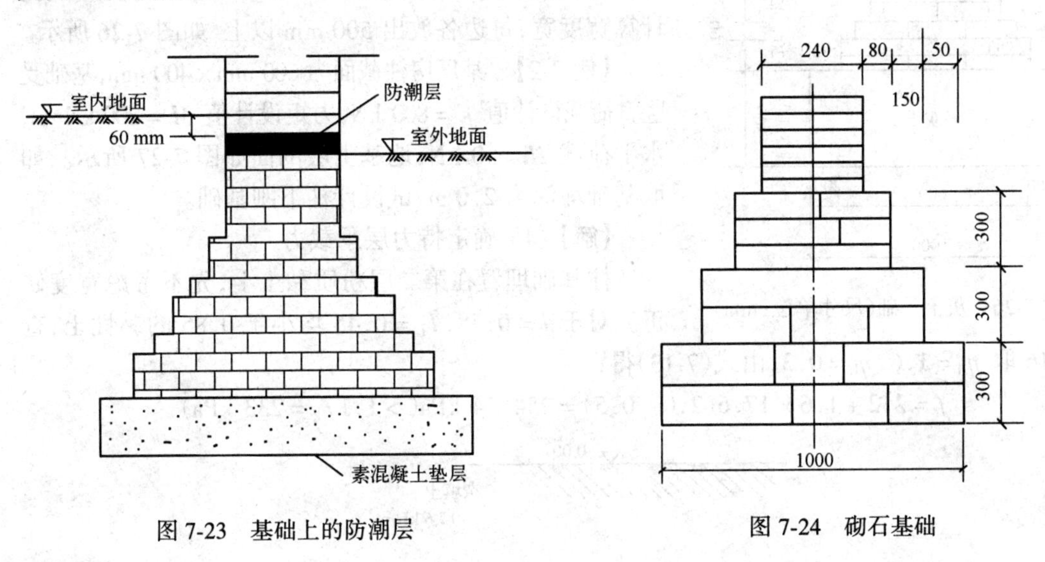

图 7-23 基础上的防潮层

图 7-24 砌石基础

7.6.3 混凝土基础

素混凝土基础可以做成台阶形或锥形断面(图 7-25)。做成台阶时，总高度在 350 mm 以内做一层台阶；总高度在 350 mm < $H \leqslant$ 900 mm 时，做成二层台阶；总高度大于 900 mm 时，做成三层台阶。每个台阶的高度不宜大于 500 mm，其宽高比应符合刚性角的要求。

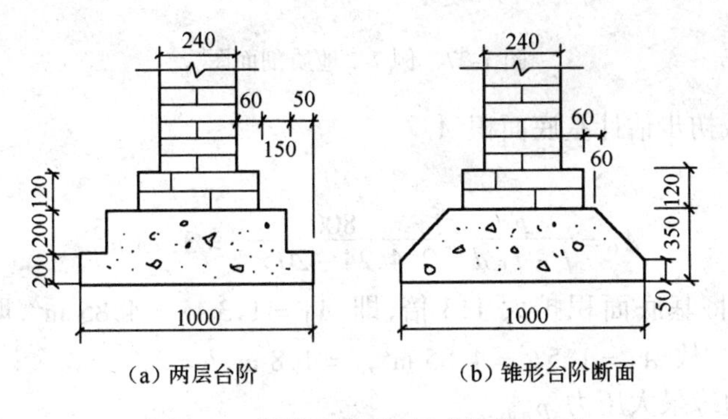

(a) 两层台阶　(b) 锥形台阶断面

图 7-25 混凝土基础(尺寸单位：mm)

如果基础体积较大，为了节约混凝土用量，在浇灌混凝土时，可掺入少于基础体积 30% 的毛石，做成毛石混凝土基础。

7.6.4 灰土基础

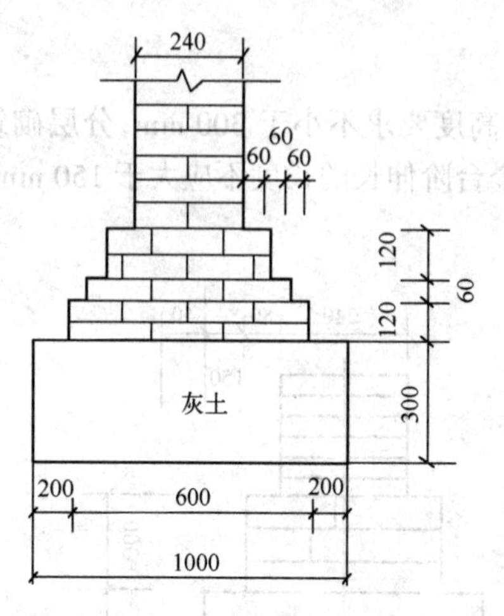

图 7-26 灰土基础(尺寸单位:mm)

灰土是用热化后的石灰和黏性土或粉土混合而成,灰土基础一般与砖、砌石、混凝土等材料配合使用,做在基础的下部,厚度通常采用 300 ~ 450 mm(2 步或 3 步)。台阶宽高比应符合刚性角要求,由于基槽边角处灰土不容易夯实,所以用灰土基础时,实际的施工宽度应该比计算宽度宽,每边各放出 500 mm 以上,如图 7-26 所示。

【例 7-2】 某厂房柱截面为 600 mm × 400 mm,基础受竖直荷载设计值 $F = 800$ kN,力矩设计值 $M = 200$ kN·m,水平荷载 $H = 50$ kN,地基土层剖面如图 7-27 所示。如取基础埋深为 2.0 m,试设计柱下刚基础。

【解】(1) 确定持力层承载力

柱基础埋置在第二层粉质黏土上,先不考虑宽度修正。对于 $l = 0.78$,$I_L = 0.45$ 均小于 0.85 的黏性土,查表 7-16 取 $\eta_d = 1.6$,$\eta_b = 0.3$,由式(7-13)得:

$$f = 212 + 1.6 \times 17.6(2.0 - 0.5) = 254.24 \text{ kPa}(> 1.1 f_k = 233 \text{ kPa})$$

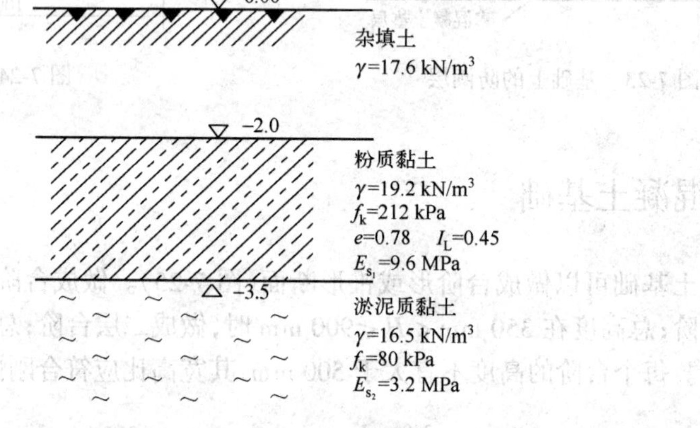

图 7-27 例 7-2 地质剖面图

(2) 按中心荷载初步估计基底面积 A_0

由式(7-17)得

$$A_0 = \frac{F}{f - r_G d} = \frac{800}{254.24 - 20 \times 2} = 3.73 \text{ m}^2$$

考虑荷载偏心,将基底面积扩大 1.3 倍,即 $A_1 = 1.3A_0 = 4.85$ m²,取基底边 $b/l = 1.5$(b 为偏心方向边长),故 $A_1 = 1.5l^2 = 4.85$ m²,$l = 1.8$ m,$b = 2.7$ m。

(3) 验算基底边缘最大压力 $p_{\max}$

基底处总竖向力:$F + G = 800 + 1.8 \times 2.7 \times 2.0 \times 20 = 994.4$ kN

基底处总力矩:$M = 220 + 50 \times 2 = 320$ kN· m

偏心距:$e = \dfrac{M}{F + G} = \dfrac{320}{994.4} = 0.32$ m($< b/6 = 0.45$ m,满足要求)

基底边缘处最大压应力：

$$p_{\max}=\frac{F+G}{A}+\frac{M}{W}=\frac{994.4}{4.85}+\frac{320}{\frac{1}{6}\times 1.8\times 2.72}=351\ \text{kPa}(>1.2f)$$

(4) 调整基底尺寸再验算

取 $b=3.0$ m，$l=2.0$ m(地基承载力的设计值不变)

$$F+G=800+20\times 2\times 2\times 3=1040\ \text{kN}$$

$$e=\frac{320}{1040}=0.31\ \text{m}$$

$$p_{\max}=\frac{1040}{3\times 2}+\frac{320\times 6}{32\times 2}=280\ \text{kPa}(<1.2f,\text{满足要求})$$

基底平均压应力： $p=\frac{1040}{2\times 3}=173\ \text{kPa}(<f,\text{满足要求})$

(5) 确定基础高度和构造尺寸

采用 C10 混凝土基础，查表 7-1，台阶宽高比允许值为 1:1.0，则基础高度 $H=\frac{l-l_0}{2}=\frac{3.0-0.6}{2}=1.2$ m，做 3 个台阶，基础构造尺寸如图 7-28 所示。

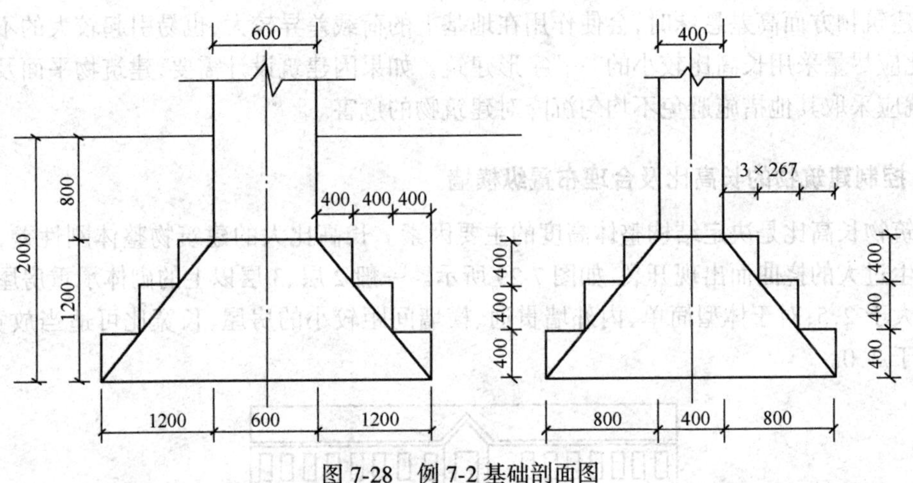

图 7-28 例 7-2 基础剖面图

(6) 验算软弱下卧层地基承载力

作用在基底处土的自重应力：$\sigma_c=17.6\times 2.0=35.2$ kPa

作用在下卧层顶面处土的自重应力：

$$\sigma_z=3.52+19.2\times 1.5=64\ \text{kPa}$$

作用在下卧层顶面处土的附加应力，按式(7-30)计算，由 $E_{s_1}/E_{s_2}=9.6/3.2=3.0$，$z/b=1.5/3.0=0.5$，查表7-21确定，得 $\theta=23°$，则

$$\sigma_z=\frac{3\times 2(173-35.2)}{(3+2\times 1.5\tan 23°)(2+2\times 1.5\tan 23°)}=59.1\ \text{kPa}$$

淤泥质粉土承载力设计值的确定：由表 7-16，取 $\eta_b=0$，$\eta_d=1.1$，有：

$$\gamma_0=\frac{17.6\times 2.0+19.2\times 1.5}{3.5}=18.29\ \text{kPa}$$

故 $f_z=80+0+11\times 18.29(3.5-0.5)=140\ \text{kPa}(>\sigma_z+\sigma_{cz}=123.1\ \text{kPa})$(满足要求)

地基变形及稳定性验算略。

7.7 减轻建筑物不均匀沉降的措施

地基土软硬不均或上部结构荷重差异较大等原因,都会使建筑物产生不均匀沉降,不均匀沉降会引起建筑物局部开裂损坏,甚至带来严重的危害。因此,如何避免或减轻不均匀沉降造成的损害,一直是建筑设计的重要课题。下面将从地基、基础、上部结构共同工作的观点出发,提出在建筑、结构、施工方面采取减轻不均匀沉降的措施。

7.7.1 建筑设计措施

1. 建筑物体型应力求简单

建筑物的体型设计应力求避免平面形状复杂和立面高差悬殊,平面形状复杂的建筑物,如"I"、"T"、"E"、"L"等,因在其纵横交接处,基础密集,地基附加应力叠加,必然产生较大的沉降;又由于转折较多,整体刚度减弱,上部结构很容易开裂。

当建筑物方面高差悬殊时,会使作用在地基上的荷载差异较大,也易引起较大的不均匀沉降,因此应尽量采用长高比较小的"一"字形建筑。如果因建筑设计需要,建筑物平面及体型复杂时,就应采取其他措施避免不均匀沉降对建筑物的危害。

2. 控制建筑物的长高比及合理布置纵横墙

建筑物长高比是决定结构整体高度的主要因素。长高比大的建筑物整体刚性差,纵墙很容易产生过大的挠曲而出现开裂,如图 7-29 所示。一般 2 层、3 层以上的砌体承重房屋的长高比不宜大于 2.5;对于体型简单、内外墙贯通、横墙间距较小的房屋,长宽比可适当放宽,但一般不大于 3.0。

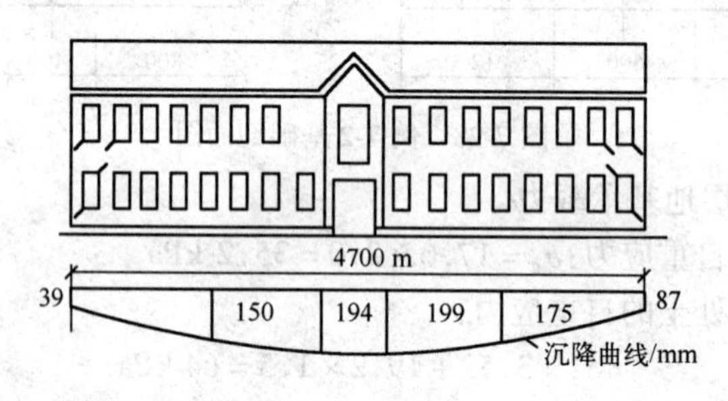

图 7-29 过长建筑物的开裂案例(长高比 7.6)

合理地布置纵横墙也是提高房屋整体刚度的措施之一。地基不均匀沉降最易产生在纵向挠曲上。因此应尽量避免纵墙的中断、转折、开设过大的门窗洞口。另外应尽可能使纵墙与横墙联结,缩小墙间距,增加房屋整体刚度,提高调整不均匀沉降的能力。

3. 设置沉降缝

用沉降缝可以将建筑物分割成若干个独立单元,每个单元应力求体型简单、长高比小、地基比较均匀、荷载变化小,因此可有效地避免不均匀沉降带来的危害。沉降缝通常设置在以下部位:

① 建筑物转折处。

② 建筑物高度或荷载相差较大处。

③ 建筑结构或基础类型截然不同处。

④ 地基土的压缩性有显著变化处。

⑤ 分期建造房屋的交界处。

⑥ 长高比过大的建筑物的适当部位。

⑦ 拟设置伸缩缝处。

沉降缝应从屋顶到基础把建筑物完全分开，其构造如图 7-30 所示。沉降缝不应填塞，但寒冷地区为了防寒，可填以松软材料；沉降缝应有足够的宽度，以保证沉降缝上端不致因相邻单元内倾向而挤压损坏，工程中建筑物沉降缝宽度一般可参照表 7-26 选用。

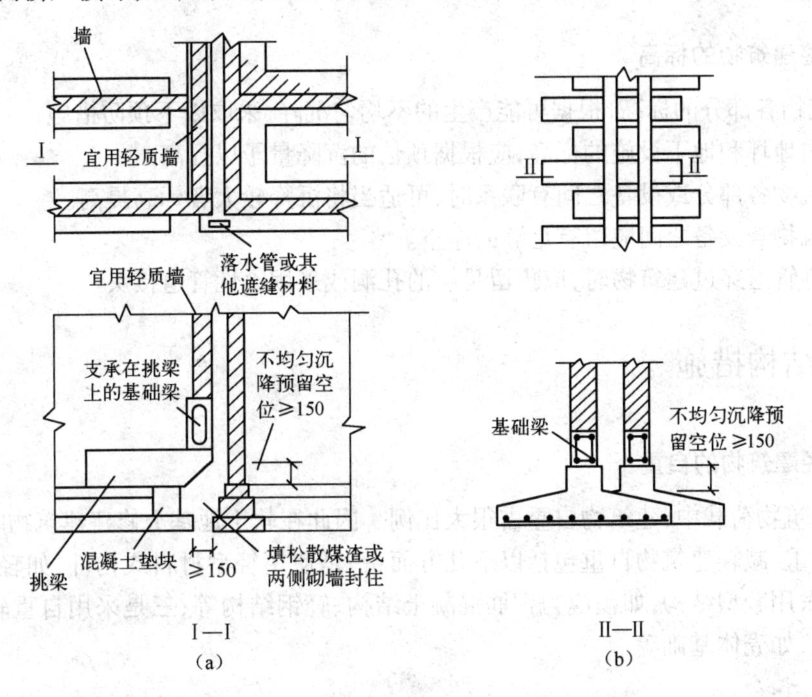

图 7-30　沉降缝构造示意图

表 7-26　房屋沉降缝宽度

房屋层数	沉降缝宽度/mm
2～3	50～80
4～5	80～120
5 层以上	不小于 120

注：当沉降缝两侧单元层数不同时，缝宽按层数大者取用。

如果地基很不均匀或建筑物体型复杂造成的不均匀沉降较大，还可以考虑将建筑物分成相对独立的沉降单元，并相隔一定距离，其间另外用适应自由沉降的构件（如简支或悬挑结构）将建筑物连接起来。

4. 合理安排相邻建筑物之间的距离

相邻建筑物过近，由于地基应力的扩散作用，会引起建筑物附加沉降，为避免相邻影响的损害，在弱软地基上建造相邻的新建筑物时，基础间净距应按表 7-27 计算。

表 7-27　相邻建筑基础间的净距

新建筑的预估平均沉降量 S/mm	被影响建筑的长高比	
	$2.0 \leqslant L/H < 3.0$	$3.0 \leqslant L/H < 5.0$
70 ~ 150	2 ~ 3	3 ~ 6
160 ~ 250	3 ~ 6	6 ~ 9
260 ~ 400	6 ~ 9	9 ~ 12
> 400	9 ~ 12	≥12

注：① 表中 L 为房层或沉降缝分隔的单元长度/m；H 为自基础底面标高算起的房层高度/m；

② 当被影响建筑的长高比为 $1.5 < L/H < 2.0$ 时，其间净距可适当缩小。

5. 调整建筑物的标高

对建筑物各部分的标高，根据可能产生的不均匀沉降，采取以下预防措施：

① 室内地坪和地下设施的标高，应根据预估的沉降量予以提高。

② 建筑物各部分或设备之间有联系时，可适当将沉降较大者标高提高。

③ 建筑物与设备之间应留有足够的净空。

④ 当有管道穿过建筑物时，应预留足够的孔洞或采用柔性管道接头。

7.7.2　结构措施

1. 减轻建筑物的自重

一般建筑物荷载中，建筑物自重占很大比例。因此在软土地基上修建建筑物时，应尽可能减少建筑自重，减轻建筑物自重包括以下几方面：一是使用轻型材料或构件，如轻型混凝土墙板等；二是采用轻型结构，如预应力钢筋混凝土结构、轻钢结构等；三是采用自重轻、回填土少的基础形式，如壳体基础等。

2. 减少或调整基底附加压力

基础沉降是由基底附加压力引起的，减小或调整基底附加压力可达到减小不均匀沉降的目的，设置地下室或半地下室，用挖除部分土重或全部来补偿上部结构荷载，因而可以降低基底附加应力，减少基础沉降，此外也可以改变基底尺寸或埋深减少不均匀沉降，如上部荷载较大的基础，可以采用较大的基底面积，调整基底压力，使沉降趋于均匀。

3. 增强基础整体刚度

当建筑物荷载差异较大或地基土软弱不均匀时，可采用整体刚度较大的十字交叉基础、筏板基础或箱形基础，达到调整不均匀沉降的目的。

4. 设置圈梁

设置圈梁可增强砖石承重墙房屋的整体性弥补砌体结构抗拉强度低的弱点，是防止墙体裂缝的有效措施，在地震区还起抗震作用。

因不易正确估计墙体可能发生的挠曲方向,一般在建筑物上下各设置一道圈梁,下面圈梁可设置在基础顶面处,上面圈梁可设置在顶层门窗顶处;多层房屋除上述两道外,中间可隔层设置,必要时可层层设置。

圈梁在平面上应成闭合系统,尽量贯通外墙、承重内纵墙和主要内横墙,以增强建筑物的整体性。当圈梁遇到墙体洞,可按图 7-31 所示的搭接要求处理。

圈梁一般是现浇钢筋混凝土梁,宽同墙厚,梁高不小于 120 mm,混凝土标号不低于 C15,纵向钢筋不少于 4ϕ8,箍筋间距不大于 300 mm,当兼作过梁时,可适当增加配筋。

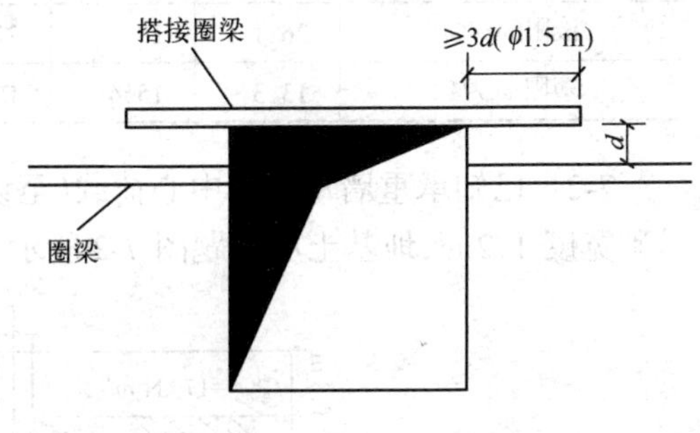

图 7-31 圈梁中断时的处理

5. 采用对地带沉降不敏感的上部结构

采用铰接排架,三铰拱等结构,当地基发生不均匀沉降时,不会引起很大的附加应力,可避免结构产生开裂等危害。

7.7.3 施工措施

当建筑物各部分高低差别极大或荷载大小悬殊时,应合理安排施工顺序,先建重、高的部分,后建轻、低的部分,必要时还要在高或重的建筑物竣工后间歇一段时间再建低或轻的建筑物,这样可以达到减少部分沉降差的目的。

对于灵敏度较高的软土地基,在施工时要注意尽可能不破坏土的原状结构,通常可在坑底保留约 200 mm 厚的软土层,待进行混凝土垫层施工时再铲除,如发现坑底软土已被扰动,可挖去扰动部分,用砂、碎石等回填处理。

在已建成的轻型建筑物周围,不宜堆放大量堆载,以免地面堆载引起建筑物产生附加沉降。在进行打桩、井点降水及深基坑开挖时,应特别注意可能对邻近建筑物造成的附加沉降。

习题

7-1 某工程地质剖面和土的基本性能如题图 7-1 题表 7-1 所示,求各层的承载力标准值 f_k。

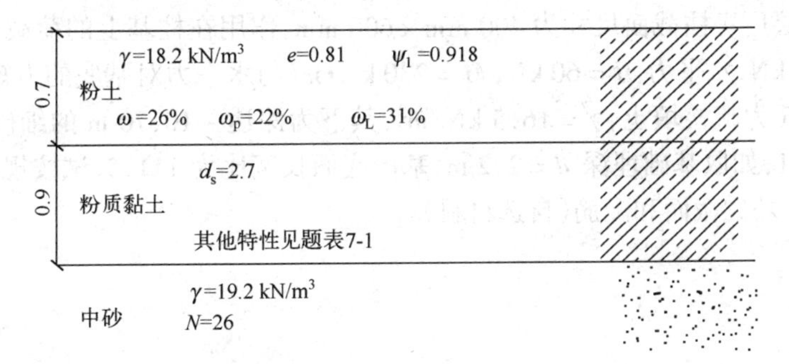

题图 7-1

题表 7-1

密度 $\rho/(\mathrm{g/cm^3})$	1.91	1.96	1.93	1.95	1.95	1.81	1.89	1.88
含水量 $\omega/\%$	20.2	22.2	21.6	22.0	21.5	21.2	20.2	20.5
液限 $\omega_L/\%$	26.1	28.3	27.2	28.1	26.9	27.1	26.0	25.5
塑限 $\omega_p/\%$	13.3	15.4	15.1	15.7	14.2	15.3	14.9	14.8

7-2 已知承重墙每延米中心荷载(至设计地面)为 200 kN,刚性基础埋置深度 $d=1.0$ m,基础宽度 1.2 m,地基土层如题图 7-2 所示,试验算第③土层软弱土层的承载力。

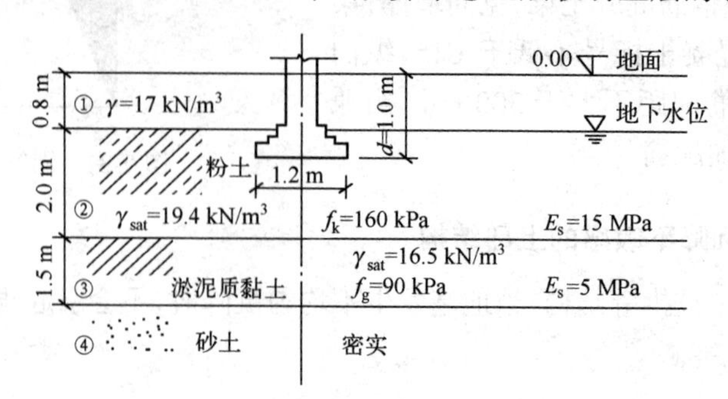

题图 7-2

7-3 某民用建筑为四层混合结构,底层墙厚 240 mm,每米长度承重墙传至 ±0.00 m 处的荷载设计值为 220 kN,地质剖面及土的工程特性指标如题图 7-3 所示,试作刚性基础设计。

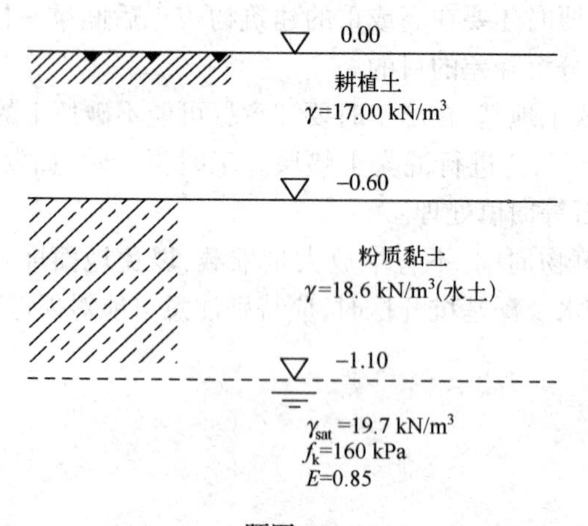

题图 7-3

7-4 某单层厂房柱截面尺寸为 400 mm×600 mm,作用在柱基上的荷载(至设计面)为竖向荷载 $F=970$ kN,水平力 $H=60$ kN,$M=230$ kN·m(与水平力对基底的力矩同向)。地基从地面至 −2.20 m 为疏松填土,$\gamma=16.5\ \mathrm{kN/m^3}$,其下为深达 −10.70 m 的细砂,其标准贯入试验锤击数 $N=21$,如取基础埋深 $d=2.2$ m,基础底面长宽比为 1:1.5,试按规范承载力表确定基底尺寸并设计基础截面和配筋(自选材料)。

第 8 章　桩基础

8.1　概述

一般建筑物应充分利用天然地基或人工地基的承载能力，尽量采用浅基础。但遇软弱土层较厚建筑物对地基的变形和稳定要求较高，或由于技术、经济等各种原因不宜采用浅基础时，就得采用桩基础。桩是一种埋入土中、截面尺寸比其长度小得多的细长构件，桩群的上部与承台连接而组成桩基础，通过桩基础把竖向荷载传递到地层深处坚实的土层上去，或把地震力等水平荷载传到承台和桩前方的土体中。房屋建筑工程的桩基础通常为低承台桩，如图 8-1 所示，其承台底面一般位于土面以下。

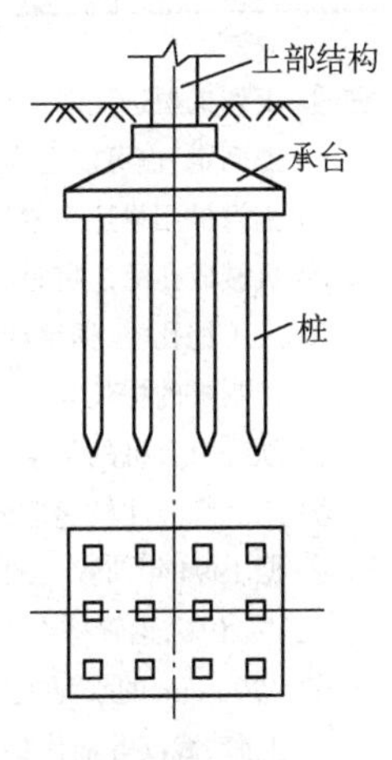

图 8-1　低承台桩

从工程观点出发，桩可以用不同的方法分类。就其材料而言，有木桩、钢筋混凝土桩和钢桩。由于木材在地下水位变动部位容易腐烂，且其长度和直径受限制，承载力不高，目前已很少使用。近代主要制桩材料是混凝土和钢材，这里仅按桩的承载性状、施工方法及挤土效应进行分类。

随着高层和高耸建(构)筑物如雨后春笋般地涌现，桩的用量、类型、桩长、桩径等均以极快速度向纵深方向发展，从表 8-1 可以看出，桩的最大深度在我国已达 104 m。桩的最大直径已达 6000 mm。这样大的深度与直径并非设计者的标新立异，而是上部结构与地质条件结合情况下势在必行的客观要求。建(构)筑物越高，则采用桩(墩)的可能性就越大。因为每增高一层，就相当于在地基上增加 12 ~ 14 kPa 的荷载，数十层的高楼所要求的承载力高，土层往往埋藏很深，因而常常要用桩将荷载传递到深部土层去。

表 8-1　我国各主要桩型应用概况

桩　型	最大桩深/m	最大桩径/截面/mm	应用于建筑物层数（5 10 15 20 25 30 35 40 45 50 55 60 65 70 75 80 85 90）	应用于基坑深/m	高耸塔架等	桥梁	码头等水工建筑
1. 钢管桩	83	1200			√	√	√
2. 钻、冲孔灌注桩	104	4000		6~18	√	√	√
3. 人工挖孔桩	53	4000		3~14	√	√	√
4. 预制钢筋混凝土桩	75	600×600		6~9	√	√	√

续表

桩型	最大桩深/m	最大桩径/截面/mm	应用于建筑物层数（5 10 15 20 25 30 35 40 45 50 55 60 65 70 75 80 85 90）	应用于基坑深/m	高耸塔架等	桥梁	码头等水工建筑
5. 预应力混凝土管桩	65	1400	——		√	√	√
6. 沉管灌注桩	35	700	——	4~7	√	√	√
7. 钻孔埋入预应力空心桩	50	6000				√	
8. 水泥土和加筋水泥土桩	37	700		3~15	√		

注：① 表列桩型选用时主要视地质条件、结构特点、荷载大小、沉降要求、施工环境、工程进度、经济指标等因素综合考虑而定，也可能受当时当地施工经验和设备供应等因素影响；

② 钢管桩用量迄今累计共约6万根(不完全统计)，最大桩深用于上海金茂大厦；

③ 机械成孔灌注桩每年用量约达50万根，最大桩深用于黄河山东北镇大桥、厦门昌林大厦；

④ 人工挖孔桩，据统计在广东惠州等地占了当地用桩总量的50%以上；

⑤ 预制桩的桩长与截面之比最大达140(浙江温州)；

⑥ 预应力管桩的年生产能力，仅广东省已达约1200万米；

⑦ 用沉管灌注桩建造的建筑物累计已达数亿平方米；

⑧ 据1994年前竣工的100幢桩基高层建筑统计，采用钻、冲孔桩者占37%，预制钢筋混凝土桩占32%，人工挖孔桩占20%，钢管桩占6%，预应力管桩占5%；

⑨ ϕ700 mm的水泥土搅拌桩应用于南京炼油厂油罐地基加固，桩身轴力传递有效长度达25 m；加筋水泥土桩已在上海、武汉等地代替传统的地下连续墙。

8.1.1 按桩的承载性状分类

1. 摩擦桩

1) 摩擦桩

(1) 根据《建筑地基基础设计规范》，摩擦桩指桩上的荷载由桩侧摩擦力和桩端阻力共同承受。

(2) 根据《建筑桩基技术规范》，摩擦桩指在极限承载力状态下桩顶荷载由桩侧阻力承受。即纯摩擦桩，桩端阻力忽略不计，如图8-2(a)所示。

2) 端承摩擦桩

在极限承载力状态下，桩顶荷载主要由桩侧阻力承受，桩端阻力占少量比例，但不能忽略不计。例如，置于软塑状态黏性土中的长桩，桩端土为可塑状态黏性土，为端承摩擦桩，如图8-2(b)所示。

2. 端承桩

1) 端承桩

在极限承载力状态下，桩顶荷载由桩端阻力承受。当桩端进入微风化或中等风化岩石时，为端承桩，此时桩侧阻力忽略不计，如图8-2(c)所示。

2) 纽擦端承桩

在极限承载力状态下，桩顶荷载主要由桩端阻力承受。桩侧摩擦力占的比例较小，但并非忽略不计。例如，顶制桩截面 400 mm × 400 mm，桩长 5.0 m，桩周土为流塑状态黏性土，桩端土为密实状态粗砂，则此桩为摩擦端承桩，如图 8-2(d)所示。

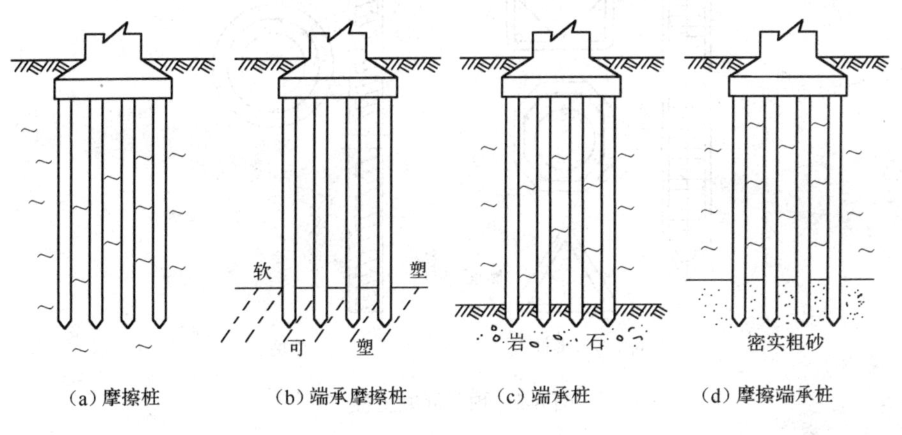

(a) 摩擦桩　(b) 端承摩擦桩　(c) 端承桩　(d) 摩擦端承桩

图 8-2　按桩的承载性状分类

房建工程桩基础一般为竖向抗压桩，主要承受竖向压力，此外，还有竖向抗拔桩。例如，高压输电塔的桩基础，受大风荷载时基础一侧为抗拔桩；又如，桩的静荷载试验中用作支承反力梁的桩也为抗拔桩(或称锚桩)；再如，埋深较大的水池受浮力作用，其下设置的桩也为抗拔桩。此外，还有水平受荷桩，主要承受水平荷载，如深基坑支护桩。

8.1.2　按施工方法分类

1. 预制混凝土桩

预制混凝土桩包括矩形桩和预应力空心管桩，均根据施工和使用的要求配置钢筋。多边形断面的预制混凝土桩(图 8-3(a))以实心方桩为代表，实心方桩的截面边长一般为 300 ~ 500 mm。温州地区使用的还有静压空心方桩。当桩长超过一定限度时，需分节预制，场外预制长度一般不超过 12 m，现场预制的长度一般不超过 25 m。沉桩时根据需要接长，常见的接桩方法有两种，即钢板焊接法和浆锚法。钢板焊接法较为可靠，必要时涂敷沥青以防锈。浆锚法是在下段桩顶预留孔，往孔内倾注熔融状硫磺胶泥，然后将上节桩底伸出的钢筋插入孔中，由接头面上的胶泥保证上下桩段的黏结。浆锚法较焊接法节省钢材且工效提高，但因硫磺胶泥的热塑冷硬之间变化很快，故对选材、浆材熬制和钢筋锚孔尺寸及操作工艺要求均很高，否则不易保证质量。

钢筋混凝土空心管桩(简称管桩)，图 8-3(b)是在工厂内用离心法制作的。直径一般为 300 ~ 600 mm，壁厚为 80 ~ 100 mm，常用长度为 8 ~ 30 m。下节桩的底端可以是开口的，但一般设桩尖封闭，管桩一般采用预应力混凝土，其级别往往在 C45 以上，也有用 C71 ~ C80 的，国外研究的管桩直径达 1000 mm，为 C80 ~ C100。

预制桩的主要特点是桩身质量易保证，单桩承载力较高。但其也存在着一些缺点，例如，无论是打入式或压入式，都存在挤土效应，在地下水位高且饱和黏性土深厚的地层中，这种效应的危害尤为显著。在群桩施工时将导致周围地面隆起；当场地布桩过密或局部桩距太小时，已经就位的邻桩可能上浮；或尚未打入桩的桩底难以就位，这些现象都将影响桩的承载能力。

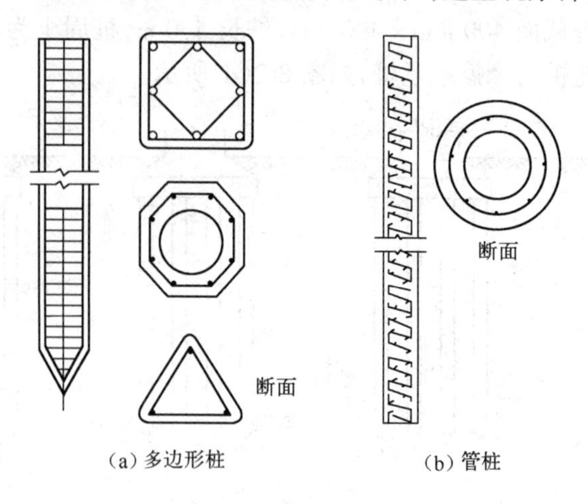

图 8-3　预制混凝土桩

预制桩的施工方法有两种：一种是锤击打入法沉桩，另一种是静力压入法沉桩。前一种施工时噪声较大，所以不适用于市区内施工；静力压桩对地层条件要求较严格，否则很可能造成部分桩不能达到设计标高。

2. 灌注桩

灌注桩是直接在设计桩位造孔，然后灌注混凝土成桩。仅承受轴向压力的灌注桩，可不配置钢筋。按规定需设钢筋笼时，配筋率一般也较低；且桩长可随持力层起伏而改变，不需截桩，不设接头，所以，在相同的地质条件下，单方桩体混凝土的造价较预制桩低。以上可以说是各种灌注桩的共同优点。灌注桩有许多类型，其优缺点、运用条件和局限性各不相同，以下介绍其中最常用的几种。

1) 沉管灌注桩

沉管灌注桩简称沉管桩，它采用锤击、静压、振动或振动兼锤击的方法将带有桩靴的钢管沉入造孔，然后，吊入钢筋笼灌注混凝土，提拔钢管成体。近年来我国又推广了一种改进沉管桩，称为沉管夯扩桩。

(1) 沉管桩

等直径沉管桩的工艺流程如图 8-4(一)所示，桩径一般为 300 ~ 500 mm(目前在国内应用的也有直径为 600 ~ 800 mm 的大直径沉管桩)。受桩架限制及施工质量要求桩长一般不超过25 m。这种桩施工简单、进度快、用钢少，因此应用较广。但这种桩不仅存在一般打入式桩的噪声、振动和挤土等问题，而且存在着缩径、夹泥、断桩和混凝土离析等多种可能的质量问题。引起这些问题的原因是多方面的，如自身沉管挤土形成的高孔隙水压力和拔管过程中与之伴生的缩孔效应，邻桩的侧挤导致的抬升作用，另外，混凝土从管口自由下落的距离太长可能导致不密实等。现行工艺中有些措施是针对上述问题采取的，如控制布桩密度和打桩进度，降低拔管速度和增大充盈系数(指实际混凝土用量与按桩径计算得的体积之比)，打设排水砂井及加快孔隙水压力消散，提管中反插原孔复打，在管顶上设振动锤边拔边振等。这些措施有助于提高沉管桩的桩身质量，但在使用时要依据各地的实际情况而定。一般认为，桩径小、桩长长的沉管桩使用时宜持慎重态度，对穿越深厚淤泥土层的长桩更要谨慎对待。

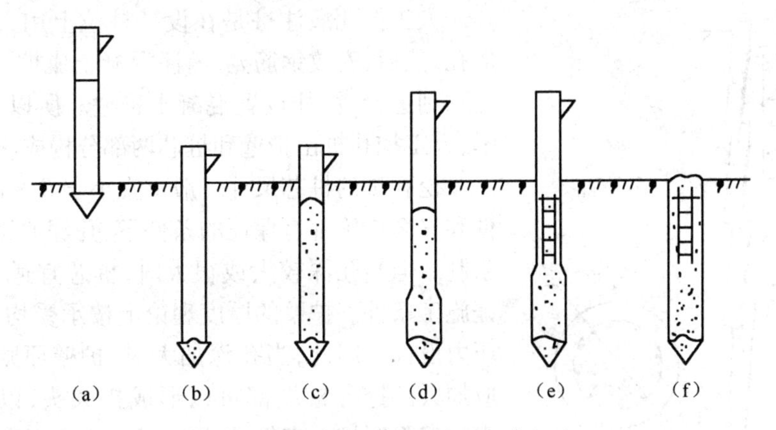

图 8-4 沉管灌注桩的施工程序(一)

(a) 打桩机就位；(b) 沉管；(c) 浇灌混凝土；(d) 边拔管、边振动；

(e) 安好钢筋笼，继续浇灌混凝土；(f) 成型

(2) 沉管夯扩桩

沉管夯扩桩的工艺流程如图 8-4(二)所示。桩径一般为 400 ~ 500 mm(目前部分地区用于高层建筑物的夯扩桩已有桩径达到 600 mm)。虽然该桩设计计算理论并不成熟，但由于它兼有打入桩与扩底桩在承载力上的双重优势，在一定地区使用经济效益明显。夯扩后单桩承载力与夯扩投料量、夯扩次数等有关。一般同一土层中的同直径桩，夯扩两次较不夯扩承载力提高约 60% ~ 100%甚至更高。从工艺流程图中也可以看出，由于在提管成桩过程中，内夯管始终压在混凝土面上，相当于对桩身混凝土加压成型，从而大大减少了一般沉管桩的桩身质量缺陷。但由于进行了扩底且由桩底传递较大的荷载，故应注意桩底持力层应有足够的厚度，另外由于扩底桩工艺较为复杂，对新的地区和工程，宜根据现场试验结果而不宜根据有关书本已有数据进行设计。

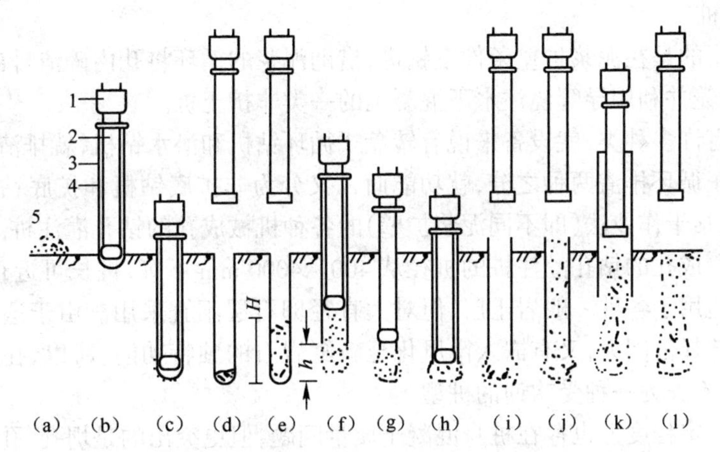

图 8-4 (无预制桩尖)夯扩桩施工程序(二)

(a) 放干硬性混凝土；(b) 放内外管；(c) 锤击；(d) 抽出内管；(e) 灌入部分混凝土；

(f) 放入内管，稍提外管；(g) 锤击；(h) 内外管沉入设计深度；(i) 拔出外管；

(j) 灌满桩身混凝土；(k) 上拔外管；(l) 拔出外管，成桩

1—柴油锤；2—加颈圈；3—内夯管；4—外管；5—干硬性混凝土

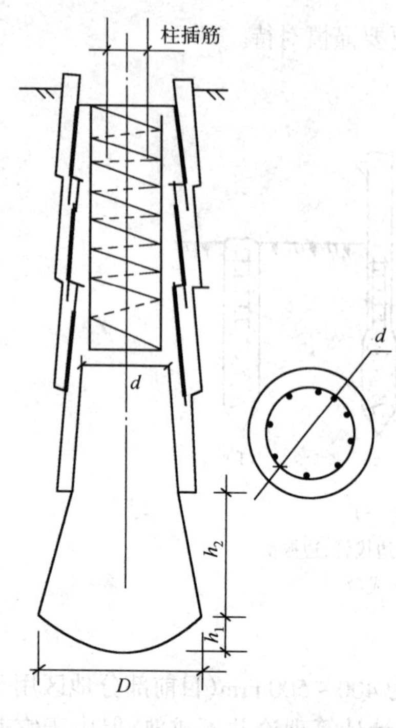

图 8-5　人工挖孔桩

2）人工挖孔灌注桩

人工挖孔灌注桩是在设计桩位上用人工挖掘方法成孔，然后，安放钢筋笼，灌注混凝土成桩。为了保证施工顺利进行，往往设置混凝土护壁。所以，在多数情况下，人工挖孔桩由护壁和桩芯两部分构成(图 8-5)。

挖孔桩的桩芯尺寸一般不宜小于 0.8 m。在设备条件和安全措施都有保证的条件下，孔深原则上没有硬性限制。但当孔深较大或很大时，桩芯宜适当加大，以保证施工条件。护壁的厚度理论上按承受均匀的土、水外压力设计。因此，当孔深加大时，护壁原则上厚度应相应加大。挖孔桩端部可以形成扩大头，以提高承载能力。但限制扩大直径 D 与芯径 d 之比不大于 3.0。

人工挖孔桩在其适用范围内具有一系列的优点：①在技术上，桩径和桩深可随承载力的不同要求进行调整，且在挖孔过程中，可以核实桩侧土层情况。②在质量上，能够清除孔底虚土，且可采取串桶下料、人工振捣的方法浇注桩芯混凝土，容易全面满足设计要求。③在经济上，单方混凝土造价较低，又能根据受力要求，扩大桩底，实现一柱一桩的布置方式，节省承台费用。④在施工上，由于成孔机具简单，适应狭窄场地，又能多孔同时挖进而缩短工期，因此具有明显的优势。

挖孔桩的主要缺点有：①在地下水难以抽尽处或将引发严重的流砂、流泥的土层中难以成孔，甚至无法成孔。②孔内空间狭小，劳动条件差。因而当孔深较大时，需注意施工人员安全。③当其扩大桩端的优势不能发挥时，由于桩芯加上护壁的最小直径在 1 m 以上，所以混凝土用量大，按每平方米建筑面积的造价考虑未必经济。

3）钻孔灌注桩

钻孔灌注桩指的是在泥浆护壁条件下钻进，借助泥浆的循环将孔内碎渣排出孔外成孔，然后清孔，吊入钢筋笼并利用导管浇注水下混凝土的一类非挤土桩。

钻孔灌注桩有许多种类，就设备来说有转盘式循环钻机和潜水钻机，就排渣方式两者又都有反循环排渣和正循环排渣两种之分，就功能而言又分为非扩底钻机和扩底钻机两类。应该提及，这里尚未包括干作业法(即不同泥浆护壁)的各种机械成孔的钻孔灌注桩。

各种泥浆护壁成孔的钻孔灌注桩的桩径从 400 ~ 4000 mm 不等，桩长可近百米，它们振动小，噪声低，广泛适用于各种一般岩土层，但对大直径卵石层不宜采用。由于这类桩型适应土类广，桩径、桩长选择范围大，又有嵌入微风化至新鲜岩石的独特功能，所以，在其他类型桩受到局限的情况下，不失为一种受欢迎的桩型。

钻孔灌注桩一定程度上也存在桩身混凝土质量问题，但更突出的是坍孔、孔底沉渣和泥浆污染问题。如施工中注意钻孔泥浆的控制，坍孔是可以防止的。至于沉渣问题，目前常用反循环施工法解决。反循环简单地说即由孔口进浆，然后利用在中空的钻杆中强力形成的高速液流携进孔底沉渣排出孔外，而泥浆污染是此类桩难以回避的问题。

4）冲孔灌注桩

冲孔灌注桩与钻孔灌注桩的主要不同点是成孔工艺不同。冲击成孔法是利用机械将一定重量的钻头提升至一定高度，然后，使钻头突然降落，利用冲击动能冲挤土层或破碎石块成孔。限于设备，冲孔桩一般用换渣筒排渣，也可以用其他方式排渣。为了维持孔壁稳定，也要采取泥浆护壁。成孔排渣后的成桩工艺与钻孔桩基本相同。

冲孔桩的优点在于能破碎带裂隙的坚硬岩石、大直径卵石与漂石及填土层中的坚硬块体。由于钻具自由下落冲击岩土时不消耗动力，故能耗小，冲孔桩除了具有和钻孔桩类似的缺点外，还有一个缺点是随孔深增加，提放钻头和掏渣时间随之增加，因而钻进效率低。

冲孔桩桩径通常为 600 ~ 2000 mm，桩长一般可达 50 m 左右。

8.1.3 按挤土效应分类

大量工程实践表明，成桩挤土效应，对桩的承载力、成桩质量控制与环境等有很大的影响。根据成桩方法和成桩过程中挤土效应将桩分为下列 3 类。

1. 挤土桩

这类桩在成桩过程中，桩孔中的土未取出，全部挤压到桩的四周，使土的工程性质与天然状态比较，发生较大变化，它包括挤土灌注桩；挤土预制桩，如打入或压入预制混凝土桩，封底钢管桩及混凝土管桩。

2. 部分挤土桩

这类桩在成桩过程中对土产生部分挤压作用，桩周土的工程性质变化不大，它包括预制钻孔打入式预制桩；打入式敞口桩；部分挤土灌注桩，如钻孔灌注桩局部复打桩。

3. 非挤土桩

这类桩在成桩过程中将相应于桩身体积的土挖出，对桩周围的土无挤压作用，如各种形式的钻孔桩及扩孔桩。

8.2 单桩的传力机理及竖向承载力公式

8.2.1 单桩的传力机理

施加于桩上的竖向荷载将传递给周围土层和卧土层。一部分荷载由桩周的摩阻力支承，另一部分则传递到桩端，由桩端土层支承，即称为端承力。总荷载等于这两个分量之和。

一旦荷载施加于桩顶，上部桩身首先发生压缩而向下位移，于是侧面受到阻力(摩擦力)的作用，荷载向下传递的过程中必须不断地克服这种摩擦力，因而桩身轴力 $P(z)$沿着深度逐渐减小，传到桩端的轴力与桩端土反力相平衡，同时，使桩端土发生压缩，致使桩身进一步下沉，于是桩侧摩擦力进一步发挥，最终达到稳定状态。

由于桩身压缩量的累积，上部桩身的下沉量总是大于下部，因此，上部桩身摩擦力首先发挥出来。随着荷载的增加，上部摩擦力达到极限后，保持不变或有所减小，而下部摩擦力将逐渐调动起来，直到整个桩身的摩擦力全部达到极限，继续增加的荷载则全部由桩端土承受。当桩端压力达到桩端土的极限承载力时,桩就会发生急剧的、不停滞的下沉,即进入破坏状态。

为了合理地设计桩基础,要对桩土体系的荷载传递过程作出数量上的评价。这是一个与许多因素有关的复杂过程,一般很难用数学方法求解。目前,常用的分析方法必须借助于实测资料,现阐述如下。

设想桩身轴力随深度的变化是已知的(这可以通过静载荷试验,由埋设在桩身的应力显测元件测定),轴力随深度的变化用函数 $P(z)$来表示,如图 8-6(c)所示。而摩擦力 f_z 就是桩测单位面积上的荷载传递量。在桩的任意深度 z 处截取一微分段 dz;其受力情况如图 8-6(a)所示。由该微分段的平衡条件得:

$$f(z)u\,dz + P(z) + dP(z) - P(z) = 0$$

由此得

$$f(z) = -\frac{1}{u}\cdot\frac{dP(z)}{dz} \tag{8-1}$$

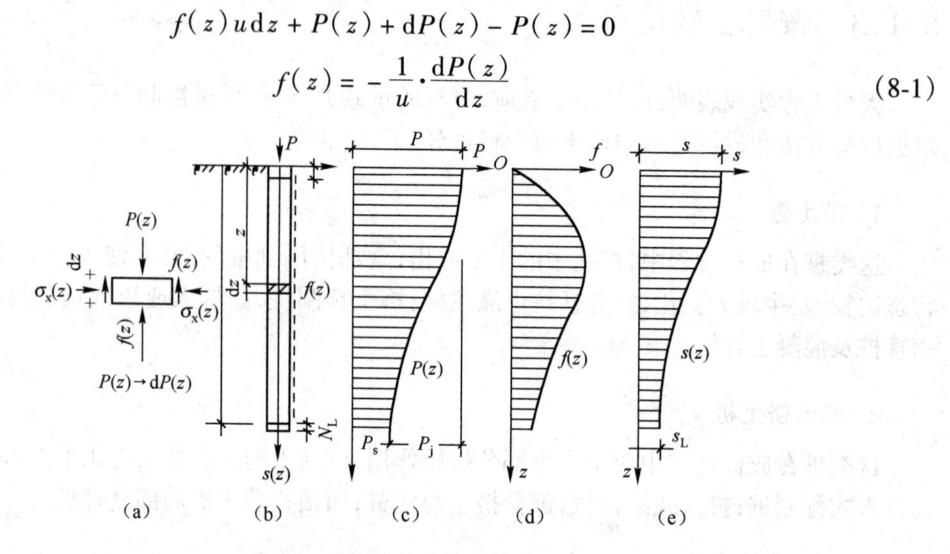

图 8-6 单桩轴向荷载的传递

(a) 桩身微分段;(b) 轴向受压桩;(c) 轴力分布图;
(d) 摩擦力分布图;(e) 截面位移分布曲线

式中,u——桩的横截面周长。

上式中,摩擦力向上为正,而轴力随深度而减少,因此$\frac{dP(z)}{dz}$为负值。由于 $P(z)$已经测得,故可通过上式求得摩阻力 $f(z)$。

如果桩顶位移 s_0 已经测定,则可利用材料力学公式计算深度 z 处的截面位移$s(z)$和桩端位移 $s(L)$,即

$$s(z) = s_0 - \frac{1}{AE}\int_0^z P(z)dz \tag{8-2}$$

$$s(L) = s_0 - \frac{1}{AE}\int_0^L P(z)dz \tag{8-3}$$

式中,A——桩的截面面积;

E——桩身材料的弹性模量。

式(8-3)中右端第二项表示长 L 的桩身弹性压缩。

由于在一般工程中往往不进行上述的量测。因此,想从理论上确定摩擦力的分布规律以及荷载与沉降的关系(P—S 曲线)存在较大的困难,因为所涉及的因素太多。目前,已有不少作出某些简化假定的分析方法。近年来,更由于有限单元法及其他数值分析方法的发展,桩基础研究取得了可喜的进展,这里不作详细介绍。

8.2.2 单桩竖向承载力

单桩的竖向承载力包括桩身结构的承载力和土对桩的支承力。它们分别由不同途径确定,即前者由结构计算(桩身强度验算)确定,后者由经验指标推算预估。若采用单桩静载试验,可同时包括以上两方面影响因素而更可靠地确定单桩竖向承载力。以往的桩基限于工艺、设备水平,相对于桩身而言,引用的承载力都较低,所以,控制因素往往是土对桩的支承力,因此,把静载试验列为确定土对桩的支承力的一种手段。随着桩施工工艺与技术水平的提高,桩身结构的负载水平也在不断提高之中,如部分扩底桩、嵌岩桩和超长桩,桩身结构的承载力往往成了控制因素之一。静载试验中,桩身破坏的例子有时也出现。所以,对静载试验所具有的双重功能不能忽视。但为叙述方便仍将静载试验引入确定土对桩的支承力的那一部分。

1. 桩身结构的承载力

确定桩身结构的承载力应考虑如下 3 点。

① 施工起吊和运输的强度验算。

② 沉桩中瞬间动荷载与垂直动应力下的强度问题。

③ 长期荷载下桩身强度的确定。

施工中,起吊和运输对桩身结构强度的要求是混凝土预制桩特有的问题,预制桩的标准设计已能满足此要求。混凝土预制桩沉桩施工中的动应力、动力强度及动态拉应力作用下的桩身裂缝问题,对房屋建筑工程的低承台桩未曾造成严重后果,但对港口工程采用的高承台桩则应予以重视。

对长期荷载下的桩身结构的承载力,桩基规范有下述定性规定。

① 对混凝土桩的桩身承载力验算应同时遵照《混凝土结构设计规范》(GBJ10—89)、《建筑抗震设计规范》(GBJ11—89)的有关规定。

② 计算混凝土桩在轴心受压荷载和偏心受荷载作用下的桩身承载力,应将其强度设计分别乘以施工工艺系数 Ψ_c,见表 8-2。

表 8-2 基桩施工工艺系数 Ψ_c

桩 型	Ψ_c
混凝土预制桩	1.0
干作业非挤土灌注桩	0.9
泥浆护壁和套管护壁非挤土灌注桩,部分挤土灌注桩,挤土灌注桩	0.8

③ 计算桩身轴心抗压强度时,一般不考虑压曲的影响,即取稳定系数 $\Psi = 1.0$,但对桩的自由长度较大的高承台桩,桩周为可液化土及地基极限承载力小于 50 kPa(或 $c_u < 10$ kPa)的地基土时应考虑压曲影响。d 与长径比 L_c/d 有关。

④ 计算混凝土桩在偏心受压荷载下的桩身承载力时,一般不考虑偏心距增大的影响。当桩的长径比 $L_c/d > 8$,且桩身穿越液化土和地基土的极限承载力标准值 < 50 kPa(或 $c_u < 10$ kPa)的特别软弱土层时,才应考虑。

⑤ 当进行桩身截面的抗震验算时,应根据《建筑抗震设计规范》(GBJ11—89)考虑桩身承载力的抗震调整。

2. 土对桩的支承力

1）按静载荷试验确定

《建筑地基基础设计规范》(以下简称《地基规范》)规定：对于一级建筑物，单桩的竖向承载力标准值，应通过现场静荷载试验确定。对于二级建筑物，可参照地质条件相同的试验资料，根据具体情况确定。显然，静载试验结果是确定单桩轴向承载力的可靠依据。

为了在统计试验成果时能提供最低限度的样本，同一条件下的试桩数量不宜少于总样数的1%，并不应少于3根。

对于打入桩，宜在置桩后间隔一段时间开始试验，以便因挤土作用产生的孔隙水压力得以消散，受扰动的土体结构强度得到部分恢复从而使得试验结果更接近真实情况。具体规定是：开始试验的时间，预制桩在砂土中入土7 d后，如为黏性土应视土的强度恢复而定，一般不得少于15 d，对于饱和黏性土不得少于25 d；对于灌注桩，尚应在桩身混凝土达到设计强度后才能进行。

静载试验装置包括加荷稳压部分，提供反力部分和沉降量部分(图8-7)。荷载一般由安装在桩顶的油压千斤顶提供。千斤顶的反力可依靠锚桩承担(图8-7(a))或由压重平台上的重物来平衡(图8-7(b))。桩顶沉降由百分表或精密水准仪量读。百分表安装在基准梁上，以量测桩顶观测标点的沉降，试验与锚桩(或与压重平台的支墩)之间，试桩与支承基准的基准桩之间以及锚桩与基准桩之间的中心距离应符合表8-3的规定，以减少彼此间的相互影响，保证量测精度。

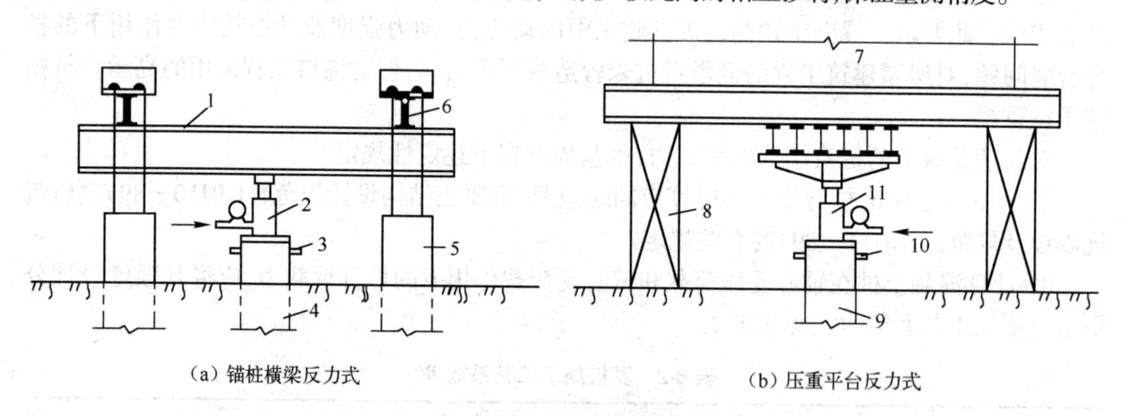

图8-7　单桩静载试验的装置示意图

1—横梁；2、11—千斤顶；3、10—沉降观测标点；4、9—试验桩；5—锚桩(4根)；6—小梁；7—钢锭；8—支墩

表8-3　试桩、锚桩和基准桩之间的中心距离

反力系统	试桩与锚桩 (或压重平台支墩边)	试桩与基准桩	基准桩与锚桩 (或压重平台支墩边)
锚桩横梁反力装置 压重平台反力装置	$\geqslant 3d, \geqslant 1.5$ m	$\geqslant 4d, \geqslant 2.0$ m	$\geqslant 4d, \geqslant 2.0$ m

注：d为试桩或锚桩的设计直径，取其较大者(如试桩或锚桩为扩底桩时，试桩与锚桩的中心距不应小于2倍的扩大端直径)。

试验的加荷方式应尽可能再现桩的实际工作情况。《地基规范》规定：采用慢速分级连续加荷，每级荷载值约为静力计算得出的单桩承载力设计值的1/8～1/5。每级加载后，1 h内间隔5 min、10 min、15 min、15 min、15 min各测读一次；1 h后，每隔3 min读一次。在每级荷载作用下，桩顶沉降量每 1h 不超过 0.1 mm，即认为已达到相对稳定，可加下一级荷载。对一般持力层上的桩，当出现下列情况之一者，即可终止加载。

① 当荷载—沉降（$Q—S$）曲线上有可判定极限承载力的陡坡段，且桩顶总沉降量超过 40 mm。

② 桩顶总沉降量达到 40 mm 后，继续增加二级或二级以上荷载仍无陡降段。

对支承于坚硬岩（土）层上的桩，当桩的沉降量很小时，最大加载量不应小于设计荷载的 2 倍。

在满足终止加载的条件后开始卸载。每级卸载值为加载的 2 倍。每级卸载后，间隔 15 min、15 min、30 min 各测一次，即总共测读 60 min 即可按下一级荷载。全部卸载完毕，隔 3 ~ 4 h 再测读一次。

其他规范规定：考虑实际工程桩的荷载特性或为缩短试验时间，也可采用多循环法。卸载法（每级荷载达到相对稳定后卸载到零）和快速维持荷载法。

桩的承载力可通过试验曲线所反映的变形特征分析确定。列入《地基规范》（GBJ7—89）的用 $Q—S$ 曲线判定极限荷载 Q_u 的方法有 3 种。

① $Q—S$ 曲线明显转折点法。当曲线存在明显陡降时，取相应于陡降段起点的荷载值为 Q_u（图 8-8(a)）。陡降段起点是桩的支承作用即将进入破坏状态的标志。为减少作图比例不可能造成的错觉，对预制桩和一般的灌注桩宜按规定的比例绘制。

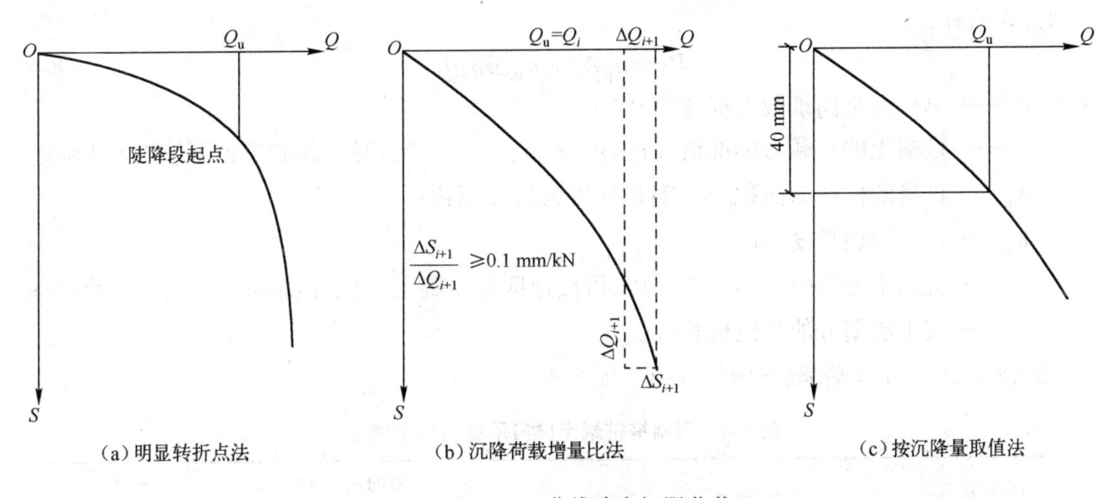

(a) 明显转折点法　(b) 沉降荷载增量比法　(c) 按沉降量取值法

图 8-8　由 $Q—S$ 曲线确定极限荷载 Q_u

② 沉降增量与荷载增量比法。对直径或桩宽在 550 mm 以下的预制桩，在某级荷载 Q_{i+1} 作用下。其沉降量和相应荷载增量的比值（$\Delta S_{i+1}/\Delta Q_{i+1}$）$\geqslant 0.1$ mm/kN 时，取前一级荷载 $Q_i = Q_k$（图 8-8(b)），这种方法是无明显陡降段的 $Q—S$ 曲线判定极限承载力规定一个合适的定量标准。

③ 按桩顶总沉降量取值法。当符合终止加载条件的第二点时，在 $Q—S$ 曲线上取桩顶总沉降量 $S = 400$ mm 的相应荷载为 Q_u（图 8-8(c)）。这一方法是参照国内外经验，规定最大可能采用的极限荷载对应的桩顶总沉降量 S 为 40 mm，以此为变形控制的界限。

此外，《地基规范》还规定：对桩基沉降有特殊要求者，应根据具体情况确定 Q_u。

对由静载试验得出的各试验桩的极限荷载 Q_u 必须进行统计。设 Q_u 中的最大值和最小

值差 ΔQ_u 为极差，Q_u 的算术平均值为 $\overline{Q}_u$，则当 $\Delta Q_u/\overline{Q}_u \leqslant 0.3$ 时，对以下两种情况分别确定单桩竖向承载力标准值 P_k。

① 一般情况下，取 $\overline{Q}_u/2 = P_k$。

② 对柱下桩台，当桩数为 3 根或 3 根以下时，取最小值的 1/2，即 $Q_{umin}/2 = P_k$。如极差即 ΔQ_u 超过平均值 $\overline{Q}_u$ 的 30%时，则应查明原因，必要时宜增加试桩数。

2）按公式计算确定单桩的竖向承载力

该方法可用于三级建筑桩基的估算，对三级建筑桩基尚应参照条件相同的试桩资料。

承载力就其本身的含义来看可分两种：一种是极限值，其含义是加于桩顶的荷载一旦超过该限，土对桩的支承作用即进入破坏状态。这种状态表现为桩急剧地沉降或沉降过量。另一种是允许值，指的是工程设计允许采用的桩的承载力值。根据设计计算，承载力又分标准值和设计值两种。极限承载力只有标准值，《桩基规范》第一步推求的正是极限承载力标准值，记为 Q_{uk}。允许承载力有标准值和设计值两种。标准值可以理解为岩土对桩的实际支承能力。设计值可以理解为根据极限状态设计原则确定的设计验算的采用值。《桩基规范》直接体现这一原则，即由极限标准值除以抗力分项系数得出承载力设计值 R。《地基规范》先求允许的承载力设计值。但由于据以推算承载力的经验参数不尽相同，有关系数的施加方式也有所不同，所以，对同一根桩得出的 R 值会略有区别。

① 由《地基规范》规定推算单桩承载力的标准值 P_k，对于二级建筑物，初步设计时，可按下列公式估算：

$$P_k = q_p A_p + u_p \sum q_{si} L_i \tag{8-4}$$

式中，P_k——单桩的竖向承载力标准值/kN；

q_p——桩端土的承载力标准值/kPa，可按地区经验确定，对于预制桩也可按表 8-4 确定；

A_p——桩身的横截面面积/m^2，对扩底桩为桩端面积；

u_p——桩身周边长度/m；

q_{si}——桩周土的摩阻力标准值/kPa，可按地区经验确定，对于预制桩也按表 8-4 确定；

L_i——按土层划分的各段桩长/m。

式(8-4)用于计算端承载桩时，取第二项为零。

表 8-4　预制桩桩端土(岩)承载力标准值 q_p

土的名称	土的状态	桩的入土深度/m		
		5	10	15
黏性土	$0.5 < I_L \leqslant 0.75$ $0.25 < I_L \leqslant 0.5$ $0.0 < I_L \leqslant 0.5$	400 ~ 600 800 ~ 1000 1500 ~ 1700	700 ~ 900 1400 ~ 1600 2100 ~ 2300	900 ~ 1100 1600 ~ 1800 2500 ~ 2700
粉土	$e < 0.7$	1100 ~ 1600	1300 ~ 1800	1500 ~ 2000
粉砂	中密、密实	800 ~ 1000	1400 ~ 1600	1600 ~ 1800
细砂		1100 ~ 1300	1800 ~ 2000	2100 ~ 2300
中砂		1700 ~ 1900	2600 ~ 2800	3100 ~ 3300
粗砂		2700 ~ 3000	4000 ~ 4300	4600 ~ 4900

土的名称	土的状态	桩的入土深度/m		
		5	10	15
砾砂 角砾、圆砾 碎石、卵石	中密、密实	3000 ~ 5000 3500 ~ 5500 4000 ~ 6000		
软质岩石 硬质岩石	微风化	5000 ~ 7500 7500 ~ 10000		

注:① 表中数值仅用作初步设计的估算;

② 入土深度超过 15 m 时按 15 m 考虑。

表 8-5　预制桩桩周土摩阻力标准值 q_s

土的名称	土的状态	q_s/kPa	土的名称	土的状态	q_s/kPa
填土		9 ~ 13	粉土	$e>0.9$	10 ~ 20
淤泥		5 ~ 8		$e=0.7\sim0.9$	20 ~ 30
淤泥质土		9 ~ 13		$e<0.7$	30 ~ 40
黏性土	$I_L>1$	10 ~ 17	粉细砂	稍密 中密 密实	10 ~ 20 20 ~ 30 30 ~ 40
	$0.75<I_L\leqslant1$	17 ~ 24			
	$0.5<I_L\leqslant0.75$	24 ~ 31	中砂	中密 密实	25 ~ 35 35 ~ 45
	$0.25<I_L\leqslant0.5$	31 ~ 38			
	$0<I_L\leqslant0.25$ $I_L\leqslant0$	38 ~ 43 43 ~ 48	粗砂	中密 密实	35 ~ 45 45 ~ 55
红黏土	$0.75<I_L\leqslant1$ $0.25<I_L\leqslant0.75$	6 ~ 15 15 ~ 35	砾砂	中密、密实	55 ~ 65

注:① 表中数值仅用作初步设计的估算;

② 尚未完成固结的填土和以生活垃圾为主的杂填土可不计其摩擦力。

② 由《桩基规范》规定确定单桩竖向承载力的设计值(经验参数法)

对于二、三级建筑物,单桩承载力的设计值可按下式估算:

$$R=\frac{Q_{sk}+Q_{pk}}{r_{sp}} \tag{8-5}$$

又因为

$$Q_{sk}=u_p\sum q_{sik}L_i,\ Q_{pk}=q_{pk}A_p$$

所以

$$R=\frac{u_p\sum q_{sik}L_i+q_{pk}A_p}{r_{sp}} \tag{8-6}$$

式中,R——单桩竖向承载力设计值/kN;

r_{sp}——桩侧阻端阻力综合抗力分项系数,见表 8-9;

Q_{sk}、Q_{pk}——单桩总极限侧阻力和总极限端阻力标准值/kN;

u_p——桩身周长/m;

A_p——桩端面积/m^2;

L_i——桩身穿越第 i 层土的厚度/m;

q_{sik}——桩侧第 i 层土的极限侧阻力标准值/kPa,若无当地经验值时,可按表 8-6 取值;

q_{pk}——极限端阻力标准值/kPa,若无当地经验值时,可按表 8-7 取值;对桩径 $d\geqslant800$ mm 的桩,按表 8-8 取值。

对桩径 $d \geqslant 800$ mm 的桩，利用式(8-6)估算 R 时，考虑到变形协调要求，对第一项即极限侧阻力标准值 q_{sik} 应乘以相应土层的侧阻力效应系数 φ_{si}，对第二项即极限端阻力标准值 q_{pk} 应乘以端阻力尺寸效应系数 φ_p，相应地 q_{pk} 采用表 8-7 的数值，φ_{si}、φ_p 见表 8-10（R 的计算在此不另列公式）。

表 8-6　桩的极限侧阻力标准值 q_{sik}

土的名称	土的状态	混凝土预制桩	水下钻(冲)孔桩	沉管灌注桩	干作业钻孔桩
填土		20~28	18~26	15~22	18~26
淤泥		11~17	10~16	9~13	10~16
淤泥质土		20~28	18~26	15~22	18~26
黏性土	$I_L > 1$	21~26	20~34	16~28	0~34
	$0.75 < I_L \leqslant 1$	36~50	34~48	28~40	34~48
	$0.50 < I_L \leqslant 0.75$	50~66	48~64	40~52	48~62
	$0.25 < I_L \leqslant 0.50$	66~82	64~78	52~63	62~76
	$0 < I_L \leqslant 0.25$	82~91	78~88	63~72	76~86
	$I_L \leqslant 0$	91~101	88~98	72~80	86~96
红黏土	$0.7 < \alpha_w \leqslant 1$	13~32	12~30	10~25	12~30
	$0.5 < \alpha_w \leqslant 0.7$	32~74	30~70	25~68	30~70
粉土	$e > 0.9$	22~44	22~40	16~32	20~40
	$0.75 \leqslant e \leqslant 0.9$	42~64	40~60	32~50	40~60
	$e < 0.75$	64~85	60~80	50~67	60~80
粉细砂	稍密	22~42	22~40	16~32	20~40
	中密	42~63	40~60	32~50	40~60
	密实	63~85	60~80	50~67	60~80
中砂	中密	54~74	50~72	42~58	50~70
	密实	74~95	72~90	58~75	70~90
粗砂	中密	74~95	74~95	58~75	70~90
	密实	95~116	95~116	90~92	80~110
砾砂	中密、密实	116~138	116~135	92~110	110~130

注：① 对于尚未完成自重固结的填土和以生活垃圾为主的杂填土，不计其侧阻力；

② α_w 为含水比，$\alpha_w = w / w_1$；

③ 对于预制桩，根据土层埋深 h，将 q_k 乘以下表的修正系数：

土层埋深 h/m	≤5	10	20	≥30
修正系数	0.8	1.0	1.1	1.2

表 8-7　桩的极限端阻力标准值 q_{pk}

土名称	土的状态 \ 桩型	预制桩入土深度/m				水下钻(冲)桩入土深度/m			
		$h\leqslant 9$	$9<h\leqslant 16$	$16<h\leqslant 30$	$h>30$	5	10	15	$h>30$
黏性土	$0.75<I_L\leqslant 1$	210 ~ 840	630 ~ 1300	1 100 ~ 1700	1300 ~ 1900	100 ~ 150	150 ~ 250	250 ~ 300	300 ~ 450
	$0.50<I_L\leqslant 0.75$	840 ~ 1700	1500 ~ 2100	1900 ~ 2500	2300 ~ 3200	200 ~ 300	350 ~ 450	450 ~ 500	550 ~ 750
	$0.25<I_L\leqslant 0.50$	1500 ~ 2300	2300 ~ 3000	2700 ~ 3600	3600 ~ 4400	400 ~ 500	700 ~ 800	800 ~ 900	900 ~ 1000
	$0<I_L\leqslant 0.25$	2500 ~ 3800	3800 ~ 5100	5100 ~ 5900	5900 ~ 6800	750 ~ 850	1000 ~ 1200	1200 ~ 1400	1400 ~ 1600
粉土	$0.75<e\leqslant 0.9$	840 ~ 1700	1300 ~ 2100	1900 ~ 2700	2500 ~ 3400	250 ~ 350	300 ~ 500	450 ~ 650	650 ~ 850
	$e\leqslant 0.75$	1500 ~ 2300	2100 ~ 3000	2700 ~ 3600	3600 ~ 4400	550 ~ 800	650 ~ 900	750 ~ 1000	850 ~ 1000
粉砂	稍密	800 ~ 1600	1500 ~ 2100	1900 ~ 2500	2100 ~ 3000	200 ~ 400	350 ~ 500	450 ~ 600	600 ~ 700
	中密、密实	1100 ~ 2200	2100 ~ 3000	3000 ~ 3800	3800 ~ 4600	400 ~ 500	700 ~ 800	800 ~ 900	900 ~ 1100
细砂	中密、密实	2500 ~ 3800	3600 ~ 4800	4400 ~ 5700	5300 ~ 6500	550 ~ 650	900 ~ 1000	1000 ~ 1200	1200 ~ 1500
中砂		3600 ~ 5100	5100 ~ 6300	6300 ~ 7200	7000 ~ 8000	850 ~ 950	1300 ~ 1400	1600 ~ 1700	1700 ~ 1900
粗砂		5700 ~ 7400	7400 ~ 8400	8400 ~ 9500	9500 ~ 10300	1400 ~ 1500	2000 ~ 2200	2300 ~ 2400	2300 ~ 2500
砾砂	中密、密实	6300 ~ 10500				1500 ~ 2500			
角砾、圆砾		7400 ~ 11600				1800 ~ 2800			
碎石、卵石		8400 ~ 12700				2000 ~ 3000			

土名称	土的状态 \ 桩型	沉管灌注桩入土深度/m				干作业钻孔桩入土深度/m		
		5	10	15	>15	5	10	15
黏性土	$0.75<I_L\leqslant 1$	400 ~ 600	600 ~ 750	7500 ~ 1000	100 ~ 1400	200 ~ 400	400 ~ 700	700 ~ 950
	$0.50<I_L\leqslant 0.75$	670 ~ 1100	1200 ~ 1500	1500 ~ 1800	1800 ~ 2000	420 ~ 630	740 ~ 950	750 ~ 1200
	$0.25<I_L\leqslant 0.50$	1300 ~ 2200	2300 ~ 2700	700 ~ 3000	3000 ~ 3500	850 ~ 1100	1500 ~ 1700	1700 ~ 1900
	$0<I_L\leqslant 0.25$	500 ~ 2900	3500 ~ 3900	4000 ~ 4500	4200 ~ 5000	1600 ~ 1800	2200 ~ 2400	2600 ~ 2800
粉土	$0.75<e\leqslant 0.9$	1200 ~ 1600	1600 ~ 1800	1800 ~ 2100	2100 ~ 2600	600 ~ 1000	1000 ~ 1400	1400 ~ 1600
	$e\leqslant 0.75$	1800 ~ 2200	2200 ~ 2500	2500 ~ 3000	3000 ~ 3500	1200 ~ 1700	1400 ~ 1900	1600 ~ 2100
粉砂	稍密	800 ~ 1300	1300 ~ 1800	1800 ~ 2000	2000 ~ 2400	500 ~ 900	1000 ~ 1400	1500 ~ 1700
	中密、密实	1300 ~ 1700	1800 ~ 2400	2400 ~ 2800	2800 ~ 3600	850 ~ 1000	1500 ~ 1700	1700 ~ 1900
细砂	中密、密实	1800 ~ 2200	3000 ~ 3400	3500 ~ 3900	4000 ~ 4900	1200 ~ 1400	19000 ~ 2100	2200 ~ 2400
中砂		2800 ~ 3200	4400 ~ 5000	5200 ~ 5500	5500 ~ 7000	1800 ~ 2000	2800 ~ 3000	3300 ~ 3500
粗砂		4500 ~ 5000	6700 ~ 7200	7700 ~ 8200	8400 ~ 9000	2900 ~ 3200	4200 ~ 4600	4900 ~ 5200
砾砂	中密、密实	4400 ~ 5000				3200 ~ 5300		
角砾、圆砾		6700 ~ 7200						
碎石、卵石		6700 ~ 10000						

注：① 砂土和碎石类土中桩的极限端阻力取值，要综合考虑土的密实度，桩端进入持力层的深度比 h_b/d，土愈密实 h_b/d 愈大，取值愈高；

② 表中沉管灌注桩是指带预制桩尖沉管灌注桩。

表 8-8 为干作业桩(清底干净,$D=800$ mm)极限端阻力标准值 q_{pk}(kPa)。

表 8-8 干作业桩极限端阻力标准值 q_{pk}

土名称		状态		
黏性土		$0.25<I_L\leqslant0.75$	$0<I_L\leqslant0.25$	$I_L\leqslant0$
		800~1800	1800~2400	2400~3000
粉土		$0.75<e\leqslant0.9$	$e\leqslant0.75$	
		1000~1500	1500~2000	
砂土、碎石类土		稍密	中密	密实
	粉砂	500~700	800~1100	1200~2000
	细砂	700~1100	1200~1800	2000~2500
	中砂	1000~2000	2200~3200	3500~5000
	粗砂	1200~2200	2500~3500	4000~5500
	砾砂	1400~2400	2600~4000	5000~7000
	圆砾、角砾	1600~3000	3200~5000	6000~9000
	卵石、碎石	2000~3000	3300~5000	7000~11 000

注:① q_{pk}取值宜考虑桩端持力层土的状态及桩进入持力层的深度效应,当进入持力层深度为 $h_b\leqslant D$,$D<h_b<4D$,$h_b\geqslant4D$ 时,q_{pk}可分别取较低值、中值、较高值;

② 砂土密实度可根据标贯击数 N 判定,$N\leqslant10$ 为松散,$10<N\leqslant15$ 为稍密,$15<N\leqslant30$ 为中密,$N>30$ 为密实;

③ 当对沉降要求不严时,可适当提高 q_{pk}值。

表 8-9 桩基竖向承载力抗力分项系数

桩型与工艺	γ_{sp}	
	经验参数法	静载试验法
预制桩、钢管桩	1.65	1.60
大直径灌注桩(清底干净)	1.65	1.60
泥浆护壁钻(冲)孔灌注桩	1.67	1.62
干作业钻孔灌注桩($d<0.8$ m)	1.70	1.65
沉管灌注桩	1.75	1.70

表 8-10 大直径灌注桩侧阻力尺寸效应系数 φ_{si}及端阻力尺寸效应系数 φ_p

土类别	黏性土、粉土	砂土、碎石类土
φ_{si}	1	$(0.8/d)^{1/3}$
φ_p	$(0.8/D)^{1/4}$	$(0.8/d)^{1.3}$

有关根据静力触探资料推算桩的竖向承载力的方法,可详见《桩基规范》有关规定。此外,有关扩底桩和嵌岩桩的承载力具体计算方法,限于篇幅,不一一介绍,需要时可参阅《桩基规范》。

8.3 高承台桩的受力分析

桩基础按承台位置可分为低承台桩和高承台桩，低承台桩一般用于房建工程。一般把承台底面高于土(水)面者归属高承台，桥梁和港口工程的桩基础通常为高承台桩(图 8-9)。

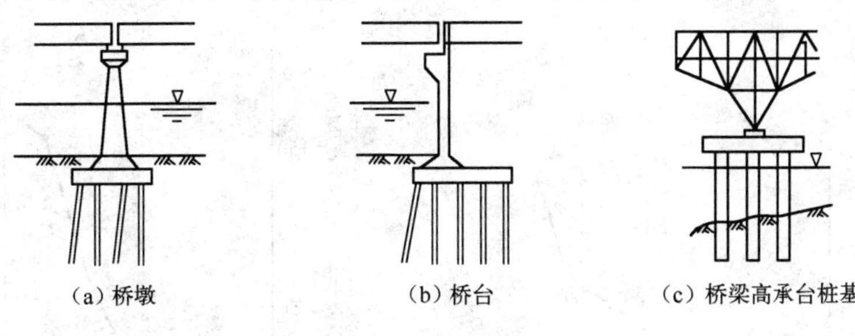

图 8-9 高承台桩

8.3.1 单桩在水平荷载作用下的工作性状

桩在水平荷载下的工作性状是指桩在水平荷载作用下变形发生发展直至破坏的规律，其实质是埋于土中的桩与其周围土体协调变形、共同作用的结果。了解桩在水平荷载下的工作性状是合理地确定桩的水平承载力和按变形设计桩基的前提。桩在水平荷载下的工作性状，通常借助水平静荷载试验进行考虑与研究。

1. 单桩水平静载荷试验

水平静载荷试验是分析在水平荷载作用下的性状的重要手段，也是确定单桩水平承载力最可靠的方法。常规试验主要测定水平荷载与桩顶位移和加卸载循环次数或历时的关系，以用来确定单桩水平承载力。特殊试验则同时借助专用仪器测定桩身内力和变形曲线，以进一步揭示桩在水平荷载作用下的性状。

试验装置包括加荷系统和位移观测系统。加荷系统采用可水平施加荷载的旋式千斤顶；位移观测系统采用基准支架上安装百分表或电感位移计，如图 8-10 所示。

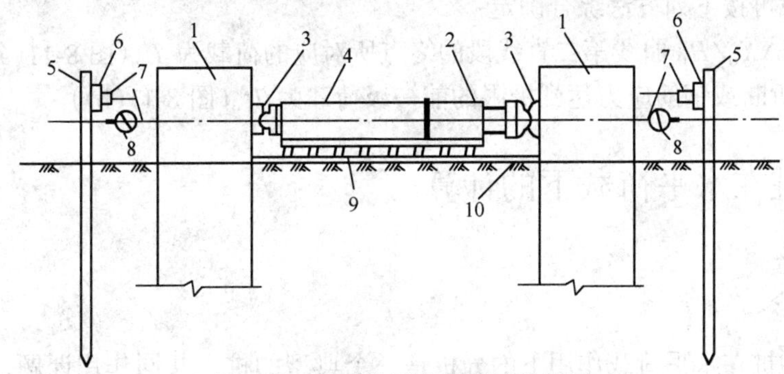

图 8-10 单桩水平静载荷试验装置

1—试桩；2—千斤顶；3—球面支座；4—传力杆；5—基准桩；6—基准梁；7—磁性表座；8—百分表；9—滚管支座；10—垫板

试验方法有两类:①模拟风浪、地震和机器扰力等动力水平荷载的循环荷载试验;②模拟桥台、挡墙等长期静止水平荷载的连续荷载试验。

成果资料包括常规循环荷载试验一般绘制“水平力—时间—位移”曲线;连续荷载试验常绘制“水平力—位移梯度”曲线(图 8-11(a)),特殊试验可绘制“水平力—最大弯矩截面钢筋应力”曲线(图 8-11(b))等。利用循环荷载试验资料,取每级循环荷载下的最大位移值作为该级荷载下的位移值,亦可绘制各种关系曲线。

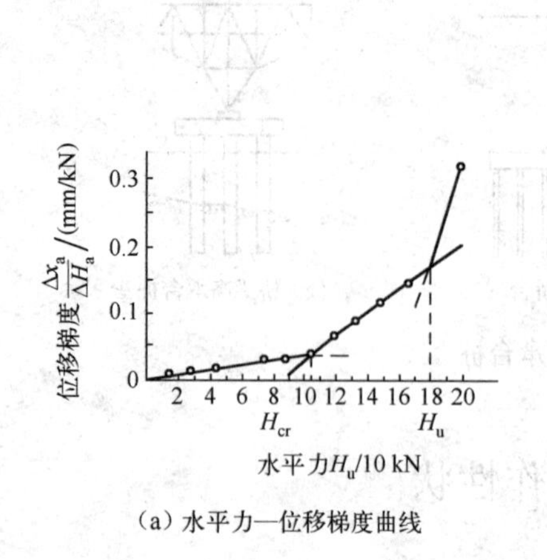

(a) 水平力—位移梯度曲线

弯矩最大点钢筋应力σ_g/MPa

水平力H_u/10 kN

(b) 水平力—最大弯矩截面钢筋应力曲线

图 8-11　单桩水平静载荷试验结果曲线

2. 按试验结果确定单桩水平承载力

(1) 单桩水平临界荷载

单桩水平临界荷载 H_{cr}是指桩身即将开裂、受拉区混凝土退出工作前所受的最大荷载,通常取单桩水平临界荷载为单桩水平承载力。单桩水平临界荷载 H_{cr}按下列方法综合确定:

① 取 $H_0—\Delta X_0/\Delta H_0$ 曲线第一直线段终点或 $\lg H_0—\lg X_0$ 曲线拐点所对应的荷载为 H_{cr}(图 8-11(a))。

② 取钢筋应力曲线 $H_0—T_g$ 的第一突变点对应的荷载为 H_{cr}(图 8-11(b))。

(2) 单桩水平极限荷载

单桩水平极限荷载 H_u 指桩身材料破坏或产生结构所能承受最大变形前的最大荷载,单桩水平极限荷载可按下列方法综合确定:

① 取 $H_0—\Delta X_0/H_0$ 曲线第二直线段的终点所对应的荷载为 H_u(图 8-11(a))。

② 取桩身折断或钢筋应力达到极限的前一级荷载为 H_u(图 8-11(b))。

8.3.2　单桩在水平荷载下的计算

1. 基本概念

埋于土中的桩在水平荷载作用下的分析是一个典型的桩土共同作用课题,目前的分析方法主要有 3 类:解析法、半解析曲线拟合法和数值法。本节仅介绍以文克勒线弹性地基理论为基础的解析法。

1）解析法的基本假定与共同作用微分方程

承受水平荷载的桩被视作水平基床(抗力)系数沿深度可变的文克勒地基内竖直的弹性梁,这意味着它假定:任意深度 z 处土的水平抗力 $\sigma(z,x)$ 与且仅与该处土的水平位移 $x(z)$ 成正比,即 $\sigma(z,x)=k_h(z)x(z)$,$k_h(z)$ 称为地基土的水平基床系数或水平抗力系数或横向抗力系数,简称地基系数;桩与其周围的土处处保持接触,任意深度处桩身的水平位移 $w(z)$ 与该处土的位移 $x(z)$ 始终保持相等,即 $w(z)=x(z)$;桩土之间只传递压应力,不传递拉应力与剪应力。

设桩的入土深度为 h,桩身的宽度为 b,桩的计算宽度为 b_1,又设桩顶与地面平齐,桩顶在地面处水平力 H_0 和力矩 M_0 作用下,产生水平位移 X_0,移转角 φ_0,如图 8-12 所示。

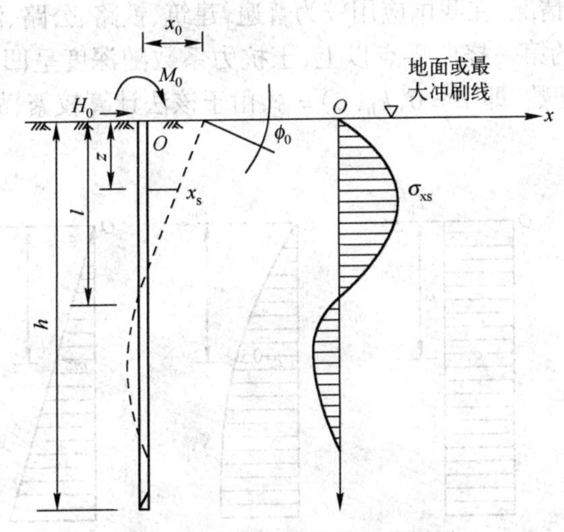

图 8-12　侧向受荷桩的分析图

$x(z)$、z,M_z 与 Q_z 的符号规定见图 8-13。桩被视为一根竖放的弹性地基梁,其微分方程为:

$$EI\frac{d^4x}{dz^4}+P(z,x)=0 \tag{8-7}$$

$$P(z,x)=b_1,\sigma(z,x)=b_1,k_h(z)x(z) \tag{8-8}$$

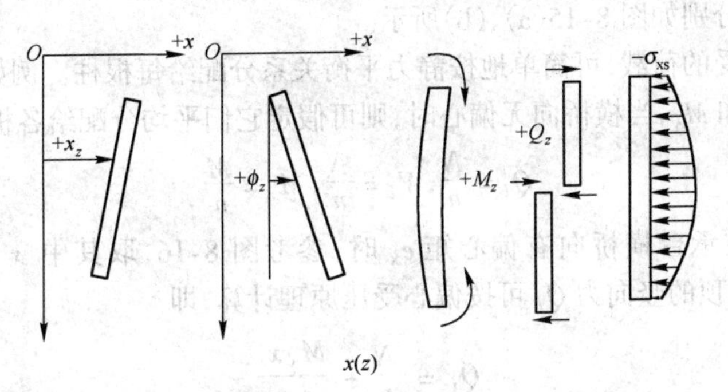

图 8-13　$x(z)$、ϕ_z、M_z 与 Q_z 的符号规定

式中,EI——桩身横向抗弯刚度;E 为桩身弹性模量,I 为截面惯性矩/(kN·m²);

z、$x(z)$——桩身断面的深度与该断面的水平位移/m;

b_1——桩的计算宽度/m;

$k_h(z)$——沿深度变化的地基土水平抗力系数,其值为 $k_h(z)=C(z_0+z)^n$。(8-9)

当 n 取某些特定值时，方程式(8-8)有解析解，其他情况为数值解。N 值不同，则水平抗力系数 $k_h(z)$有不同的分布形式，方程式(8-8)亦相应得不同的解。

2）地基土水平(横向)抗力系数的几种常见形式

地基土水平抗力系数 $k_h(z)$的分布形式与大小将直接影响方程的求解和桩身位移与内力。图 8-14 给出了最常见也是最简单的几种 $k_h(z)$分布形式：①常数法又称"C"法，是我国科学家张有龄先生于 20 世纪 30 年代创立的，在日本等国很流行。它假定土的水平抗力系数沿深度保持常数，即式中的 $n=0, k_h(z)=c$，它适用于小位移桩；"C 值"法是我国从现场试验得出的方法，土抗力系数沿深度呈 1/2 次抛物线增大，即式中 $z_0=0, n=0.5, k_h(z)=cz^{0.5}$；②"$m$"法假定土抗力系数随深度线增大，即式中，$c=m, z_0=0, n=1, k_h(z)=mz$，计算亦方便，能适用于位移较大的情况，在我国应用较为普遍，建筑、铁路、公路、港口等设计规范中广为采用；③"k"法假定在桩的第一挠曲零点以上，土抗力系数随深度呈凹形高次曲线变化，在该点以下土抗力系数保持常数，即 $n=0, k_h(z)=k$，由于该法计算较繁，故应用很少。本书以下论述均为"m"法。

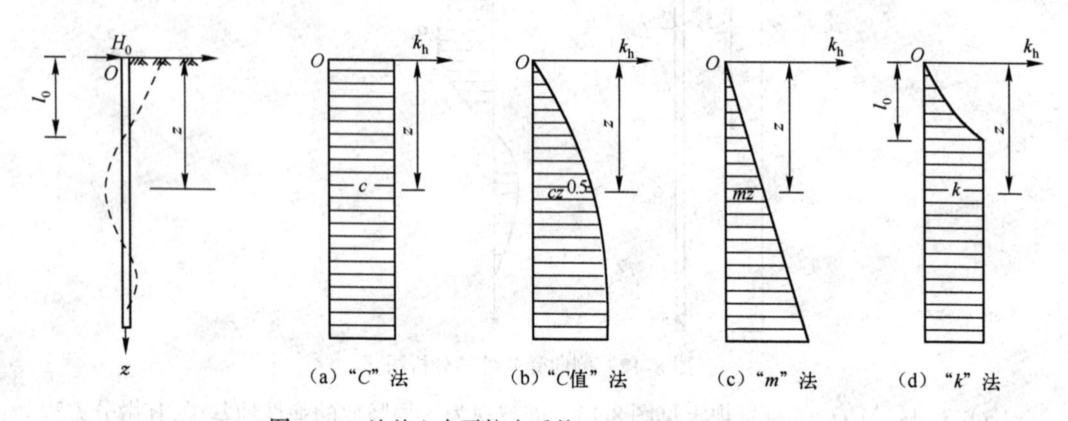

图 8-14　地基土水平抗力系数 $k_h(z)$的几种分布形式

3）单桩、单排桩与多排桩基础

所谓单排桩基础是指桩都布置在与水平力正交的一个平面内，构成一排桩；当只有一根桩时，则为单桩基础，分别如图 8-15(a)、(b)所示。

单排桩基础承受的荷载，可简单地按静力平衡关系分配给每根柱。例如，作用于承台底面中心的荷载 N、H 和 M_y，当横桥向无偏心时，则可假定它们平均分配给各桩，即

$$Q_i=\frac{N}{n}, V_i=\frac{N}{n}, M_i=\frac{M}{n} \tag{8-10}$$

当竖向力 N 在承台横桥向有偏心矩 e_x 时，参考图 8-16，取其中 x 轴上一排桩，则有 $M_y=N_{ex}$，第 i 根桩顶的竖向力 Q_i 可按偏心受压原理计算，即

$$Q_i=\frac{N}{n} \pm \frac{M_y x_i}{\sum_{j=i}^{n} x_j^2} \tag{8-11}$$

多排桩基础是指基础桩布置在多个与水平力正交的平面内，如图 8-15 所示。竖向力 N 在承台横桥向和纵桥向的偏心产生的弯矩如图 8-16 所示，$M_x=N_{ey}$，$M_y=N_{ex}$。当可忽略承台侧面土抗力影响、偏心较小时，第 i 根桩顶的竖向力 Q_i 可按式(8-12)计算，而桩顶弯矩则必须应用结构力学方法才能确定：

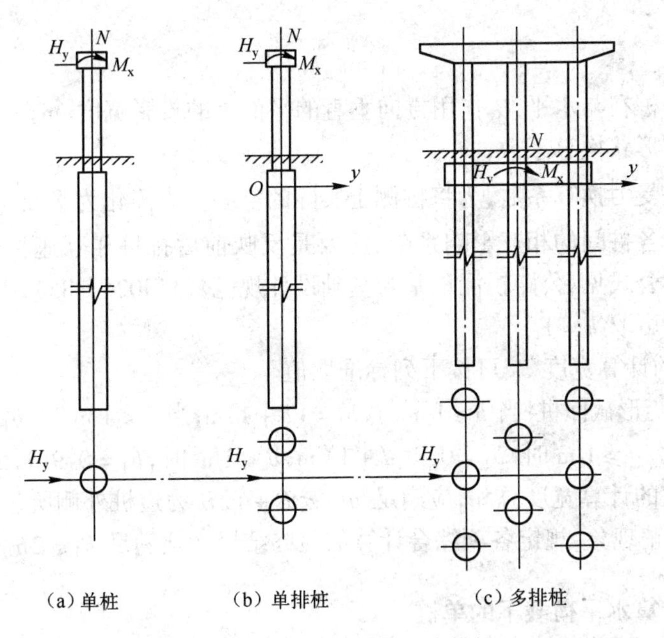

图 8-15　单桩、单排桩和多排桩

$$Q_i = \frac{N+G}{n} \pm \frac{M_x y_i}{\sum_{j=1}^{n} y_j^2} \pm \frac{M_y x_i}{\sum_{j=1}^{n} x_j^2} \qquad (8\text{-}12)$$

式中，N、G——分别为作用于承台的竖向荷载和承台与台上的土重/kN；

M_x、M_y——分别为外力对通过桩群形心的 x、y 轴的力矩/(kN·m)；

x_i、y_i——分别为 i 桩中心至 y 轴和 x 轴的距离/m。

本章主要介绍单桩在水平荷载下的性状与计算，对群桩在水平荷载下的性状与计算，请参阅有关文献。

4) 桩的计算宽度 b_1

埋于土中的桩，当它产生水平位移时，参与工作，提供抗力的土体范围将超过桩身的正面宽度，除桩径成边长外，该范围还与桩的截面形状和邻桩的影响等因素有关。在分析侧向受荷桩时，综合考虑这些因素，并将各种截面形状的桩换算成矩形截面桩，其宽度称为桩的计算宽度，记为 b_1，其换算表达式时照表 8-11 所列。

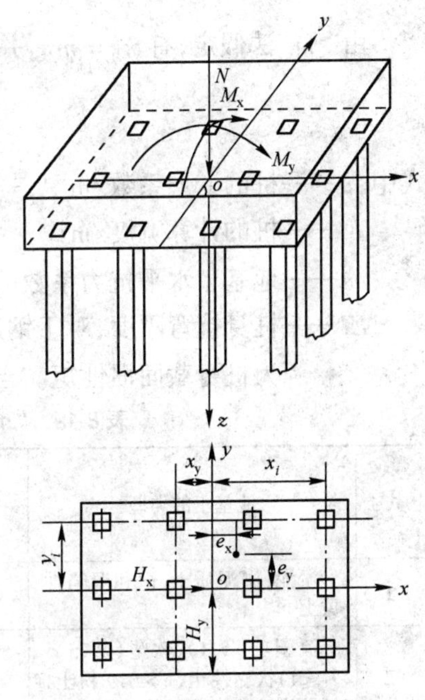

图 8-16　多排桩受力示意图

表 8-11　计算宽度换算表

名称	符号	基础形状			
		矩形（H, b, d）	圆形（H, d）	圆端形（H, d, B）	圆端形（H, d, B）
形状换算系数	k_i	1.0	0.9	$1-0.1d/B$	0.9
受力换算系数	k_0	$1+1/b$	$1+1/d$	$1+1/B$	$1+1/d$

$$b_1 = k_g k_0 k d \tag{8-13}$$

式中，b(或 d)——桩在与水平 H 作用方向垂直的平面上的投影宽度/m；

k_g——形状换算系数；

k_0——受力换算系数，为将桩侧土实际的空间受力简化为平面受力所作的修正；

k——各桩间的相互影响系数，主要是反映前后排桩相互遮拦作用的修正，计算公式见《公路桥涵地基与基础设计规范》(JTJ024—85)，当桩径 $d>1$ m 时，可取 $k=1$。

综上所述，桩的计算宽度 b_1 可按下列标准取值。

单桩和单排桩矩形截面桩：当 $b \geqslant 1$ m 时，$b_1=(b+1)$m；当 $b<1$ m 时，$b_1=(1.5b+0.5)$m。圆形截面桩：当桩径 $d \geqslant 1$ m 时，$b_1=0.9(d+1)$ m；$d<1$ m 时，$b_1=0.9(1.5d+0.5)$m。

对单排 n 根桩的计算宽度总和，应满足 $nb_1 \leqslant B+1$，B 为边桩外侧所包的宽度。

为避免重复修正现象，规定各项综合计算的最终结果必须满足 $b_1 \leqslant 2b$。

2. 按"m"法计算水平荷载下的单桩

1）挠曲微分方程及其解

由"m"法假定，有 $k_h = mz$，并设 $\alpha = \sqrt[5]{\dfrac{mb_1}{EI}}$，于是可写成

$$\frac{d^4 x}{dz^4} + \alpha^5 z x = 0 \tag{8-14}$$

式中，α——桩的变形系数/m^{-1}；

b_1——桩的计算宽度/m；

m——地基土水平抗力系数的比例系数/(kN/m^4)，见表 8-12；

EI——桩身抗弯刚度，对于钢筋混凝土桩，$EI = 0.67E_c I_0$，其中 E_c 为混凝土弹性模量，I_0 为桩身截面惯性矩。当配筋率一般时，近似取 $I_0 = d^4/64$。

表 8-12 "m"法地基水平抗力系数的比例系数 m 值

序号	地基土的类型	预制桩、钢桩		灌注桩	
		m 值 (kN/m^4)	相应单桩在地面处水平位移/mm	m 值 (kN/m^4)	相应单桩在地面处水平位移/mm
1	淤泥，淤泥质土，饱和湿陷性黄土	2~4.5	10	2.5~6	6~12
2	流塑($I_L>1$)、软塑($0.75<I_L \leqslant 1$)状黏性土，$e>0.9$ 粉土，松散粉细砂，松散、稍密填土	4.5~6.0	10	6~14	4~8
3	可塑状($0.25<I_L \leqslant 0.75$)黏性土，$e=0.75\sim0.9$ 粉土，湿陷性黄土，中密填土、稍密细砂	6.0~10	10	14~35	3~6
4	硬塑($0<I_L \leqslant 0.25$)坚硬($I_L \leqslant 0$)状黏性土，$e<0.75$ 粉土，湿陷性黄土，中密的中粗砂，密实老填土	10~22	10	35~100	2~5
5	中密、密实的砾砂、碎石类土			100~300	1.5~3

注：① 当桩顶水平位移大于表列数值或灌注桩配筋率较高(≥0.65%)时，m 值应适当降低；当预制桩的水平位移小于

10 mm 时，m 值可适当提高；当水平荷载为长期或经常出现的荷载时，应将表列数值乘以 0.4 降低使用；当桩或墩的侧面为多层土时，应取地面或最大冲刷线以下 $h_m=2(d+1)$ 深度内的各层土的 m 等代值，作为整个深度的 m 计算值。当深度 h_m 内有两层土时，该 m 等代值按下式换算(图 8-17(a))。

$$m=\frac{m_1h_1+m_2(2h_1+h_2)h_2}{h_2m_2}$$

② 地基土竖向抗力系数 C_0 的取值方法：当 $h\leqslant 10$ m 时，$C_0=10m_0$；当 $h>10$ m 时，$C_0=m_0h=mh$。式中 m_0 为 C_0 的比例系数，因为研究表明，自地面至 10 m 深处，地基土的竖向抗力几乎没有什么变化，而当 $h>10$ m 时，土的竖向抗力几乎与水平抗力相等，如图 8-17(b)所示。表 8-13 中 R_c 为岩石的单轴抗压极限强度，当 R_c 为中间值时可以内插。

表 8-13　岩石的竖向地基系数 C_0 值

R_c/kPa	C_0/(kN/m³)
1000	3 000 000
≥25 000	15 000 000

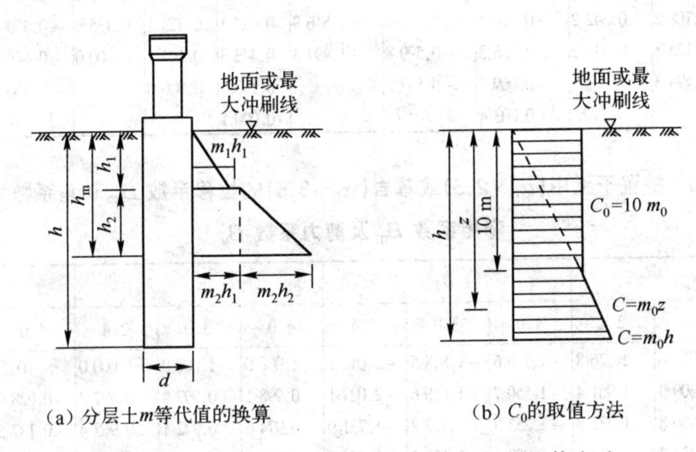

(a) 分层土m等代值的换算　　(b) C_0的取值方法

图 8-17　分层土的 m 等代值换算和 C_0 的取值方法

地基土水平抗力系数宜根据试验结果确定，《建筑桩基技术规范》(JGJ94—94)给出了按试验结果求“m”法的比例系数 m_0 值的公式。

式(8-14)是一个四阶线性变系数奇次常微分方程，利用幂级数展开的方法和边界条件以及梁的挠度 x_z、转角 ϕ_z、弯矩 M_z 和剪力 V_z 之间的微分关系，可以求得桩身内力与变形的全部解，即式(8-15)。

2) 单桩内力和位移的基本计算公式

在地面处水平力 H_0 和力矩 M_0 作用下，$\alpha_h>2.5$ 的摩擦桩，$\alpha_h>3.5$ 的端承桩及 $\alpha_h\geqslant 4.0$ 的嵌岩桩，任意深度桩身的水平位移、转角、弯矩与剪力的计算公式如下：

$$x_z=\frac{H_0}{\alpha^3EI}A_x+\frac{M_0}{\alpha^2EI}B_x \tag{8-15a}$$

$$\phi_z=\frac{H_0}{\alpha^2EI}A_\phi+\frac{M_0}{\alpha EI}B_\phi \tag{8-15b}$$

$$M_z=\frac{H_0}{\alpha}A_m+M_0B_m \tag{8-15c}$$

$$V_z=H_0A_v+\alpha M_0B_v \tag{8-15d}$$

在式(8-15)中，无量纲系数 A_x、B_x、A_ϕ、B_ϕ、A_m、B_m、A_v 和 B_v 都是 $h=\alpha_h$ 和 $Z=\alpha_z$ 的函

数，且均已制成表格，见表 8-14 和表 8-15，更详细的表格可以从有关规范或计算手册中查得。因此，只要知道桩顶外力 H_0 与 M_0，即可求得桩身任意断面的位移与内力。应强调指出的是，式(8-15)中的荷载 H_0 与 M_0 必须作用于地面。

表 8-14　桩置于土中($\alpha_h>2.5$)或基岩($\alpha_h\geqslant3.5$)的位移系数 A_x、转角系数 A_ϕ、弯矩系数 A_m 及剪力系数 A_v

α_h	A_x			A_ϕ			A_m			A_v		
α_z	4.0	3.0	2.4	4.0	3.0	2.4	4.0	3.0	2.4	4.0	3.0	2.4
0.0	2.440 7	2.726 6	3.526 6	-1.621 0	-1.757 6	-2.326 9	0	0	0	1.000 0	1.000 0	1.000 0
0.2	2.117 8	2.376 4	3.061 6	-1.601 2	-1.737 7	-2.307 1	0.197 0	0.796 6	0.195 6	0.955 5	0.950 3	0.935 7
0.5	1.650 4	1.868 0	2.382 2	-1.501 6	-1.608 7	-2.209 8	0.457 5	0.456 4	0.438 6	0.761 5	0.731 4	0.655 3
0.7	1.360 2	1.550 2	1.949 9	-1.395 9	-1.535 0	-2.110 6	0.592 3	0.578 7	0.544 4	0.582 0	0.527 6	0.397 0
1.0	0.970 4	1.117 8	1.342 5	-1.196 5	-1.342 7	-1.935 7	0.723 1	0.686 9	0.601 2	0.289 0	0.191 9	-0.017 2
1.5	0.466 1	0.533 5	0.446 2	-0.818 0	-0.997 4	-1.662 8	0.751 7	0.652 3	0.445 2	-0.139 9	-0.303 0	-0.550 3
2.0	0.147 0	0.108 2	-0.342 2	-0.470 6	-0.723 1	-1.516 9	0.614 1	0.423 1	0.135 9	-0.399 4	-0.564 8	-0.574 1
2.4	0.003 5	-0.153 3	-0.943 2	-0.258 3	-0.599 8	-1.497 3	0.443 3	0.194 8	0.000 0	-0.446 5	-0.537 9	0.000 0
3.0	-0.087 4	-0.494 3		-0.069 9	-0.557 2		0.193 1	0.000 0		-0.360 7		
4.0	-0.107 9			-0.003 4			0.000 1					

表 8-15　桩置于土中($\alpha_h>2.5$)或基岩($\alpha_h\geqslant3.5$)的位移系数 B_x、转角系数 B_ϕ、弯矩系数 B_m 及剪力系数 B_v

α_h	B_x			B_ϕ			B_m			B_v		
α_z	4.0	3.0	2.4	4.0	3.0	2.4	4.0	3.0	2.4	4.0	3.0	2.4
0.0	1.621 0	1.757 6	2.326 8	-1.750 6	-1.818 5	-2.012 9	1.000 0	1.000 0	1.000 0	0	0	0
0.2	1.290 9	1.309 3	1.901 4	-1.550 7	-1.618 6	-2.027 1	0.998 1	0.997 9	0.997 2	-0.028 0	-0.080 5	-0.040 7
0.5	0.870 4	0.886 8	1.337 8	-1.253 9	-1.322 2	-1.731 9	0.974 6	0.972 1	0.962 4	-0.137 5	-0.151 7	-0.265 9
0.7	0.638 9	0.727 7	1.010 4	-1.062 4	-1.131 5	-1.544 4	0.938 2	0.931 7	0.907 4	-0.226 9	-0.252 5	-0.345 2
1.0	0.361 2	0.428 9	0.586 1	-0.793 1	-0.865 6	-1.290 9	0.850 9	0.833 8	0.773 0	-0.350 6	-0.396 1	-0.514 1
1.5	0.062 9	0.091 1	0.024 7	-0.417 7	-0.505 8	-0.982 3	0.640 8	0.593 1	0.446 7	-0.467 2	-0.542 2	-0.715 2
2.0	-0.075 7	-0.099 1	-0.425 3	-0.156 2	-0.278 1	0.845 0	0.406 6	0.318 9	0.118 0	-0.449 1	-0.526 4	-0.525 6
2.4	-0.110 3	-0.190 2	-0.758 3	-0.027 5	-0.189 8	-0.828 3	0.242 6	0.131 1	-0.000 2	-0.363 1	-0.395 4	-0.000 2
3.0	-0.094 7	-0.291 9		-0.063 0	-0.021 6		0.076 0	-0.000 1		-0.190 5	0.000 04	
4.0	-0.014 9			-0.085 1			0.000 1			-0.000 5		

3）桩身最大弯矩及其位置

设计者最关心的是桩身最大弯矩 M_{max} 及其位置 Z_{max}，以便配筋。利用式(8-15)绘制桩身弯矩图亦可找到 M_{max}。但是按下述方法更简捷。

由于最大弯矩 M_{max} 断面的剪力 $V=0$，因此 $V=0$ 的截面即为 M_{max} 所在断面。按此思路即可求解。

由式(8-15)，令 $V_z=H_0A_v+\alpha M_0B_v=0$，则　　(8-16)

$$\frac{\alpha M_0}{H_0}=\frac{A_v}{B_v}=C_v$$

或

$$\frac{H_0}{\alpha M_0}=\frac{B_v}{A_v}=D_v$$

式中，C_v 与 D_v 均为 α_z 的函数，已制成表 8-16。

表 8-16　确定桩身最大弯矩及其位置的系数

α_z	C_v	D_v	K_v	K_m
0.0		0.000 0		1.000 0
0.2	34.186 4	0.029 3	34.317 0	1.003 8
0.5	5.539 0	0.180 5	5.855 8	1.057 2
0.7	2.565 6	0.389 8	2.999 3	1.169 0
1.0	0.824 4	1.213 1	1.424 5	1.728 0
1.5	−0.298 7	−3.348 3	0.563 3	−1.875 9
2.0	−0.864 7	−1.156 4	0.262 5	−0.303 6
3.0	−1.893 0	−0.528 3	0.049 3	−0.025 0
4.0	−0.044 5	−22.500 0	−0.000 1	0.011 3

按所求得的 C_v、D_v，即可在表 8-16 中找到相应的 $\alpha_z = h$ 值，该断面深度 $z = \bar{h}/\alpha$，应该就是 M_{max}所在的深度 Z_{max}。由式(8-16)有：

$$M_0 = \frac{H_0}{\alpha}C_v \text{ 或 } H_0 = \alpha M_0 D_v \tag{8-17}$$

将式(8-16)代入式(8-17)，即得最大弯矩

$$M_{max} = \frac{H_0}{\alpha}(A_m + C_v B_m) = \frac{H_0}{\alpha_z}k_v \tag{8-18}$$

或

$$M_{max} = M_0(D_v A_m + B_m) = M_0 k_m$$

式中，$k_v = A_m + C_v B_m$ 和 $k_m = D_v A_m + B_m$ 均为 α_z 的函数，均已制成表格，见表 8-16。于是只要从该表中查出相应于 Z_{max}深度的 k_m、k_v 值，即可按式(8-18)求得 M_{max}。

4) 高于地面桩顶的位移计算公式

当高于地面的桩顶为自由端时，该桩顶在水平荷载和力矩作用下的位移可应用叠加原理计算。对照图 8-18 可知，桩顶的水平位移 x_1 由四部分组成：①桩顶在地面处的水平位移 x_0；②地面处的转角 ϕ_0 所引起的桩顶水平位移 $\phi_0 L_0$；③桩露在地面段作为悬臂梁在力矩 m 作用下的水平位移 x_m；④在水平荷载 V 作用下的水平位移 x_v，即

$$x_1 = x_0 - \phi_0 L_0 + x_m + x_v \tag{8-19}$$

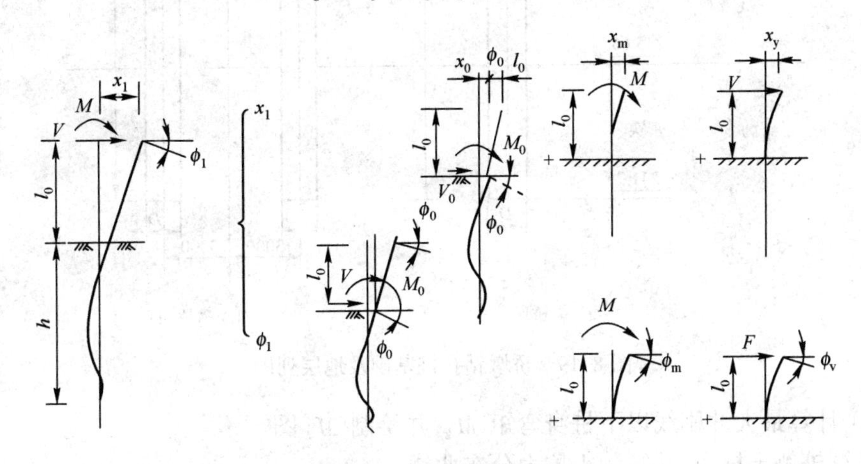

图 8-18　柱顶位移的分解

桩顶的转角 ϕ 由三部分组成：①地面处的转角 ϕ_0；②桩露出地面段作为悬臂梁在力矩 M 作用下的转角 ϕ_m；③在水平荷载 V 作用下的转角 ϕ_v，即

$$\phi_1 = \phi_0 + \phi_m + \phi_v$$

式(8-19)中,地面处的位移 x_0 和 ϕ_0 可根据桩在地面处的剪力 $V_0 = V$ 和弯矩 $M_0 = VL_0 + M$,按式(8-15)求得;至于 x_m、x_v、ϕ_m 和 ϕ_v,则可按臂长为 L_0 的悬臂梁计算公式表示如下:

$$x_m = \frac{ML_0^2}{2EL} \quad x_v = \frac{VL_0^3}{3EL} \tag{8-20}$$

8.4 高承台桩设计实例

【例 8-1】 双柱式桥墩钻孔桩基础主要设计资料示于图 8-19 中。上部结构静荷载经组合后,沿纵桥向作用于墩柱顶标高处的竖向力、水平力和弯矩分别为 $\sum N = 2915$ kN, $\sum H_y = 110$ kN, $\sum M_x = 85$ kN·m。

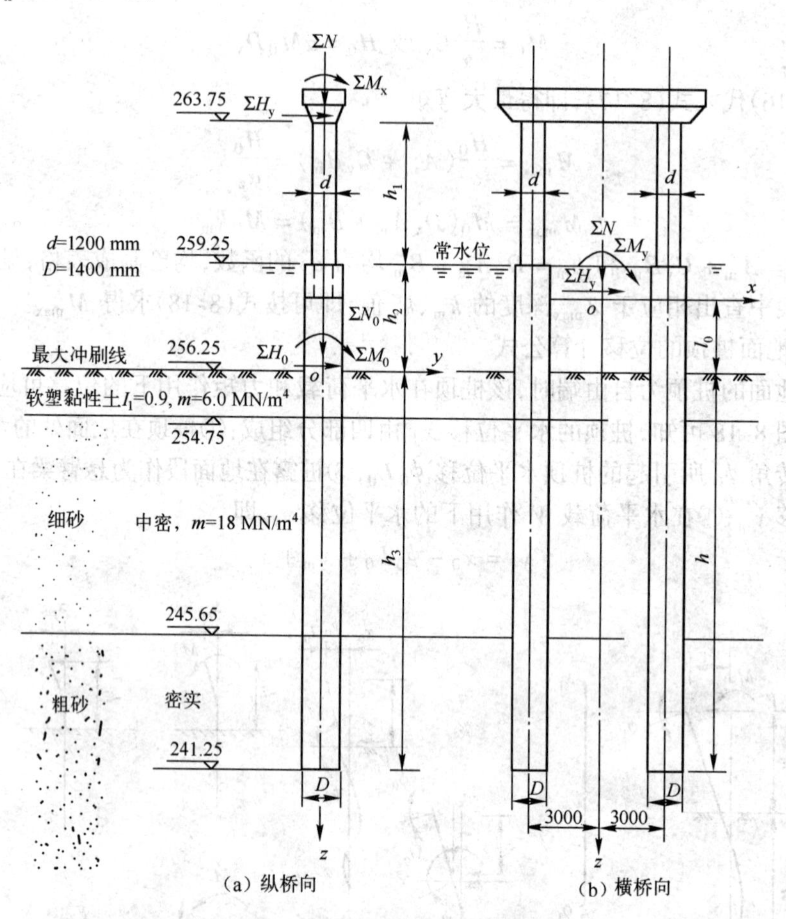

图 8-19 桥墩钻孔桩基础及地层列图

求:(1) 计算最大冲刷线以下桩身弯矩 M_z,并绘制 M_z 图。

(2) 计算桩侧土抗力,并绘制土抗力分布曲线。

(3) 计算墩顶水平位移,桥梁跨度 $L = 25$ m。

【解】(1) 桩的计算宽度 b_1

按圆形断面查表 8-11 并代入式(8-13)得

$$b_1 = k_g k_0 k\mathrm{d} = 0.9 \times \left(1 + \frac{1}{d}\right) \times 1.0 \times d = 2.16 \text{ m}$$

(2) 桩的变形系数

C30 混凝土,受弯弹性模量 $E = 0.67E_c$

$$= 0.67 \times 3.0 \times 10^4 \text{ MPa} = 2.0 \times 10^7 \text{ kPa}$$

$$I = \frac{\pi}{64}d^4 = 0.1886 \text{ m}^4$$

$$EI = 2.0 \times 10 \times 0.1886 \text{ kN} \cdot \text{m}^2$$

按 $Z_m = 2(d+1) = 4.8$ m 厚土层,求 m 平均值:

$$Z_1 = 1.5 \text{ m}, Z_2 = Z_m - Z_1 = 3.3 \text{ m}, m_1 = 6 \text{ MN/m}^4$$

$$m_2 = 1.8 \text{ MN/m}^4$$

$$M = \frac{m_1 Z_1^2 + m_2(2Z_1 + Z_2)Z_2}{Z^2 m} = 16\ 828 \text{ kN/m}^4$$

$$\alpha = \sqrt[5]{\frac{mb_1}{EI}} = 0.395 \text{ m}^{-1}$$

(3) 桩身弯矩 M_z

计算最大冲刷线以下的桩身弯矩 M_z,必须将荷载换算到最大冲刷线处(H_0, M_0)

总荷载为:$\sum h_0 = \sum H = 110$ kN, $\sum M_0 = \sum M + l_0, \sum H = 85 + 7.5 \times 110 = 910$ kN · m

纵桥向为单排桩,总荷载平均分配给每根桩,故

$$H_0 = \sum H/2 = 55 \text{ kN}, M_0 = \sum H/2 = 455 \text{ kN} \cdot \text{m}$$

利用计算公式(8-15c),$M_z = \frac{H_0}{a}A_m + M_0 B_m$,列表计算如下。

已知 $h = 15$ m, $h = a_h = 5.0 > 4.0$,按 $h = a_h = 4$ 查表,计算过程与结果列于表 8-17。并按计算结果绘制桩身弯矩 M_z 图,见图 8-20(a)。

表 8-17　桩身弯矩 M_z 计算表

z	$\bar{z} = a_z$	A_m	B_m	$\frac{H_0}{a}A_m$	$M_0 B_m$	$M_z = \frac{H_0}{a}A_m + M_0 B_m$
0	0	0	1.000 0	0	455.0	455.0
0.5	0.2	0.197 0	0.998 1	27.4	454.1	481.5
1.27	0.5	0.457 5	0.974 6	63.7	443.6	507.3
1.8	0.7	0.592 3	0.938 2	82.5	462.8	509.3
2.5	1.0	0.723 1	0.850 9	100.7	387.2	487.9
3.8	1.5	0.754 7	0.640 8	105.1	291.6	396.8
5.1	2.0	0.614 1	0.406 6	85.5	185.0	270.5
6.1	2.4	0.443 3	0.242 6	61.7	110.4	172.1
7.6	3.0	0.193 1	0.076 0	26.9	34.6	61.5
10.1	4.0	0.000 1	0.000 1	0.01	0	0.01

(4) 桩侧土水平抗力 σ_{xz}

根据土抗力的定义,有 $\sigma_{xz} = m_z x_z$,而 x_z 可按式(8-15a)计算,故得

$$\sigma_{xz} = m_z x_z = \frac{\alpha^5 EI}{b_1} Z\left(\frac{H_0}{\alpha^3 EI}A_x + \frac{M_0}{\alpha^2 EI}B_x\right) = \frac{\alpha H_0}{b_1}\bar{z}A_x + \frac{\alpha^2 M_0}{b_2}\bar{z}B_x$$

列表计算并将计算过程与结果列于表 8-18,按计算结果绘制桩侧土水平抗力 σ_{xz}—x 图,如图 8-20(b)所示。

表 8-18　桩侧土水平抗力 σ_{xz}计算表

z	$\bar{z}=a_z$	A_x	B_x	$\frac{AH_0}{b_1}\bar{z}A_x$	$\frac{A_2M_0}{b_1}\sum B_x$	σ_{xz}/kPa
0	0	2.440 7	1.621 0	0	0	0
0.59	0.2	2.117 8	1.290 9	4.48	8.5	13.0
1.48	0.5	1.650 4	0.870 4	8.31	14.3	22.6
2.06	0.7	1.360 2	0.638 9	9.6	14.7	24.3
2.95	1.0	0.970 4	0.361 2	9.8	11.9	21.7
4.42	1.5	0.446 1	0.062 9	7.0	3.5	10.5
5.9	2.0	0.147 0	-0.075 7	3.0	-5.3	-2.3
7.08	2.5	0.018 2	-0.110 3	0.08	-8.7	-8.8
8.85	3.0	-0.087 4	-0.094 7	-2.6	-9.4	-12.0
118	4.0	-0.107 9	-0.014 9	-4.4	-2.0	6.4

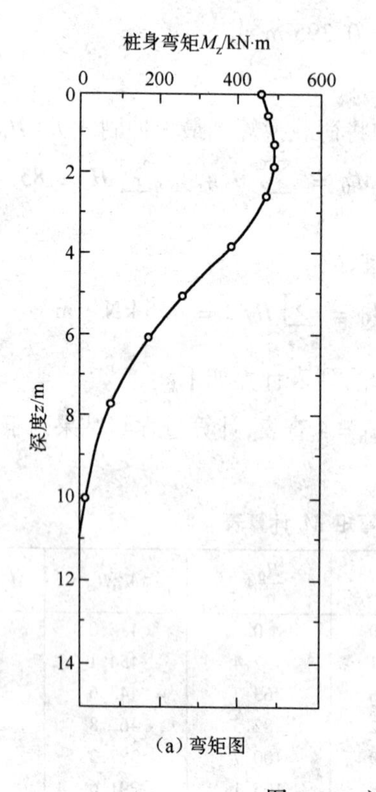

(a) 弯矩图

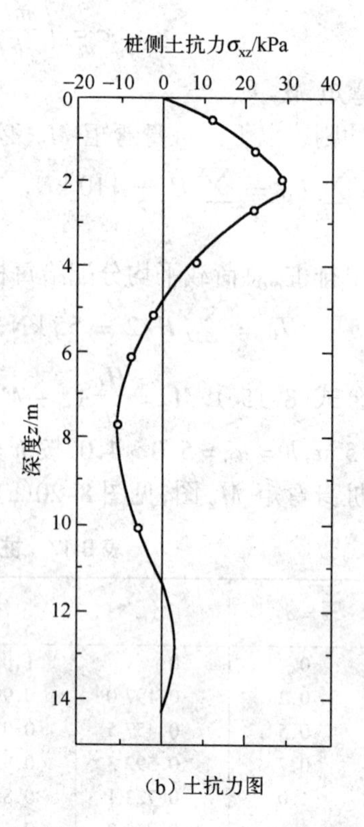

(b) 土抗力图

图 8-20　计算结果图

(5) 墩桩顶位移

利用式(8-15a),可直接求得桩在地面(最大冲刷线)处的位移:

$$\alpha EI = 1489\times10^3,\alpha^2 EI = 588\times10^3,\alpha^3 EI = 232\times10^3$$

当 $x=0$ 时,$A_x=2.4407$,$B_x=1.621$,于是得地面处桩顶位移 x_0 为:

$$x_0=\frac{H_0}{\alpha^3 EI}A_x+\frac{M_0}{\alpha^2 EI}B_x=1.83\times10^{-3}=1.83\text{ mm}$$

当 $x=0$ 时,$A_\phi=-1.621$,$B_\phi=-1.751$,于是得地面处桩顶转角 ϕ_0 为:

$$\phi_0 = \frac{H_0}{\alpha^2 EI}A_\phi + \frac{M_0}{\alpha EI}B_\phi = -0.69\times 10^{-3}$$

墩顶荷载下的水平位移 x_v、x_m，对照图 8-19 与图 8-21，可求得：

$$I_1 = \frac{\pi}{64}d^4 = \frac{\pi}{64}\times 1.1^4 = 0.0719$$

$$E_1 = E, h_1 = 7\ \text{m}, h_2 = 3\ \text{m}; E_1 I_1 = 14.38\times 10^5\ \text{kN}\cdot\text{m}^2$$

$$n = \frac{E_1 I_1}{EI} = \frac{11^4}{14^4}\times 0.38$$

用式(8-20)并参照港口工程变截面桩(墩)桩顶水平位移公式，可求得：

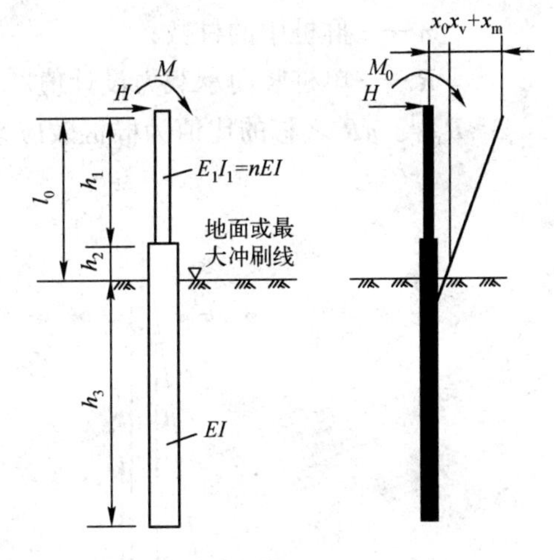

图 8-21　变截面桩的抗弯刚度

$$x_v = \frac{H_0}{E_1 I_1}\left[\frac{1}{3}(nh_2^3 + h_1^3) + nh_1 h_2(h_1 + h_2)\right]$$
$$= 2.76\times 10^{-3} = 2.76\ \text{mm}$$

$$x_m = \frac{M_0}{2E_1 I_1}[h_1^2 + nh_2(2h_1 + h_2)] = 5.37\times 10^{-3} = 5.37\ \text{mm}$$

所以，墩顶水平位移为

$$x_1 = x_0 - \varphi_0 L_0 + x_v + x_m = [1.83 - (-0.69)\times 7.5 + 2.76 + 5.37]\times 10^{-3}$$
$$= 10.1\times 10^{-3}\ \text{m} = 10.1\ \text{mm}$$

按桥规，允许墩顶位移 $[\Delta] = \sqrt[5]{L} = \sqrt[5]{25} = 25$ mm，L 为桥梁跨度，则

$$x_1 < [\Delta]$$

故变形满足。

8.5　群桩竖向承载力

8.5.1　群桩的特点

当建筑物上部荷载远远大于单桩竖向承载力时，通常由多根桩组成群桩共同承受上部荷载。下面讨论群桩的受力情况与承载力计算。

1. 群桩效应

由图 8-22 的端承摩擦桩来加以说明。

图 8-22(a)为单桩受力情况，其桩顶轴向荷载 N 由桩端阻力与桩周摩擦力共同承受。图 8-22(b)，为群桩受力情况，同样，每根桩的桩顶轴向荷载 N 由桩端阻力与桩周摩擦力共同承受。但因桩的间距小，桩间摩擦力无法充分发挥作用；同时，在桩端产生应力叠加。因此，群桩的承载力小于单桩承载力与桩数的乘积，即

$$R_n < nR \tag{8-21}$$

式中，R_n——群桩竖向承载力设计值/kN；

n——群桩中的桩数；

R——单桩竖向承载力设计值/kN。

R_n 与 nR 之移的比值为群桩效应系数，以 η 表示：

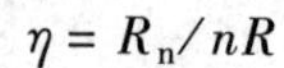

$$\eta = R_n / nR$$

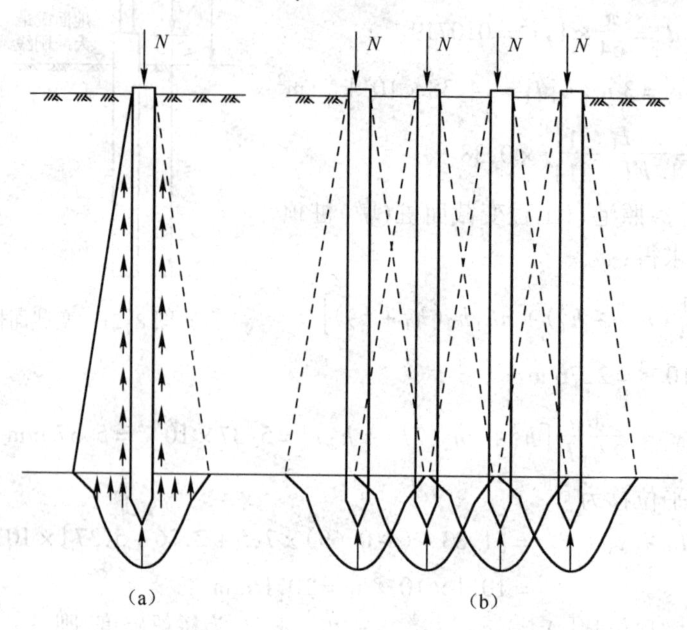

图 8-22　端承摩擦桩应力传递分布

国内外已进行了大量群桩模型试验和现象荷载试验，试验表明，群桩效应系数与桩距、桩数、桩径、桩的入土长度、桩的排列、承台宽度及桩间土的性质等因素有关，其中，以桩距为主要因素。

2. 桩承台效应

传统的桩基设计中，考虑承台与地基土脱开，承台只起分配上部荷载至桩并将桩联合成整体共同承担上部荷载的联系作用，即承台本身并无承载能力。大量工程实践表明，这种考虑是不合理的，因为承台与地基土脱空的情况是极少数的特殊情况，例如，承台底面以下存在可液化土、湿陷性黄土、高灵敏度软土、欠固结土、新填土，或可能出现震陷、降水、沉桩过程产生高孔隙水压和土体隆起时，绝大多数情况承台为现浇钢筋混凝土结构，与地基土直接接触，而且在上部荷载作用下，承台与地基土压得更紧。因此，实际上承台具有一定的承载能力，这在《建筑桩基技术规范》中已列入计算公式。

8.5.2　群桩承载力计算

1.《建筑地基基础设计规范》

单桩竖向承载力 R 在一般情况下有：

$$R = 1.2R_k \tag{8-22}$$

对桩数 $n \leqslant 3$ 的柱下承台有：

$$R = 1.1R_k \tag{8-23}$$

1）不考虑群桩效应

群桩竖向抗压承载力为各单桩竖向抗压承载力的总和，即

$$R_n = nR$$

此适用于下列 3 种情况：①端承桩；②桩数 $n \leqslant 8$ 的摩擦桩；③条件基础下的摩擦桩不超过两排者。

2）按假想实体深基础计算

凡桩的中心距小于 $6d$ 的摩擦桩，且桩数 $n \geqslant 9$ 的桩基，由于各桩之间距离较近，桩的数量又较多，桩间土受到挤紧，使桩承台、桩及桩间土形成一个整体，共同承受上部荷载，产生群桩作用。可将它视作假想实体深基础，进行地基承载力验算和沉降计算，其计算方法参阅沉降计算、浅基础承载力验算有关章节内容。

当单桩竖向承载力标准值 R_k 由静载荷试验确定时，以上规定仍然适用。

2.《建筑桩基技术规范》法

（1）桩数 $n < 3$ 的桩基以及端承桩，按式(8-6)估算。

当根据静载试验确定单桩竖向极限承载力标准值 Q_{uk} 时，按式(8-24)确定 R：

$$R = Q_{uk}/\gamma_{sp} \tag{8-24}$$

（2）对于桩数 $n > 3$ 的非端承复合桩基，宜考虑桩群、土、承台的相互作用效应。其复合基桩的竖向承载力设计值为：

$$R = \eta_s Q_{uk}/\gamma_s + \eta_p Q_{pk}/\gamma_p + \eta_c Q_{ck}/\gamma_c \tag{8-25}$$

（3）当根据静载试验确定单桩竖向极限承载力标准值时，其复合基桩的竖向承载力设计值为：

$$R = \eta_{sp} Q_{uk}/\gamma_{sp} + \eta_c Q_{ck}\gamma_c$$

$$Q_{ck} = q_{ck} A_c/n \tag{8-26}$$

式中，　Q_{uk}——单桩竖向极限承载力标准值/kN；

η_s、η_p、η_{sp}——分别为桩侧阻力、端阻力及侧阻力端阻力综合的群桩效应系数 η_s、η_p、η_{sp} 见表 8-19，承台底土阻力群桩效应系数 η 见《桩基规范》；

Q_{ck}、q_{ck}、A_c——与承台效应所起的作用有关的数据，详见《桩基规范》。

表 8-19　侧阻力、端阻力及侧阻力端阻力综合的群桩效应系数

土 名 称		黏性土				粉土、砂土				备　注
S_a/d		3	4	5	6	3	4	5	6	
效应系数	η_s	0.80	0.90	0.96	1.00	1.20	1.10	1.05	1.00	左列数值为不考虑承台效应时适用
	η_p	1.64	1.35	1.18	1.06	1.26	1.18	1.11	1.06	
	η_{sp}	0.93	0.97	0.99	1.01	1.21	1.11	1.06	1.01	

注：① S_a 为桩中心距。当 $S_a/d > 6$ 时，取 $\eta_s = \eta_p = \eta_{sp} = 1$；两项 S_a 不等时，取均值；

② 当桩侧为成层土时，η_s 可按主要土层或分别按各类别土层取值；

③ 对孔隙比 $e > 0.8$ 的非饱和黏性土和松散粉土、砂类土中的挤土群桩，表列系数可提高 5%；对密实粉土、砂类土中的群桩，表列系数宜降低 5%。

8.6 桩基础设计

8.6.1 桩基础的总设计步骤

1. 选择桩的类型

1) 确定桩的承载性状

应根据建筑桩基的等级、规模、荷载大小,结合工程地质剖面图、各土层的性质与层厚,确定桩的受力工作类型。例如,温州市中心住宅区地表为粉质黏土,厚层为 1.5 m,第二层为淤泥,层厚达 22 m,第三层为坚实土层,如为低层房层,可采用摩擦桩,如为大中型工程,可用端承摩擦桩,长桩穿透软弱层,桩端进入坚实土层。

2) 选择桩的材料与施工方法

应根据当地材料与施工方法、施工机具与技术水平、造价工期及场地环境等具体情况,选择桩的材料与施工方法。例如中小型工程可用预制桩和沉管振动灌注桩,荷重和桩长大到一定程度时,可采用钢管桩。基岩倾斜或场地四周有邻近建筑物和地下管线时,宜用钻孔灌注桩。

3) 确定桩长

桩长指的是自承台底至桩端的长度尺寸。在承台底面标高确定之后,确定桩长即是选择持力层和确定桩底(端)进入持力层的深度。

一般应选择较硬土层作为桩端持力层。桩端全断面进入持力层的深度,对于黏性土、粉土不宜小于 $2d$,砂土不宜小于 $1.5d$,碎石类土不宜小于 $1d$。对抗震设防区,持力层应理解为液化层以下的稳定土层。对嵌岩灌注桩,桩底周边嵌入微风化或中等风化岩体的最小深度,不宜小于 0.5 m。若各种条件许可,桩端进入持力层深度宜达到桩端阻力的临界深度,以使桩端阻力充分发挥。这一深度,目前一般认为,砂土、碎石土为 $(3\sim6)d$,对粉土,黏性土为 $(5\sim10)d$。

当持力层下面存在软弱下卧层时,持力层厚度不宜小于 $4d$。嵌岩桩(端底桩)要求桩底下 $3d$ 范围内应无软弱夹层、断裂面、洞穴和空隙分布。

上述桩长是设计中预估的桩长。在实际工程中,场地土层往往起伏不平,或层面倾斜,岩层往往分布复杂,所以,还要提出施工中决定桩长的条件。一般而言,对打入桩,当主要是由侧摩阻力提供支承力时,以设计桩底标高作为主要控制条件,而最后贯入度作为参考条件;当主要由端承力提供支承力时,以设计桩底标高作为主要控制条件,而最后贯入度作为参考条件,当主要由端承力提供支承力时,以最后贯入度作为控制条件,而设计桩底标高作为参考条件。对于钻、冲、挖孔灌注桩,以验明持力层的岩土性质为主,同时注意核对标高。

2. 估算桩数与桩的平面布置

1) 桩的根数

桩基中所需桩的根数可按承台荷载和单桩承载力确定。当轴心受压时,桩数 n 应满足式(8-27)要求:

$$n \geqslant \frac{F+G}{R} \tag{8-27}$$

式中，n——桩的根数；

F——上部结构传至 ±0.00 的荷载/kN；

G——承台与承台上方填土重量/kN；

R——单桩承载力设计值/kN。

式(8-27)中，G 与桩数 n 有关，因而需通过试算确定；对于偏心受压情况，亦可按上式进行估算，只是要注意应将估算数值适当放大。

2）桩的间距与平面布置

桩的间距一般指桩与桩之间的最小中心距。对于不同的桩型对其间距有不同的要求，如挤土桩由于存在挤土效应要求较大的桩距。挤土桩穿过饱和软土时，因孔隙水压力骤增会加剧挤土效应，因而相对于穿越非饱和土的桩而言，要求的桩距较大，而对于穿越饱和软土的桩，预制桩因挤土造成的损害较轻，故要求的桩距又比灌注桩略小。表 8-20 列出了考虑上述因素的桩的间距。为防止挤土效应造成的损害，对布桩较多的桩群，无论是否为挤土桩，表中最小桩距值均宜适当加大。除考虑挤土效应外，两桩之间还应保证满足最小桩距要求，因为桩距太小时，会影响桩的侧阻力发挥。在建筑物下布桩时，还应注意不同单元体与不同承台之间的邻桩距离也应满足表 8-20 要求。此外，扩底灌注桩除应符合表 8-20 的要求外，扩底桩的最小中心距尚应符合表 8-21 的要求。

表 8-20　桩的最小中心距

土类和成桩工艺		正 常 情 况	桩数≥9 排数≥3 摩阻支承为主桩基
非挤土和部分挤土灌注桩		$2.5d$	$3.0d$
挤土灌注桩	穿越非饱和土	$3.0d$	$3.5d$
	穿越饱和土	$3.5d$	$4.0d$
挤土预制桩		$3.0d$	$3.5d$
打入试管口管桩和 H 形钢桩		$3.0d$	$3.5d$

表 8-21　灌注桩扩大端最小中心距

成 桩 方 法	最小中心距
钻、挖孔灌注桩	$1.5d$ 或 $d+1$ m(当 $d>2$ m 时)
沉管扩底灌注桩	$2.0d$

布桩时应注意以下几点。

① 既要布置紧凑，使得承台面积尽可能减小，又要充分发挥各桩的作用，要做到这一点除了取合适的桩距外(图 8-23)，还要使长期荷载的合力作用点与桩群截面的形心尽可能接近。

② 尽量对结构受力有利，如对墙体落地的结构沿墙下布桩，对带梁桩筏基础沿梁位布桩。尽量避免采用板下布桩，一般不在无墙的门洞部位布桩。

③ 尽量使桩基在承受水平力和力矩较大的方向有较大的断面抵抗矩，如承台与力矩较大的平面取向一致，以及在横墙外延线上布置探头桩(图 8-23(b))等。

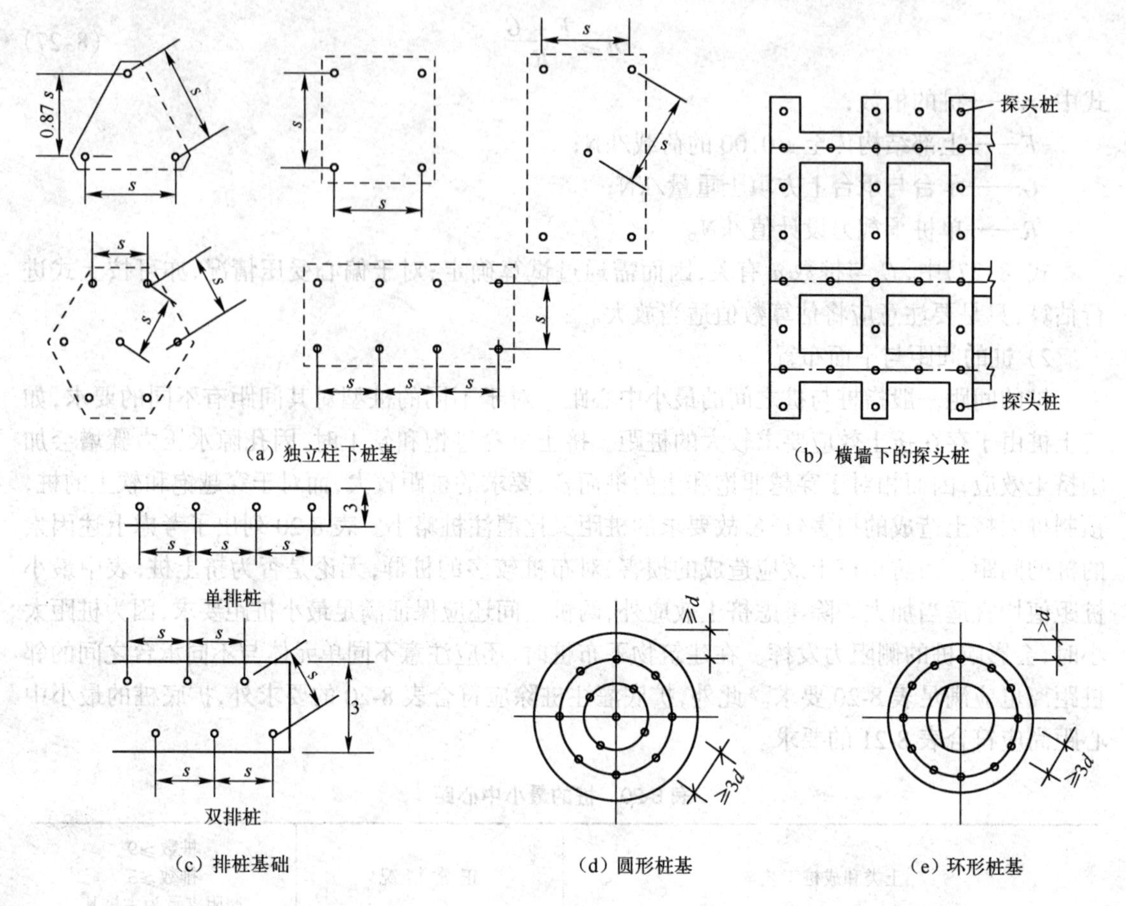

（a）独立柱下桩基　（b）横墙下的探头桩

（c）排桩基础　（d）圆形桩基　（e）环形桩基

图 8-23　平面布桩的不同型式

3. 桩基受力计算

1）桩基中的各桩荷载验算

确定单桩承载力设计值和初步选定了桩的布置之后，即可根据荷载效应小于或等于抗力效应的原则，验算桩基中各单桩所承受的外力（图 8-24）。

（1）《地基规范》规定

当轴心受压时：

$$Q = \frac{F + G}{n} \leqslant R \tag{8-28}$$

当偏心受压时：

$$Q_{\max} = \frac{F + G}{n} + \frac{M_{x} y_{\max}}{\sum y_i^2} + \frac{M_{y} x_{\max}}{\sum x_i^2} \leqslant 1.2R \tag{8-29}$$

（2）《桩基规范》规定

当轴心受压时：

$$\gamma_0 N = \gamma_0 \frac{F + G}{n} \leqslant R \tag{8-30}$$

当偏心受压时：

$$\gamma_0 N_{\max} = \gamma_0\left(\frac{F+G}{n} + \frac{M_x y_{\max}}{\sum y_i^2} + \frac{M_y x_{\max}}{\sum x_i^2}\right) \leqslant 1.2R \tag{8-31}$$

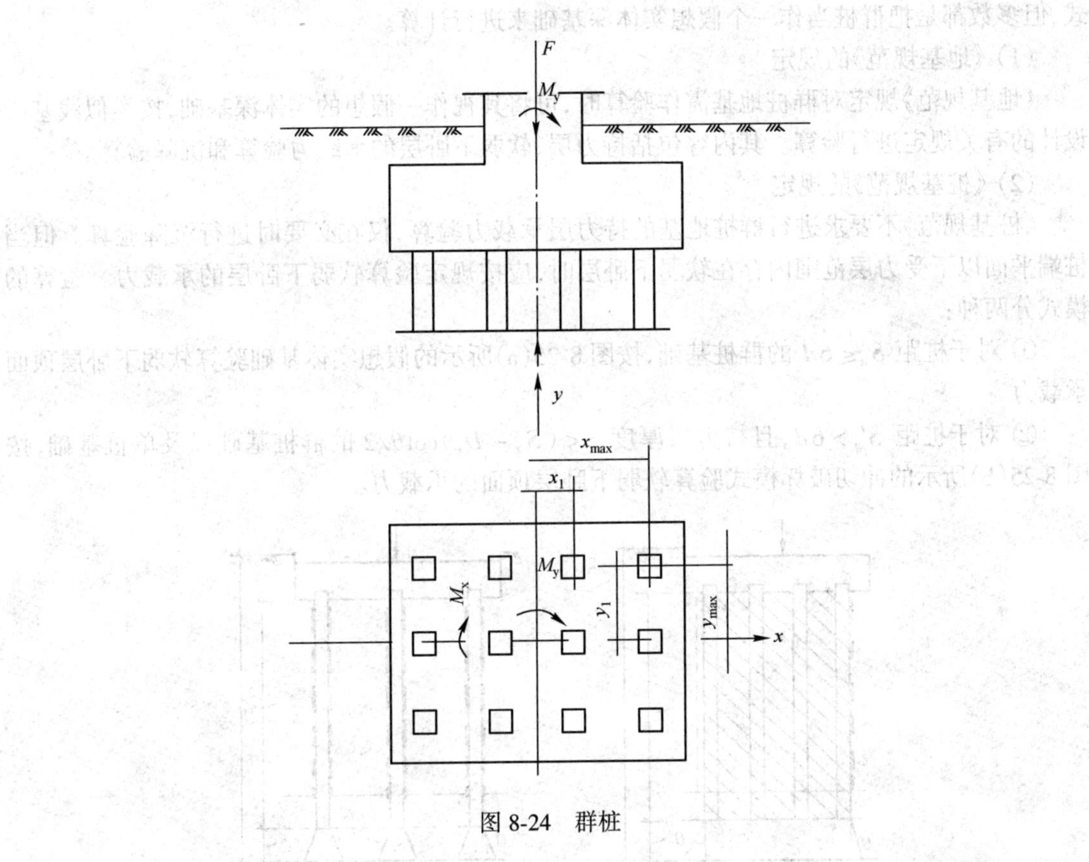

图 8-24 群桩

式中，Q 与 $r_0 N$、$Q_{\max}$与 $r_0 N_{\max}$——分别为地基规范与桩基规范和桩基规范中的单桩荷载效应的平均值和最大值，考虑到上部结构分析中已经包含建筑物重要性系数 r_0 这一事实等因素，两者的含义实质上是一样的(kN)，r_0 为建筑桩基重要性系数，对一、二、三级分别为 1.1、1.0、0.9；

M_x、M_y——作用于承台底面通过桩群形心的 x、y 轴弯矩设计值/(kN·m)，计算中取绝对值；

x_i、y_i——桩 i 至 y、x 轴线的距离/m；

$x_{\max}$、$y_{\max}$——受力最大的桩至 y、x 轴线的距离/m，计算中取绝对值；

F——作用于桩基承台顶面的竖向力的设计值/kN；

G——桩基承台和承台上方自重设计值/kN，自重荷载分项系数当其效应对结构不利时，取 1.2，有利时取 1.0，对地下水位以下部分应扣除水的浮力；

n——桩基中的桩数；

R——考虑到桩数和平面布桩等因素后的单桩竖向承载力设计值/kN。

2）群桩的地基验算简介

由两根及两根以上的基桩组成的桩基础均可称为群桩。群桩的地基验算尽管有不同的模式，但多数都是把群桩当作一个假想实体深基础来进行计算。

（1）《地基规范》的规定

《地基规范》规定对群桩地基需作验算时，可将其视作一假想的实体深基础，按类似浅基础设计的有关规定进行验算。其内容包括持力层、软弱下卧层的承载力验算和沉降验算。

（2）《桩基规范》的规定

《桩基规范》不要求进行群桩地基的持力层承载力验算，仅在必要时进行沉降验算。但当桩端平面以下受力层范围内存在软弱下卧层时，应按规定验算软弱下卧层的承载力。验算的模式分两种：

① 对于桩距 $S_a \leqslant 6d$ 的群桩基础，按图 8-25(a)所示的假想实体基础验算软弱下卧层顶面承载力。

② 对于桩距 $S'_a > 6d$，且持力层厚度 $t < (S_a - D_e)\cot\theta/2$ 的群桩基础以及单桩基础，按图 8-25(b)所示的冲切破坏模式验算软弱下卧层顶面的承载力。

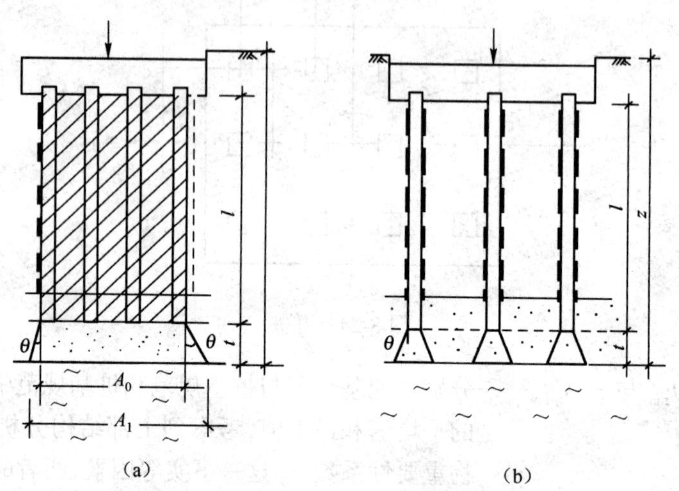

图 8-25　软弱下卧层承载力验算

各符号含义如下。

A_0、A_1——分别为假想基础底面与软弱下卧层顶面附加应力作用范围的边长；

t——持力层厚度；

θ——桩端持力层压力扩散角；

D_e——桩端的等代直径。

具体的验算公式参见规范的有关条文。

4. 桩身结构设计

桩身结构设计包括桩身构造要求与配筋计算等。

1）钢筋混凝土预制桩

钢筋混凝土预制桩常见的是预制方桩和管桩。预制桩的混凝土等级不宜低于 C30，采用静压法沉桩时，可适当降低，但也不宜低于 C20。预应力混凝土桩的混凝土等级不宜低于 C40。纵向钢筋的混凝土保护层厚度不宜小于 30 mm。混凝土预制桩的截面边长不应小于

200 mm,预应力混凝土桩的截面边长不宜小于 350 mm。一般预制桩典型构造如图 8-26 所示。预制桩的桩身配筋应按吊运、打桩及桩在建筑物中受力等条件计算。

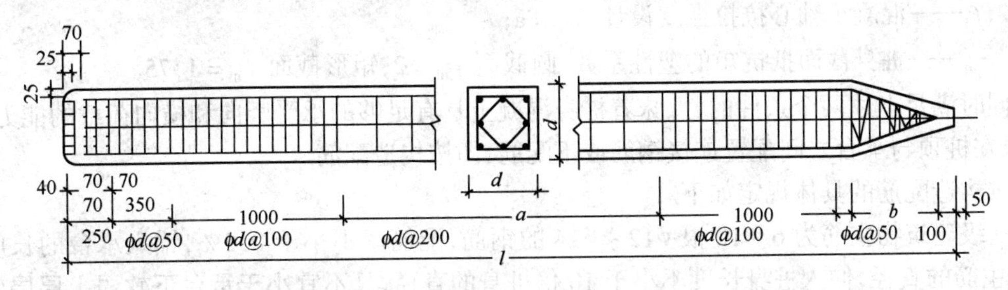

图 8-26　钢筋混凝土预制高桩详图

2) 混凝土灌注桩

(1) 一般规定

桩身混凝土强度等级不得低于 C15,水下灌注混凝土时其强度等级不得低于 C20,混凝土预制桩尖其强度等级不得低于 C30。桩身配筋时,对于受横荷载的桩,主筋不宜小于 8ϕ10,对于抗压桩和抗拔桩,主筋不应小于 6ϕ10,纵向钢筋应沿桩身周边均匀布置,其净距不应小于 60 mm,并尽量减少钢筋接头,箍筋采用 ϕ6 ~ ϕ8 其间距为 200 ~ 300 mm,宜采用螺旋式箍筋。受横向荷载较大的桩基和抗震桩基,桩顶($3d \sim 5d$)范围内的箍筋应适当加密。当钢筋笼长度超过 4 m 时,应于每 2 m 左右设一道 ϕ12 ~ ϕ18 的焊接加劲箍筋,以加强钢筋笼的刚度和整体性。

(2) 桩身按构造配筋的规定

按构造配筋应满足的条件如下。

第一个条件,桩顶轴向力符合下式:

$$\gamma_0 N \leqslant f_c A \tag{8-32}$$

式中,N——桩顶轴向压力设计值/kPa;

A——桩身截面积/m^2;

f_c——混凝土轴心抗压强度设计值/kPa,应乘以施工工艺系数 ψ_c,见表 8-2。

第二个条件,桩顶横向力符合下列公式:

$$r_0 H_1 \leqslant \alpha_h d^2 \left(1 + \frac{0.5 N_g}{r_m f_t A)}\right)^5 \sqrt{1.5d^2 + 0.5d} \tag{8-33}$$

式中,H_1——桩顶横向力标准值 kN;

α_h——综合系数/kN。按表 8-22 选用;

表 8-22　综合系数 α_h

序　号	上部土层类别 [承台下 2(d+1)深度范围内]	桩身混凝土强度等级		
		C15	C20	C25
Ⅰ	淤泥、淤泥质土、饱和湿陷性黄土	32 ~ 37	39 ~ 44	46 ~ 52
Ⅱ	流塑、软塑状一般黏性土,高压缩性粉土、松散粉细砂,松散填土	37 ~ 44	44 ~ 52	52 ~ 62
Ⅲ	可塑状一般黏性土,低压缩性粉土,稍密,中密填土	44 ~ 53	52 ~ 64	62 ~ 76
Ⅳ	硬塑、坚硬状一般黏性土,低压缩性粉土,中密土、粗砂、密实老填土	53 ~ 65	64 ~ 79	76 ~ 94
Ⅴ	中密、密实砾砂、碎石类土	65 ~ 81	79 ~ 98	94 ~ 96

注:当桩基受长期或经常出现的横向荷载时,按表中土层分类顺序降低一类取值。

d——桩身设计直径/m;

N_g——按基本综合计算的桩顶永久荷载效应轴向力设计值/kN;

f_t——混凝土轴心抗拉强度设计值/kPa;

r_m——桩身截面抵抗矩的塑性系数,圆截面 $r_m=2$,矩形截面 $r_m=1.75$。

同时满足上述两个条件的,意味着桩身混凝土具有足够的承受竖向和横向荷载的能力,因此,只在桩顶与承台之间配置连接钢筋或不配筋,即按构造配筋。

按构造配筋的具体规定如下。

一级建筑物主筋为 6~10 根 $\phi12\sim\phi14$ 的钢筋,配筋率不小于 0.2%,锚入承台的长度为30倍主筋的直径,伸入桩身长度不小于10倍桩身的直径,且不宜小于承台下软弱土层层底的深度。

二级建筑物应根据桩径大小配置 4~8 根 $\phi10\sim\phi12$ 的钢筋,锚入承台的长度至少为30倍主筋的直径且伸入桩身长度不小于 $5d$。对于沉管灌注桩,配筋长度不宜小于承台下软弱土层的层底深度。

三级建筑物可不配构造钢筋。

3) 桩身按计算配筋

不满足上述要求时,说明尚需由桩身配筋承担部分竖向力和水平力。

(1) 配筋率

当桩身直径为 300~2000 mm 时,截面配筋率可取 0.65%~0.20%,小桩径取高值,大桩径取低值。

(2) 配筋长度

端承桩宜通长配筋。受水平荷载的摩擦型桩(包括受地震作用的桩基),配筋长度宜采用 $4.0/\alpha$,α 称为桩的水平变形系数($1/m$)。按该式计算,同样的桩径,土质越软配筋越长;同样的土质,桩径越大配筋越长。对于单桩竖向承载力较高的摩擦端承桩宜沿深度分段变截面配通长或局部长度筋。

特殊条件下的桩基,如抗拔桩承受负摩阻力和位于坡地岸边的桩应通长配筋;因地震作用、冻胀或膨胀作用而受上拔力的桩,按计算配置通长或局部长度的抗拉筋。

5. 承台设计

承台的种类有多种类型,如柱下独立柱基承台、箱形承台、筏形承台、柱下深式承台、墙下条形承台等。根据《桩基规范》,柱下独立桩基承台和柱下扩展或钢筋基础类似,有板式、锥式和阶形3类,以下只介绍板式承台的设计计算。

承台设计包括进行局部受压、拉冲切、抗剪切及抗弯计算,并应符合构造要求。

1) 构造要求

柱下独立桩基承台最小宽度不应小于 500 mm 承台边缘至桩中心的距离不宜小于桩的直径或边长,且挑出部分不应小于 150 mm。承台厚度不应小于 300 mm。承台混凝土的强度等级不宜低于 C15,采用Ⅱ级钢筋时,混凝土强度等级不宜低于 C20。承台底面的混凝土保护层厚度不宜小于 70 mm。当设素混凝土垫层时,保护层厚度可适当减小;垫层厚度宜为 100 mm,强度等级宜为 C7.5 承台的受力钢筋应通长配置。矩形承台板宜双向均匀通长配筋,直径不宜小于 $\phi10$,间距为 100~200 mm。对三桩承台,应按 3 向板带均匀配置,最里面的 3 根钢筋相交围成的三角形应位于柱截面范围以内(图 8-27(a))。

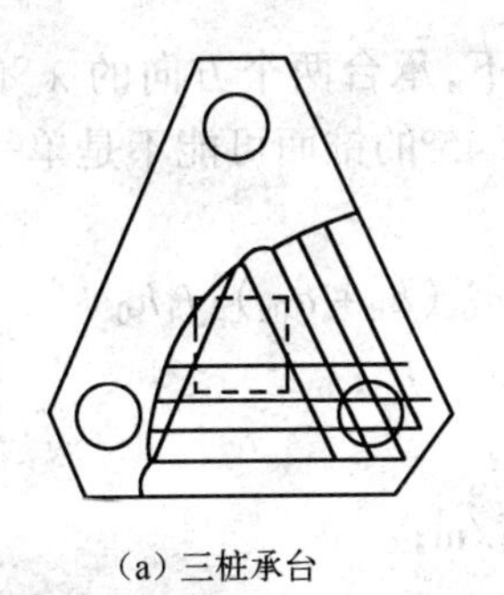

(a) 三桩承台

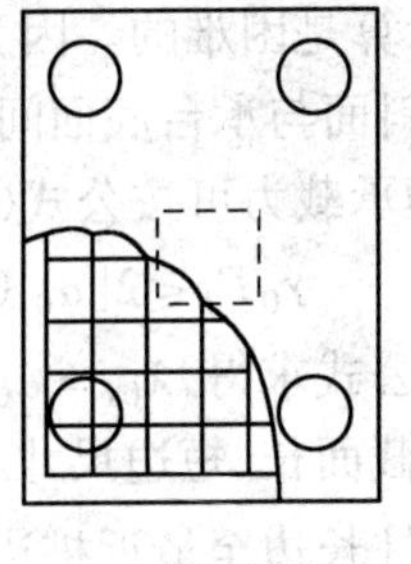

(b) 四桩承台

图 8-27　承台配筋

桩顶嵌入承台的长度，对大直径桩（$d \geqslant 800$ mm），不宜小于 100 mm；对中等直径桩（250 mm $< d <$ 800 mm）不宜小于 50 mm。桩顶主筋应伸入承台内，其锚周长度不宜小于 30 倍主筋的直径，对抗拔桩不应小于 40 倍主筋的直径。预应力混凝土桩可采用钢筋与桩头钢板焊接的连接方法。

由于结构受力要求，柱下独立柱基承台，当有抗震要求时，纵、横方向宜设置联系梁。在一般情况下，柱下单桩在互相垂直的两个方向上、两桩承台在其短向上宜设置联系梁。对柱下单桩，当桩柱截面积之比较大（如大于 2）且柱底剪力和弯距较小时可不设联系梁，而对两桩承台，只要短向桩底的剪力和弯距较小时，亦可不设联系梁。联系梁顶与承台顶齐平，宽不宜小于 200 mm，高取承台中心距的 1/15 ~ 1/10，配筋按计算确定，但不宜小于 4ϕ12。

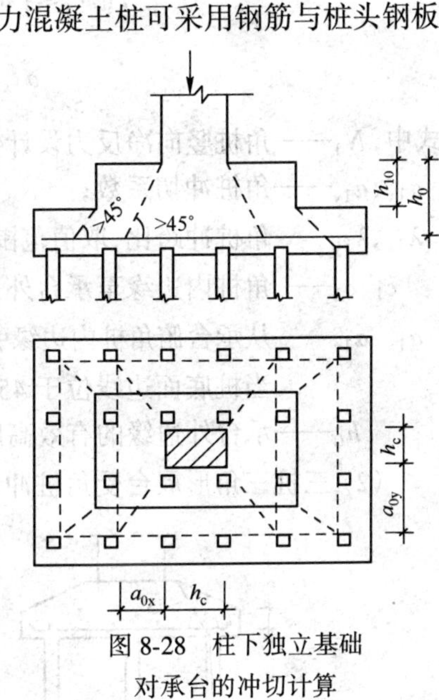

图 8-28　柱下独立基础对承台的冲切计算

2）抗冲切计算

受冲切承载力的一般公式如下（图 8-28）：

$$\gamma_0 F_1 \leqslant \alpha f_t u_m h_0 \tag{8-34}$$

$$F_1 = F - \sum Q_i \tag{8-35}$$

$$\alpha = \frac{0.72}{\lambda + 0.2} \tag{8-36}$$

式中，F_1——作用于冲切破坏锥体上的冲切力设计值/kN；

f_t——承台混凝土抗拉强度设计值/kPa；

u_m——冲切破坏锥体一半有效高度处的周长/m；

h_0——承台冲切破坏锥体的有效高度/m；

α——冲切系数；

λ——冲跨比，$\lambda = \alpha_0 / h_0$，α_0 为冲跨，即柱（墙）边（或承台变阶处）到桩边的水平距离；当 $\alpha_0 < 0.20 h_0$ 时，取 $\alpha_0 = 0.2$；当 $\alpha_0 > h_0$ 时，取 $\alpha_0 = h_0$，即 λ 的取值范围 0.2 ~ 1.0；

F——作用于承台顶的竖向荷载设计值/kN；

$\sum Q_i$——冲切破坏锥体范围内各桩的净反力设计值之和。

对于圆柱与圆桩，计算时应将截面换算成方柱及方桩，即取换算柱截面边宽 $b_c = 0.8 d_c$，换算桩截面边宽 $b_e = 0.8 d$。

应用上式进行计算是困难的。因为一般情况下，承台两个方向的 λ 不同，而且当承台较厚时，满足破坏锥体斜面与承台底面间夹角不小于45°的锥面可能不是单一的，故对柱下矩形独立承台受柱冲切的承载力可按公式(8-37)计算：

$$\gamma_0 F_1 \leqslant 2[\alpha_{0x}(b_c + a_{0y}) + \alpha_{0y}(h_c + a_{0x})] f_t h_0 \tag{8-37}$$

式中，α_{0x}、α_{0y}——由公式求得，$\lambda_{0x} = a_{0x}/h_0$；$\lambda_{0y} = a_{0y}/h_0$；

h_c、b_c——柱截面长、短边尺寸/m；

a_{0x}——自柱长边至最近桩边的水平距离/m；

a_{0y}——自柱短边至最近桩边的水平距离/m。

对位于柱冲切破坏锥体以外的基桩，可按式(8-38)，计算受基桩冲切的承载力。

(1) 四桩(含四桩)以上矩形承台受角桩冲切的承载力(图 8-29)

$$\gamma_0 N_1 \leqslant \left[a_{1x}\left(c_1 + \frac{a_{1y}}{2} \right) + a_{1y}\left(c_2 + \frac{a_{1x}}{2} \right) \right] f_t h_0$$

$$a_{1x} = \frac{0.48}{\lambda_{1x} + 0.2}, a_{1y} = \frac{0.48}{\lambda_{1y} + 0.2} \tag{8-38}$$

式中，N_1——角桩竖向净反力设计值/kN；

a_{1x}、a_{1y}——角桩冲切系数；

λ_{1x}、λ_{1y}——角桩冲跨比，取值范围 0.2~1.0，$\lambda_{1x} = a_{1x}/h_0$，$\lambda_{1y} = a_{1y}/h_0$；

c_1、c_2——角桩内边缘至承台外边缘的距离/m；

a_{1x}、a_{1y}——从承台俯角桩内边缘引45°冲切线与承台顶面相交点至角桩内边缘的水平距离/m；当桩底面边线位于45°线以内时，则取柱边与桩内边缘的水平距离；

h_0——承台外边缘的有效高度/m。

(2) 三桩三角形展台受角桩冲切的承载力(图 8-30)

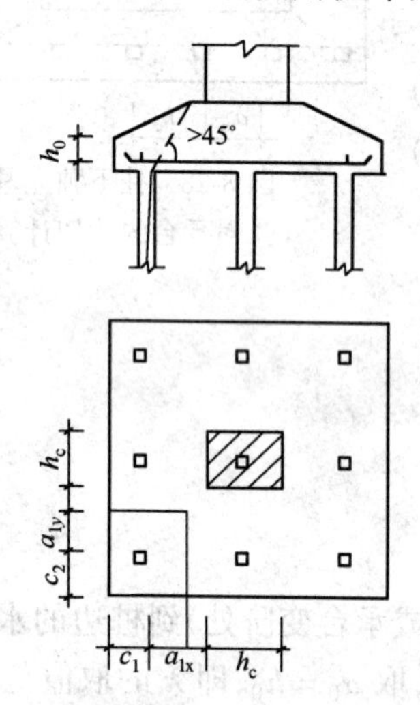

图 8-29 四柱以上矩形承台角桩冲切验算

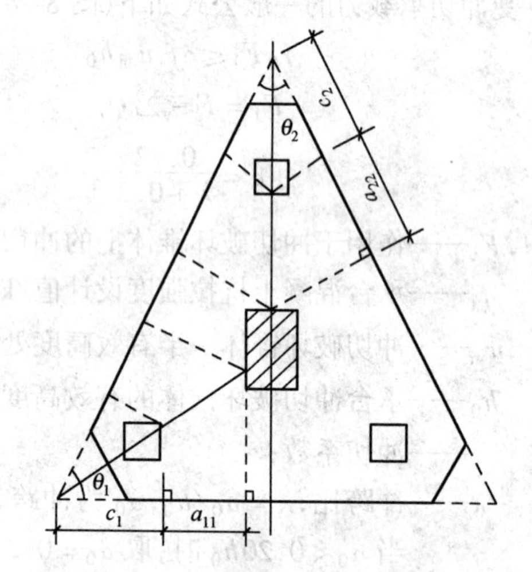

图 8-30 立柱三角形承台角桩冲切验算

底部角桩：

$$\gamma_0 N_1 \leqslant a_{11}(2c_1 + a_{11}) \tan \frac{\theta_1}{2} f_t h_0$$

$$a_{11} = \frac{0.48}{\lambda_{11} + 0.2} \tag{8-39}$$

顶部角桩：

$$\gamma_0 N_1 \leqslant a_{12}(2c_2 + a_{12})\tan\frac{\theta_2}{2} f_t h_0$$

$$a_{12} = \frac{0.48}{\lambda_{12} + 0.2} \tag{8-40}$$

式中，λ_{11}、λ_{12}——角桩冲跨比。$\lambda_{11} = a_{11}/h_0$，$\lambda_{12} = a_{12}/h_0$；

a_{11}、a_{12}——从承台底角桩内边缘向相邻承台边引 45°冲切线与承台顶面相交至角桩内边缘的水平距离/m，当柱底边位于该 45°线以内时，则取柱边与桩内边缘线的水平距离。

3）抗剪计算

根据钢筋混凝土结构的知识，剪切破坏面为荷载作用处与支座间连线所表示的斜截面。柱下平板式承台破坏面为通过柱边和桩内边连线所表示的斜截面(图 8-31)。对无腹筋承台，斜截面受剪承载力按下式计算：

$$\gamma_0 V = \beta f_c b_0 h_0 \tag{8-41}$$

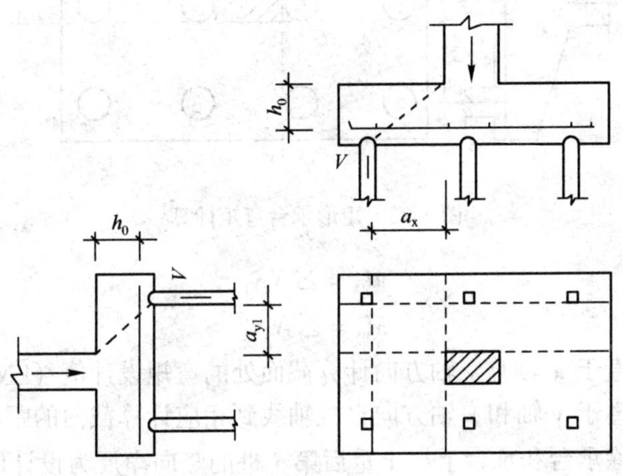

图 8-31　承台斜截面受剪计算

当 $0.3 \leqslant \lambda < 1.4$ 时

$$\beta = \frac{0.12}{\lambda + 0.3}$$

当 $1.4 \leqslant \lambda < 3.0$ 时

$$\beta = \frac{0.2}{\lambda + 1.5}$$

式中，V——斜截面的最大剪力设计值/kN；

f_c——混凝土轴心抗压强度设计值；

b_0——承台计算截面处的计算宽度/m；

h_0——承台计算截面处的有效高度/m；

β——剪切系数；

λ——计算截面的剪跨比，$\lambda_x = \dfrac{a_x}{h_0}$，$\lambda_y = \dfrac{a_y}{h_0}$，此处 a_x、a_y 为柱边至 x、y 方向计算一排桩

的桩边水平距离，当 $\lambda<0.3$ 时，取 $\lambda=0.3$；当 $\lambda>3$ 时，取 $\lambda=3$，λ 取值范围为 $0.3\sim3.0$。

在应用上式计算时应注意以下两点：

① 当柱边外有多排桩形成多个剪切斜截面时，对每一个斜截面都应进行受剪承载力验算。

② 应对柱的纵横（$x-x$，$y-y$）两个方向的斜截面分别进行受剪承载力验算。

4）受弯计算

多桩矩形承台（图 8-32）的弯矩计算截面取在柱边，其计算公式为：

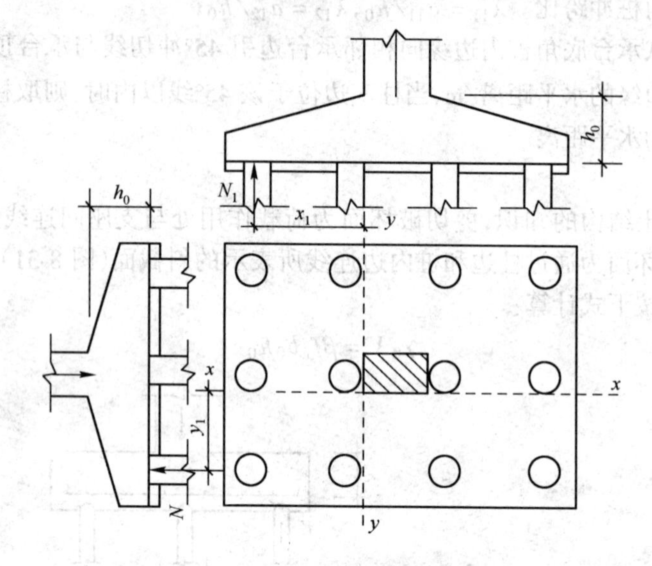

图 8-32　矩形承台弯矩计算

$$M_x=\sum N_i y_i \tag{8-42}$$

$$M_y=\sum N_i x_i \tag{8-43}$$

式中，M_x、M_y——垂直于 x 轴与 y 轴方向计算截面处的弯矩设计值/（kN·m）；

x_i、y_i——垂直于 y 轴和 x 轴方向自桩轴线到相应计算截面的距离/m；

N_i——扣除承台和承台上方土重后第 i 桩的竖向净反力设计值。

三桩三角形承台根据《桩基规范》的规定，弯矩计算方法与矩形承台安全相同。应该注意的是当其计算弯矩截面不与主筋方向正交时，必须根据主筋方向角对配筋面积进行换算。

【例 8-2】　桩基设计实例。

某大城市中心区旧城改造工程中，拟建一栋 16 层内筒外框结构的楼房。其场地系在大片拆迁的居中部位，地层层位稳定，地质剖面及桩基的计算指标见表 8-23（由地质部门提供，运用于 JGJ94—94 规范的单桩竖向抗压极限标准值计算。传至承台顶面的荷载种类与初选的承台断面尺寸见图 8-33。试设计柱下独立承台桩基础。已知荷载 $F=7840$ kN，$M_x=180$ kN·m，$M_y=680$ kN·m。

【解】（1）桩型选择与桩长确定

对人工钻孔桩，由于粉质黏土层厚仅 3.5 m，不足以作为持力层；以卵石为持力层时，深达 26 m 以上，当地缺少经验，故不予采用。

对沉管灌注桩，卵石层埋深超过 26 m，本地施工机械无法施打。以粉质黏土作为持力层时，单桩承载力仅 240～340 kN，对 16 层的建筑物而言必然布桩密度过大，无法采用。

表 8-23　地质剖面与桩基计算指标

土层种类	层厚/m	地下水位/m	单桩布置/m	桩基计算指标					
				预制桩		沉管桩		冲、钻孔桩	
				q_{pk}	q_{sik}	q_{pk}	q_{sik}	q_{pk}	q_{sik}
黏土	3.0				50		40		44
淤泥	10.4				14		10		12
粉质黏土	3.5			3000	50	2000	40	1000	44
淤泥质土	9.3				20		14		16
卵石	3.0			1000	120	7000	100	2800	120
强风化岩	未见底			7000	100	5000	72	2000	100

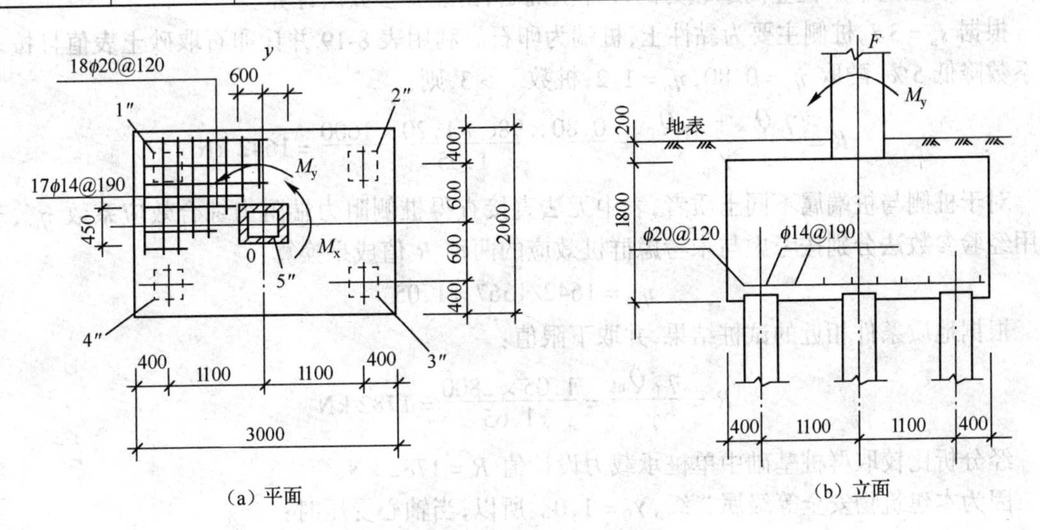

(a) 平面　　(b) 立面

图 8-33　承台尺寸及荷载图

对冲孔灌注桩，由于尚缺乏反循环抽渣的施工机械，端承力无法提高。最小桩径为 600 mm 按当地经验，单位承载力的造价必然很高，故不予采用。

经论证，决定采用边长为 400 mm 的钢筋混凝土预制桩，打入卵石层 0.5 m，按制最后贯入度≤5 cm。

初选承台埋深 $d = 2.0$ m，包括嵌入承台 0.05 m，锥形桩尖 0.5 m，全部桩长为：

$$L_0 = 0.05 + 1.0 + 10.4 + 3.5 + 9.3 + 0.5 + 0.5 = 25.3 \text{ m}$$

（2）确定单桩竖向承载力

以下计算内容采用《桩基规范》规定。

① 按经验参数法估算

$$R = \frac{u\sum q_{sik} L_i + q_{pk} A_p}{\gamma_{sp}}$$

$$= \frac{4 \times 0.4 \times (50 \times 1 + 14 \times 10.4 + 50 \times 3.5 + 20 \times 9.31 - 120 \times 0.5) + 1000 \times 0.4^2}{1.65}$$

$$= \frac{986 + 1600}{1.65} = 1567 \text{ kN}$$

② 按当地相同条件静载试验结果

Q_{uk}的范围值在 2800～3400 kN 之间，则

$$R = Q_{uk}/\gamma_{sp} = (2800 \sim 3400)/1.65 = 1696 \sim 2060 \text{ kN}$$

经分析比较确定采用 $R = 1700$ kN

③ 估算桩数与平面布桩

采用平板式承台，且顶面埋深可能较浅，取 $\gamma_G = 24 \text{ kN/m}^3$，初造承台面积为 $2.2 \times 3.0 \text{ m}^2$，则有 $G = 1.2\gamma_G bld = 1.2 \times 24 \times 2.0 \times 3.0 \times 2.0 = 346$ kN。

$n = (F + G)/R = (7840 + 346)/1700 = 4.8$ 根，取 $n = 5$ 根

取 $s_a = 3d = 1.20$ m，并考虑到 $M_y \geqslant M_x$，故布桩如图 8-33 所示。按该图计算之 G 较以计算值略小，但误差不大，计算不改。

（3）桩基受力计算

承台下桩基中单桩竖向承载力的设计值确定，由经验参数法计算。

根据 $s_a = 3d$，桩侧主要为黏性土，桩端为卵石。利用表 8-19 并让卵石取砂土表值且按表注系数降低 5%，酌取 $\eta_s = 0.80$，$\eta_p = 1.2$，桩数 $n > 3$，则：

$$R = \frac{\eta_s Q_{sk} + \eta_p Q_{pk}}{\gamma_{sp}} = \frac{0.80 \times 986 + 1.20 \times 1600}{1.65} = 1642 \text{ kN}$$

对于桩侧与桩端属不同土质者，表中无法直接查得桩侧阻力端阻力综合效应系数 η_{sp}，现利用经验参数法分别按考虑与未考虑群桩效应的两种 R 值成果换算：

$$\eta_{sp} = 1642/1567 = 1.05$$

根据地质条件相近的试桩结果，并取下限值：

$$R = \frac{\eta_{sp} Q_{uk}}{\gamma_{sp}} = \frac{1.05 \times 2800}{1.65} = 1782 \text{ kN}$$

经分析比较取群桩基础中单桩承载力设计值 $R = 1782$ kN。

因为本建筑物安全等级属二级，$\gamma_0 = 1.0$。所以，当轴心受压时：

$$\gamma_0 N = \gamma_0 \frac{F + G}{n} = \frac{7840 + 380}{5} = 1644 \text{ kN} < R = 1782 \text{ kN}$$

当偏心受压时：

$$\gamma_0 N_{max} = \gamma_0 \left[\frac{F + G}{n} + \frac{M_x y_{max}}{\sum y_i^2} + \frac{M_y x_{max}}{\sum y_i^2} \right]$$

$$= \frac{7840 + 380}{5} + \frac{184 \times 0.6}{4 \times 0.6^2} + \frac{680 \times 1.1}{4 \times 1.1^2}$$

$$= 1644 + 75 + 155 = 1874 \text{ kN} < 1.2R = 2138 \text{ kN}$$

经验算,桩基承载力满足要求。

桩基沉降问题:本工程为二级建筑桩基,持力层非软弱土,故不必验算沉降。

(4) 桩身结构设计

按标准图选用分两节预制,用钢板焊接接桩,余略。

(5) 承台设计

初选承台尺寸如图 8-33 所示。

材料:桩混凝土与承台混凝土均用 C30,故不必进行局部承压验算。承台底板钢筋为Ⅱ级。

① 各桩桩顶反力计算

由于承台底为厚层高灵敏质软土,故不计承台效应。所以,桩顶反力采用总反力设计值,计算见表 8-24。

表 8-24 桩顶反力计算

桩号	$(F+G)/n$	$M_y x_i / \sum x_i^2$	$M_x y_i / \sum y_i^2$	N_i/kN
1	1644	155	75	1 874
2	1644	–155	75	1 564
3	1644	–155	–75	1 414
4	1644	155	–75	1 724
5	1644	0	0	1 644

② 抗冲切计算(图 8-34)

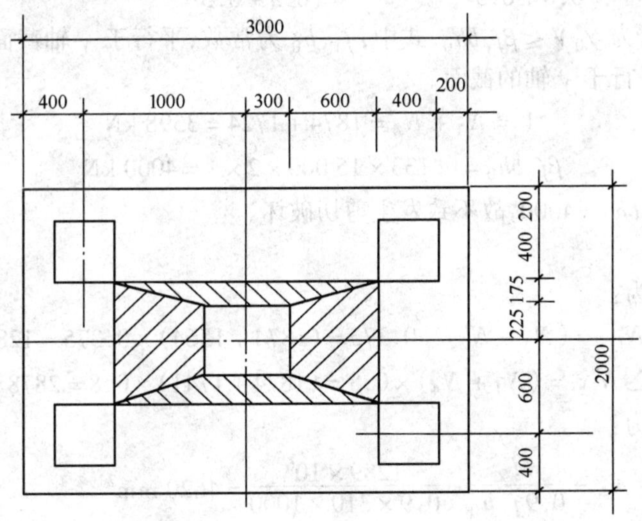

图 8-34 冲切承载力计算图

经试算得出承台高度为 1.05 m,以下反映的是试算的最终结果。

桩对承台抗冲切验算:

由于 N 作用总反力,总荷载相应取 $F+G$,则有:

$$F_1 = F + G - N_5 = 4N_5 = 4 \times 1644 = 6576 \text{ kN}$$

$$f_t = 1500 \text{ kPa}, h_0 = 1.05 - 0.05 = 1.00 \text{ m}$$

$\alpha_{0x} = 0.6 \text{ m}, \alpha_{0y} = 0.175 \text{ m}, \lambda_{0x} = \dfrac{\alpha_{0x}}{h_0} = 0.6, \lambda_{0y} = \dfrac{\alpha_{0y}}{h_0} = 0.175$,取 0.20。

$$\alpha_{0x}=\frac{0.72}{0.6+0.2}=0.9,\alpha_{0y}=\frac{0.72}{0.2+0.2}=1.8$$

$$2[\alpha_{0x}(b_c+\alpha_{0y})+\alpha_{0y}(h_c+\alpha_{0x})]f_t h_0$$
$$=2\times[0.9\times(0.45+0.175)+1.8\times(0.6+0.6)]\times 1500\times 1=8336\ \text{kN}$$

$F_1=6576<<8336$,所以,柱不会产生对板的冲切破坏。

角桩对板角冲切验算:

受柱限制,参数 α 及 λ 同上,则:

$$\alpha_{1x}=\frac{0.48}{\lambda_{1x}+0.2}=\frac{0.48}{0.6+0.2}=0.6,\alpha_{1y}=\frac{0.48}{\lambda_{1x}+0.2}=\frac{0.48}{0.2+0.2}=1.2$$

$$C_1=C_2=0.6\ \text{m}$$

N_1 取受力最大的桩:$N_1=1874\ \text{kN}$

$$\left[\alpha_{1x}\left(C_2+\frac{\alpha_{1y}}{2}\right)+\alpha_{1y}\left(C_2+\frac{\alpha_{1x}}{2}\right)\right]f_t h_0$$
$$=[0.6\times(0.6+0.175/2)+1.2\times(0.6+0.6/2)]\times 1500\times 1$$
$$=2238\ \text{kN}>N_1=1874\ \text{kN}$$

所以角桩不会产生对板角的冲切破坏。

③ 抗剪切验算

对本例,参数 α 及 λ 同上,则:

$$\beta=\frac{0.12}{0.6+0.3}=0.133;\beta_y=\frac{0.12}{0.3+0.3}=0.2(\text{取}\ 0.30)$$

讨论:验算公式为 $\gamma_0 V\leqslant\beta f_c bh_0$,式中,$f_t$、$h_0$ 为常数,平行于 y 轴截面的 V 大,而 β 及 b 均小,故可仅验算平行于 y 轴的截面。

$$V=N_1+N_4=1874+1724=3598\ \text{kN}$$
$$\beta f_c bh_0=0.133\times 15\,000\times 2\times 1=4000\ \text{kN}$$

$V=3598<\beta f_c bh_0=4000$,故不致发生剪切破坏。

④ 抗弯计算

双向弯矩分别为:

$$M_x=\sum N_i y_i=(N_1+N_2)\times 0.375=(1874+1564)\times 0.375=1289\ \text{kN}\cdot\text{m}$$
$$M_y=\sum N_i x_i=(N_1+N_4)\times 0.8=(1874+1741)\times 0.8=2878\ \text{kN}\cdot\text{m}$$

配筋面积分别为:

平行 y 向钢筋:$A_{sy}=\dfrac{M_x}{0.9f_y h_0}=\dfrac{1289\times 10^6}{0.9\times 310\times 1000}=4620\ \text{mm}^2$

平行 x 向钢筋:$A_{sx}=\dfrac{M_y}{0.9f_y h_0}=\dfrac{2878\times 10^6}{0.9\times 310\times 1000}=10135\ \text{mm}^2$

(6) 绘制施工图(略)

8.6.2 桩基设计与施工中的注意事项

1. 负摩擦力

上述计算中均认为桩在荷载作用下相对于桩周土产生向下的位移,土对桩侧表面作用的摩擦力是向上的,可提供一部分桩的承载力。如果在某种情况下,桩基土相对于桩产生向下的位移,这时土对桩侧作用的力是摩擦力,即负摩擦力,它的影响如下。

① 桩周土为欠固结软黏土或新填土,在土自重作用下会产生固体沉降。

② 地下水位全面下降,引起桩周土的大面积沉降。

③ 大面积地面推载作用下,使桩周土层压密产生沉降。

④ 桩周土为自重湿陷性黄土,在浸水后产生沉陷。

出现负摩擦力对桩的受力性能是不利的。产生负摩擦力的土层不仅不提供桩的竖向承载力,反而增大桩身轴力,加大桩对下层土体的压力。因此,出现负摩擦力会大大减小桩的竖向承载力。在工程中应认真考虑负摩擦力的影响并视具体情况而定。具体计算见《桩基规范》。

2. 打桩施工对周围环境的影响

在密集的建筑群中间打桩时,经常使邻近建筑物或地下管线受到损害。例如,温州人民路某 8 层商住楼施工静压桩时,造成周围 30 ~ 40 m 范围居民房结构开裂。又如,上海某高层建筑桩基施工时,打桩区附近的地下煤气管道因土体的侧向位移而破裂。在饱和软土中打桩,由于桩要置换相同体积的土,因此,打桩区内地面将会隆起和抬高,如果在灵敏性黏土中去打桩,桩周土中会产生很高的孔隙水压力,可使土液化,使先打入的桩向上浮起。对于沉管灌注桩,危害性更大,由于这类桩配筋很少,前桩刚刚初凝,由于后面桩的挤土作用,常使前桩发生断裂,故应采取跳打及合理施工顺序,以免造成桩身断裂及产生偏位。

对于锤击(或静压)预制桩的施工,可采取在其周围设施工防震沟,在打桩区设施工释放孔及控制打桩速度等措施来避免对周围环境的影响。

在港区建设中,常需要打大量的桩,由于临江面边坡的阻力小,桩位常向江面移动,更严重的会导致边坡失稳,应引起特别注意。

思考题

8-1 桩可以分多少类? 各类桩的优缺点和适用条件是什么?

8-2 何谓单桩竖向承载力标准值,承载力极限标准值、承载力设计值?

8-3 单桩竖向承载力如何确定? 哪种方法比较符合实际?

8-4 什么是桩的负摩擦力?

8-5 群桩承载力如何计算? 它与单桩承载力有什么内在联系?

8-6 桩基设计有哪些步骤? 什么情况下要验算地基强度和沉降?

8-7 承台的设计和计算是如何进行的?

习题

8-1 某场地从地面的土层分布是:第一层是黏土厚 25 m,天然含水量 $w = 32\%$,$w_1 = 42\%$,$w_p = 22\%$,第二层为淤泥质土,厚 12 m,第三层为黏土 $e = 0.9$,厚 6 m,第四层为细砂,中密至密实,厚度≥10 m,试确定各层土的桩周土的摩擦力和第四层细砂的桩端土的承载力计算指标。所引用规范及桩型如下：

(1) 按《地基规范》确定承载力标准值,桩型为混凝土预制桩;

(2) 按《桩基规范》确定承载力极限标准值,桩型为混凝土预制桩、水下钻孔桩、沉管桩。

8-2　试利用例 8-1 所给资料,在该场地条件下,建造一座双排钻孔桩桥墩基础,桩径 $d=1000$ mm, $D=1200$ mm,桩长为 23 m,露出泥面 8 m,换算到泥面荷载为:竖直荷载 $\sum N=2000$ kN,水平荷载 $\sum H_1=120$ kN,力矩荷载 $\sum M_x=70$ kN。试计算桩侧土抗力,并绘制土抗力分布曲线。

第 9 章 沉井基础

9.1 概述

9.1.1 沉井的基本概念

沉井基础是一种历史悠久的基础形式之一,适用于地基浅层较差而深部较好的地层,既可以用作陆地基础,也可用作较深的水中基础。所谓沉井基础,就是用一个事先筑好的以后能充当桥梁墩台或结构物基础的井筒状结构物,一边井内挖土,一边靠它的自重克服井壁摩擦阻力后不断下沉到设计标高,经过混凝土封底并填塞井孔,浇筑沉井顶盖,沉井基础便告完成。然后即可在其上修建墩身,沉井基础的施工步骤如图 9-1 所示。

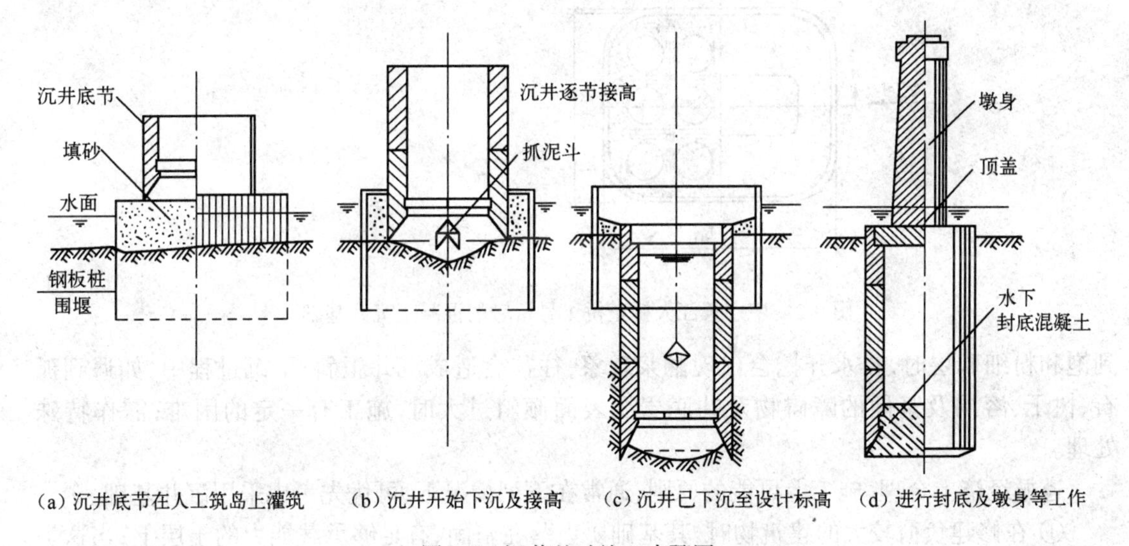

图 9-1 沉井基础施工步骤图

沉井是桥梁工程中较常采用的一种基础形式。南京长江大桥正桥 1 号墩基基础就是钢筋混凝土沉井基础。它是从长江北岸算起的第一个桥墩。那里水很浅,但地质钻探结果表明在地面以下 100 m 以内尚未发现岩面,地面以下 50 m 处有较厚的砾石层,所以采用了尺寸为 20.2 m × 24.9 m 的长方形的井底沉井。沉井在土层中下沉了 53.5 m,在当时来说,是一项非常艰巨的工程(图 9-2),而 1999 年建成通车的江阴长江大桥的北桥塔侧的锚锭,也是一个沉井基础,尺寸为 69 m × 51 m,是目前世界上平面尺寸最大的沉井基础。

沉井基础的特点是其入土深度可以很大,且刚度大,整体性强,稳定性强,有较大的承载面积,能承受较大的垂直力、水平力及挠曲力矩,施工工艺也不复杂。缺点是施工周期较长,如遇

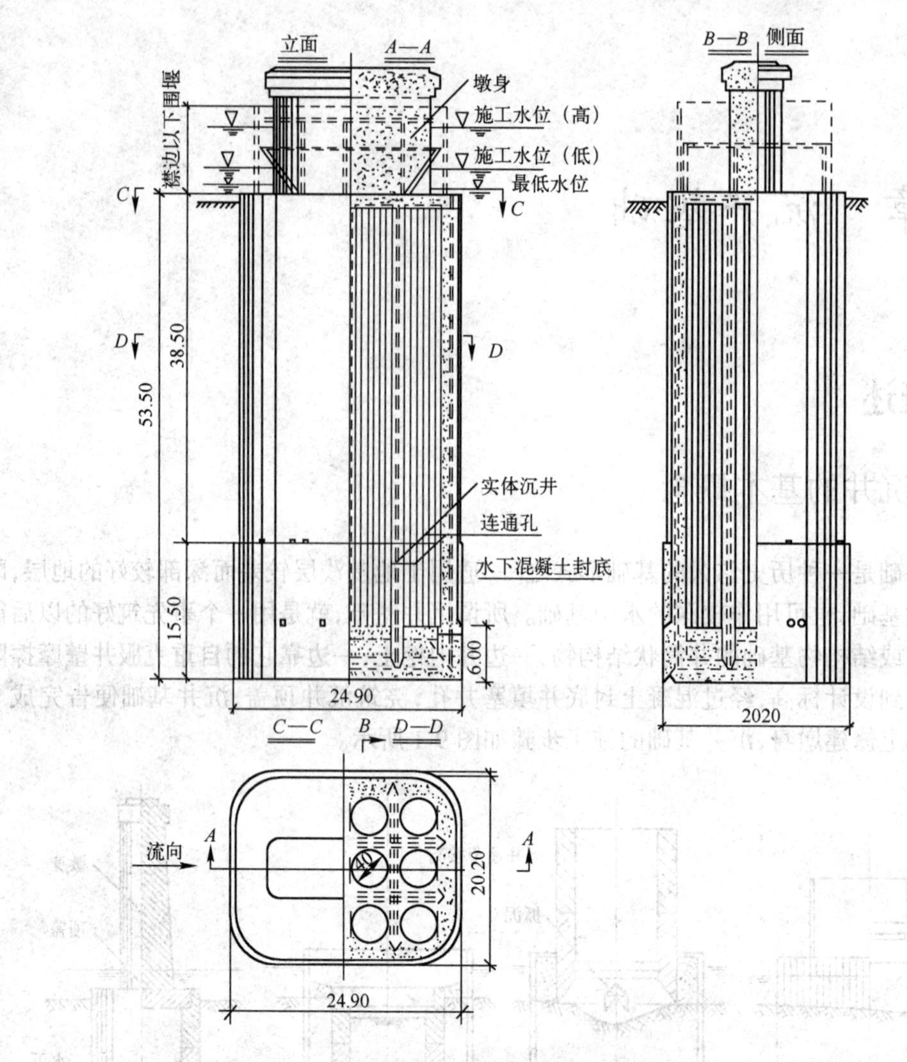

图 9-2　南京长江大桥正桥 1 号桥墩的混凝土沉井基础

到饱和粉细砂层时，排水开挖会出现翻浆现象，往往会造成沉井歪斜；下沉过程中，如遇到孤石、树干、溶洞及坚硬的障碍物及井底岩层表面倾斜过大时，施工有一定的困难，需作特殊处理。

遵循经济上合理、施工上可能的原则，通常在下列情况下，可优先考虑采用沉井基础。

① 在修建负荷较大的建筑物时，其基础要坐落在坚固、有足够承载能力的土层上；当这类土层距地表面较深(8～30 m)，天然基础和桩基础都受水文地质条件限制的。

② 山区河流中浅层地基土虽然较好，但冲刷大，或河中有较大卵石不便桩基施工时。

③ 倾斜不大的岩面，在掌握岩面高差变化的情况下，可通过高低刃脚与岩面倾斜相适应或岸面平坦且覆盖薄，但河水较深采用扩大基础施工围堰有困难时。

沉井有着广泛的工程应用范围，不仅大量用于铁路及公路桥梁中的基础工程；市政工程中给排水泵房、地下电厂、矿用竖井、地下储水、储油设施；而且建筑工程中也用于基础或开挖防护工程，尤其适用于软土中地下建筑物的基础。

9.1.2 沉井的类型及一般构造

1. 沉井的分类

1) 按沉井施工方法分类

(1) 就地制作下沉沉井

就地制作下沉沉井即底节沉井一般是在河床或滩地筑岛在墩(台)位置上直接建造的,在其强度达到设计要求后,抽除刃脚垫木,对称、均匀地挖井内土下沉。

(2) 浮运沉井

浮运沉井多为钢壳井壁,亦有空腔钢丝网水泥薄壁沉井。在深水条件下修建沉井基础时,筑岛有困难或不经济,或有碍通航,可以采用浮运沉井下沉就位的方法施工。即在岸边先用钢料做成可以漂浮在水上的底节,拖运到桥位后在它的上面逐节接高钢壁,并灌水下沉,直到沉井稳定地落在河床上为止。然后在井内一面用各种机械的方法排除底部的土壤,一面在钢壁上隔舱中填充混凝土,使沉井刃脚沉至设计标高。最后灌筑水下封底混凝土,抽水,用混凝土填充井腔,在沉井顶面灌筑承台及将墩身筑出水面。

(3) 气压沉箱

所谓气压沉箱则是将沉井的底节做成有顶板的工作室。工作室犹如一倒扣的杯子,在其顶板上装有气筒及气闸。先将气压沉箱的气闸打开,在气压沉箱沉入水中达到覆盖层后,将闸门关闭,并将压缩空气输送到工作室中,将工作室中的水排出。施工人员就可以通过换压用的气闸及气筒到达工作室内进行挖土工作。挖出的土向上通过气筒及气闸运出沉箱,这样沉箱就可以利用其自重下沉到设计标高。然后用混凝土填实工作室做成基础的底节。

2) 按沉井的外观形状分类

按沉井的横截面形状可分为圆形、圆端形和矩形等。根据井孔的布置方式,又有单孔、双孔及多孔之分(图 9-3)。

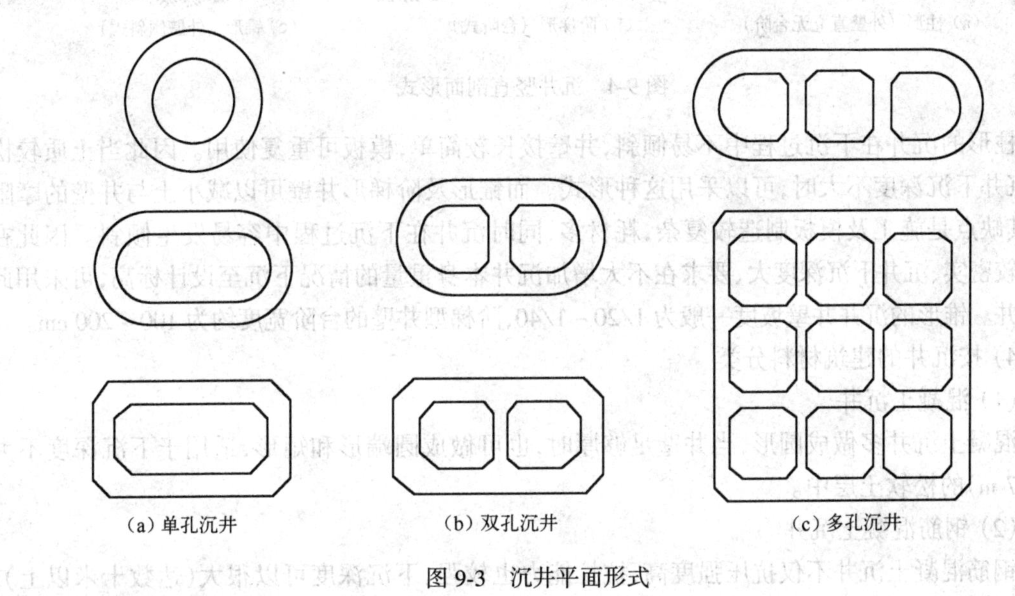

(a) 单孔沉井　(b) 双孔沉井　(c) 多孔沉井

图 9-3　沉井平面形式

(1) 圆形沉井

圆形沉井在下沉过程中垂直度和中线较易控制,较其他形状沉井更能保证刃脚均匀作用在支承的土层上。在土压力作用下,井壁只受轴向压力,便于机械取土作业,但它只适用于圆形或接近正方形截面的墩(台)。

(2) 矩形沉井

矩形沉井具有制造简单、基础受力有利、较能节省圬工数量的优点,并符合大多数墩(台)的平面形状,能更好地利用地基承载力,但四角处有较集中的应力存在,且四角处土不易被挖除,井角不能均匀地接触承载土层,因此四角一般应做成圆角或钝角。矩形沉井在侧压力作用下,井壁受较大的挠曲力矩,长宽比愈大其挠曲应力亦愈大,通常要在沉井内设隔墙支撑,以增加刚度,改善受力条件。另在流水中阻力系数较大,导致过大的冲刷。

(3) 圆端形沉井

圆端形沉井控制下沉、受力条件、阻水冲刷均较矩形者有利,但沉井制造较复杂。

对平面尺寸较大的沉井,可在沉井中设隔墙,使沉井由单孔变成双孔。双孔或多孔沉井受力有利,以便在井孔内均衡挖土使沉井均匀下沉以及下沉过程中纠偏。

其他异形沉井,如椭圆形、菱形等,应根据生产工艺和施工条件而定。

3) 按沉井的竖向剖面形状分类

按沉井的竖向剖面形状可分为柱形、阶梯形及锥形(图 9-4)。

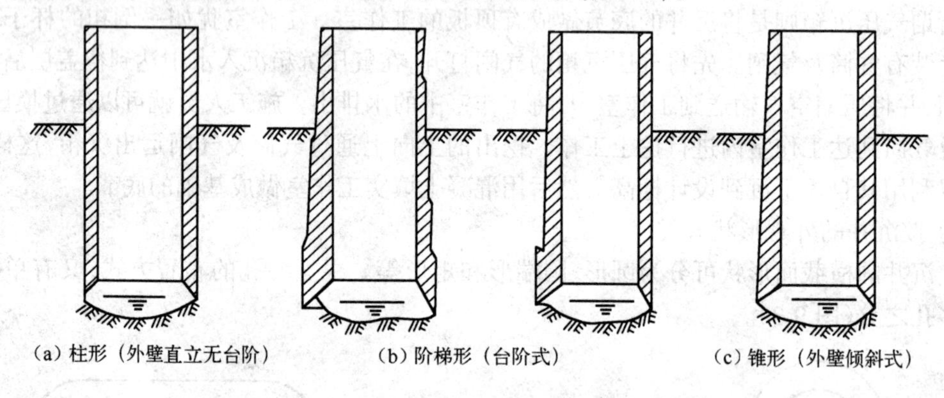

图 9-4　沉井竖直剖面形式

柱形的沉井在下沉过程中不易倾斜,井壁接长较简单,模板可重复使用。因此当土质较松软、沉井下沉深度不大时,可以采用这种形式。而锥形及阶梯形井壁可以减小土与井壁的摩阻力,其缺点是施工及模板制造较复杂,耗材多,同时沉井在下沉过程中容易发生倾斜。因此在土质较密实、沉井下沉深度大、要求在不太增加沉井本身重量的情况下沉至设计标高,可采用此类沉井。锥形的沉井井壁坡度一般为 1/20 ~ 1/40,阶梯型井壁的台阶宽度约为 100 ~ 200 cm。

4) 按沉井的建筑材料分类

(1) 混凝土沉井

混凝土沉井多做成圆形,当井壁足够厚时,也可做成圆端形和矩形,适用于下沉深度不大(4 ~ 7 m)的松软土层中。

(2) 钢筋混凝土沉井

钢筋混凝土沉井不仅抗压强度高,抗拉能力也较强,下沉深度可以很大(达数十米以上)。当下沉深度不很大时,井壁上部可用混凝土,下部(刃脚)用钢筋混凝土制造的沉井,在桥梁工程中得到较广泛的应用。当沉井平面尺寸较大时,可做成薄壁结构,沉井外壁采用泥浆润滑套,壁后压气等施工辅助措施就地下沉或浮运下沉。此外,这种沉井井壁、隔墙可分段预制,工地拼接,做成装配式。

(3) 竹筋混凝土沉井

竹筋混凝土沉井在下沉过程中受力较大,因而需配置钢筋,一旦完工后,它就不承受多大的拉力,因此,在南方产竹地区,可以采用耐久性差而抗拉力好的竹筋代替部分钢筋,我国南昌赣江大桥曾用这种沉井。但在沉井分节接头处及刃脚内仍用钢筋。

(4) 钢沉井

用钢材制造沉井井壁外壳,井壁内挖土,填充混凝土。此种沉井强度高,刚度大,重量较轻,易于拼装,常用于做浮运沉井,修建深水基础,但用钢量较大,成本较高。

2. 沉井基础的一般构造

沉井基础的形式虽有不同,但在构造上主要由外井壁、刃脚、隔墙、井孔、凹槽、射水管、封底及盖板等组成。一般构成如图 9-5 所示。至于沉井基础的特殊构造,可参考有关资料。

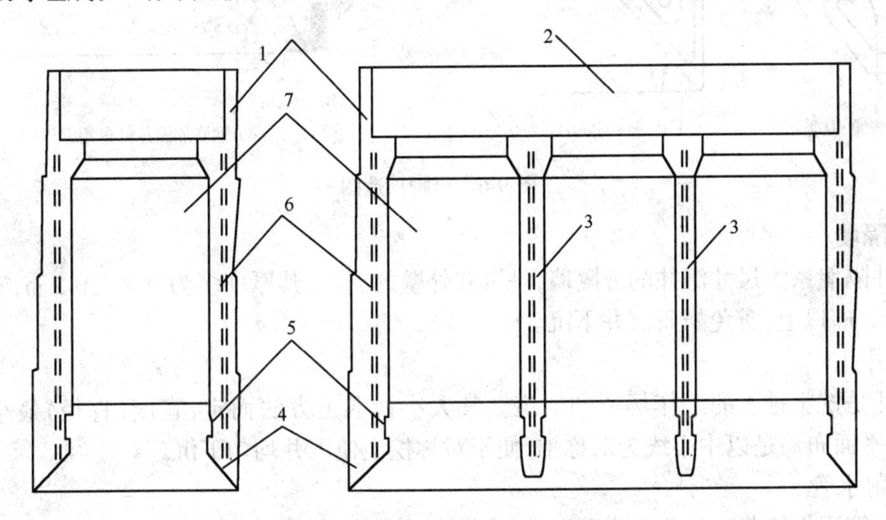

图 9-5 沉井构造

1—井壁;2—顶盖和封底;3—隔墙;4—刃脚;5—凹槽;6—射水管;7—井孔

1) 井壁

井壁是沉井的主体部分,在沉井下沉过程中起挡土、挡水及利用本身重量克服土与井壁之间的摩阻力的作用。当沉井施工完毕后,它就成为基础或基础的一部分而将上部荷载传到地基。因此,井壁必须具有足够的强度和一定的厚度。根据井壁在施工中的受力情况,可以在井壁内配置竖向及水平向钢筋,以增加井壁强度。井壁厚度按下沉需要的自重,本身强度及便于取土和清基等因素而定,一般为 0.8 ~ 1.20 m。钢筋混凝土薄壁沉井可不受此限制,另为减少沉井下沉时的摩阻力,沉井壁外侧或做成 1% ~ 2% 向内斜坡。为了方便沉井接高,多数沉井都做成阶梯形,台阶设在每节沉井的接缝处,错台的宽度约为 5 ~ 20 cm,井壁厚度多为 0.7 ~ 1.5 m,井壁的混凝土强度等级不低于 C15。

2) 刃脚

井壁下端形如楔状的部分称为刃脚。其作用是在沉井自重作用下易于切土下沉。刃脚是根据所穿过土层的密实程度和单位长度上土作用反力的大小，以切入土中而不受损坏来选择的。刃脚踏面宽度一般采用 10～20 cm，刃脚的斜坡度 α 应大于或等于 45°，刃脚的高度为 0.7～2.0 m，视其井壁厚度而定。沉井下沉深度较深，需要穿过坚硬土层或到岩层时，可用型钢制成的钢尖刃脚，如图 9-6(b)所示；沉井通过紧密土层时可采用钢筋加固并包有角钢的刃脚，如图 9-6(c)所示；地质构造清楚，下沉过程中不会遇到障碍时可采用普通刃脚，如图 9-6(a)所示。

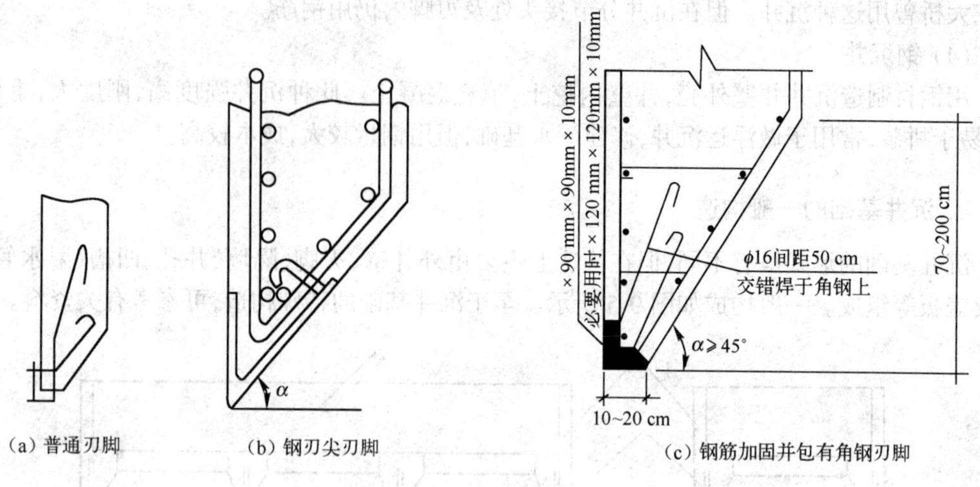

(a) 普通刃脚　(b) 钢刃尖刃脚　(c) 钢筋加固并包有角钢刃脚

图 9-6　刃脚构造图

3) 隔墙

沉井隔墙系大尺寸沉井的分隔墙，是沉井外壁的支撑，其厚度多为 0.8～1.2 m，底面要高出刃脚 50 m 以上，避免妨碍沉井下沉。

4) 井孔

井孔是挖土排土的工作场所和通道。其大小视取土方法而定，宽度(直径)最小不小于 2.5 m。平面布局是以中心线为对称轴，便于对称挖土使沉井均匀下沉。

5) 射水管

射水管同空气幕一样是用来助沉的，多设在井壁内或外侧外，并应均匀布置，在下沉深度较大，沉井自重力小于土的摩阻力时，或所穿过的土层较竖硬时采用。射水压力视土质而定，一般水压不小于 600 kPa。射水管口径为 10～12 mm，每管的排水量不小于 0.2 m^3/min。

6) 顶盖板

顶盖板是传递沉井襟边以上荷载的构件，不填芯沉井的沉井盖厚度约为 1.5～2.0 m。其钢筋布设应按力学计算要求的条件进行。

7) 凹槽

凹槽是为增加封底混凝土和沉井壁更好地联结而设立的。如井孔为全部填实的实心沉井也可不设凹槽。凹槽深度约为 0.15～0.25 m，高约为 1.0 m。

8) 封底混凝土

封底混凝土是传递墩(台)全部荷载于地基的承重结构，其厚度依据受压力的设计要求而定，根据经验也可取不小于井孔最小边长的 1.5 倍。封底混凝土顶面应高出刃脚根部不小于 1.5 m，并浇灌到凹槽上端。封底混凝土必须与基底及井壁都有紧密的结合。封底混凝土对岩石地基用 C15；一般地基用 C20。

9.2 沉井的施工

9.2.1 沉井施工的一般规定

1. 掌握地质及水文资料

沉井施工前,应详细了解场地的地质和水文等条件,并据此进行分析研究,确定切实可行的下沉方案。

2. 注意对附近地区构(建)造物影响

沉井下沉前,须对附近地区构(建)筑物和施工设备采取有效的防护措施,并在下沉过程中,经常进行沉降观测,出现不正常变化或危险情况,应立即进行加固支撑等,确保安全,避免事故。

3. 针对施工季节、航行等制定措施

沉井施工前,应对洪汛、凌汛、河床冲刷、通航及漂流物等做好调查研究,需要在施工中度汛、度凌的沉井,应制定必要的措施,确保安全。

4. 沉井制作场地与方法的选择

沉井位于浅水或可能被水淹没的岩滩下时,宜就地筑岛制作沉井;在制作及下沉过程中无被水淹没可能的岩滩上时,可就地整平夯实制作沉井;在地下水位较低的岸滩,若土质较好时,可开挖基坑制作沉井。

位于深水中的沉井,可采用浮运沉井。根据河岸地形、设备条件,进行技术经济比较,确保沉井结构,制作场地及下水方案。

9.2.2 沉井的施工

沉井施工的一般工艺流程如图 9-7 所示。沉井施工前,应该详细了解场地的地质和水文等文件,以便选择合适的施工方法。现以就地灌注式钢筋混凝土沉井和预制结构件浮运安装沉井的施工为例,介绍沉井的施工工艺以及下沉过程中常遇到的问题和处理措施。

1. 就地灌注式钢筋混凝土沉井的施工

如图 9-8 所示,沉井可就地制造,挖土下沉接高、封底,充填井孔以及浇筑盖板,现详细介绍其施工程序。

1) 准备场地

若旱地上天然地面土质较好,只需清除杂物并平整,再铺上 0.3~0.4 m 厚的砂垫层即可。若旱地上天然地面土质松软,则应平整夯实或换土夯实,然后再铺 0.3~0.5 m 的砂垫层。

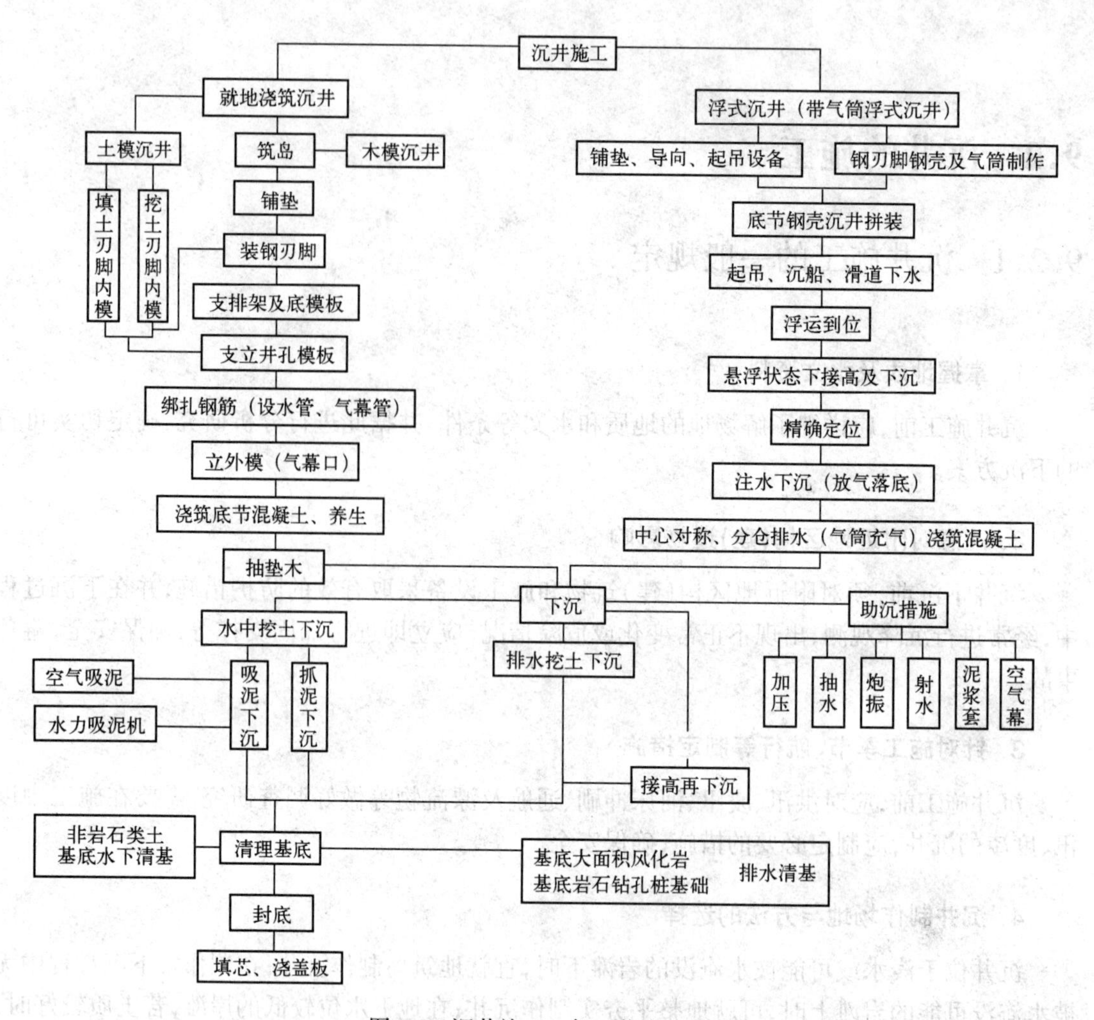

图 9-7　沉井施工一般工艺流程图

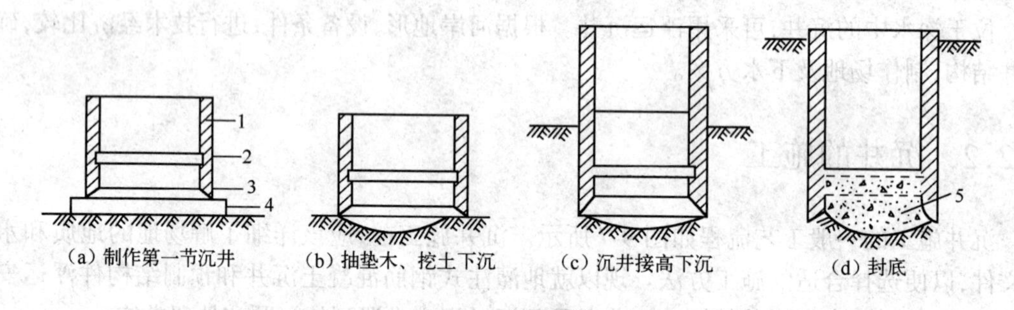

图 9-8　施工顺序

1—井壁；2—凹槽；3—刃脚；4—承垫木；5—素混凝土封底

若场地位于中等水深或浅水区，常需修筑人工岛。在筑岛之前，应挖除表层松土，以免在施工中产生较大的下沉或地基失稳，然后根据水深和流速的大小来选择采用土岛或围堰筑岛。

(1) 土岛

当水深在 2 m 以内且流速不大于 0.5 m/s 时，可用不设防护的砂岛，如图 9-9(a)所示。当水深超过 2～3 m 且流速大于 0.5 m/s 但小于 1 m/s 时，可采用柴排或砂袋等将坡面加以围护，如图 9-9(b)所示。筑岛用土应是易于压实且透水性强的土料,如砂土或砾石等,不得用黏土、淤泥、泥炭或黄土类。土岛的承载力一般不得小于 10 Pa,或按设计要求确定。

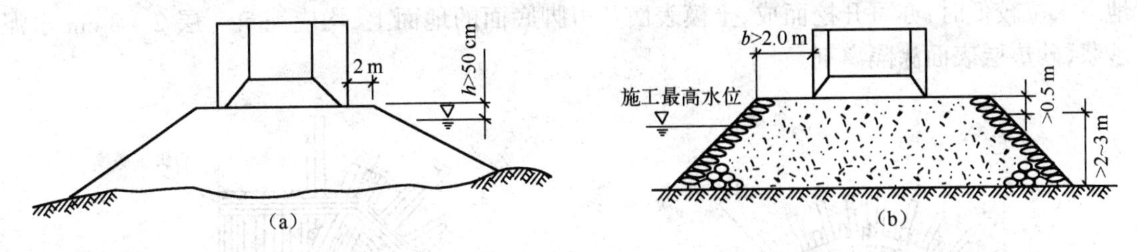

图 9-9　筑土岛沉井

岛顶一般应高出施工最高水位(加浪高)0.5 m 以上,有流水时还应适当加高;岛面护道宽度应大于 2.0 m;临水面坡度一般可采用 1∶1.75～1∶3。

(2) 围堰筑岛(图 9-10)

当水深大于 2 m 但不大于 5 m 时,可用围堰筑岛制造沉井下沉,以减少挡水面积和水流对坡面的冲刷。围堰筑岛所用材料与土岛一样,应用透水性好且易于压实的砂土或粒径较小的卵石等,用砂筑岛时,要设反滤层,围堰四周应留护道,承载力应符合设计要求,宽度可按下式计算:

$$b \geqslant H\tan(45° - \varphi/2) \tag{9-1}$$

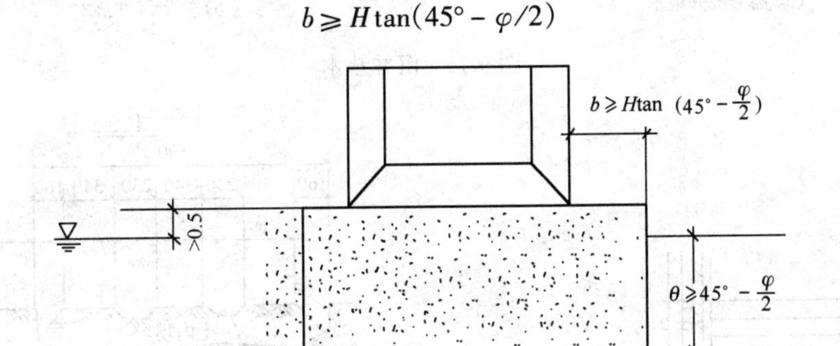

图 9-10　围堰筑岛沉井

式中,H——筑岛高度;

φ——筑岛土在饱水状态的内摩擦角。

护道宽度在任何情况下不应小于 1.5 m,如实际采用护道宽度小于计算值,则应考虑沉井重力对围堰所产生的侧压力影响。筑岛围堰与隔水围堰不同,前者是外胀型,墙身受拉力,而后者是内挤型,墙身受压力,应当根据受拉或受压合理选择墙身材料,一般在筑岛围堰外侧另加设外箍或外围图。若堰为圆形,外箱可用钢丝或圆钢加护,若用型钢或钢轨弯制,可兼作打桩时的导框。

2) 制造第一节沉井

由于沉井自重较大,刃脚踏面尺寸较小,应力集中,场地上往往承受不了这样大的压力,所以在已整平且铺砂垫层的场地上应在刃脚踏面位置处对称地铺设一层垫木(可用 200 mm×200 mm 的方木),以加大支承面积,使沉井重量在垫木下产生的压应力不大于 100kPa。为了便于抽除,垫木应按“内外对称”,间隔伸出的原则布置,如图 9-11 所示,垫木之间的空隙边应以填满捣实,然后在刃脚位置处放上刃脚角钢,竖立内模,绑扎钢筋,立外模,最后浇灌第一节沉井混凝土,如图 9-12 所示。模板和支撑应有较大的刚度,以免发生挠曲变形。外模板应平滑以利下沉。钢模较木模刚度大,周转次数多,也易于安装,若木材缺乏,也可用无承垫木方法制作第一节沉井。如在均匀土层上,可先铺上 5 ~ 15 cm 厚的砂找平,在其上浇筑 15 cm 厚的混凝土,或采用土模等应通过计算确定。土模如图 9-13 所示,一般用黏土填筑。当土质良好、地下水位较低时,亦可开挖而成,土模表面及刃脚底面的地面上,均应铺筑一层 2 ~ 3 cm 水泥砂浆,砂垫层表面涂隔离剂。

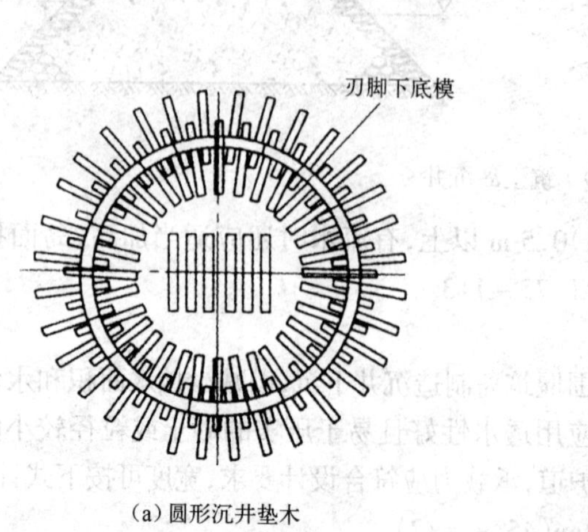

(a) 圆形沉井垫木

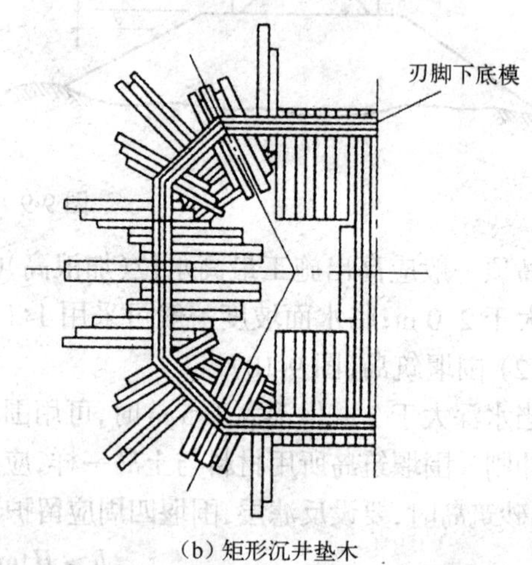

(b) 矩形沉井垫木

图 9-11　沉井垫木

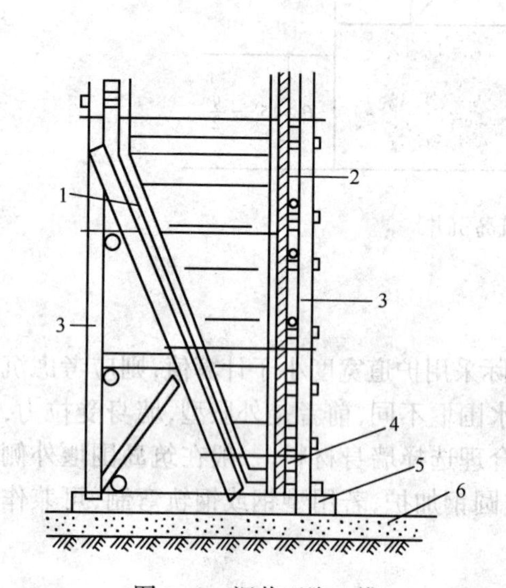

图 9-12　沉井刃脚立模

1—内模;2—外模;3—立柱;4—角钢;5—垫木;6—砂垫层

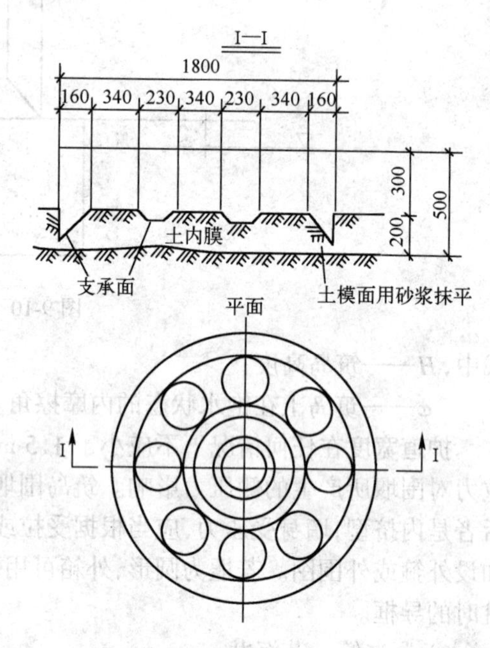

图 9-13　用土模代替垫木制造第一节沉井示意图

3) 拆模与抽垫

不承受重量的侧模拆除工作,可与一般混凝土结构一样,但刃脚斜面和隔墙的底模则至少要等强度达到 70% 时才可拆除。

抽垫是一项非常重要的工作,事先必须定出详细的操作工艺流程和严密的组织措施。因为伴随垫木的不断拆除,沉井由自重产生的弯矩也将逐渐加大,如最后拆除的几个垫木位置定得不好或操作不当,则有可能引起沉井开裂移动或倾斜。垫木应分区、依次、对称、同步地向沉井外抽出,抽垫的顺序是:拆内模、拆外模、拆隔墙下支撑和底模、拆隔墙下的垫木,拆井壁下的垫木,最后拆除定位垫木。在抽垫木时,应边抽边在刃脚和隔墙下回填砂并捣实,使沉井压力从支承垫木上逐步转移到砂土上,这样既可使下一步抽垫容易,还可以减少沉井的挠曲应力。

4) 挖土下沉第一节沉井

沉井下沉施工可分为排水下沉和不排水下沉,当沉井穿过的土层较稳定,不会因排水而产生大量流砂时,可采用排水下沉。土的挖除可采用人工挖土或机械除土,排水下沉常用人工挖土,它适用于土层渗水量不大且排水时不会产生涌土或流砂的情况。人工挖土可使沉井均匀下沉和清除井下障碍物,但应采取措施,确定保证施工安全。排水下沉时,有时也用机械除土,不排水下沉一般都采用机械除土,挖土工具可以是抓土斗或水力吸泥机,如土质较硬,水力吸泥机需配置水枪射水将土冲松。由于吸泥机是将水和土一起吸出井外,因此需经常向井内加水维持井内水位高出井外水位 1 ~ 2 m,以免发生涌土或流砂现象。抓斗抓泥可以避免吸泥机吸砂时的翻砂现象,但抓斗无法达到刃脚下和隔墙下的死角,其施工效率也会随深度的增加而降低。

正常下沉时,应从中间向刃脚处均匀对称除土,对于排水除土下沉的底节沉井,设计支承位置处的土,应在分层除土后最后同时挖除,由数个井室组成的沉井,应控制各井室之间除土面的高差,并避免内隔墙底部在下沉时受到下面土层的顶托,以减少倾斜。

5) 接高第二节沉井

第一节沉井下沉至顶面距地面还剩 1 ~ 2 m 时,应停止挖土,保持第一节沉井位置正直。第二节沉井的竖向中轴线应与第一节的重合,凿毛顶面,然后立模均匀对称地浇筑混凝土。接高沉井的模板,不得直接支承在地面上,而应固定在已经浇筑好的前一节沉井上,并应预防沉井接高后使模板及支撑与地面接触,以免沉井因自重增加而下沉,造成新浇筑的混凝土产生拉力而出现裂缝。待混凝土强度达到设计要求后拆模。

6) 逐节下沉及接高

第二节沉井拆模后,即可按 4)、5)介绍的方法继续挖土下沉,接高沉井。随着多次挖土下沉与接高,沉井入土深度越来越大。

7) 加设井顶围堰

当沉井顶需要下沉至水面或岛面下一定深度时,需在井顶加筑围堰挡水挡土。井顶围堰是临时性的,可用各种材料建成,与沉井的连接应采用合理的结构型式,如图 9-14 所示,以避免围堰因变形而不易协调或突变而造成严重漏水现象。

8) 地基检验和处理

当沉井至离规定标高差 2 m 左右时,须用调平与下沉同时进行的方法使沉井下沉到位,然后进行基底检验。检验内容是地基土质是否和设计相等,是否平整,并对地基进行必要的处理。如果是排水下沉的沉井,可以直接进行检查,不排水下沉的沉井由潜水工进行检查或钻取土样鉴定。地基若为砂土或黏性土,可在其上铺一层砾石或碎石至刃脚底面以上 200 mm。地基若为风化岩石,应将风化岩层凿掉,岩层倾斜时,应凿成阶梯形。岩层与刃脚间局部有不大的孔洞,应由潜水工消除软层并用水泥砂浆封堵,待砂浆有一定强度后再抽水清基。不排水情况下,可由潜水工清基或用水枪及吸泥机清基。总之,要保证井底地基尽量平整,浮土及软土清除干净。以保证封底混凝土、沉井及地基底紧密连接。

9) 封底

地基经检验及处理符合要求后,应立即进行封底,对于排水下沉的沉井,当沉井穿透的土

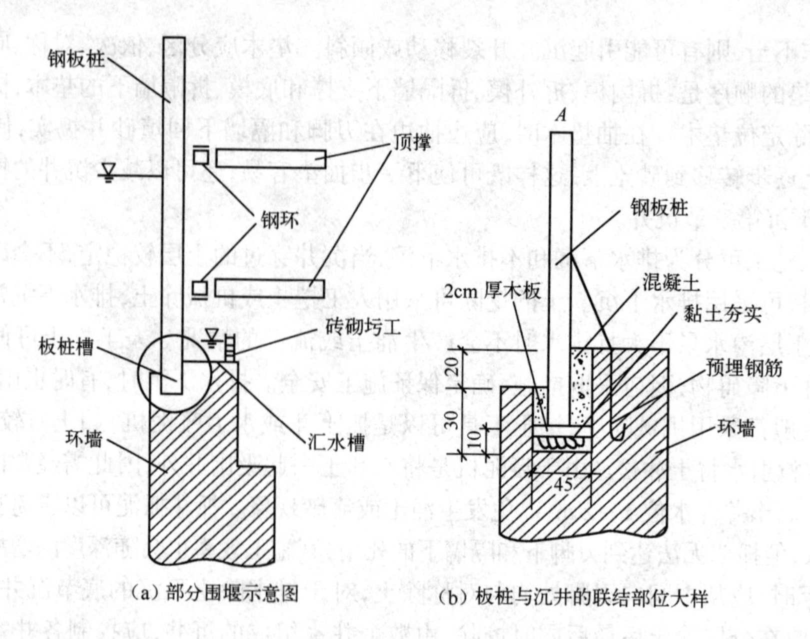

（a）部分围堰示意图 （b）板桩与沉井的联结部位大样

图 9-14　沉井顶钢板围堰(尺寸单位:cm)

层透水性低、井底涌水量小,且无流砂现象时,沉井应力争干封底。即按普通混凝土浇筑方法进行封底。因为干封底能节约混凝土与大量材料,确保封底混凝土的强度和密实性,并能加快工程进度。当沉井采用不排水下沉,或虽采用排水下沉但干封底有困难时,则可用导管法灌注水下混凝土。若灌注面积大,可用多根导管,以先周围后中间、先低后高的顺序进行灌注(图 9-15),使混凝土保持大致相同的标高,各根导管的有效扩散半径应互相搭接,并能盖满井底全部范围。

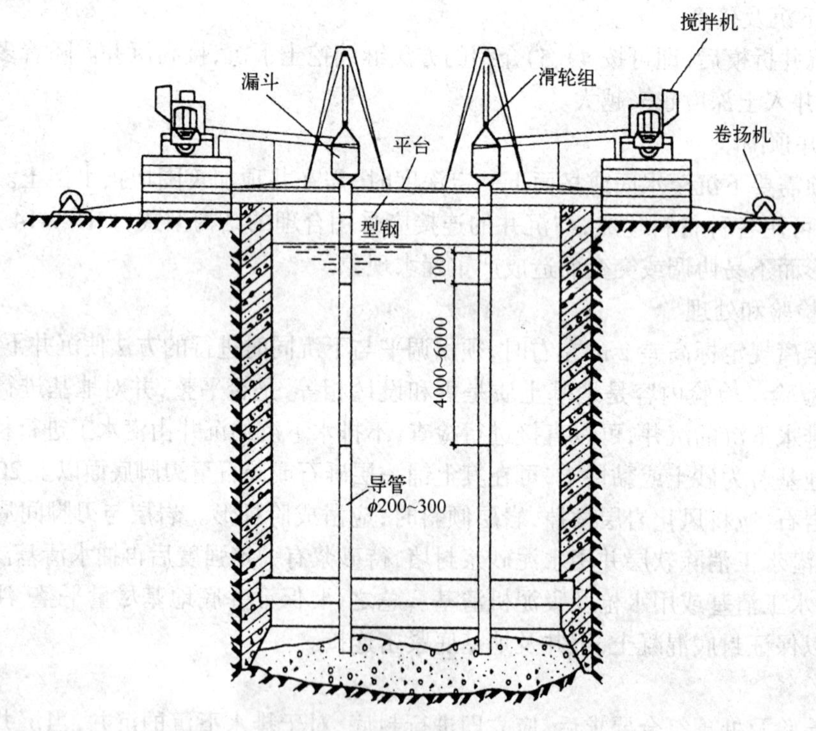

图 9-15　沉井水下封底设备机具

混凝土从导管底端流出并摊开，导管底部管内混凝土桩的压力应超过管外水柱的压力，超过的压力值(称为超压力)取决于导管的作用半径，导管作用半径随导管下口超压力大小而异，其关系见表 9-1。

表 9-1　导管作用半径与超压力的关系

超压力/kPa	75	100	150	250
导管作用半径/m	<2.5	3.0	3.5	4.0

在灌注过程中，应注意混凝土的推高和扩展情况，正确地调整坍落度和导管埋深，使流动坡度不低于 1∶5。混凝土面的最终灌注高度，应比设计提高不小于 15 cm。

10) 充填井孔及浇筑顶盖

沉井封底后，井孔内可以填充，也可以不填充。填充可以减小混凝土的合力偏心距，不填充可以节省材料和减小基底的压力。因此井孔是否需要填充，需根据具体情况，由设计确定。若设计要求井孔用砂等填充料填满，则应抽水填好填充料后浇筑顶板；若设计不要求井孔填充，则不需要将水抽空，直接浇筑顶盖，以免封底混凝土承受不平衡的水压力。

3. 预制结构件浮运安装沉井的施工

当水深较大，如超过 10 m 时，筑岛法很不经济且施工也困难，可改用浮运法施工。

浮式沉井类型较多，如空腹式钢丝网水泥薄壁沉井、钢筋混凝土薄壁沉井、双壁钢壳沉井、装配式钢筋混凝土薄壁沉井及带临时井底沉井和带钢气筒沉井等，其下水浮运的方法因施工条件各不相同，但下沉的工艺流程基本相同。

1) 底节沉井制作与下水

底节沉井的制作工艺基本上与造船相同，然后因地制宜，采用合适的下水方法。底节沉井下水常用以下几种方法。

(1) 滑道法

如图 9-16 所示，滑道纵坡大小应以沉井自重产生的下滑力与摩阻力大致相等为宜，一般滑道的纵坡可采用 15%。用钢丝绳牵引沉井下滑时，应设后梢绳，防止沉井倾倒或偏斜。使用此法时，底节沉井的重量将受限于滑道的荷载能力与入水长度，因此沉井重量宜尽量减轻。

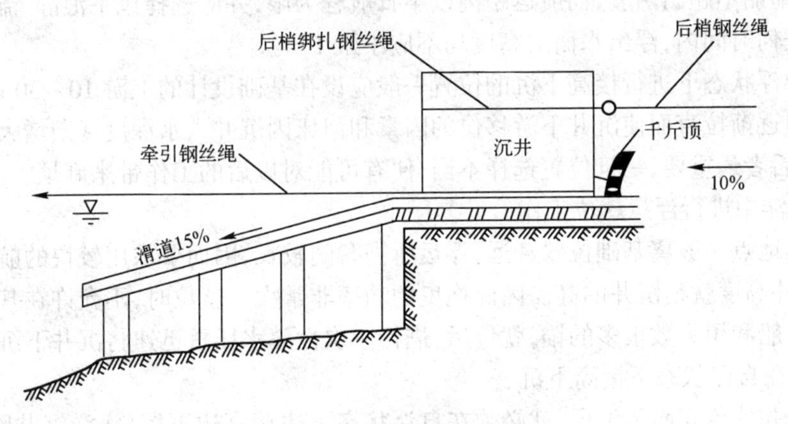

图 9-16　沉井滑道法下水

(2) 沉船法

如图 9-17 所示，将装载沉井的浮船暂时沉没，待沉井入水后再将其打捞，采用沉船方法应事先采取措施，保证下沉平衡。

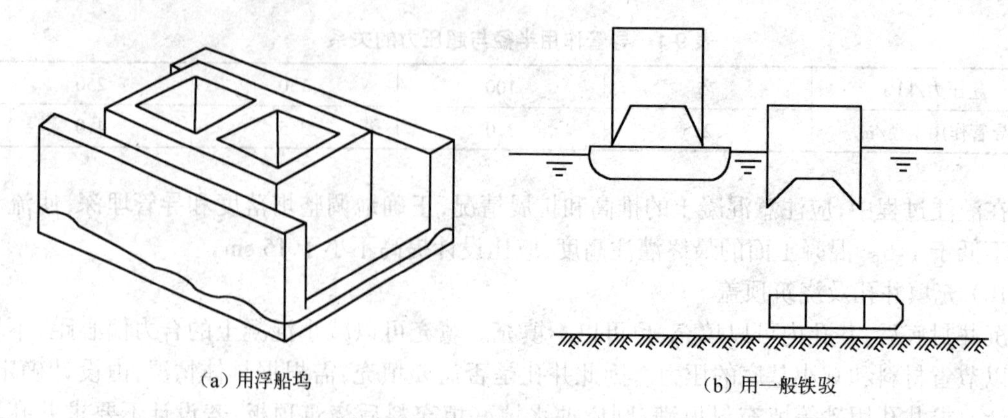

图 9-17 用沉船法使底节沉井下水

(3) 吊装方法

用固定式吊机、自升式平台、水上吊船或导向船上的固定起重架将沉井吊入水中。沉井的重量受到吊装设备能力的限制。

(4) 涨水直浮法

利用干船坞或岸边围堰筑成的临时干船坞等底节沉井制好后，再破堰进水使沉井漂起自浮。

(5) 除土法

在岸边适当水深处筑岛制作沉井，然后挖除土岛使沉井自浮。

2) 拖曳浮运与沉淀定位

浮运与抛锚定位施工方法的选择与水力和气象等条件密切相关，现按内河与海洋两种情况来讨论。

(1) 在内河中进行浮运就位工作

内河航道极窄，浮运所占航道不能太宽，浮运距离也不宜太长。所以拖曳用的主拖船最好只用一艘，帮拖船不超出两艘，而航运距离以半日航程为限，并应选择风平浪静、流速较为正常时进行。在任何时间内，浮出水面的高度均不应小于 1 m。

沉井在漂浮状态下进行接高下沉的位置一般应设在基础设计的上游 10 ~ 30 m 处，具体尺寸要考虑锚绳逐渐拉直而使沉井下游移位的因素和河床因沉井入水深度逐渐增大所引起的冲刷因素，尤以后者最重要，一旦位置选择不当，便有可能对以后的工作带来麻烦。

(2) 在海洋中进行浮运就位工作

沉井制造地点一般离基础位置甚远，浮运所需时间较长，因而要求用较快的航速拖曳。另外，浮运的沉井高度就是沉井的高。因此拖曳的功率非常大。就位时，不允许在基础设计位置长期设置定位船和用为数很多的锚，就位后，进行一次性灌水压重迅速将沉井下沉落底。

(3) 沉井在自浮状态下接高下沉

为了使沉井能落底而不没顶，就必须在自浮状态下边接高边下沉(海洋沉井除外)。随着井壁的接高，重心上移而降低稳定性，吃水深度增大而使井壁和井底的强度不足，必须在接高前后验算沉井的稳定性和各部位的强度，以便选择适当的时机在沉井内部由底层起逐层填充混凝土。接高时,为了降低劳动强度,并考虑到起重设备的能力,对大型沉井,可以将半节沉井设计成多块,以站立式竖向焊接加工成型,起吊拼装。

(4) 精确定位与落底

沉井落底时的位置,即可定在建筑基础的设计位置上(落底后不需再在土中下沉时)或上游(流速大、主锚拉力小、沉井后土面不高时);也可定在设计位置的下游(主锚拉力大,沉井后土面较高时)。上、下游可偏移的距离通常为在土中下沉深度的1%。

沉井落底前,一般要求对河床进行平整和铺设抗冲刷层(柴排、粗粒垫层等)。当采用带气筒的沉井时,可用“半悬浮”(常为上游部分)半支承(常为下游部分)“下沉法”来解决河床不平问题,因此对河床可以不加处理。

当沉井接高到足够高度(即冲刷深 + 刃脚入土深 + 水深 + 沉井露出水面高度)时,即可进行沉井落底工作。落底所需压重措施可根据沉井的不同类型采用内部灌水,打穿假底和气筒放气等办法使沉井迅速留在河床上。

沉井落底以后,再根据设计要求进行接高、下沉、筑井顶围堰、地基检查和处理、封底、填充及浇顶盖等一系列工作,沉井施工完毕。

3. 沉井下沉过程中遇到的问题及其处理

沉井在利用自身重力下沉过程中,常遇到的主要有下列问题。

1) 偏斜

导致偏斜的主要原因有:①制作场地高低不平,软硬不均;②刃脚制作质量差,不平,不垂直,井壁与刃脚中线不在同一条直线上;③抽垫方法不妥,回填不及时,④河底高低不平,软硬不匀,⑤开挖除土不对称和不均匀,下沉时有实沉和停沉现象;⑥沉井正面和侧面的受力不对称。

沉井如发生倾斜可采用下述方法纠正:①在沉井高的一侧集中挖土;②在低的一侧回填砾石;③沉井高的一侧加重或用高压射水冲松土层;④必要时可在沉井顶面施加水平力扶正。

纠正沉井中位位置发生偏移的方法是先使沉井倾斜,然后均匀除土,使沉井底中心线下沉至设计中心线后,再进行纠偏。

在刃脚遇到障碍物的情况下,必须予以清除后再下沉。清除方法可以是人工排除,如遇树根或钢材可锯断或烧断,遇大弧石宜用少许炸药炸碎,以免损坏刃脚,在不能排水的情况下,由潜水工进行水下切割或水下爆破。

2) 停沉

导致停沉的原因主要有:①开挖深度不够,正面阻力大;②偏斜;③遇到障碍物或坚硬岩层和土层;④井壁无减阻措施或泥浆套、空气幕等遭到破坏。

解决停沉的方法是从增加沉井自重和减少阻力两个方面来考虑。

① 增加沉井自重:可提前浇筑上一节沉井,以增加沉井自重,或在沉井顶上压重物如钢轨、铁块或砂袋等,迫使沉井下沉。对不排水下沉的沉井,可以抽出井内的水,以增加沉井自重,使用这种方法要保证土不产生流砂现象。

② 减少阻力:首先应纠斜,修复泥浆套或空气带等减阻措施或辅以射水、射风下沉,增大开挖范围及深度,必要时用爆破排除岩石或其他障碍物,但应严格控制药量。

3) 突沉

产生突沉的主要原因有:①塑流出现;②挖土太深;③排水迫沉。

当泥砂或严重塑流险情出现时，可改为不排水开挖，并保持井内外的水位相平或井内水位略高于井外，在其他情况下，主要是控制挖土深度，或增设提高底面支承力的装置。

4. 采用空气幕下沉沉井

为了预防沉井停沉，在设计时已经考虑了一些措施，如将沉井设计成阶梯形、钟形，或在井壁内埋设高压射水管组等。近年来，对下沉较深的沉井，为了减少井壁摩阻力，常采用泥浆润滑套或空气幕。后者的优点是：井壁摩阻力较泥浆润滑套容易恢复；下沉容易控制；不受水深限制；施工设备简单，经济效果较好。

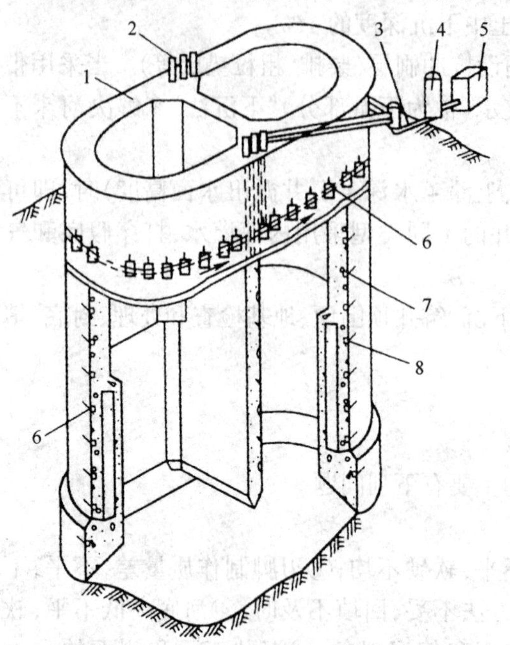

图 9-18　空气幕沉井压气系统构造示意图

1—沉井；2—井壁预埋竖管；3—地面风管路；4—风包；5—压风机；6—井壁预埋环形管；7—气龛；8—气龛中的喷气孔

用空气幕下沉沉井的原理是从预先埋设在井壁四周的气管中压入高压空气，此高压空气由设在井壁的喷气孔喷出，如同幕帐一般围绕沉井。其设备主要有井壁中的风管、外侧的气龛和压力设备，如图 9-18 所示。图中风管是分层分布设置的，竖管可用塑料管或钢管，水平环管采用直径 ϕ25 mm 的硬质聚氯乙烯管，沿井壁外缘埋设。每层水平环管可按四角分为四个区，以便分别压气调整沉井倾斜。气龛凹槽的形状多为棱锥形（图 9-19），喷气孔均为直径 ϕ1 mm 的圆孔，其数量以每个气龛分担或作用的有效面积计算求得，其布置应上下层交错排列。

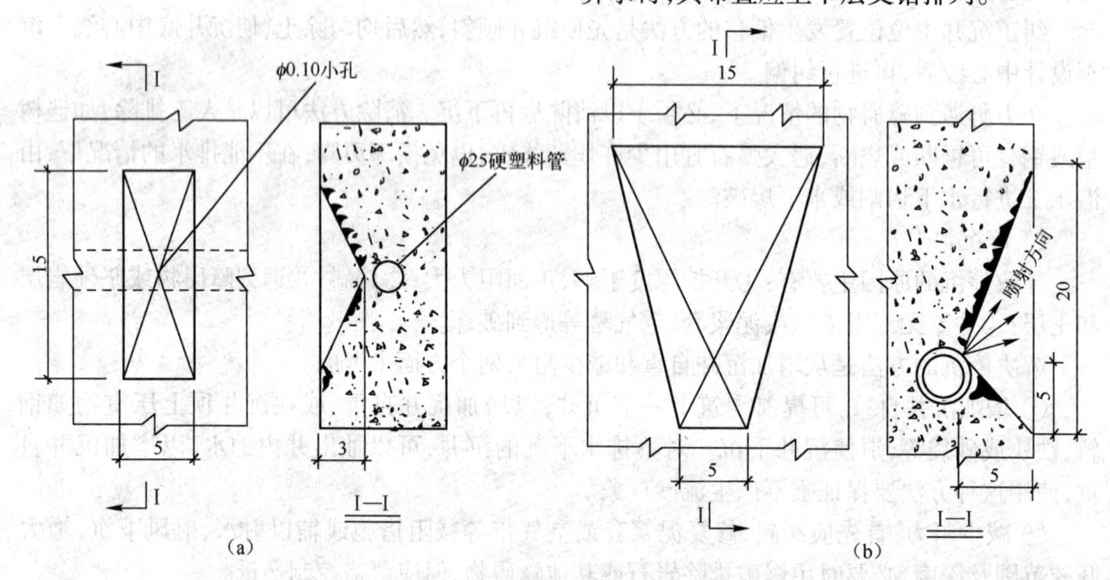

图 9-19　气龛形状（尺寸单位：cm）

空气幕的作用方式与泥浆套不同，它只在送气阶段才起作用，因此只有当井内土挖空后沉井仍不下沉的情况下才压气促沉。压气时间不宜过长,一般不超过 5 mL/次。压气顺序应先上后下逐层送风,以形成沿着沉井外壁往上喷的气流,否则可能造成气流向下经刃脚并由孔内逸出,出现翻砂现象。而停气时应先下后上逐层停风。

最近国外尚有帷幕法下沉沉井的,其方法是在沉井外壁预先埋设成卷的高分子强化薄膜,利用沉井的下沉力拉起展开薄膜,从而形成一贴紧井壁的帷幕。

9.3 沉井工程实例

长江下游某公路特大桥主跨 1385 m,居世界悬索桥的第四位,是我国目前已建成悬索桥跨度最长的一座公路大桥,北锚碇特大沉井基础是当今世界最大的沉井。

9.3.1 设计

北锚碇的主要功能是将主缆 640 MN 的缆力有效地传递给基础,并使竖直沉降和水平位移限制在允许范围之内,以保证全桥的整体稳定,使其具有较大的刚度和强度。

1. 沉井基础结构

北锚碇基础设计为重型钢筋混凝土沉井,靠自重克服摩阻力下沉,沉井构造如图 9-20 所示。

沉井长 69 m,宽 51 m,高 58 m。井壁厚第 1 ~ 2 节为 2.1 m,第 3 ~ 10 节为 2.0 m。第 10 节沉井因锚块预应力张拉的需要,所排隔墙混凝土高达 3.22 m。第 11 节沉井内不设隔墙,井壁厚 1.5 m,且后壁设两个开口供锚体后悬之用。沉井平面分为 36 个隔仓竖向自上而下共分 11 节,第 1 节为钢壳沉井,高 8 m,尖角刃脚,对称轴上隔墙下面设 1.5 m 高的封底混凝土分区墙。在隔墙和壁板上焊有角钢作为封底混凝土的剪力键。钢壳的 11 个块段上下制作,运制现场拼装位成为整体。第 2 ~ 11 节每节竖向高度 5 m,系钢筋混凝土沉井。

2. 地质概况

沉井下沉是从标高 +2.4 m ~ 标高 −55.6 m,总计入深度 58 m。沉井封底混凝土厚 13 m。

北锚碇距长江大堤 240 m,地下水位标高 +1.3 m。地面(黄海)高程 2.0 ~ 3.0 m,覆盖层厚 77.6 ~ 85.6 m。自上而下分布为全新纪(Q_4)亚黏土与亚砂土互层($\text{I}_{中}$)约 7.5 m,亚黏土与细砂互层($\text{I}_{下}$)约 12.3 m,细砂层(Ⅱ)约 23 m,上更新纪(Q_3)亚黏土(Ⅲ)约 13 m,细砂($\text{IV}_{上}$)约 3.5 m,含砾中粗砂($\text{IV}_{中}$)约 12.7 m 和细砂($\text{IV}_{下}$)约 7.7 m,以下为三叠灰岩(T)。详见图 9-21。

根据水文地质勘测井资料显示,北锚碇区的水文地质剖面概略描述为:Ⅰ承压水层,厚约 20 m,标高 −20 ~ −40 m,Ⅱ承压水层,厚约 29 m,标高 −40 ~ −69 m。其中厚度 9.9 ~ 17.6 m,顶板高程 −38 ~ −42.3 m,底板高程 −51.5 ~ −55.6 m 的粉质黏土Ⅰ、Ⅱ层承压水间为相对稳定的隔水层,详见图 9-22。

经过多次方案论证比选和验算调整,设计确定采用整体式大型重力沉井基础,沉井底置于密实的砾石中(粗)砂层上。

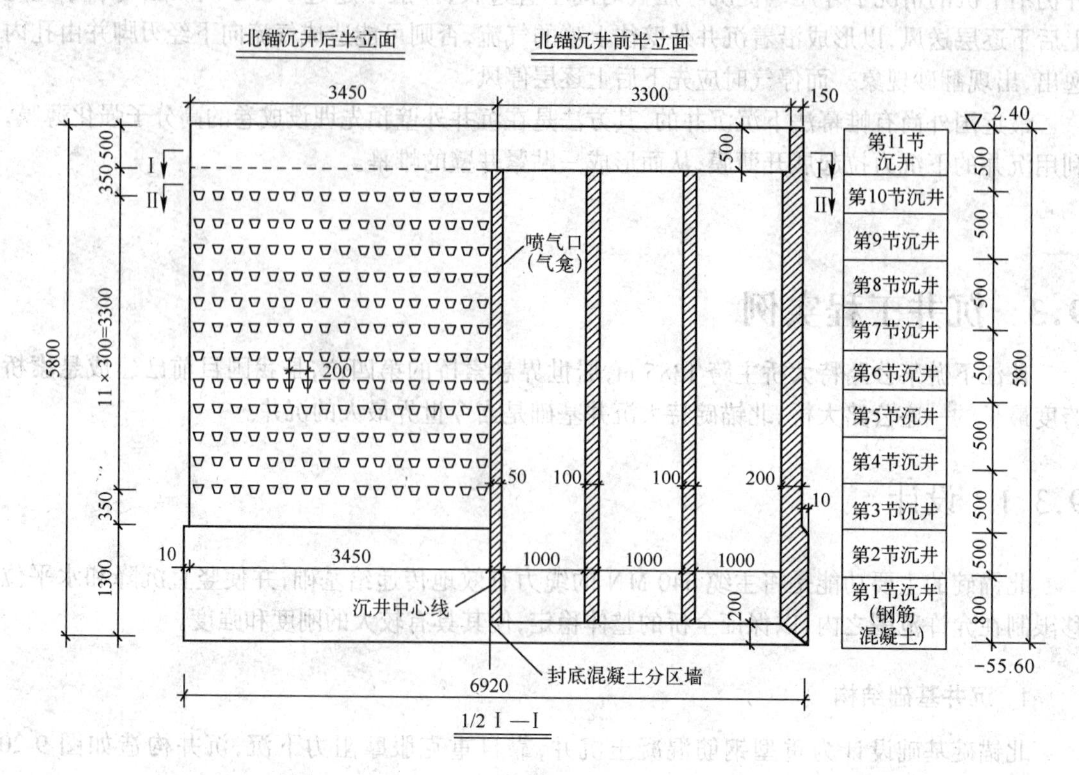

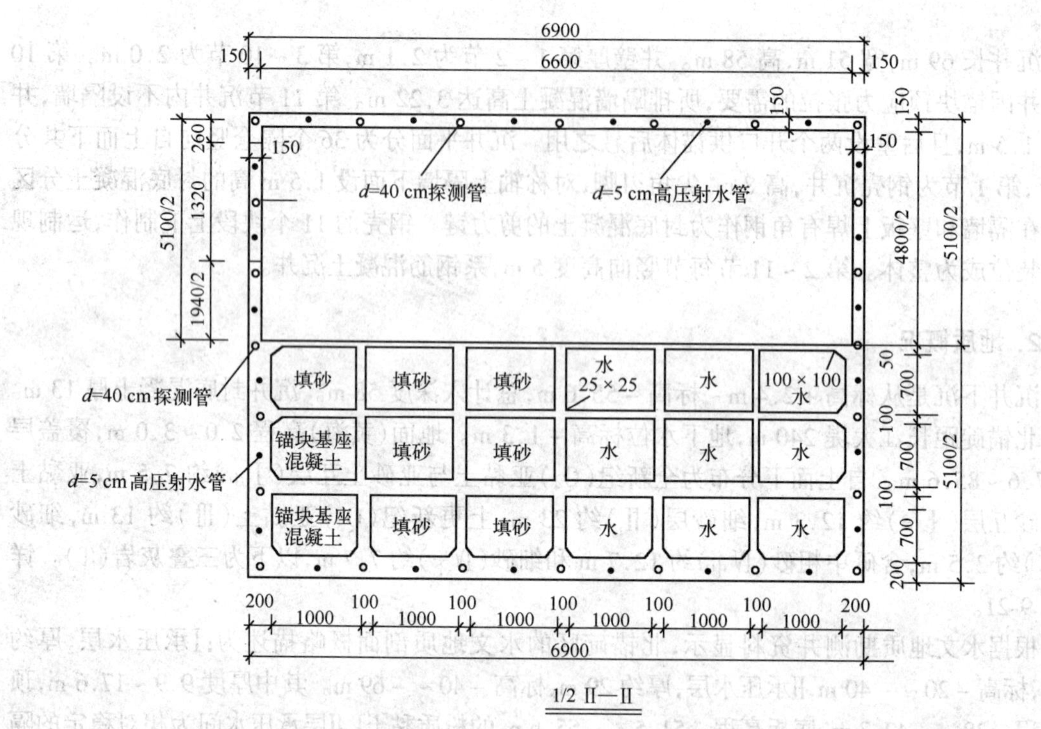

图 9-20　沉井一般构造图(标高以 m 计,余以 cm 计)

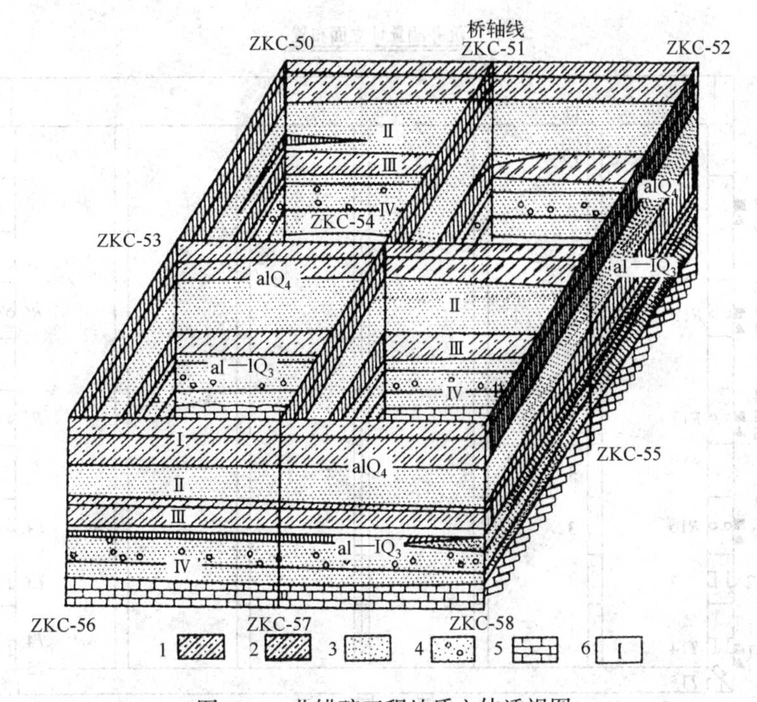

图 9-21　北锚碇工程地质立体透视图

1—亚黏土与亚砂土互层;2—亚黏土与细砂互层;3—细砂;4—含砾中粗砂;5—灰岩;6—分层代号

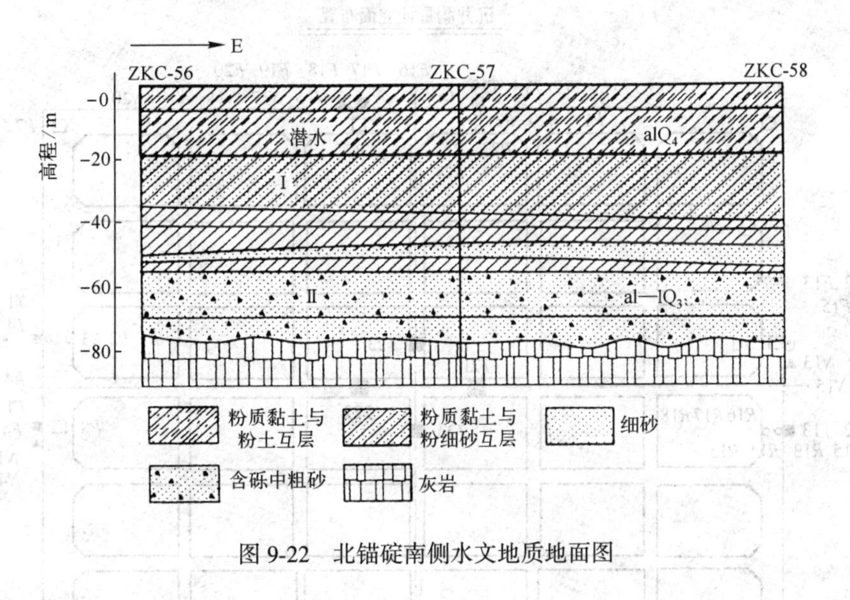

图 9-22　北锚碇南侧水文地质地面图

由于北锚碇沉井基础规模大,要求施工时必须保持土体没有大的扰动,待第 2 节沉井浇筑完成后,同第 1 节一起下沉,以满足下沉时所需要的沉井刚度。每节沉井隔墙中均有连通管孔,用来平衡下沉过程中各仓的水位。为了控制下沉,在井壁内设置了探测管(直径 320 mm/根)和高压射水管。为穿过Ⅲ层亚黏土,井壁外侧设置了空气幕,为了了解沉井在整个下沉过程中的井壁摩阻力,侧压力和基底反力及钢筋的应力应变情况,在沉井上设置了周围摩阻机 8 台、侧压力计 20 台,刃口反力计 8 台、应变计 24 台、钢筋计 24 台,具体布置如图 9-23 所示。

沉井测量计立面布置

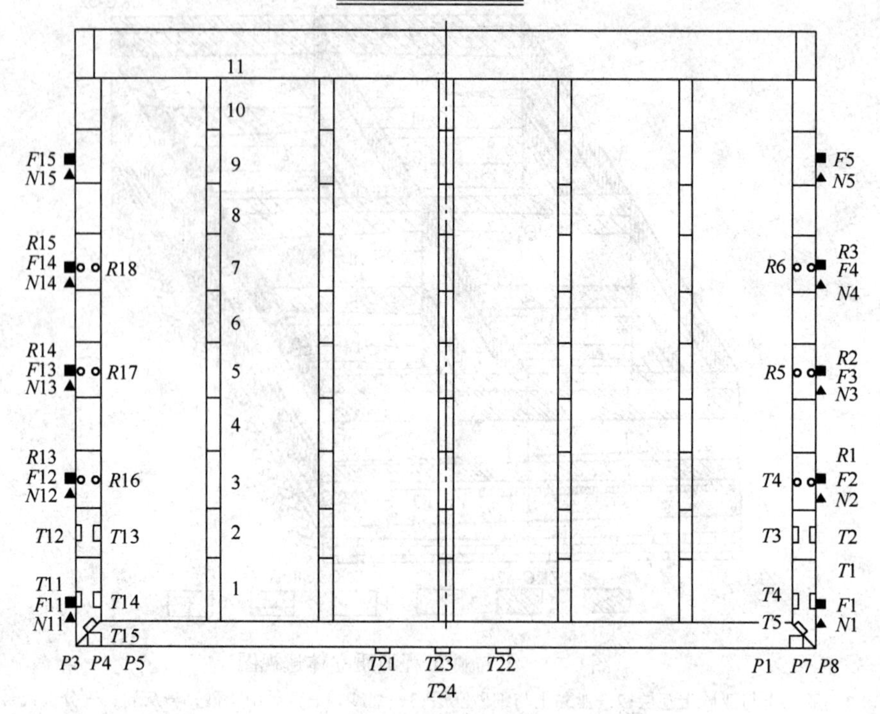

沉井测量计立面布置

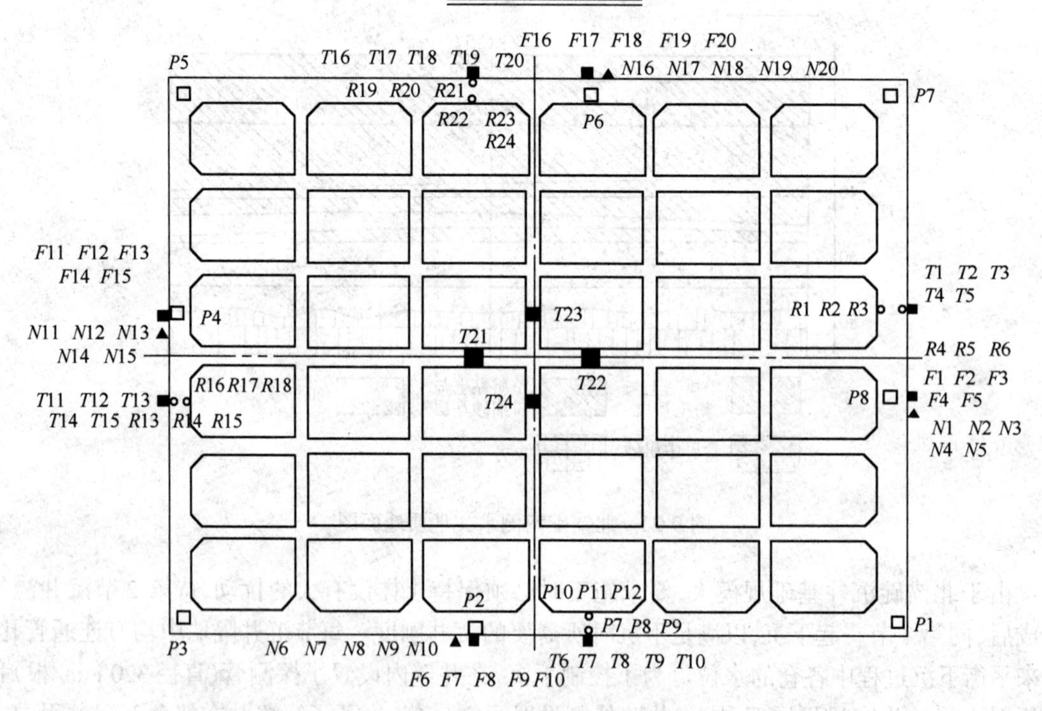

图 9-23　沉井测设仪表布置

注:① 本图尺寸均以 cm 计;② 各测量计图示和符号的意义及布设数量如下:

□—刃口反力计(P),共 8 台;○—钢筋计(R),共 24 台;▲—周面摩阻计(F),共 20 台;

■—测压力计(N),共 20 台;▭—应变计(T),共 24 台

根据沉井基础构造和地质情况对沉井下沉进行了验算,以下给出沉井下沉曲线和沉井下沉过程中的地基承载力曲线,如图 9-24 所示。

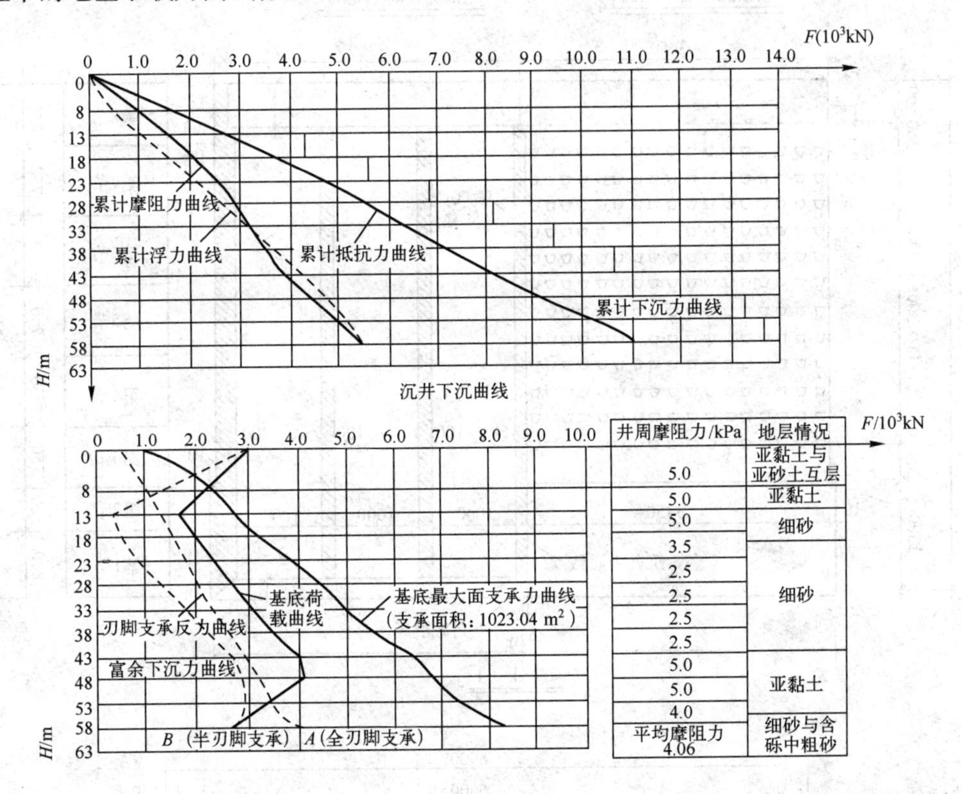

图 9-24　沉井下沉和地基承载力曲线

从图 9-24 中可以看出,由于沉井规模庞大,且处于软土地基上,沉井在下沉过程中在一定的范围内地基的承载力是不足的。设计要求地基用砂桩临时加固,并要求砂桩长度以不透过承压水层为好,或采用掺加剂使砂桩下部形成一定厚度的不透水层,但要便于开挖。

9.3.2　施工

由于沉井面积大,刃脚系尖角形,踏面宽度小,在沉井制作时不设承垫木。在沉井四周设 8 口集水井,把水位降到地面以下 5.0 m。开挖基坑深 4.25 m,在基坑内设砂桩,将坑内土换成砂垫层,浇水振实,每 30 cm 一层,用环刀取样检测砂垫层的干密度为 160 g/cm³,在砂垫层上的沉井刃脚及隔墙位置处均浇筑厚 25 cm 的 C25 混凝土以利沉井刃脚及隔墙的落度。

因井位向北移了 25 m,故在井墙内边线上补钻 13 个深 58 m、孔径 91 mm 的探孔,采用全孔连续取芯方法准确分层,查明基础地基土层的构造、标高及其变化发育特征,为沉井施工提供了可靠的地质依据。沉井平面尺寸为:长 69 m,宽 51 m,分为 36 个隔仓,制作总高度 58 m。为增加沉井整体刚度和施工进度,施工时分 8 节制作,第 1 节 8 m,第 2 节 5 m,第 3 节 ~ 第 8 节各为 7.5 m,详见图 9-25。

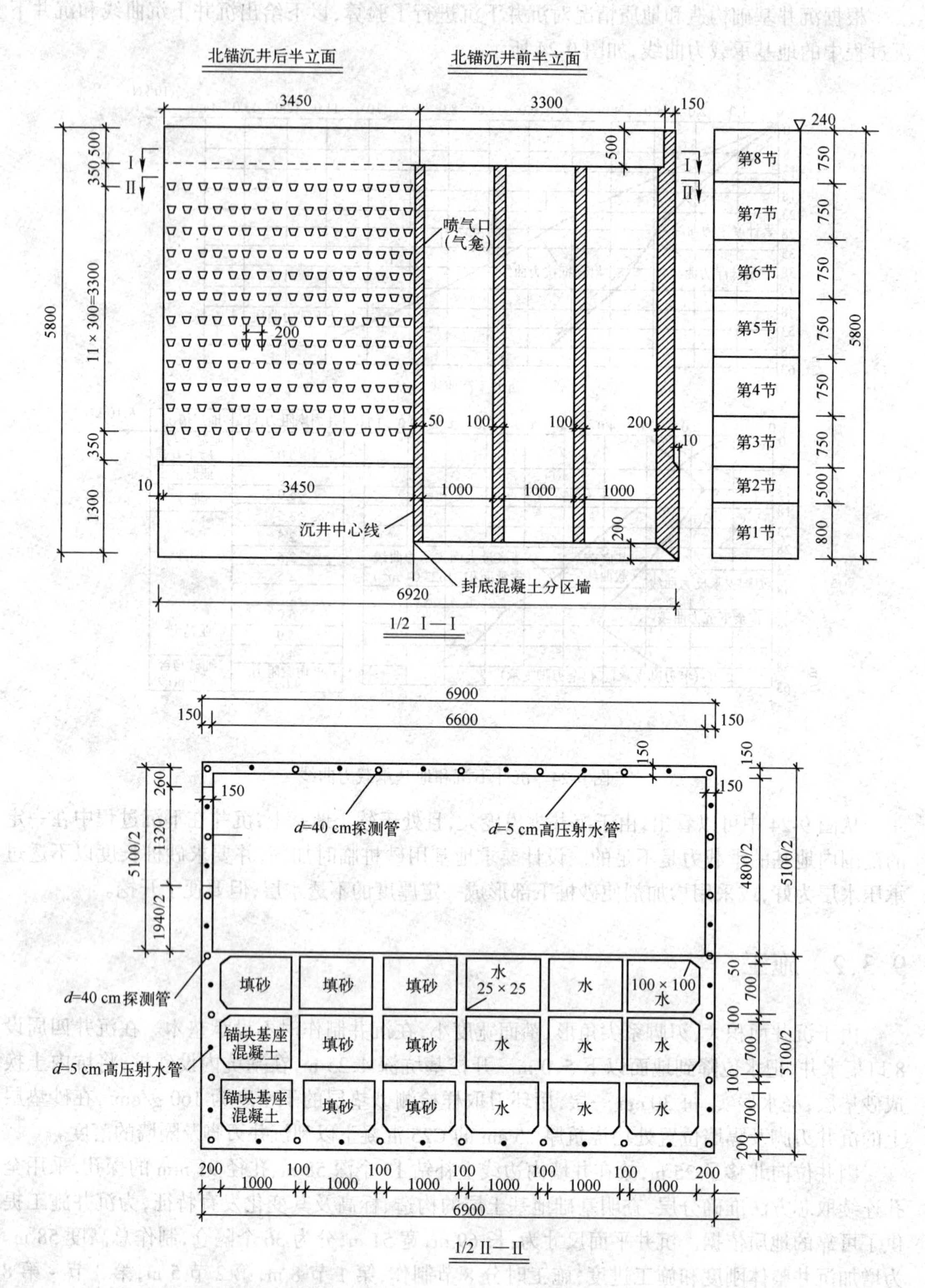

图 9-25 沉井浇筑分节施工图(尺寸单位:cm)

1. 钢壳沉井

沉井的第 1 节(最下面的一节)是钢壳沉井,总质量 1 453 t,井壁厚 2.1 m,分别由 A_1 ~ A_2,由 16 个节段组成。井内纵横向 5 道隔墙,墙宽 1.0 m,墙高 6.0 m,纵隔墙 A_{11}共 30 个节段,横隔墙 A_9、A_{10}共 15 个节段,整个沉井由 61 个节段组成。其中最大单件 A_2 段长 20.5 m,质量 47.69 t。其次是 A_1、A_6 段质量 37.233 t。A_6 质量 36.256 t。

预制场地靠近北锚,面积为 40 m×100 m。场内设放样平台、装配平台各 1 座,400 kN 龙门吊机 1 台,焊接平台 4 座,分段制作的钢沉井成品用平车牵引方式安装场地平面转移,800 kN 履带吊机配合组拼。

1) 工艺流程

总的工艺原则是分段预制与现场总拼装合理衔接,统一安排,形成先装先制作,后装后制作的合理工艺流程,如图 9-26 所示。

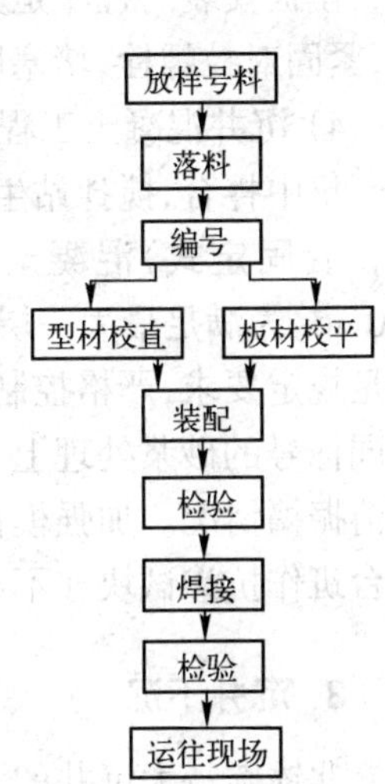

图 9-26 钢壳沉井制作工艺流程

2) 工艺要点

(1) 放样下料

核对图纸材料表,下料尺寸按实样,保证几何尺寸准确,下料合理,明确流向规格不乱,记录齐全,编号清晰。

(2) 冷加工

对所用板材、型材应按平校直,达到规范允许值。避免强行组装,保证装配顺利。

(3) 装配

组装前先恢复放样轮廓线尺寸,后搭设靠模。预留焊接后的收缩余量,减少累积误差。桁架形成后的内外复板须拼后加龙骨。拼板采用了顺错缝式,使纵横拼板焊缝合理分布。在焊接缝上加设"搭马"来减少拼板焊接引起的角变形,焊后拆除并铲平焊痕,从中间向四周发展。

(4) 焊接

应严格遵守桁架结构焊接操作规程,重点控制焊接变形。对设计指定部位和重点受力的焊缝,尤其是 $\delta = 10$ mm 钢板对接缝,要满足强度要求,并应进行探伤检查及水密检查,全部达到施工技术规范要求。

(5) 校正

由于钢壳沉井分段体积大,材料薄,刚度小,焊缝多,焊后变形在所难免。所以凡是超差部件均采用机械法或火焰法进行校正,以达到合格标准。

2. 钢筋混凝土井节

钢壳沉井制好后,在其仓内以中心对称形式,四面同步浇筑素混凝土,并在上口插埋钢筋,沉井混凝土总体积 53 974 m^3,总质量 136 385 t。

1) 施工平台及脚手架

井内设满堂钢管脚手架,井外设双排钢管脚手架来完成钢壳内素混凝土浇筑。从第 2 节起,考虑到沉井在接高混凝土时会发生下沉,内脚手架设在由前一次制作时预埋件连接的平台口,使内脚手架和井体构成整体,避免因沉井沉降而造成沉井与脚手架错位。

2) 钢筋工程

进场钢材均须有材质保证书和材料实验合格证,需要替换的要符合国家规定并征得监理工程师认可,绑扎制作时须符合设计要求,焊接接头,搭接长度规范执行,并按要求取焊接试验,钢筋规格、数量、形状、间距按设计施工,错开接头,保护层要设混凝土垫块,其误差保证在±10 mm 以内。后续施工需用的预埋件位置,数量要准确,满足锚固长度要求。

3) 模板工程

大面积采用定型钢模,在插钢筋及异型部位采用木模。模板拼装严密,不漏浆,表面平整度符合规范要求。钢围囹选用 30 号槽钢,拉杆螺栓用直径 18 mm 的圆钢。

模板安装的程序是先依据沉井轴线方向支立内模板,待钢筋绑扎完毕再设支顶,立外模板,紧固对拉螺栓,堵塞所有缝隙及孔洞,严防漏浆。

4) 沉井混凝土工程

集中拌合,搅拌站生产能力 200 m^3/h。12 辆 6 m^3 的混凝土搅拌车运送,6 台(4 台移动式,2 台固定式)混凝土输送泵实施供料,通过缓降器入模浇筑。每小时供混凝土不小于 150 m^3,为满足最大一层混凝土浇筑所需要的初凝时间,掺有木质素缓凝剂,集料掺和剂均应满足规定要求,严格控制水灰比。混凝土入模前彻底清除模内杂物并浇水湿润模板,用与混凝土同标号的砂浆处理上下之间的施工缝,注意不漏振,不过振,钢筋密集处加强施振,交接班时交清振捣情况。加强模板、钢筋的值班巡查工作。第 100 m^3 混凝土作强度试块不少于一组,每台班作抗渗试块亦不小于一组,按规范要求进行成块养护。

3. 沉井下沉

北锚碇特大沉井的混凝土量 53 974 m^3,总质量 136 385 t,分 4 次下沉到底。第一次下沉是在第 1 节 8 m 钢壳沉井和第 2 节钢筋混凝土沉井制后完毕,强度达到标准进行的。以后每制作完两节(75 m×2.15 m)钢筋混凝土沉井,强度达到标准后,下沉一次。

沉井下沉施工时采用了排水下沉和不排水下沉两种施工工艺。

1) 排水下沉

排水开挖下沉是沉井下沉施工中比较简便的方法。它能使沉井下沉平稳位置准确,发生问题能及时纠正。开始下沉的 27 m 就是利用这种方法施工的。其作业方法是:在壁外 50 m 的四周打设 70 m 深的降水井 26 口,力争排水下沉到第二承压水层,使沉井置身于 27 m 深的导向土层中。

排水下沉使用水力机械和高压吸泥泵出土。在江边的两艘驳船上各设 12 台高压水泵,通过直径 150 mm 钢管和高压胶管与沉井内布设的 2.5 MPa 压力的 24 台水力机械连通,把泥浆抽排到泥浆池。

除土顺序是自中心向四周分区、分层、基本对称,同步进行的。出土先从中间一格开始,逐渐向四周开挖,最后消除刃脚土方。挖出的砂土堆放在沉井刃脚外侧,均匀布实,须防沉井突然下沉造成歪斜。

2) 不排水下沉

当沉井下沉到近 30 m 时,要再降低井下水位困难很大,所以采用不排水下沉工艺更有利于施工。此时的沉井已被导向土层有力地控制着。用 20 台空气吸泥机除土下沉,潜水员配合冲挖刃脚,处理阻沉点和基底。空气吸泥机排出的泥浆先排到沉井附近的沉淀池内,再用泵送到大沉淀池中。注意随时向沉井内灌水,保持井内水位不低于井外水位。

3）空气幕助沉

当沉井下沉到一定深度，由于沉井周边尺寸大，下沉过程中土体对沉井侧面的摩阻力很大，按照设计要求采用气幕法助沉。管道、气龛布置如图 9-18 所示。

用于计算压缩空气压力的经验公式如下：

$$p_0 = p_\omega + p_e + p/4 \tag{9-2}$$

式中，p_0——所需压缩空气的压力；

p_ω——水压力；

p_e——土压力，取 60 ~ 70 kPa；

p——压缩空气有效压力/kPa。

4. 偏差控制

在下沉过程中要求做到均匀，对称除土，加强现场观测，发现偏差及时纠正，严格控制井内余土深度及井孔底面高差。周边井孔与土面不低于刃脚踏面下 2.0 m，相邻井孔间的底面高不大于 1.0 m。当沉井到距设计标高还有 2.0 m 时放慢下沉速度，严防沉井超沉。

控制数据如下。

① 刃脚底面平均高程偏差 ± 10 cm。

② 沉井四角高差不大于该两角间水平距离的 1%，且不超过 30 cm。

③ 沉井中心水平位移不超过下沉深度的 1%。

思考题

9-1　什么是沉井？沉井的特点和适用条件是什么？

9-2　沉井是如何分类的？

9-3　沉井一般是由哪些部分组成的？各部分作用又是如何？

9-4　沉井计算时主要应具备哪些资料？

9-5　沉井的设计与计算的内容是什么？

9-6　沉井基础根据其埋置深度不同有哪几种计算方法？各自的基本假定又是什么？

9-7　封底混凝土厚度取决于什么因素？其厚度是如何计算的？

9-8　什么是下沉系数？如果计算值小于允许值，该如何处置？

9-9　就地灌注式钢筋混凝土沉井施工顺序是什么？

9-10　浮运沉井底节沉井下水常用的方法有哪几种？

9-11　地基检验的时间、检验的内容是什么？

9-12　浮运沉井常用的有哪几类？

9-13　导致沉井倾斜的主要原因是什么？该用何方法纠偏？

9-14　产生突沉的原因是什么？

9-15　空气幕下沉沉井有哪些优点？

第10章 区域性地基与挡土墙

10.1 概述

由于土的原始沉积条件、地理环境、沉积历史、物质成分及其组成的不同,某些区域所形成的土具有明显的特殊性质。例如云南、广西的部分区域有膨胀土、红黏土,西北和华北的部分区域有湿陷性黄土,东北和青藏高原的部分区域有多年冻土等。把具有特殊工程性质的土称为特殊土。膨胀土中的亲水性矿物含量高,具有显著的吸水膨胀、失水收缩的变形特性,湿陷性黄土指在自重压力下或在自重压力加附加压力下遇水会产生明显沉陷的土,在干旱或半干旱的气候条件下由风、坡积所形成。充分认识特殊土地基的特性及其变化规律,能正确地设计和处理好地基基础问题。经过多年的工程实践和总结,我国制定和颁发了一些相应的工程勘察及工程设计规范,使勘察设计做到了有章可循。

区域性地基包括特殊土地基和山区地基。山区地基的主要特点是:①地表高差悬殊,平整场地后,建筑物基础常会一部分位于挖方区,另一部分却在填方区;②基岩埋藏较浅,且层面起伏变化大,有时会出露地表,覆盖土层薄厚不均;③常会遇到大块孤石、局部石芽或软土情况;④不良地质现象较多,如滑坡、崩塌、泥石流以及岩溶和土洞等,常会给建筑物造成直接或潜在的威胁。由此看出,山区地基最突出的问题是地基的不均匀性和场地的稳定性。这就要求认真进行工程地质勘察,详细查明地层的分布、岩土性质及地下水和地表水情况,查明不良地质现象的规模和发展趋势,必要时可加密勘探点或进行补勘,最终提供完整、准确、可靠的地质资料。

区域性地基设计,要求充分认识和掌握其特点和规律,正确处理地基土的"胀缩性"、"湿陷性"和"不均匀性"等不良特性,并采取一定措施保证场地的稳定性。

10.2 岩石地基

对山区地基,有时会遇到埋藏较浅甚至出露地表的岩石,此时,岩石将成为建筑物地基持力层。

岩石地基的工程勘察,应根据工程规模和建筑物荷载大小及性质,采用物探、钻探等手段,探明岩石类型、分布、产状、物理性质、风化程度、抗压强度等有关地质情况,尤其应注意是否存在软弱夹层、断层,并对基岩的稳定性进行客观的评价。

多数情况下,对稳定的、风化程度不严重的岩石地基,其强度和变形一般都能满足上部结构的要求,承载力特征值可根据单轴饱和抗压强度按 GB 50007—2002《建筑地基基础设计规范》确定。

对岩石风化破碎严重或重要的建筑物,应按载荷试验确定承载力。

岩石地基上的基础设计，对于荷载或偏心都较大，或基岩面坡度较大的工程，常采用嵌岩灌注桩(墩)，甚至采用桩箱(板)联合基础。对荷载或偏心都较小，或基岩面坡度较小的工程，可采用如图 10-1 所示的基础形式。

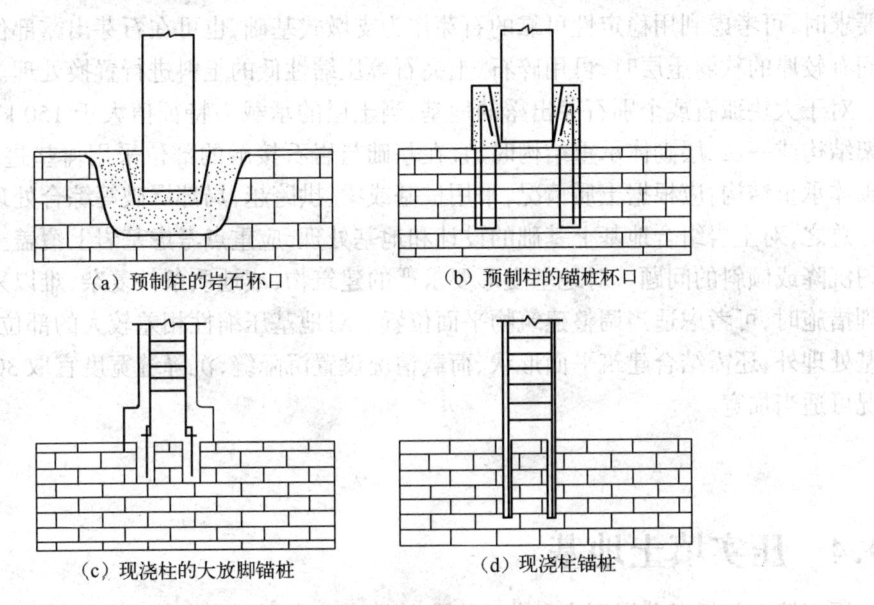

图 10-1 岩石地基的几种基础形式

10.3 土岩组合地基

当建筑地基或被沉降缝分隔区段的建筑地基的主要受力层范围内，遇有下列情况之一者，属于岩土组合地基：

① 下卧基岩表面坡度较大的地基。

② 石芽密布并有出露的地基。

③ 大块孤石或个别石芽出露的地基。

对稳定的土岩组合地基，当变形验算值超过允许值时，可采用调整基础密度、埋深或采用褥垫等方法进行处理。褥垫可采用炉渣、中砂、粗砂、土夹石或黏性土等材料，厚度一般为 300 ~ 500 mm，并控制其密度。褥垫一般构造如图 10-2 所示。

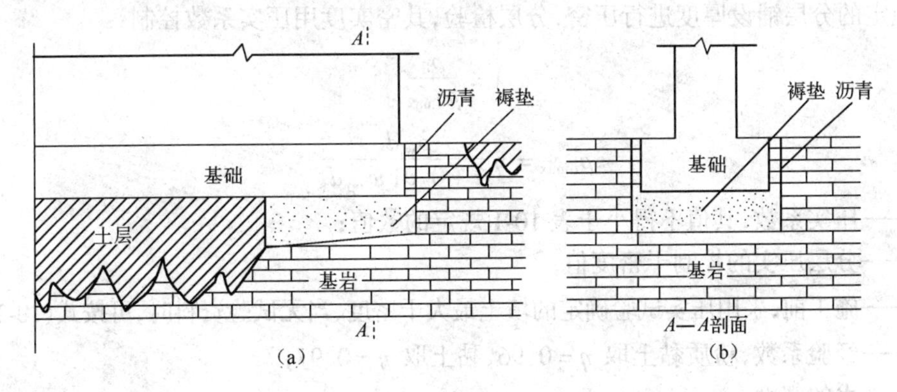

图 10-2 褥垫构造图

对于石芽密布并有出露的地基，当石芽间距小于 2 m，其间为硬塑或坚硬状态的红黏土时，对于房屋为 6 层和 6 层以下的砌体承重结构，3 层和 3 层以下的框架结构，或具有 15 t 和 15 t 以下吊车的单层排架结构，其基底压力小于 200 kPa，可不进行地基处理。若不能满足上述要求时，可考虑利用稳定性可靠的石芽作为支墩式基础，也可在石芽出露部位作褥垫。当石芽间有较厚的软弱土层时，可用碎石、土夹石等压缩性低的土料进行置换处理。

对于大块孤石或个别石芽出露的地基，当土层的承载力特征值大于 150 kPa，房屋为单层排架结构或一、二层砌体承重结构时，宜在基础与岩石接触的部位采用褥垫进行处理；对于多层砌体承重结构，应根据土质情况，采用桩基或梁、拱跨越，局部爆破等综合处理措施。

总之，对土岩组合地基上基础的设计和地基处理，应重点考虑基岩上覆盖土的稳定性和不均匀沉降或倾斜的问题。对地基变形要求严的建筑物，或地质条件复杂，难以采用合适有效的处理措施时，可考虑适当调整建筑物平面位置。对地基压缩性相差较大的部位，除进行必要的地基处理外，还需结合建筑平面形状、荷载情况设置沉降缝，沉降缝宽度宜取 30 ~ 50 mm，特殊情况可适当加宽。

10.4 压实填土地基

压实填土包括经分层压实和分层夯实的填土。当利用压实填土作为建筑工程的地基持力层时，在平整场地前，应根据结构原理、填料性能和现场条件等，对拟压实的填土提出质量要求。未经检验查明及不符合质量要求的压实填土，不得作为建筑工程的地基持力层。

10.4.1 压实填土的质量要求

1. 土料

不得使用淤泥、耕土、冻土、膨胀土及有机质含量超过 5% 的土作为填料。可作填料的有级配良好的砂土、碎石土，最大粒径不大于 400 mm（分层夯实）和 200 mm（分层压实）的砾石、卵石和块石，符合设计要求的开山土石料；也可选择素土、灰土及性能稳定的工业废渣作为填料。

2. 压密质量

按规定的分层铺设厚度进行压密，分层检验，其密实度用压实系数控制：

$$\lambda = \frac{\rho_d}{\rho_{dmax}} \tag{10-1}$$

$$\rho_{dmax} = \eta \frac{\rho_w d_s}{1 + 0.01 w_{op} d_s} \tag{10-2}$$

式中，λ——压实系数，其值不得小于表 10-1 规定的数值；

ρ_d——分层压实的控制干密度值；

ρ_{dmax}——施工前，采用压实试验确定的填土最大干密度，当无试验资料时，可按式(10-2)计算；

η——经验系数，粉质黏土取 $\eta = 0.96$，黏土取 $\eta = 0.97$；

ρ_w——水的密度；

d_s——土粒相对密度；

w_{op}——填土的最佳含水量，可按当地经验或取 $w_{op}=\omega_p+2$，粉土可取 $w_{op}=14\sim18$。当填料为碎石或卵石时，其最大干密度 ρ_{dmax} 可取 $2.0\sim2.2\ t/m^3$。

表 10-1　压实填土地基质量控制值

结构类型	填土部位	压实系数 λ	控制含水量/%
砌体承重结构和框架结构	在地基主要受力层范围内	≥0.97	$\omega_{op}\pm2$
	在地基主要受力层范围以下	≥0.95	
排架结构	在地基主要受力层范围内	≥0.96	
	在地基主要受力层范围以下	≥0.94	

10.4.2　压实填土的边坡和承载力

为保证压实填土的侧向稳定性，其边坡坡高允许值可按表 10-2 确定。对于在斜坡上或软弱土层上的压实填土，必须验算其稳定性。当天然地面坡度大于 20%时，应采取措施，防止填土沿坡面滑动，同时应做好防水工作。

表 10-2　压实填土边坡坡度允许值

填土类别	压实系数 λ	边坡允许值(高度比)			
		填土厚度 H/m			
		$H\leqslant5$	$5<H\leqslant10$	$10<H\leqslant15$	$15<H\leqslant20$
碎石、卵石	0.94~0.97	1:1.25	1:1.50	1:1.75	1:2.00
砂夹石(其中碎石,卵石占全重 30%~50%)		1:1.25	1:1.50	1:1.75	1:2.00
土夹石(其中碎石、卵石占全重 30%~50%)		1:1.25	1:1.50	1:1.75	1:2.00
粉质黏土、粉粒含量 $p_c\geqslant10\%$ 的粉土		1:1.50	1:1.75	1:2.00	1:2.25

注：当压实填土厚度大于 20 m 时，可设计成台阶进行压实填土的施工。

压实填土的承载力特征值应按载荷试验、动力和静力触探等原位测试结果确定。

需要指出的是，用碎石或卵石作为填料时，各层密度可用承载比试验控制，当粒径最大值不超过 40 mm 时，可用灌砂(水)法检验。另外，压实填土地基，也应包括室内外回填土在内，因室内外回填土不密实，造成室内地面、室外散水开裂的现象屡见不鲜。因此，应严格控制回填土的密实度，压实系数不得小于 0.94。当回填土为黏性土时，干密度控制值可为 $1.6\ t/m^3$，粉土可为 $1.6\ t/m^3$，砂土可为 $1.85\ t/m^3$。

10.5　岩溶与土洞地基

岩溶(或称喀斯特)是指可溶性岩石经水的长期作用形成的各种奇特地质形态。如石灰岩、泥灰岩、大理岩、石膏、盐岩受水作用可形成溶洞、溶沟、暗河、落水洞等一系列形态(图 10-3)。

土洞一般指岩溶地区覆盖土层中，由于地表或地下水的作用形成的洞穴。

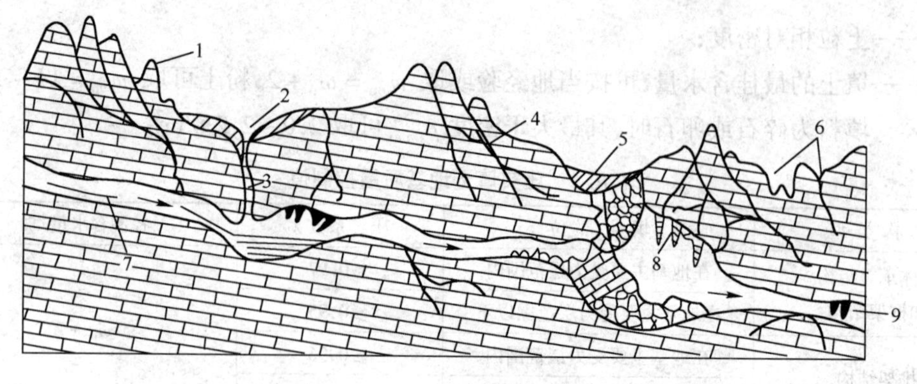

图 10-3　岩溶岩层剖面图

1—石芽、石林;2—漏斗;3—落水洞;4—溶蚀裂隙;5—塌陷洼地;
6—溶沟、溶槽;7—暗河;8—溶洞;9—钟乳石

10.5.1　岩溶地基

我国的可溶性岩分布很广,在南、北方均有成片或零星的分布,其中以云南、广西、贵州分布最广。其规模与地下水作用的强弱程度和时间关系密切,如有的整座小山体内被溶洞、溶沟所掏空。

岩溶地区的工程地质勘察工作,重点是揭示岩溶的发育规律、分布情况和稳定程度,查明溶洞、溶蚀裂隙和暗河的界限及场地内有无涌水、淹没的可能性,对建设场地的适宜性作出评价。对于地面石芽、溶沟、溶槽发育、基岩起伏剧烈,其间有软土分布的情况;或是存在规模较大的浅层溶洞、暗河、漏斗、落水洞的情况;或是溶洞水流路堵塞造成涌水时有可能使场地暂时淹没的情况;均属于不良地质条件的场地。一般情况下,应避免在该地段从事建筑。

岩溶地区的地基基础设计,应全面、客观地分析与评价地基的稳定性,如基础底面以下的土层厚度大于 3 倍单独基础的宽度,或大于 6 倍条形基础底宽,且在使用期间不可能形成土洞时;或基础位于微风化硬质岩石表面,对于宽度小于 1 m 的竖向溶蚀裂隙和落水洞内充填情况及岩溶水活动等因素进行洞体稳定性分析。如地质条件符合下列情况之一时,可以不考虑溶洞对地基的稳定性影响,但必须按土岩组合地基的要求设计:①溶洞被密实的沉积物填满,其承载力超过 150 kPa,且不存在被水冲蚀的可能性;②洞体较小,基础尺寸大于洞的平面尺寸,并有足够的支撑力度;③微风化硬质岩石中,洞体顶板厚度接近或大于洞跨。

对地基稳定性有影响的岩溶洞隙,应根据其位置、大小、埋深、围岩稳定性和水文地质条件综合分析,因地制宜采取处理措施:①对洞口较小的洞隙,宜采用镶补、嵌塞与跨盖的方法处理;②对洞口较大的洞隙,宜采用梁、板和拱结构跨越处理,也可采用浆砌块石等堵塞措施;③对规模较大的洞隙,可采用洞底支撑或调整柱距等方法处理;④对于围岩不稳定风化裂隙破碎的岩体,可采用灌浆加固或清爆等措施。

10.5.2　土洞地基

土洞是岩面以上的土体在水的潜蚀作用下遭到迁移流失而形成。根据地表水和地下水的作用可将土洞分为:①地表水形成的土洞,由于地表水下渗,土体内部被冲蚀而逐渐形成土洞或导致地表塌陷;②地下水形成的土洞,当地下水位随季节升降频繁或人工降低地下水位时,水对结构性差的松软土产生潜蚀作用而形成的土洞。由于土洞具有埋藏浅、分布密、发育快、顶部覆盖土层强度低的特征,因而对建筑物场地地基的危害往往大于溶洞。

在土洞发育和地下水强烈活动于岩土交界面的岩溶地区,工程勘测应着重查明土洞和塌陷的形状、大小、深度及其稳定性,并预估地下水位在建筑物使用期间变化的可能性及土洞发育规律。施工时,需认真做好钻探工作,仔细查明基础下土洞的分布位置及范围,再采取处理措施。

对土洞常用的处理措施如下。

① 由地表水形成的土洞或塌陷地段,当土洞或陷坑较浅时,可进行填挖处理,边坡应挖成台阶形,逐层填土夯实。当洞穴较深时,可采用水冲砂、砾石或灌注 C15 细石混凝土。灌注时,需在洞顶上设置排气孔。另外,应认真做好地表水截流、防渗、堵漏工作。

② 由地下水形成的塌陷及浅埋土洞,应先清除底部软土部分,再抛填块石作反滤层,面层可用黏性土夯填;深埋土洞可采用灌填法或采用桩、沉井基础。

采用灌填法时,还应结合梁、板或拱跨越办法处理。

10.6 膨胀土地基

膨胀土地基是指黏粒成分主要由强亲水性矿物组成,同时具有显著的吸水膨胀和失水收缩两种变形特征的黏性土。其黏粒成分主要是以蒙脱石或以伊利石为主,并在北美、北非、南亚、澳洲、我国黄河流域以南地区均有不同程度的分布。

膨胀土一般强度较高,压缩性低,容易被误认为是良好的天然地基。实际上,由于它具有较强烈的膨胀和收缩变形性质,往往威胁建筑物和构筑物的安全,尤其对低层轻型房层、路基、边坡的破坏作用更甚。膨胀土地基上的建筑物,如果开裂,则不易修复。

我国自 1973 年开始,对这种特殊土进行了大量的试验研究,形成了较系统的理论和较丰富的工程经验,于 1987 年颁布了 GBJ112—87《膨胀土地区建筑技术规范》,使勘察、设计和施工等方面的工作有章可循,对保证建筑物的安全和正常使用具有重要作用。

10.6.1 膨胀土的一般特征

1. 分布特征

膨胀土多分布于二级或二级以上的河谷阶地、山前和盆地边缘及丘陵地带。一般地形坡度平缓,无明显的天然陡坎,如分布在盆地边缘与丘陵地带的膨胀土地区有云南蒙自、云南鸡街、广西宁明、河北邯郸、河南平顶山、湖北襄樊等地,而且所含矿物成分以蒙脱石为主,胀缩性较大;分布在河流阶地或平原地带的膨胀土地区有安徽合肥、山东临沂、四川成都、江苏、广东等地,且多含有伊利石矿物。在丘陵、盆地边缘地带,膨胀土常分布于地表,而在平原地带的膨胀土常被第四纪冲积层所覆盖。

2. 物理性质特征

膨胀土的黏粒含量很高,粒径小于 0.002 mm 的胶体颗粒含量往往超过 20%,塑性指数 $I_p > 17$,且多在 22 ~ 35 之间;天然含水量与塑限接近,液性指数 I_L 常小于零,呈坚硬或硬塑状态;膨胀土的颜色有灰色、黄褐、红褐等色,并在土中常含有钙质或铁锰质结核。

3. 裂隙特征

膨胀土中的裂隙发育,有竖向、斜交和水平裂隙3种。常呈现光滑和带有擦痕的裂隙面,显示出土相对运动的痕迹。裂隙中多被灰绿、灰白色黏土所填充。裂隙宽度为上宽下窄,且旱季开裂,雨季闭合,呈季节性变化。

在膨胀土地基上建筑物常见的裂缝有:山墙口对称或不对称的倒八字形缝,这是因为山墙两侧下沉量较中部大的缘故;外纵墙外倾并出现水平缝;胀缩交替变形引起的交叉缝等(图10-4)。

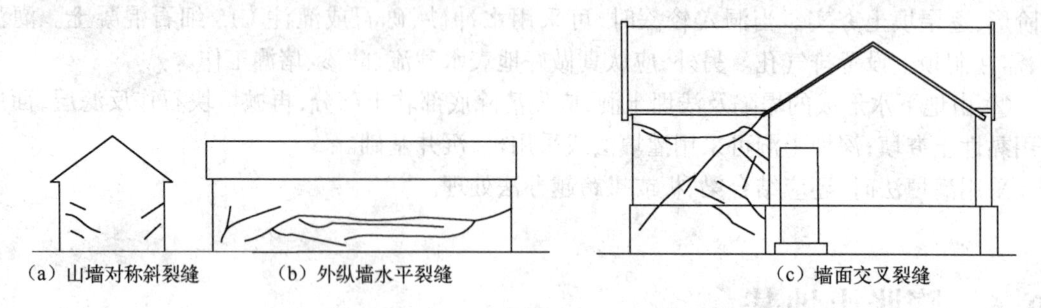

图10-4 膨胀土地基上低矮房屋墙的裂缝

10.6.2 膨胀土地基的勘察与评价

1. 地基勘察要求

膨胀土地基勘察除应满足一般工程勘察要求外,还需具有下列内容。

① 查明膨胀土的地质时代、成因和胀缩性能。对于重要的和有特殊要求的建筑场地,必要时应进行现场浸水载荷试验,进一步确定地基土的性能及其承载力。

② 查明场地内有无浅层滑坡、地裂、冲沟和隐状岩溶等不良地质现象。

③ 调查地表水排泄、积聚情况,植被影响地下水类型和埋藏条件,多年水位和变化幅度。

④ 调查当地多年的气象资料,包括降水量和蒸发量,雨季和干旱持续时间,气温和地湿等情况,并了解其变化特点。

⑤ 注意了解当地建设经验,分析建筑物(群)损坏的原因,考察成功的工程设施。

2. 膨胀土的工程特性指标——自由膨胀率

将人工制备的烘干样浸泡于水中,经充分吸水膨胀稳定后所增加的体积与原体积之比,称为自由膨胀率,按下式计算:

$$\delta_{ef} = \frac{V_w - V_0}{V_0} \times 100\% \tag{10-3}$$

式中,δ_{ef}——自由膨胀率;

V_w——土样在水中膨胀稳定后的体积;

V_0——土样的原有体积。

3. 膨胀土地基的评价

1) 膨胀土的判别

当具有如前所述膨胀土的一般特征,且自由膨胀率 $\delta_{ef} \geqslant 40\%$ 的土,应判定为膨胀土。

2）膨胀潜势

由于自由膨胀率能综合反映亲水性矿物成分、颗粒组成、膨胀特征及其危害程度，因此可用自由膨胀率评价膨胀土膨胀性能的强弱（表 10-3）。

4. 膨胀土地基的胀缩等级

根据地基的膨胀、收缩变化时对低层砖混房屋的影响程度，可评价地基的胀缩等级，见表 10-4。表中地基的分级变形量 S_c 是指膨胀变形量、收缩变形量和胀缩变形量。在判定地基胀缩等级时，应根据地基可能发生的某一种变形计算分级变形量 S_c，详见地基变形计算。

表 10-3　膨胀潜势

胀缩潜势	自由膨胀率/%
弱	$40 \leqslant \delta_{ef} < 65$
中	$65 \leqslant \delta_{ef} < 90$
强	$\delta_{ef} \geqslant 90$

表 10-4　膨胀土地基胀缩等级

地基胀缩等级	分级胀缩变形量 S_c/mm
Ⅰ	$15 < S_c < 35$
Ⅱ	$35 \leqslant S_c < 70$
Ⅲ	$S_c \geqslant 70$

10.6.3　膨胀土地基计算

1. 一般规定

建筑场地按地形地貌条件可分为以下两类。

① 平坦场地：地形坡度小于 5°；或地形坡度大于 5°、小于 14°的坡脚地带和距坡肩水平距离大于 10 m 的坡顶地带。

② 坡地场地：地形坡度大于 5°，或地形坡度虽小于 5°，但同一座建筑物范围内局部地形高差大于 1 m。

膨胀土地基设计一般规定如下。

① 位于平坦场地上的建筑物地基，应按变形控制设计。

② 位于坡地场地上的建筑物地基，除按变形控制设计外，尚应验算地基的稳定性。

③ 基底压力要满足承载力要求。

④ 地基变形量不超过容许变形量值。

2. 地基承载力

膨胀土地基承载力的确定，应考虑土的膨胀特性、基础大小和埋深、荷载大小、土中含水量变化等影响因素，目前确定承载力的途径一般有两种。

1）现场浸水荷载试验确定

即在现场按压板面积开挖浅坑，浅坑面积不小于 0.5 m^2，坑深不小于 1 m，并在浅坑两侧附近设置浸水井或浸水槽。试验时先分级加荷至设计荷载并稳定，然后浸水使其充分饱和，并观测其变形，待变形稳定后，再加荷直至破坏。通过该试验可得到压力与变形的 $P—S$ 曲线，可取破坏荷载的一半作为地基承载力特征值。在对变形要求严格的一些特殊情况下，可由地基变形控制值取对应的荷载作为承载力特征值。

2）由三轴饱和不排水剪切强度指标确定

由于膨胀土裂隙比较发育，剪切试验结构往往难以反映土的实际抗剪能力，宜结合其他方法确定承载力特征值。

膨胀土地区的基础设计,应充分利用土的承载力,尽量使基底压力不小于土的膨胀力。另外,对防水排水情况,或埋深较大的基础工程,地基土的含水量不受季节变化的影响,土的膨胀特征就难以表现出来,此时可选用较高的承载力值。

3. 地基变形计算

膨胀土地基的计算,除与土的膨胀收缩特性(内在因素)有关外,还与地基压力和含水量的变化(外在因素)情况有关。地基压力大,土体则不会膨胀或膨胀小;地基土中的含水量基本不变化,土体胀缩总量则不大,而含水量的变化又与大气影响程度、地形、覆盖条件等因素有关。如气候干燥,土的天然含水量低,或基坑开挖后经长时间暴晒等情况,都有可能引起(建筑物覆盖后)土的含水量增加,导致地基产生膨胀变形。如果建房初期土中含水量偏高,覆盖条件差,不能有效地阻止土中水分的蒸发,或是长期受热源的影响,如砖瓦窑等热工构筑物或建筑物,就会导致地基产生收缩变形。在亚干旱、亚湿润的平坦地区,浅埋基础的地基变形多为膨胀、收缩周期性变化,这就需要考虑地基土的膨胀和收缩的总变形。

总之,膨胀土地基在不同条件下表现为不同的变形形态,可归纳为 3 种:上升型变形、下降型变形和波动型变形(图 10-5)。

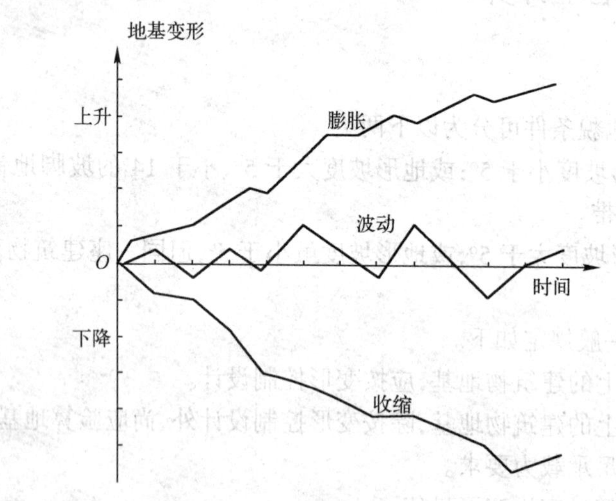

图 10-5　膨胀土地基上房屋的位移形态

在设计时应根据实际情况确定变形类型,进而计算出相应的变形量,并将其控制在允许值范围内。GBJ2129—1994《膨胀土地区营房建筑技术规范》规定如下。

① 地表下 1 m 处地基土的天然含水量等于或接近最小值时,或地面有覆盖且无蒸发可能,以及建筑物在使用期间,经常有水浸湿的地基仅计算膨胀变形量。

② 地表下 1 m 处地基土的天然含水量大于 1.2 w_p(塑限),或只接受高温的地基,仅计算收缩变形量。

③ 其他情况按胀缩变形量计算。

4. 膨胀土地基的工程措施

1) 建筑设计措施

(1) 场址选择

应选择地面排水畅通或易于排水处理、地形条件比较简单、土质均匀的地段。尽量避开地裂、溶沟发育、地下水位变化大及存在浅层滑坡可能的地段。

(2) 总平面布置

竖向设计宜保持自然地形，避免大开大挖，造成含水量变化大的情况出现，做好排水、防水工程，对排水沟、截水沟应确保沟壁的稳定，并对沟进行必要的防水处理。根据气候条件、膨胀土等级和当地经验，合理进行绿化设计，宜种植吸水量和蒸发量小的树木、灰草。

(3) 单体建筑设计

建筑物体型应力求简单并控制房屋长高比，必要时可采用沉降缝分隔措施隔开。屋面排水宜采用外排水，雨水管不应布置在沉降缝处，在雨水量较大地区，应采用雨水明沟或管道进行排水。做好室外散水和室内地面的设计，根据胀缩等级和对室内地面的使用要求，必要时可增设石灰焦渣隔热层、碎石缓冲层。对Ⅲ级膨胀土地基和使用要求特别严格的地面，可采取混凝土配筋地面或架空地面。此外，对现浇混凝土散水或室内地面，分隔缝不宜超过 3 m，散水或地面与墙体之间设变形缝，并以柔性防水材料嵌缝。

2) 结构设计措施

(1) 上部结构方面

应选用整体性好，对地基不均匀胀缩变形适应性较强的结构，而不宜采用砖拱结构、无砂大孔混凝土砌块或无筋中型砌块等对变形敏感的结构。对砖混结构房屋可适当设置圈梁和构造柱，并注意加强较宽的门窗洞口部位和底层窗位砌体的刚度，提高其抗变形能力。对外廊式房屋宜采用悬挑外廊的结构形式。

(2) 基础设计方面

同一工程房屋应采用同类型的基础形式。对于排架结构，可采用独立柱基将围护墙、山墙及内墙砌在基础梁上，基础梁下应预留 100 ~ 150 mm 的空隙，并进行防水处理。对桩基础，其桩端应伸入非膨胀土层或大气影响急剧层下一定长度。选择合适的基础埋深，往往是减小或消除地基胀缩变形的很有效的途径，一般情况埋深不小于 1 m，可根据地基胀缩等级和大气影响强烈程度等因素按变形规定。对坡地场地，还需考虑基础的稳定性。

(3) 地基处理

应根据土的胀缩等级、材料供给和施工工艺等情况确定处理方法，一般可采用灰土、砂石等非膨胀土进行换土处理。对平坦场地Ⅰ、Ⅱ级膨胀土地基，常采用砂、碎石垫层处理方法，垫层厚度不小于 300 mm，宽度应大于基底宽度，并宜采用与垫层材料相同的土进行回填，同时做好防水处理。

3) 施工措施

膨胀土地基的施工，应根据设计要求、场地条件和施工季节，认真确定施工方案，采取措施，防止因施工造成地基土含水量发生大的变化，以减小土的胀缩变形。

做好施工平面总设计，设置必要的挡土墙护坡、防洪沟及排水沟等，确保场区排水畅通、边坡稳定。施工储水池、堆料场、淋灰池及搅拌站应布置在离建筑物 10 m 以外的地方，防止施工用水流入基坑。

基坑开挖过程中，应注意坑壁稳定，可采取支护、喷浆、锚固等措施，以防坑壁坍塌。基坑开挖接近基底设计标高时，宜在其上部预留厚 150 ~ 300 mm 土层，待下一工序开始前再挖除。当基坑验槽后，应及时做混凝土垫层或用 1:3 水泥砂浆喷、抹坑底。基础施工完毕后，应及时分层回填夯实，并做好散水。要求选用非膨胀土，弱膨胀土或掺有石灰等材料的土作为回填土料。其含水量宜控制在塑限含水量的 1.1~1.2 倍范围内,填土干容重不应小于 15.5 kN/m^3。

10.7 红黏土地基

红黏土是指石灰岩、白云岩等碳酸盐类岩石,在湿热气候条件下经长期风化作用形成的一种以红色为主的黏性土。我国红黏土多属于第四纪残积物,也有少数原地红黏土经间隙性水流搬运再次沉积于低洼地区,当搬运沉积后仍能保持红黏土基本特征,且液限大于 45%者称为次生物黏土。

红黏土是一种物理力学性质独特的高塑性黏土,其化学成分以 SiO_2、Fe_2O_3、Al_2O_3 为主,矿物成分以高岭石或伊利石为主。主要分布于云南,贵州、广西、湖南、湖北、安徽部分地区。

10.7.1 红黏土的工程性质和特征

1. 主要物理力学性质

含有较多黏粒($I_p = 20 \sim 50$),孔隙比较大($e = 1.1 \sim 1.7$)。常处于饱和状态($S_r > 85\%$),天然含水量(30%~60%)与塑限接近,液性指数小(-0.1~0.4),说明红黏土以含结合水为主。因此,尽管红黏土的含水量高,却常处于坚硬或硬塑状态,具有较高的强度和较低的压缩性。

2. 红黏土的胀缩性

有些地区的红黏土受水浸湿后体积膨胀,干燥失水后体积收缩。

3. 红黏土的分布特征

红黏土的厚度与下卧基岩面关系密切,常因岩石表面石芽、溶沟的存在,导致红黏土的厚度变化很大。因此,对红黏土地基的不均匀性应给予足够重视。

4. 含水量变化特征

含水量有沿土层深度增大的规律,上部土层呈坚硬或硬塑状态,接近基岩面附近常呈可塑状态,而基岩凹部溶槽内红黏土呈现软塑或流塑状态。

5. 岩溶

土洞较发育,这是由于地表水和地下水运动引起的冲蚀和潜蚀作用造成的结果,在工程勘察中,需认真探测隐藏的岩溶、土洞,以便对场地的稳定性作出评价。

10.7.2 红黏土地基设计要点

确定合适的持力层,尽量利用浅层坚硬、硬塑状态的红黏土作为地基的持力层。

控制地基的不均匀沉降。当土层厚度变化大,或土层中存在软弱下卧层、石芽、土洞时应采取必要的措施,如换土、填洞、加强基础和上部结构刚度等,使不均匀沉降控制在允许值范围内。

控制红黏土地基的胀缩变形。当红黏土具有明显的胀缩特性时,可参照膨胀土地基,采取相应的设计、施工措施,以保证建筑物的正常使用。

10.8 滑坡与防治

滑坡是指岩质或土质边坡受内外因素的影响,使斜坡上的石体在重力作用下丧失稳定而发生的一种滑动。滑坡产生的内因与地形地貌、地质构造、岩土性质、水文地质等条件相关,其外因与地下水活动、雨水渗透、河流冲刷、人工切坡、堆载、爆破、地震等因素相关。

在山脚河流发育、降雨量大的国家和地区滑坡的发生是非常普遍的,往往对已建和在建工程造成很大危害。因此,在山区建设工厂、矿山、铁路及水利工程时,应通过勘察手段准确评价滑坡发生的可能性和带来的危害,做到预先发现,及早整治,防止滑坡的产生和发展。

10.8.1 滑坡的分类

1. 按滑坡体的体积分类

小于 3 万 m^3 的为小型滑坡;3 ~ 50 万 m^3 的为中型滑坡;超过 50 万 m^3 的为大型滑坡。

2. 按滑坡体的厚度分类

厚度小于 6 m 的为浅层滑坡;6 ~ 20 m 的为中层滑坡;超过 20 m 的为深层滑坡。

3. 按滑动面通过岩层的情况分类

1) 均质滑坡

多发生在均质土及岩性大致均一的泥岩、泥灰岩等岩层中,滑动面常接近圆弧形,且光滑均匀,如图 10-6(a)所示。

2) 顺层滑坡

此类滑坡体是沿着斜坡岩层面或软弱结构面发生的一种滑动,其滑动面常呈平坦阶梯状,如图 10-6(b)所示。

3) 切层滑坡

滑动面切割了不同的岩层面,常形成滑坡平台,如图 10-6(c)所示。

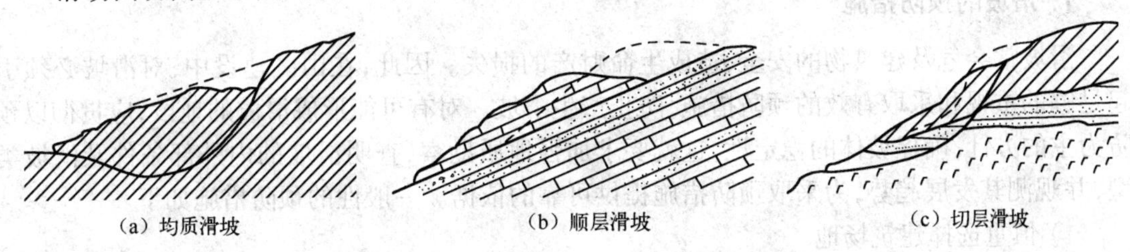

图 10-6 滑坡按滑动面通过岩层情况分类

4. 按滑动体的受力状态分类

1）推动式滑坡

推动式滑坡主要是由于在斜坡上不恰当地加荷所引起。如在坡顶附近建筑物、弃土、行驶车辆和堆放货物等作用，使坡体上部先滑动，而后推动下部一起滑动。

2）牵引式滑坡

牵引式滑坡主要是由于在坡体下部任意挖方或河流冲刷坡脚所引起。滑动特点是下部先滑动，而后引起上部接连下滑。

10.8.2 滑坡的成因

1. 影响滑坡的内部条件

引起滑坡的内在因素是组成坡体的岩土性质、结构构造和斜坡的外形等。自然界中的斜坡是由各种各样的岩石和土体组成，致密的硬质岩石其抗剪强度大，抗风化能力强，水对岩性作用小，因此较稳定；而由页岩、泥岩等软质岩石及土组成的斜坡，在受雨水侵蚀后，抗剪强度显著降低，极易引起滑坡。岩层的层面节理、裂隙及断层的倾向和倾角，均对坡体的稳定性有影响。这些部位易于风化，抗剪强度低，当它们的倾向与斜坡的坡面一致时，就容易产生滑坡；较陡斜坡上的土覆盖层，若存在遇水软化的软弱夹层时，或下卧不透水基岩时，也容易产生滑坡。另外，斜坡的坡高、倾角和判断形状等对斜坡的稳定性都有很大的影响。

2. 影响滑坡的外部条件

引起滑坡的外部因素有水的作用、人为不合理的开挖和边坡堆载、爆破及地震等。许多滑坡的发生与水的作用相关，因水渗入坡体后使岩土的重度增加，抗剪强度降低并产生动水压力和静水压力，此外，地下水对岩土中易溶物质的溶解，使岩土体的成分和结构发生变化，河流等地表水的不断冲刷，切割坡脚，对坡脚产生冲蚀掏空作用。因此，水的影响程度往往是引起滑坡的导火线。据调查，许多滑坡发生在雨季，而且90%的滑坡均与水的影响有关。此外，在山区修筑公路、铁路和矿区时，如果开挖坡脚不合理，在斜坡上弃土或建造房屋不适当时，则会破坏斜坡的平衡状态而引起滑坡。

10.8.3 滑坡的防治

1. 滑坡的预防措施

滑坡常会危及建筑物的安全，造成生命财产的损失。因此，在山区建设中，对滑坡必须引起足够的重视和采取有效的预防措施，防止产生滑坡。对有可能形成滑坡的地段，应贯彻以预防为主的方针，确保坡体的稳定性，这就要求加强地质勘察，查明滑坡的内外部条件及滑坡类型，并观测其发展趋势，为采取预防措施提供可靠的依据。一般性的预防措施如下。

1）慎重选择建筑场地

对于稳定性差、易于滑坡或存在古滑坡的地段，一般不应选为建筑场地。

2）保持场地原有的稳定性

在场地规划时，应尽量利用原有的地形条件，因地制宜地把建筑物设等高线分线布置。避免大挖大填、破坏场地的平衡。

3）做好排水工作

对地表水应结合自然地形情况，采取截流引导、培养植被、片石护坡等措施，防止地表水下渗，并注意施工用水不能到处漫流，对地下给排水管道应做好防水设计。

4）做好边坡开挖工作

在山坡整体稳定的情况下开挖边坡时，应按边坡坡度允许值确定。在开挖过程中，如发现有滑动迹象，应避免继续开挖，并尽快采取措施，以恢复原边坡的平衡。

5）做好长期的维护工作

针对边坡的稳定排水系统的畅通与否及自然条件的变化、人为活动因素的影响等情况，应做好长期的维修和养护工作。

2. 滑坡的整治

滑坡的产生一般要经历一个由小到大的发展过程。当出现滑坡，应进行地质勘察，判明滑坡的原因、类别和稳定程度，对各种影响因素分清主次，因地制宜地采用相应的措施，使滑坡处于稳定。整治滑坡贵在及时，并力求根治，以防后患，一般性的处理措施如下。

1）排水

对滑坡范围以外的地表水，可修筑截水沟进行拦截和旁引。对滑坡范围以内的地表水，可采取防渗和汇集排出措施。对地下水发育且影响较大的情况，可采取地下排水措施，如设置盲沟、盲洞、垂直孔群排水。

2）支挡

根据滑坡推力的大小，可选用重力式挡土墙、阻滑桩、锚杆挡土墙等抗滑结构，抗滑结构基础或桩端应埋设在滑动面以下稳定地层中，并常与排水、卸荷等措施结合使用。

3）卸载与反压

在主动区的滑坡体上部卸土减重，以减小坡体下滑力。在阻滑区段的坡脚部位加压，以增加阻滑力，如用编织袋装上土叠放加压或用石块叠压。在河流岸边的部位，也常用铁丝笼装石块加压处理。卸载与反压常用于坡体上陡下缓、滑坡后壁及两侧岩土较稳定的情况。

4）护坡措施

为防止或减少地表水下渗、冲刷坡面、避免坡面加速风化及失水下缩等不良影响，常采取经济有效的护坡措施。可采用的方法有机械压实、种植草皮、三合土抹面、混凝土压面、喷水泥砂面或浆砌片石护坡等。

滑坡的整治可根据滑坡规模和施工条件等因素，采取实际有效的措施进行处理，必要时可采用通风疏干、电渗排水、化学加固等方法来改善岩土的性质。对小型滑坡，一般通过地表排水、整治坡面、夯填裂缝等措施即能见效；对中型滑坡，则常用支挡、卸载、排除地下水等措施；对大型滑坡，则需要采取投资大的综合处理措施。

10.8.4 山区公路与滑坡

1. 滑坡对山区公路的破坏性

滑坡是山区较普遍的自然破坏。滑坡是山区工程建设中经常遇到的一种山体变形，滑坡一旦发生,瞬间即可破坏建筑物,破坏水利设施,摧毁农田,破坏道路,冲断桥梁,迫使江河停航,交通中断,给人民生命财产带来严重损害。1983 年 3 月 7 日发生在甘肃省东乡回族自治县的洒勒山大滑坡,仅数十秒时间,便使 3 个村庄突然消失,死亡 237 人,死亡牲畜数百头,滑下土石体达 4000 万立方米,覆盖面积达 2 km^2,冲毁农田 3000 多亩。

1985 年 6 月 12 日发生在湖北省秭归县境内的新滩滑坡,大约有 260 万 m^3 的巨型堆积体产生滑坡,顷刻之间使新滩古镇全部覆没,大量土石滑入长江,使河床壅高,水流急剧受阻,土石涌入江中造成的涌浪影响波及上游 15 km 的秭归县城,浪涌入香溪河掀翻木船数只,使长江航运断航数天。

2. 布尼公路滑坡实例分析

布尼公路位于布隆迪的西部山区。滑坡发生在该公路 9 km 段。1984 年 7 月布尼公路竣工后,在一年内沥青路面全部破坏,到 1988 年 5 月,近 4 年时间,路面累计下沉 1.1 ~ 1.6 m,线路向南推移 2.6 m,查其结果是由于滑坡所致。

分析滑坡原因,主要是在施工前没有认真进行地质调查,没有发现该地段有老滑坡。由于公路开挖,破坏了老滑坡体的平衡条件,使之复活。其直接原因是:①没有做环境工程地质调查;②公路在施工过程中,由于开挖方式不当,改变了老滑坡体的水文地质及坡体稳定条件;③施工期间正是雨季,路基清坡时不认真,错台、基础没有处理好,造成了整个路基下滑或半填半挖部分填方一侧下滑的隐患;④在施工过程中,在公路南坡堆积了大量填土,增大了南坡的坡角及荷载,在一定程度上诱发了古滑坡的复活。

布尼公路说明了一个根本性的问题,就是在制订设计方案前,没有认真地进行可行性论证和地质勘察工作,以致重大的地质问题没有被发现,公路修建后,沿线发生了不同规模的滑坡,严重地影响了公路运输及安全。事件发生以后,进行了重新调查,发现大小滑坡发生在扎伊尔尼罗山脉分水岭西侧,显然是受中非裂谷的影响。由此说明,公路工程环境地质问题是何等重要。

3. 山区公路应避绕大滑坡

在山区公路建设中,经常遇到的滑坡多是古滑坡体的复活,它给山区公路建设带来许多困难和损失。滑坡、崩塌、泥石流并称为山区公路的 3 大主要地质病害,交通部门每年用于防治处理山区公路病害的经费占养路费用相当大的一部分。我国西南地区和中南地区山区道路滑坡比较集中,著名的川藏公路上滑坡和泥石流在许多地段相间发生,阻断交通,给西藏人民生活带来许多不便和损失。甘肃武都地区是泥石流多发地区,也是滑坡多发地区。滑坡及泥石流经常摧毁农田,阻断交通。

甘肃舟曲滑坡发生于 1981 年 4 月,时值旱季,体积高达几十万立方米的滑坡体突然下滑毁坏农田、公路,断绝交通。滑坡体涌入白龙江,使江水断流,水位上涨,危及下游武都县人民的生命财产,不得不采用爆破方法排除江中滑坡堆积物,疏通河道,以减少损失。

研究和认识滑坡产生的内在原因和外界的影响条件,是为了阻止和预报它的发生,或一旦发生,尽量减少损失和危害,使破坏程度降到最低。为此,在公路建设中,对于山区公路的选线要求,首先是对路线走向、控制地点、沿线地形、地貌、地物和地质条件要有充分的认识和了解,尽量避免路线经过可能滑坡地段。在充分研究已有资料的基础上,确定路线走向位置,并要实地踏勘,避免可能遇到较大的不良地质地段,其中包括滑坡地段和古滑坡体。在古滑坡体附近布线，首先要确定古滑坡体是否已经稳定，如果有复活的可能，有明显的不稳定因素潜在，就应该尽量设法避绕而行。在确定已经稳定的古滑坡地段，路线一是布于古滑坡体上方，二是布于古滑坡体前缘(坡脚部位)，并减小挖方，尽量不破坏原有的山体平衡。

思考题

10-1　区域性地基分哪几类？各类区域性地基有何特点？

10-2　压实填土地基对土料和填土质量有何要求？

10-3　如何判断地基土是否属于膨胀土？如何评价膨胀土地基的胀缩性能？采取哪些措施可减轻地基胀缩对工程的不利影响？

10-4　滑坡的成因是什么？如何治理滑坡？

第 11 章　地基处理

11.1　地基处理的基本概念

随着现代化进程的加快，我国工程建设规模日益扩大，难度不断提高，对地基提出了更高的要求。人们常将不能满足建(构)筑物对地基要求的天然地基称为软弱地基或不良地基。软弱地基通常需要经过人工处理后再建造基础，这种地基加固称为地基处理。

建(构)筑物的地基问题包括以下 3 类：①地基承载力及稳定性问题；②沉降、水平位移及不均匀沉降问题；③渗流问题。当天然地基存在上述 3 类问题之一或其中几个问题时，需要采取各种地基处理措施，形成人工地基以满足建(构)筑物对地基的各项要求，保证其安全和正常使用。

地基处理的对象是软弱地基和特殊土地基。

地基处理方法有多种，按时间可分临时处理和永久处理；按处理深度可分浅层处理和深层处理；按土性对象分为砂性土处理和黏性土处理，饱和土处理和非饱和土处理；按性质可分物理处理、化学处理、生物处理；按加固机理可分为置换、排水固结、灌入固化物、振密或挤密、加筋、冷热处理、托换、纠倾等。

选用地基处理方法的原则是：坚持技术先进、经济合理、安全适用、确保质量。对具体工程来讲，应从地基条件、处理要求、工程费用及材料、机具来源等各方面进行综合考虑，因地制宜确定合适的地基处理方法。必须指出，地基处理方法很多，每种地基处理方法都有一定的适用范围、局限性和优缺点。

自国外 1962 年首次开始使用“复合地基”(Composite Foundation)概念以来，它已成为很多地基处理方法理论分析及公式建立的基础和依据。复合地基是指天然地基在地基处理过程中部分土体得到增强、或被置换、或在天然地基中设置加筋材料，加固区是由基体(天然地基土体)和增强体两部分组成的人工地基。加固区整体上是非均质和各向异性的。按地基中增强体的方向可分为竖向增强体复合地基和水平向增强体复合地基，如图 11-1 所示。

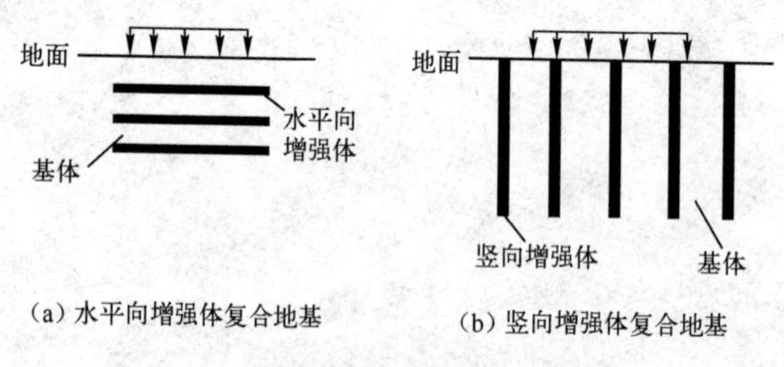

(a) 水平向增强体复合地基　　(b) 竖向增强体复合地基

图 11-1　复合地基

竖向增强体复合地基根据增强体性质，可分为散体材料桩复合地基、柔性桩复合地基和刚性桩复合地基。工程中常用的复合地基计算方法还不成熟,处在不断发展之中。

我国地域辽阔,自然地理环境不同,土质各异,地基条件区域性较强。随着现代建设步伐的加快,土木工程面临的地基问题日益复杂,地基处理领域已成为土木工程中最活跃的领域之一,同时,地基处理新技术、新工艺、新方法、新材料不断涌现。限于篇幅,仅选择常用的地基处理方法进行介绍。

11.2 换填法

11.2.1 换填法的原理及适用范围

当软弱土层地基的承载力和变形不满足建筑物的要求,并且软弱土层的厚度又不很大时,可将基础底面以下处理范围内的软弱土层的部分或全部挖去,然后分层回填强度较高、压缩性较低且无腐蚀性的砂石、素土、灰土、工业废渣等材料,经压实或夯实使之达到所要求的密实度,形成良好的人工地基。这种地基处理的方法也称为换土层法或开挖置换法。

按垫层材料不同,垫层可分为砂垫层、砂石垫层、碎石垫层、素土垫层、灰土垫层、二灰垫层、砂渣垫层及粉煤灰垫层等。不同材料的垫层,其主要作用如下。

① 提高地基承载力。软弱土层被挖除,换以强度较高的砂或其他材料,可提高地基承载力。如灰土垫层可达 300 kPa,碎石垫层可达 200 ~ 400 kPa。

② 减少沉降量。在总沉降量中,地基浅层部分的沉降占比例较大。以条形基础为例,在相当于基础宽度的深度范围内的沉降约占总沉降量的 5% 左右,如以密实砂或其他填筑材料代替上部软弱土层,就可以减少这部分的沉降量。由于砂垫层或其他垫层对应力的扩散作用,使作用在下卧层土上的压力较小,这样也会相应减少下卧层土的沉降量。

③ 加速软弱土层的排水固结。垫层材料水性大,软弱土层受压后,垫层作为良好的排水面,促进基础下面的孔隙水压力迅速消散,加速垫层下软弱土层的固结和强度的提高,避免地基土的塑性破坏。

④ 防止冻胀。因粗颗粒的垫层材料孔隙大,消除了毛细现象,可以防止寒冷地区土中结冰造成的冻胀,这时垫层应满足当地冻结深度要求。

⑤ 消除膨胀土的胀缩作用。在膨胀土地基上可选用砂、碎石、块石、煤渣、二灰或灰土等材料作为垫层,以消除胀缩作用。

换填法适用于淤泥、淤泥质土、湿陷性黄土、素填土、杂填土地基及暗沟、暗塘等浅层处理,不同的垫层有其不同的适用范围,见表 11-1。

表 11-1 垫层的适用范围

垫层种类	适用范围
砂(砂砾、碎石)垫层	多用于中小型建筑工程的浜、塘、沟等局部处理。适用于一般饱和、非饱和的软弱土和水下黄土地基处理,不宜用于湿陷性黄土地基,也不适宜用于大面积堆载、密集基础和动力基础的软土地基处理。砂垫层不宜用于有地下水,且流速快、流量大的地基处理。不宜采用粉细砂做垫层

续表

垫层种类		适用范围
土垫层	素土垫层	适用于中小型工程及大面积回填、湿陷性黄土地基的处理
	灰土或二灰垫层	适用于中小型工程,尤其适用于湿陷性黄土地基的处理
粉煤灰垫层		用于厂房、机场、港区陆域和堆场等大、中、小工程的大面积填筑,粉煤灰垫层在地下水位以下时,其强度降低幅度在30%左右
矿渣垫层		用于中小型建筑工程,尤其适用于地坪、堆场等工程大面积的地基处理和场地平整、铁路、道路地基等。但对于受酸性或碱性废水影响的地基不得用矿渣做垫层

11.2.2 设计要点

垫层的设计不但要满足建筑物对地基变形及稳定的要求,而且也应符合经济合理的原则,设计的主要内容是合理确定垫层厚度和宽度。现以砂(或砂石、碎石)垫层设计为例进行介绍。

1. 垫层厚度的确定

垫层厚度如图11-2所示。依据下卧土层的承载力确定,垫层底面处土的自重应力与附加应力之和不大于同一标高处软弱土层的允许承载力。其表达式为:

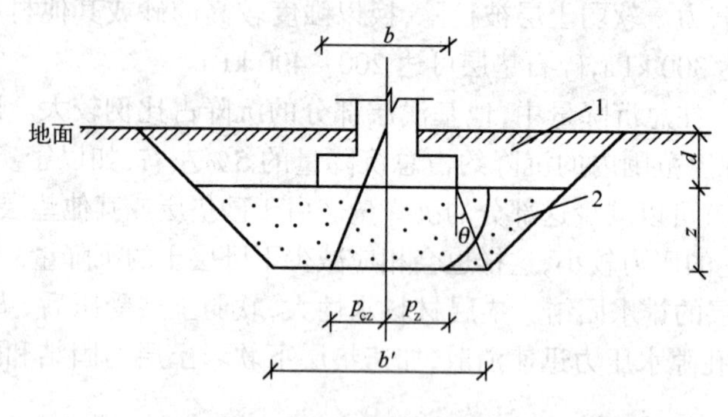

图11-2 垫层内压力分布

1—回填土;2—砂垫层

$$p_z + p_{cz} \leqslant f_z \tag{11-1}$$

式中,f_z——垫层底面处的附加压力值/ kPa;

p_z——垫层底面处的附加应力/kPa;

p_{cz}——垫层底面处土的自重压力/kPa。

具体计算时,一般可根据垫层的允许承载力确定基础宽度,再根据下卧土层的承载力确定垫层的厚度。垫层厚度一般不宜大于3 m。垫层太厚造价太高,且施工困难;太薄(<0.5 m)则垫层作用不明显,通常砂垫层厚度为1~2 m左右。

垫层底面处的附加应力值 p_z,可分别按式(11-2)和式(11-3)简化计算。

条形基础:
$$p_z = \frac{b(p - p_c)}{b + 2z\tan\theta} \tag{11-2}$$

矩形基础:
$$p_z = \frac{bl(p - p_c)}{(b + 2z\tan\theta)(l + 2z\tan\theta)} \tag{11-3}$$

式中，p——基础底面压力/kPa；

p_c——基础底面处土的自重压力/kPa；

l、b——基础底面的长度和宽度/m；

z——基础底面下垫层的厚度/m；

θ——垫层的压力扩散角，可按表 11-2 选用。

表 11-2　压力扩散角 θ

换填材料 / z/b	中砂、粗砂、砾砂、圆砾、角砾、卵石、碎石	黏性土和粉土（$8\% < I_p < 14\%$）	灰土
0.25	20°	6°	30°
≥0.50	30°	23°	

注：① 当 $z/b < 0.25$ 时，除灰土仍取 $\theta = 30°$ 外，其余材料均取 $\theta = 0°$；

② 当 $0.25 < z/b < 0.50$ 时，θ 值可内插求得。

2. 垫层宽度的确定

垫层的宽度应满足基础底面应力扩散的要求，并要防止垫层向两侧挤出。一般可按式(11-4)计算或根据当地经验确定：

$$b' \geqslant b + 2z\tan\theta \tag{11-4}$$

式中，b'——垫层底面宽度/m；

θ——垫层压力扩散角。可按表 11-2 选用。当 $z/b < 0.25$ 时，仍按表中 $z/b = 0.25$ 取值。

整片垫层的宽度可根据施工的要求适当加宽。垫层顶面每边宜超出基础底边不小于 0.3 m，或从垫层底面两侧向上按当地开挖基坑经验的要求放坡。

3. 垫层承载力的确定

垫层承载力宜通过现场试验确定，对一般工程，当无试验资料时，可按表 11-3 选用，并应验算下卧层的承载力。

表 11-3　各种垫层的承载力

施工方法	换填材料类别	压实系数 c	承载力标准值 f_k/kPa
碾压或振密	碎石、卵石	0.94～0.97	200～300
	砂夹石（其中碎石、卵石占全重的 30%～50%）		200～250
	土夹石（其中碎石、卵石占全重的 30%～50%）		150～200
	中砂、粗砂、砾砂		150～200
	黏性土和粉土（$8 < I_p < 14$）		130～180
	灰土	0.93～0.95	200～250
重锤夯实	土或灰土	0.93～0.95	150～200

4. 沉降计算

对于重要的建筑或垫层下存在软弱下卧层的建筑，还应进行地基变形计算。建筑物基础沉降等于垫层自身的变形量 s_1,与下卧土层的变形量 s_2 之和,对于超出原地面标高的垫层或换填材料的密度高于天然土层密度的垫层,宜早换填并考虑其附加的荷载对建筑物及邻近建筑物的影响。

11.2.3 施工要点

1. 垫层材料的选择

不同垫层材料有不同的要求。砂垫层材料应选用级配良好的中粗砂,含泥量不超过3%,不含植物残体、垃圾等杂质。当使用粉细砂时应掺入25%~30%的碎石或卵石,其最大粒径不宜大于50 mm。

素土垫层的土料中有机质含量不得超过5%,也不得有冻土或膨胀土,不得夹有砖、瓦和石块等渗水材料,当含有碎石时,其粒径不宜大于50 mm。

灰土垫层宜采用2:8或3:7的灰土。土料宜用黏性小及塑性指数大于4的粉土,不得含有松软杂质,并应过筛,其颗粒不得大于15 mm,石灰宜用新鲜的消石灰,其颗粒不得大于5 mm。

矿渣垫层其矿渣应质地坚硬、性能稳定和无侵蚀性,小面积垫层一般用8~40 mm与40~60 mm的分级矿渣,或0~60 mm的混合矿渣;大面积铺垫时,可采用混合矿渣或原状矿渣,矿渣最大粒径不大于200 mm。

2. 垫层压实方法的确定

机械碾压法是采用各种压实机械来压实地基土。此法常用于基坑底面积宽大、开挖土方量较大的工程。

重锤夯实法是用起重机将夯锤提升到某一高度,然后自由落锤,不断重复夯击以加固地基。重锤夯实法一般适用于地下水位距地表0.8 m以上稍湿的黏性土、砂土、湿陷性黄土、杂填土和分层填土。

平板振动法是使用振动压实机处理无黏性土或黏粒含量少、透水性较好的松散杂填土地基的一种方法。一般经振实的杂填土地基承载力可达100~120 kPa。

3. 分层铺填并压实

除接触下卧软土层的垫层底层应根据施工机械设备及下卧层土质条件的要求具有足够的厚度外,一般情况下,垫层的分层铺填厚度可取200~300 mm。

4. 含水量控制

为获得最佳夯压效果,宜采用垫层材料的最佳含水量 w_{op} 作为施工控制含水量,对于素土和灰土,现场可控制在最佳含水量 $w_{op}\pm2\%$ 的范围内。最佳含水量可通过击实试验确定,也可按当地经验取用。

5. 铺前应先验槽

基坑内浮土应清除,边坡必须稳定,防止塌土。基坑(槽)两侧附近如有古井、古墓、洞穴、旧基础、暗坑等软硬不均的部位时,应根据要求先行处理,并经检验合格后,方可铺填垫层。

6. 避免软弱土层结构扰动

垫层下卧层为淤泥或淤泥质土时,因其有一定的结构强度,一旦被扰动则强度大大降低,变形大量增加,影响到垫层及建筑的安全使用,通常的做法是:开挖基坑时应预留厚约 300 mm 的保护层,待做好铺填垫层的准备后,对保护层挖一段随即用换填材料铺填一段,直到完成全部垫层,以保护下卧软土层不被破坏。

下垫层底面宜设在同一标高上,如深度不同,基坑底土面应挖成阶梯或斜坡搭接,并按先深后浅的顺序进行垫层施工,搭接处应夯压密实。

素土及灰土垫层分段施工时,不得在柱基墙角及承重窗间墙下接缝,上下两层的缝距不得小于 500 mm,接缝处应夯压密实,灰土应拌和均匀并应均匀铺填夯压,灰土夯实后 3 天内不得受水浸泡。

垫层竣工后,应及时进行基础施工与基坑回填。

11.2.4 质量检验

垫层质量检验包括分层施工质量检查和工程质量验收。

① 分层施工的质量以达到设计要求的密度要求为标准。一般来讲,砂垫层的干容重,中砂 $\geqslant 16\ kN/m^3$,粗砂根据经验应适当提高;废渣垫层表面应坚实、平整,无明显缺陷,压陷差 < 2 mm;灰土垫层的压实系数一般应达 0.93 ~ 0.95。

② 对素土、灰土和砂垫层可用贯入仪检验垫层质量。对砂垫层也可用钢筋检验,并均应通过现场试验以控制压实系数所对应的贯入度为合格标准。压实系数可用环刀法或其他方法。

③ 测点布置。对于整片垫层,面积 $\leqslant 300\ m^2$ 时,环刀法为 50 ~ 100 m^2 布置一个,贯入法为 20 ~ 30 m^2 布置一个,用于条形基础下垫层,参照整片垫层要求且满足:环刀法每 20 m 至少布置一个,贯入法每 10 m 至少布置一个。对于单独基础下垫层,参照整片垫层要求,且不少于 2 个。

土垫层工程质量验收方式可以通过载荷试验进行,在有充分试验依据时,也可采用标准贯入试验或静力触探试验。当有成熟试验表明通过分层施工质量检查已满足工程需要时,也可不进行工程质量的整体验收。

11.3 强夯法

11.3.1 强夯法的原理及适用范围

强夯法又称动力固结法,由法国 Menard 技术公司于 1969 年创立并应用。这种方法是将重锤(一般 10 ~ 40 t)提升到高处使其自由落下(落距一般为 10 ~ 40 m),给地基以反复冲击和振动,从而提高地基的强度并降低其压缩性,强夯法是在重锤夯实法的基础上发展起来的,但加固原理不同。

1. 加固原理

夯锤自由下落产生巨大的强夯冲击能量，使土中产生很大的应力和冲击波，致使土中孔隙压缩，土体局部液化，夯击点周围一定深度内产生裂隙，形成良好的排水通道，使土中的孔隙水（气）溢出，土体固结，从而降低土的压缩性，提高地基的承载力。据资料显示，经过强夯的土体黏性大，其承载力可增加 100% ~ 300%，粉砂可增加 40%，砂土可增加 200% ~ 400%。强夯加固土体的主要作用如下。

① 密实作用。强夯产生的冲击波作用破坏了土体的原有结构，改变了土体中各类孔隙的分布状态及相对含量，使土体变得密实。另外，土体中多含有以微气泡形式出现的气体，其含量约为 1% ~ 4%，实测资料表明，夯击使孔隙水和气体的体积减小，土体变得密实。

② 局部液化作用。在夯锤反复作用下，饱和土中将引起很大的超孔隙水压力，随着夯击次数的增加，超孔隙水压力也不断提高，致使土中有效应力减少。当土中某点的超孔隙水压力等于上覆的土压力时，土中的有效应力完全消失，土的抗剪强度为零，土体达到局部液化。

③ 固结作用。强夯时在地基中产生的超孔隙水压力大于土粒间的侧向压力时，土粒间便会出现裂隙，形成排水通道，增大了土的渗透性，孔隙水得以顺利排出，加速了土的固结。

④ 触变恢复作用。经过一定时间后，由于土颗粒重新紧密接触，自由水又重新被土颗粒吸附而变成结合水，土体又恢复并达到更高的强度，即饱和软土的触变恢复作用。

⑤ 置换作用。利用强夯的冲击力，强行将碎石、石块等挤填到饱和软土层中，置换原饱和软土，形成桩柱或密实砂、石层，与此同时，该密实砂石层还可作为下卧软弱土的良好排水通道，加速下卧层土的排水固结，从而使地基承载力提高，沉降减小。

2. 适用范围

强夯法适用于处理碎石土、砂土、粉土、黏性土、杂填土和素填土等地基，它不仅能提高地基土的强度，降低土的压缩性，还能改善其抗振动液化的能力和消除土的湿陷性，所以还用于处理可液化砂土地基和湿陷性黄土地基等。但对于饱和软黏土地基，如淤泥和淤泥质土地基，强夯处理效果不显著，应慎重选用。

11.3.2 设计要点

强夯法设计的主要参数为：有效加固深度，夯击能，夯击次数，夯击遍数及间隔时间，夯击点布置和处理范围等。

1. 有效加固深度

强夯法的有效加固深度应根据现场试夯或当地经验确定。也可用下式估算：

$$H = K\sqrt{\frac{Wh}{10}} \tag{11-5}$$

式中，H——有效加固深度/m；

W——锤重/kN；

h——落距/m；

K——修正系数，一般为 0.34 ~ 0.8，例如黄土为 0.34 ~ 0.50。

2. 夯击能

单击夯击能是表示每击能量大小的参数，其值等于锤重和落距的乘积。目前我国采用的最大单击夯击能为 800 kN·m，国际上曾经用过的最大单击夯击能为 5000 kN·m，加固深度达 40 m。

单位夯击能指单位面积上所施加的总夯击能。根据我国的工程实践，一般情况下，对于粗颗粒土单位夯击能可取 1000 ~ 3000 kN·m/m^2，细颗粒土为 1500 ~ 4000 kN·m/m^2。

3. 夯击次数

不同地基土夯击次数也应不同，一般应通过现场试夯确定。以夯坑的压缩量最大、夯坑周围隆起量最小为原则，可以现场试夯得到的锤击数和夯沉量关系曲线确定。但要满足最后夯击的平均夯沉量不大于 50 mm，当单击夯击能量较大时不大于 100 mm，且夯坑周围地面不发生过大的隆起。此外还要考虑施工方便，不能因夯坑过深而发生起锤困难的情况。

4. 夯击遍数与间歇时间

夯击遍数应根据地基土的性质来确定。一般来说，由粗颗粒土组成的渗透性强的地基，夯击遍数可少些；由细颗粒土组成的渗透性低的地基，夯击遍数要求多些。根据我国工程实践，一般情况下，采用夯击遍数 2 ~ 3 遍，最后再以低能量满夯一遍。

两遍夯击之间有一定的时间间隔，以利于土中超静孔隙水压力的消散，所以间隔时间取决于超静孔隙水压力的消散时间。当缺少实测资料时，可根据地基土的渗透性确定。对于渗透性较大的黏性土地基夯击的间隔时间应不少于 3 ~ 4 周；对于渗透性好的地基则可连续夯击。

5. 夯击点布置及范围

夯击点布置可根据建筑结构类型，采用等边三角形、等腰三角形或正方形布点。对于某些基础面积较大的建(构)筑物，可按等边三角形或正方形布置夯点；对于办公楼、住宅建筑来说，则承重墙及纵墙和横墙交接处墙基下均有夯击点；对于工业厂房来说也可按柱网设置夯击点。

夯击点间距一般根据地基土的性质和要求加固的深度而定。根据国内经验，第一遍夯击时夯击点间距一般为 5 ~ 9 m，以后各遍夯击点间距可与第一遍相同，也可适当减小。对要求加固深度较深或单击夯击能力较大的工程，第一遍时夯击点间距宜适当增大。

强夯处理的范围应大于建筑物基础范围，具体放大范围可根据建筑结构类型和重要性等因素综合考虑确定。对于一般建筑物，每边超出基础外缘宽度宜为设计处理深度的1/2 ~ 2/3，并且不宜小于 3 m。

11.3.3 施工过程

为使强夯加固地基得到预想的效果，强夯法施工应按正式的施工方案及试夯确定的技术参数进行。

1. 施工步骤

① 清理并平整施工场地，标出第一遍夯点位置并测量场地高度。

② 起重机就位,使夯锤对准夯点位置,测量夯前锤顶高程。

③ 将夯锤起吊到预定的高度,待夯锤脱钩自由下落后,放下吊钩,测量锤顶高程。若发现因坑底斜而造成夯锤歪斜时,应及时将坑底垫平。

④ 重复③,按设计规定的夯击次数及控制标准,完成一个夯点的夯击。

⑤ 重复②~④步,完成第一遍全部夯点的夯击。

⑥ 用推土机将夯坑填平,并测量场地高度,停歇规定的间歇时间,使土中超静孔隙水压力消散。

⑦ 按上述步骤逐遍完成全部夯击遍数,最后用低能量满夯将场地表层松土夯实,并测量夯后场地高度。

2. 强夯过程的记录及数据

① 每个夯点的每击夯沉量、夯坑深度、开口大小、夯坑体积、填料量都需记录。

② 场地隆起、下沉记录,特别是邻近有建(构)筑物时需详细记录。

③ 每遍夯后场地的夯沉量、填料量记录。

④ 附近建筑物的变形检测。

⑤ 孔隙水压力增长、消散检测,每遍或每批夯点的加固效果检测。为避免时效影响,最有效的是检验干密度,其次为静力触探,以便及时了解加固效果。

⑥ 满夯前应根据设计基底标高考虑夯沉预留量并平整场地,使满夯后接近设计标高。

⑦ 记录最后两击的贯入度,看是否满足设计或试夯要求值。

3. 施工注意事项

① 强夯的施工顺序是先深后浅,即先加固深层土,再加固中层土,最后加固浅层土。

② 在饱和软黏土场地上施工,为保证吊车的稳定,需铺设一定厚度的粗粒料垫层,垫层料的粒径不应大于 10 cm,也不宜用粉细砂。

③ 注意吊车、夯锤附近人员的安全。

11.3.4 质量检验

1. 检验的数量

强夯地基检验的数量应根据场地的复杂程度和建筑物的重要性来决定。对于简单场地上的一般建筑物,每个建筑物地基的检验点不少于 3 处。对于复杂场地,应根据场地变化类型,每个类型不少于 3 处,强夯面积超出 1000 m^2 以内应增加 1 处。

2. 检验的时间

经强夯处理的地基,其强度是随着时间增长而逐步恢复和提高。因此,在强夯施工结束后应间隔一定时间方能对地基质量进行检验,其间隔时间可根据土的性质而定。时间越长,强度增长越高。一般对于碎石和砂土地基,其间隔时间可取 1~2 周,对于低饱和度的粉土和黏性土地基可取 2~4 周。对于其他高饱和度的土,测试间隔时间还可适当延长。

3. 检验方法

宜根据土性选用原位测试和室内土工试验方法。一般工程应采用两种或两种以上的方法进行检验,对于重要工程应增加检验项目。

检查强夯施工过程中的各种测试数据和施工记录,以及施工后的质量检验报告,不符合设计要求的,应补夯或采用其他有效措施。

11.4 挤密桩法

挤密桩法是以振动、冲击或带套管等方法成孔,然后向孔中填入砂、碎石、土或灰土、石灰、渣土或其他材料,再加以振实成桩并且进一步挤密桩间土的方法,其加固原理一方面是施工过程中挤密振密桩间土,另一方面桩体与桩间土形成复合地基。挤密桩按填料类别可分为土或灰土桩、石灰桩、碎(砂)石桩、渣土桩等;按施工方法可分为振冲挤密桩、沉管振动挤密桩和爆破挤密桩等。

11.4.1 土或灰土挤密桩法

土桩或灰土桩是用沉管、冲击或爆破等方法在地基中挤土,形成直径为 28 ~ 60 cm 的桩孔,然后向孔内夯填素土或灰土(灰土是将不同比例的消石灰和土掺和)形成的。成孔时,成孔部位的土被侧向挤出,从而使桩间土得到挤密;另外,对灰土桩而言,桩体材料石灰和土之间产生一系列物理和化学反应,凝结成一定强度的桩体。桩体和桩间挤密土共同组成人工复合地基。

土或灰土挤密桩法适用于处理地下水位以上的湿陷性黄土、素填土和杂填土等地基,处理深度宜为 5 ~ 15 cm。当以消除地基的湿陷性为主要目的时,宜选用土挤密桩法;当以提高地基的承载力或水稳定性为主要目的时,宜选用灰土挤密法。当地基土的含水量大于 23%及其饱和度大于 0.65 时,桩孔可能缩颈和出现回淤问题,挤密效果差,也较难施工,故不宜使用此方法加固地基。

土桩挤密法是前苏联阿别列夫教授 1934 年首创的。我国自 20 世纪 50 年代中期开始在西北地区试用,20 世纪 60 年代中期成功地创造了具有我国特色的灰土桩挤密法,目前灰土桩挤密法已成功地用于 50 m 以上的高层建筑的地基处理,有的处理深度已超过 15 m。土或灰土挤密桩法已成为我国黄土地区建筑地基处理的主要方法之一。

11.4.2 石灰桩

石灰在我国至少有 4000 余年的生产历史,是一种古老的建筑材料,用石灰加固软弱地基已有 2000 年历史,著名的长城、西藏佛塔、北京御道、漳州民居、古罗马的加音亚军用大道等地基都采用石灰加固,据文献记载,我国是研究应用石灰桩最早的国家。

石灰桩是指采用机械或人工在地基中成孔,然后灌入生石灰块或按一定比例加入粉煤灰、炉渣、火山灰等掺和料及少量外加剂进行振密或夯实而形成的桩体,石灰桩与经改良的桩固土共同组成石灰桩复合地基,以支承上部建筑物。石灰桩法加固杂填土、素填土和黏性土地基,有经验的也可用于粉土、淤泥和淤泥质土地基。一般加固深度从十几米到几十米,在日本其加固深度已达 60 m,成桩直径达 800 ~ 1750 mm。石灰桩不适用地下水位下的砂类土。

石灰桩既有别于砂桩、碎石桩等散体材料桩,又与混凝土桩等刚性桩不同,其主要特点是在形成桩身强度的同时也加固了桩间土。

按用料和施工工艺不同,石灰桩分为以下 3 类。

① 石灰块灌入法。石灰块灌入法采用钢套管成孔,然后在孔中灌入新鲜生石灰块或在生石灰中掺入适量水硬性粉煤灰和火山灰,一般经验的配合比为 8:2 或 7:3。在拔管的同时进行振密和捣密,利用生石灰吸收桩间土体的水分进行水化反应,此时,生石灰的吸水膨胀、发热及离子交换作用使桩间土体的含水量降低,孔隙比减小,土体挤密和桩柱体硬化,桩和桩间土共同承担外荷载,形成一种复合地基。

② 粉灰搅拌法。粉灰搅拌法是粉体喷射搅拌法的一种,通常搅拌机将石灰粉加固料与原位软土搅拌均匀,促使软土硬结,形成石灰土桩。

③ 石灰浆压力喷注法。石灰浆压力喷注法采用压力将石灰浆或石灰—粉煤灰(二灰)浆喷射注于地基土的孔隙内或预先钻的桩孔内,使灰浆在地基土中扩散和硬凝,形成不透水的网状结构层,从而达到加固的目的。

11.4.3 碎(砂)石桩法

1. 加固原理及适用范围

碎石桩和砂桩总称碎(砂)石桩,又称粗颗粒土桩。是指用振动、冲击或水冲等方式在软弱地基中成孔后,再将碎石或砂挤压入成孔中,形成大直径的碎(砂)石所构成的密实桩体。

碎(砂)石桩的加固作用主要如下。

① 挤密作用。当采用沉管法或干振法施工时,由于在成桩过程中桩管对周围砂层产生很大的横向挤压力,桩管中的砂挤向桩管周围的砂层,使桩管周围的砂层孔隙比减少,密实度增大,这就是挤密作用,有效挤密范围可达 3 ~ 4 倍桩直径。

② 排水作用。碎(砂)石桩在地基中形成渗透性良好的人工竖向排水减压通道,有效地消散和防止超孔隙水压力的增高和砂土产生液化,并可加快地基的排水固结。

③ 置换作用。用黏性土地基(特别是饱和软土)中有良好性能的碎(砂)石来替换不良的地基土,使地基中密实度高和直径大的桩体与原黏性土构成复合地基,共同承担上部荷载。

④ 垫层作用。若软弱土层厚度不大,则桩体可贯穿整个软弱土层,直达相对硬层,此时桩体在荷载作用下主要起应力集中的作用,从而使软土负担的压力相应减少。如果软弱土层较厚,则桩体可不贯穿整个软弱土层,此时加固的复合土层起垫层的作用,垫层将荷载扩散,使应力分布趋于均匀。

⑤ 加筋作用。碎石桩作为复合地基,除了提高地基承载力、减少地基沉降外,还具有提高土体的抗剪强度,增大坡的抗滑稳定性的筋体作用。

此外,对松散砂土进行振冲法施工,使填料和地基土在挤密的同时获得强烈的预震,增强了砂土的抗液化能力。

碎(砂)石桩适用于处理松散砂土、素填土、杂填土、粉土等地基,对于饱和软黏土地基,必须通过试验确定其适用性。

2. 设计要点

① 地基加固范围。应根据建筑物的重要性和场地条件及基础形式而定，通常要大于基底面积，一般地基应比基础外缘扩大 1 ~ 2 排桩；可液化地基则应比基础外缘扩大 2 ~ 4 排桩。

② 桩位布置。对大面积满深基础，宜用等边三角形布置；对独立或条形基础，桩位宜用正方形、矩形或等腰三角形布置；对于圆形或环形基础，宜用放射形布置，如图 11-3 所示。

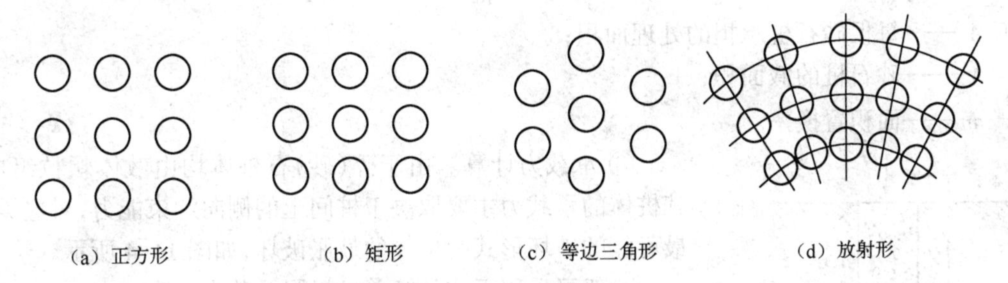

图 11-3　桩位布置示意图

③ 桩长的确定。当相对硬层的埋藏深度不大时，应按相对硬层埋藏深度确定；当相对硬层的埋藏深度较大时，按建筑物地基的变形允许值确定。桩长不宜短于 4 m。在可液化的地基中，桩长应按要求的抗震处理深度确定。

④ 桩径。应根据地基土质情况和成桩设备等因素确定。当采用振冲器成桩时，一般桩径为 70 ~ 100 cm；采用沉管法成桩时，一般桩径为 30 ~ 70 cm。对饱和黏性土地基，宜选用较大的直径。

⑤ 桩体材料。可用中粗混合砂、碎石、卵石、砾砂石等，含泥量不大于 5%。对于碎石，常用粒径为 2 ~ 5 cm，一般不大于 8 cm。

⑥ 碎(砂)石桩施工完毕，基础底面应铺设 20 ~ 50 cm 厚度的碎(砂)石垫层。

⑦ 桩距的计算。松散砂土中打入碎(砂)石桩，假定起到 100% 挤密效果，则桩距确定公式如下。

等边三角形布置时：

$$L = 0.95 d \sqrt{\frac{1 + e_0}{e_0 - e_1}} \tag{11-6}$$

正方形布置时：

$$L = 0.90 d \sqrt{\frac{1 + e_0}{e_0 - e_1}} \tag{11-7}$$

$$e_1 = e_{max} - D_{r1}(e_{max} - e_{min}) \tag{11-8}$$

式中，L——碎(砂)石桩距；

d——碎(砂)石桩直径；

e_0——地基处理前砂土的孔隙比；

e_1——地基处理后要求达到的孔隙比；

e_{max}、e_{min}——分别为砂土的最大、最小孔隙比；

D_{r1}——地基挤密后要求砂土达到的相对密实度，可取 0.70 ~ 0.85。

黏性土地基可根据式(11-9)或式(11-10)计算。

等边三角形布置时：

$$L = 1.08\sqrt{A_e} \tag{11-9}$$

正方形布置时：

$$L = \sqrt{A_e} \tag{11-10}$$

$$A_e = \frac{A_p}{m} \tag{11-11}$$

式中，A_e——每根砂石桩承担的处理面积；

A_p——砂石桩的截面积；

m——面积置换率。

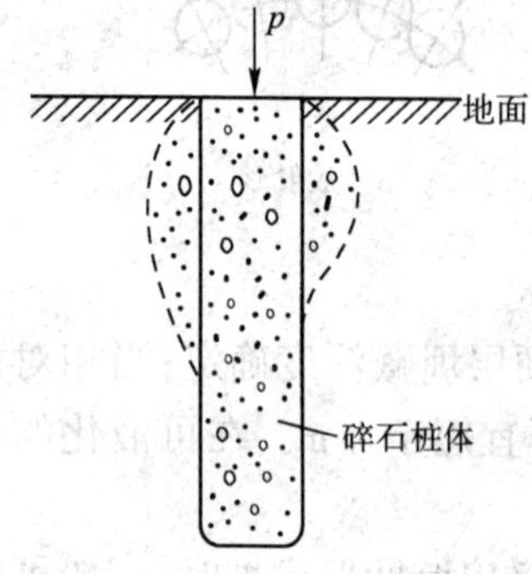

图 11-4　桩体的鼓胀破坏形式

⑧ 承载力计算。由于碎(砂)石桩体均由散体颗粒组成，其桩体的承载力主要取决于桩间土的侧向约束能力，对这类桩最可能的破坏形式为桩体的鼓胀破坏，如图 11-4 所示。

一般可采用下式估算单桩极限承载力：

$$[p_p]_{max} = 20c_u \tag{11-12}$$

式中，$[p_p]_{max}$——单桩极限承载力/kPa；

c_u——地基土的不排水抗剪强度/kPa。

在黏性土和碎(砂)石桩所构成的复合地基上，当作用荷载为 p 时，设作用于桩的应力为 p_p，作用于黏性土的应力为 p_s，则复合地基的承载力可用式(11-13)或式(11-14)求得。

$$p = [1 + m(n-1)]p_s \tag{11-13}$$

$$p = [1 + m(n-1)]p_s \cdot \frac{1}{n} \tag{11-14}$$

式中，n——桩土应力比。$n = p_p/p_s$，由实测获得。无实测值时，一般取 2.0～4.0，天然地基为黏性土时取得最大值，为砂性土时取最小值。

⑨ 沉降计算。复合地基的压缩模量可按式(11-15)计算，其值为：

$$E_{sp} = [1 + m(n-1)]E_s \tag{11-15}$$

式中，E_{sp}——复合地基的压缩模量/MPa；

E_s——桩间土的压缩模量/MPa。

3. 施工方法

目前，碎(砂)石桩施工方法多种多样，本书仅介绍振冲法和沉管法。

1) 振冲法

振冲法以起重机吊起振冲器(图 11-5)，启动潜水电动机后，带动偏心块，使振冲器产生高频振动，同时开动水泵，使高压水通过喷嘴喷射高压水流，在边振边冲的联合作用下，将振冲器沉到土中的设计深度。经过清孔后，就可以从地面向孔中逐段填入碎石，每段填料均在振动作用下被振挤密实，达到所要求的密实度后提升振冲器。如此重复填料和振密，直至地面，从而在地基中形成一根大直径的密实的桩体。

振冲挤密法一般施工过程如下(图 11-6)：

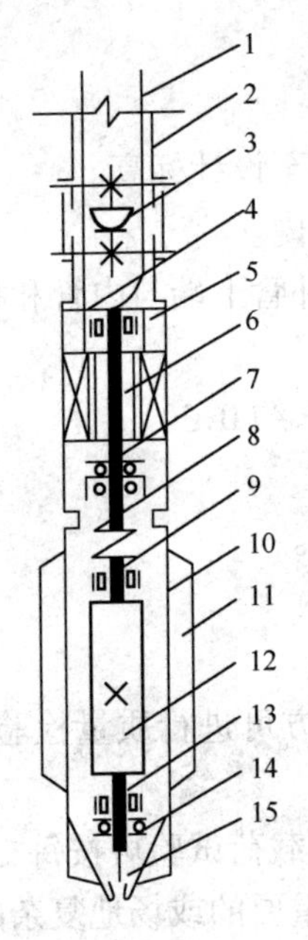

图 11-5　振冲器构造示意图

1—水管;2—吊管;3—活节头;4—电动机垫板;5—潜水电动机;6—转子;7—电动机轴;8—联轴节;9—空心轴;10—壳体;11—翼板;12—偏心体;13—向心轴承;14—推力轴承;15—射水管

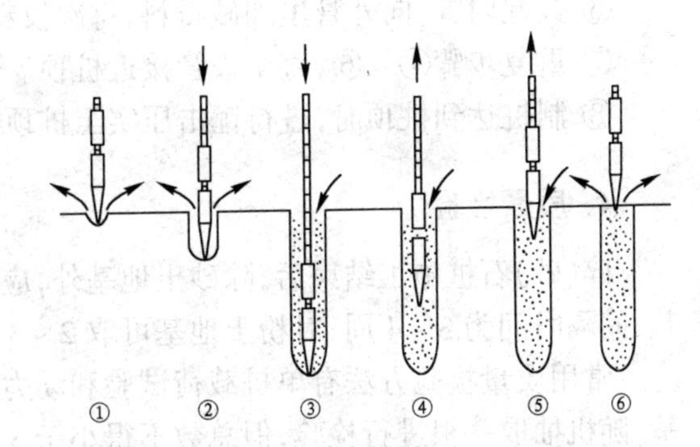

图 11-6　振冲法施工过程示意图

① 定位;② 成孔;③ 到底开始填料;④ 振制桩柱;⑤ 振制桩柱;⑥ 完成

① 振冲器对准桩位。

② 振冲成孔。

③ 将振冲器提出孔口,向桩孔内填料。

④ 将振冲器再放入孔内,将石料压入桩底振密。

⑤ 连续不断向孔内填料,边填边振,达到"密实电流"后,将振冲器缓慢上提,继续振冲,达到"密实电流"后,再上提。如此反复,直至整根桩完成。

2) 沉管法

沉管法最初主要用于制作砂桩,近年开始用于制作碎石桩,属于干法施工。按成桩工艺可分为振动成桩法(含一次拔管法、逐步拔管法、重复压拔管法 3 种)和锤击成桩法(含单管法和双管法 2 种)两类。图 11-7 为双管锤击成桩法。

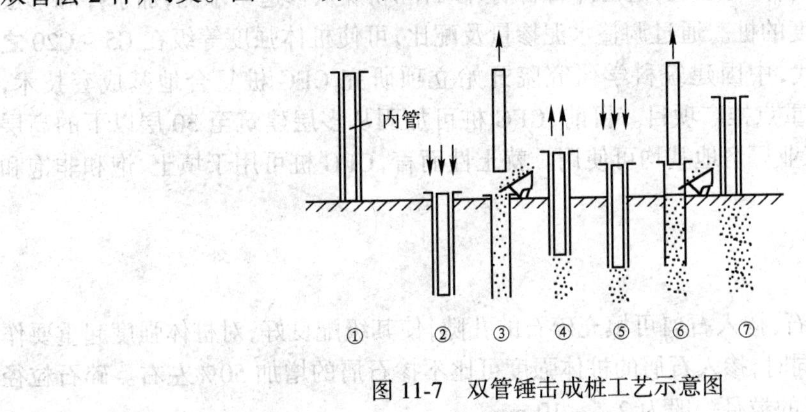

图 11-7　双管锤击成桩工艺示意图

双管锤击成桩工艺步骤如下：

① 桩管垂直就位。

② 启动蒸汽桩锤或柴油锤，将内、外管同时打入土层中并至设计标高。

③ 拔起内管至一定高度，打开投料口，将砂石料投入外管内。

④ 关闭投料口，放下内管压在砂石料面上，拔起外管，使外管上端与内管和桩锤接触。

⑤ 启动桩锤，锤击内、外管将砂石料压实。

⑥ 拔起内管，向外管里加砂石料，每次投料量为两手推车，约 0.30 m^3。

⑦ 重复步骤④～⑥，直至拔管接近桩顶。

⑧ 制桩达到桩顶时，进行锤击压实至桩顶标高，进行封顶。

4. 质量检验

碎(砂)石桩施工结束后，除砂土地基外，应间隔一定时间方可进行质量检验，对黏性土地基，间隔时间为 3～4 周，对粉土地基可取 2～3 周。

常用质量检验方法有单桩载荷试验和动力触探试验，单桩载荷试验可按每 200～400 根桩基，随机抽取一根进行检验，但总数不得小于 3 根。对大型的重要的或场地复杂的碎(砾)石桩工程应进行复合地基的处理效果检验，检验点数量可按处理面积大小取 2～4 组。

11.4.4 渣土桩法

渣土桩是指用建筑垃圾、生活垃圾和工业废料形成的无黏结强度的桩。此项技术既可消纳垃圾，又可加固地基，具有显著的社会效益和经济效益。

渣土桩施工的方法很多，归纳起来，主要有垂直振动法成桩和垂直夯击法成桩两类。另外，对于粒径小的渣土桩，可以在渣土料中加入一定比例的黏结剂，如石灰、水泥等，使桩身黏结强度提高，加固效果更好。

渣土桩在工程实践中已成功应用，具有广阔的前景。

11.4.5 水泥粉煤灰碎石桩

水泥粉煤灰碎石桩简称 CFG 桩，是由碎石石屑、砂石和粉煤灰掺适量水泥，加水拌和形成的一种具有一定黏结强度的桩。通过调整水泥掺量及配比，可使桩体强度等级在 C5～C20 之间变化。20 世纪 80 年代，中国建筑科学研究院开始立项研究 CFG 桩复合地基成套技术，1995 年将其列为国家级重点推广项目。目前，CFG 桩可加固从多层建筑至 30 层以下的高层建筑地基，民用建筑及工业厂房地基均可使用。就土性而言，CFG 桩可用于填土、饱和非饱和黏性土。

1. 桩体材料

CFG 桩的骨料为碎石，掺入石屑可填充碎石的孔隙，使其级配良好，对桩体强度起重要作用。碎石和水泥掺量相同时，掺入石屑的桩体强度可比不掺石屑的增加 50%左右。碎石粒径一般为 20～50 mm；石屑的粒径一般为 2.5～10 mm。

粉煤灰是燃煤发电厂排出的一种工业废料，既是 CFG 桩中的细骨料，又有低标号水泥作用，可使桩体具有明显的后期强度。

水泥一般采用 42.5# 普通硅酸盐水泥。

2. 加固机理

CFG 桩加固软弱地基、桩和桩间土一起通过褥垫层形成 CFG 桩复合地基，如图 11-8 所示。加固软弱地基主要有 3 种作用。

① 桩体作用。CFG 桩体具有一定黏结强度，在荷载作用下桩体的压缩性明显比其周围软土小，基础传给复合地基的附加应力随着地基变形逐渐集中到桩体上，出现明显的应力集中现象，复合地基的 CFG 桩起到了桩体的作用。

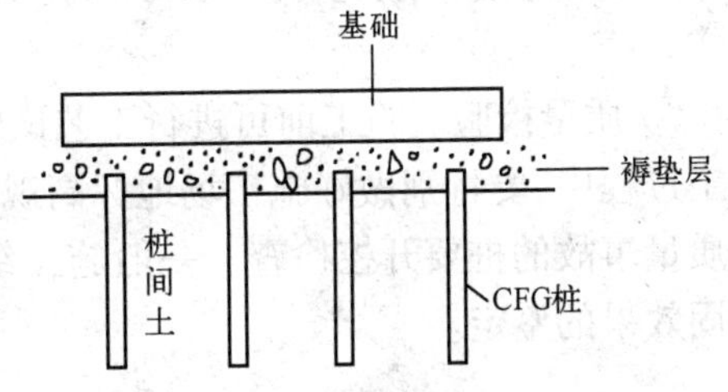

图 11-8　CFG 桩复合地基示意图

② 挤密作用。施工时，由于振动和挤压作用，使得桩间土得到挤密，加固前后桩间土的物理力学性质明显改善。

③ 褥垫层作用。CFG 桩复合地基的许多特性都与褥垫层有关，因此褥垫层技术是 CFG 桩复合地基的一个核心技术。由级配砂石、粗砂碎石等散体材料组成的褥垫层可保证桩、土共同承担上部荷载，并有效调整桩、土荷载分担比，减小基础底面的应力集中。通过褥垫厚度的调整，可以调整桩、土水平荷载的分担比。结合大量的工程实践，褥垫层厚度一般取 10 ~ 30 cm。

3. 施工要点

CFG 桩常用的施工设备及施工方法有：振动沉管灌注成桩，长螺旋钻孔灌注成桩，泥浆护壁钻孔灌注成桩，长螺旋钻孔泵压混合料成桩等。实际工程中振动沉管机成桩施工较多，以下介绍振动成桩工艺。

① 沉管。桩机进场就位，调整沉管与地面垂直，确保垂直度偏差不大于 1%，启动电动机，沉管至预定标高，并做好记录。

② 投料。混合料按设计配比经搅拌机加水拌和均匀，待沉管至设计标高后尽快投料，直至管内混合料面与钢管料口齐平。

③ 振动拔管。启动电动机留振 5 ~ 10 s 开始拔管，拔管速度控制为 1.2 ~ 1.5 m/min 左右，边振动边拔直至地面。当确认成桩符合设计原理后，用粒状材料或湿黏土封顶，然后移机进行下一根桩施工。

④ 施工顺序。应考虑打桩对已打桩的影响。连续施打可能造成桩位被偏或缩颈，若采用隔桩跳打，则先打桩的桩径较少发生缩小或缩颈现象。但土质较硬时，在已打桩中间补打新桩，已打桩可能产生被震裂或震断效果。

在软土中，桩距较大可采用隔桩跳打，在饱和的松散粉土中，如桩距较小，不再采用隔桩跳打方案。满堂布桩，无论桩距大小，均不宜从四周向内推进施打。施打新桩时已打桩间隔时间不应少于 7 d。

⑤ 保护桩长与桩头处理。成桩时应预先设定加长的一段桩长，待基础施工时将其剔掉，即为保护桩长。设计桩顶标高离地表距离不大于 1.5 m 时，保护桩长可取 50 ~ 70 cm，上部用土封顶，桩顶标高离地表距离较大时，保护桩长可设置为 70 ~ 100 cm，上部用粒状材料封顶直

到地表。

CFG 桩施工完毕,待桩体达到一定强度,一般需要 3 ~ 7 d,方可进行基槽开挖,可采用机械和人工开挖方式进行。但人工开挖留置厚度一般不宜小于 70 cm。多余桩头需要剔除,凿开桩头。并适当高出桩间 ± 1 ~ 2 cm。

⑥ 铺设褥垫层。褥垫层所用材料多为级配砂石,最大粒径一般不超过 3 cm,或粗砂、中砂等。褥垫层厚度一般为 10 ~ 30 cm,虚铺后多采用静力压实,当桩间土含水量不大时方可夯实。

⑦ 质量检验。施工前可进行工艺试验,在考查设计的施打顺序和桩距能否保护桩身质量施工过程中,要特别做好施工场地标高观测、桩顶标高观测,对桩顶上升量较大的桩或怀疑发生质量事故的桩要开挖检查。一般施工结束 28 d 后做桩、土及复合地基的检测,以进行地基加固效果的鉴定。

11.5 化学加固法

化学加固法是指利用水泥浆液、黏土浆液或化学浆液,通过灌注压入、高压喷射或机械搅拌,使浆液与土颗粒胶结起来,以改善土的物理和力学性质的地基处理方法。现介绍几种常用的化学加固方法。

11.5.1 灌浆法

灌浆法是指利用液压、气压或电动化学原理,通过注浆管把浆液均匀地注入地层中,浆液以填充、渗透和挤密等方式,赶走土颗粒间或岩石裂隙中的水分和空气后占据其位置,经人工控制一定时间后,浆液将原来松散的土粒或裂隙胶结成一个整体,形成一个结构新、强度大、防水性能好和化学稳定性良好的结合体。

灌浆的主要目的是:①防渗。降低渗透性,减少渗流量,提高抗渗能力,降低孔隙压力;②堵漏。封填孔洞,堵截流水;③加固。提高岩土的力学强度和变形模量,恢复混凝土结构及水工建筑物的整体性;④纠偏。使已发生不均匀沉降的建筑物恢复原位或减少其偏斜度。灌浆法在我国煤炭、冶金、水电、建筑、交通等部门广泛使用,并取得了良好的效果。

灌浆法按加固原理可分为渗透灌浆、压密灌浆、劈裂灌浆和电动化学灌浆等。

灌浆工程中所用的浆液是由主剂、溶剂及各种附加剂混合而成,通常所说的灌浆材料是指浆液中所用的主剂。灌浆材料按形态可分为颗粒型浆材、溶液型浆材和混合型浆材 3 大类。颗粒型浆材是以水泥为主剂,故通称为水泥浆材;溶液型浆材是由两种或多种化学材料配制,故通称为化学浆材;混合型浆材则由上述两类浆材按不同比例混合而成。在国内外灌浆工程中,水泥一直是用途最广和用量最大的浆材,其主要特点为结石强度高、耐久性较好、无毒、料源广且价格较低。

袖阀管法是土木工程界广泛应用的注浆方法,该法分为 4 个步骤(图 11-9)。

① 钻孔。通常用优质泥浆(例如膨润土浆)进行护壁,很少用套管护壁(图 11-9(a))。

② 插入袖阀管。为使套壳料厚度均匀,应设法使袖阀管位于钻孔的中心(图 11-9(b))。

③ 浇注套壳料。用套壳料置换孔内泥浆,浇注时应避免套壳料进入袖阀管内,并严防孔

内泥浆混入套壳料中(图 11-9(c))。

④灌浆。待套壳料具有一定强度后,在袖阀管内放入带双塞的灌浆管进行灌浆(图 11-9(d))。

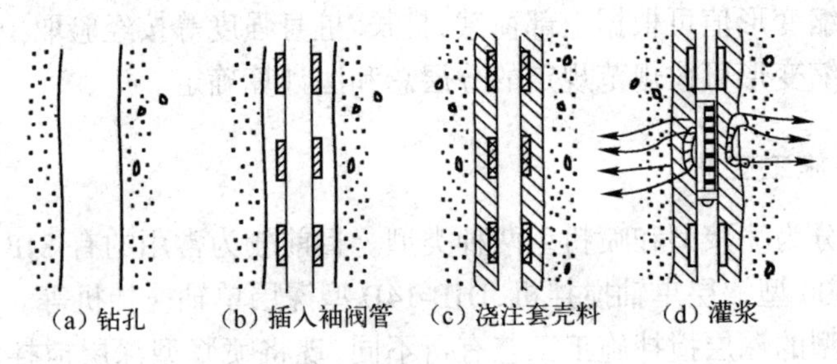

图 11-9　袖阀管法施工程序

11.5.2　深层搅拌法

1. 加固机理及适用范围

深层搅拌法是通过特制深层搅拌机械,沿深度将固化剂(水泥浆、水泥粉或石灰粉等,外加一定的掺合剂)与地基土强制就地搅拌,利用固化剂和软土之间产生的一系列物理—化学反应,使软土硬结成具有整体性、水稳性和一定强度的地基。深层搅拌法适用于处理淤泥、淤泥质土、粉土和含水量较高且地基承载力标准值不大于 120 kPa 的粉性土地基,并可根据工程需要将地基土加固成块状、圆柱状、壁状、格栅状等形状的水泥土,主要用于形成复合地基、基坑支挡结构、地基中止水帷幕及其他用途。深层搅拌法施工速度快、无公害、施工过程无振动、无噪声、无地面隆起,不排污,不排土,不污染环境,对邻近建筑物不产生有害影响,具有较好的社会和经济效益。我国自 1977 年引进开发深层搅拌法以来,已在全国得到广泛应用。

深层搅拌法的固化剂主要是水泥浆或水泥粉。当水泥浆与软黏土拌和后,水泥颗粒表面的矿物很快与黏土中的水发生水解和水化反应,在颗粒间生成各种水化物,这些水化物有的继续硬化,形成水泥石骨料,有的则与周围具有一定活性的黏土颗粒发生反应,通过离子交换和团粒化作用使较小的土颗粒形成较大的团粒,通过凝硬反应,逐渐生成不溶于水的稳定的结晶化合物,从而使土的强度提高。水泥水化物中游离的氢氧化钙能够吸收水中和空气中的二氧化碳,发生碳酸化反应,生成不溶于水的碳酸钙,这种碳酸化反应也能使水泥土增加强度,土和水泥水化物之间的物理化学过程是比较缓慢的,水泥土硬化需要一定的时间,根据水泥土的基本特性,其强度标准值应取 90 d 龄期试块的无侧限抗压强度。

2. 设计要点

水泥土中水泥含量通常用水泥掺和比 α_w 表示:

$$\alpha_w = \frac{\text{掺和的水泥重量}}{\text{被拌和的黏土重量}} \times 100\%$$

试验表明,影响水泥土强度的主要因素有水泥掺和比、水泥标号、养护龄期、土样含水量、土中有机质含量、外掺剂及土体围压等。工程实践中,水泥掺入比一般为 7% ~ 15%。

深层搅拌桩加固范围取决于基础尺寸及软土范围。当软土厚度不大时,桩体应穿透软土达到硬土层，深层搅拌桩可采用正方形或等边三角形压桩，当搅拌桩处理范围以下存在软弱下卧层时，需进行下卧层强度验算。

搅拌桩复合地基的变形包括复合土层的压缩变形和桩端以下未处理土层的压缩变形两部分。复合土层的压缩变形值可根据上部荷载、桩长、桩身强度等按经验取 10 ~ 30 mm。桩端以下未处理土层的压缩变形可按规范规定的分层总和法计算确定。

3. 施工机具及施工工艺

深层搅拌机械分为喷浆型和喷粉型两种类型。目前较为常用的有 SJB - Ⅰ、SJB - Ⅱ型深层双轴搅拌机，GZB-600 型深层单轴搅拌机，DJB-14D 型深层单轴搅拌机等。

喷浆型和喷粉型的深层搅拌施工工艺有所不同，现将喷浆型深层搅拌的施工工艺流程简介如下(图 11-10)。

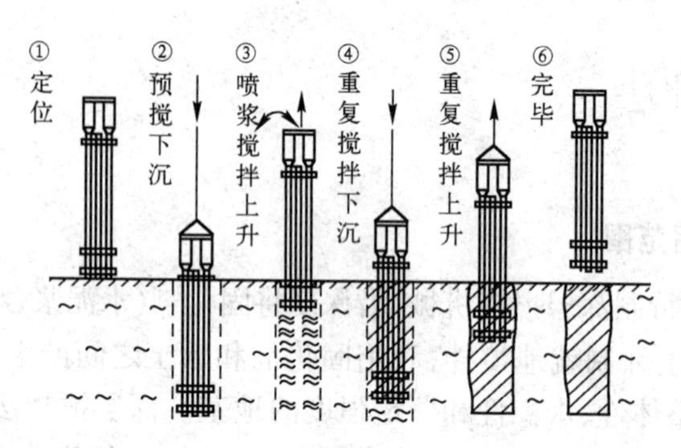

图 11-10　喷浆型深层搅拌施工顺序

① 定位。起重机(或塔架)悬吊深层搅拌机到达指定桩位，使中心管(双搅拌机型)或钻头(单轴型)中心对准设计桩位，当地面起伏不平时，应使起吊设备保持水平。

② 预搅下沉。待深层搅拌机的冷却水循环正常后，启动搅拌电动机，放松起重机钢丝绳，使搅拌机的导向架搅拌切土下沉，下沉的速度可由电动机的电流监测表控制。工作电流不应大于 70 A，如果下沉速度太慢，可以输浆系统补给清水以利钻进。

③ 制备水泥浆。待深层搅拌机下沉到一定深度时，即开始按设计确定的配合比拌制水泥浆，待压浆前将水泥浆倒入集料斗中。

④ 提升喷浆搅拌。搅拌机下沉到设计深度后，开启灰浆泵将水泥压入地基中，并且边喷浆边旋转搅拌钻头，同时按照设计确定的提升速度提升深层搅拌机。

⑤ 重复搅拌下沉。提升搅拌机到设计加固范围的顶面标高时，集料斗中的水泥浆正好排空。为使软土和水泥浆搅拌均匀，可再次将搅拌机边旋转边沉入土中，至设计加固深度后再将搅拌机提升地面。

⑥ 清洗。向集料斗中注入适量的清水，开启灰浆泵，清洗全部管路中残余的水泥浆，直至基本干净，并将黏附在搅拌头上的软土清除干净。

⑦ 移位。深层搅拌机移位，重复上述① ~ ⑥步骤，进行下一根桩的施工。

4. 施工质量控制和检验

施工质量控制主要有以下几点：①垂直度：搅拌桩的垂直度偏差不得超过 1% ~ 5%；②桩位偏差不大于 50 mm；③水泥应符合设计要求；④施工时主要控制下沉速度，提升速度，水泥用量，喷浆(粉)的连续均匀性，确保搅拌施工的均匀性；⑤施工记录应该详尽完善。

施工过程中应随时检查施工记录，并对每根桩进行质量评定。对于不合格的桩，应根据其位置和数量等具体情况，分别采取补桩和加强邻桩等措施。搅拌桩应在成桩的 7 d 内用轻便触探器钻取桩身加固土样，观察搅拌均匀程度，检验桩的数量应不少于已完成桩数的 2%。

对下列情况应进行取样，单桩载荷试验或开挖检验：①经触探检验对桩身强度有怀疑的，应钻取桩身芯样，制成试块并测定桩身强度；②场地复杂或施工有问题的桩，应进行单桩载荷试验，检验其承载力；③对相邻桩搭接要求严格的工程，应在养护到一定龄期时选取数根桩体进行开挖，检查桩顶部分外观质量。

基槽开挖后，应检验桩位、桩数与桩顶质量，如不符合规定要求，应采取有效补救措施。

11.5.3 高压喷射注浆法

高压喷射注浆法是利用钻机把带有喷嘴的注浆管钻入(或置入)至土层预定的深度后，以 20～40 MPa 的压力把浆液或水从喷嘴中喷射出来，形成高压喷射流冲击破坏土层，形成预定形状的空间。当能量大、速度快和脉动状的喷射流的动压力大于土层结构强度时，土颗粒便从土层中剥落下来，一部分细粒土随浆液或水冒出地面，其原土颗粒在喷射流的冲击力、离心力和重力等作用下，与浆液搅拌混合，并按一定浆土的比例和质量大小有规律地重新排列，这样注入的浆液将冲下的部分土混合物凝结成加固体，从而达到加固土体的目的。它具有增大地基承载力、止水防渗、减少支挡结构物土压力、防止砂土液化和降低土的含水量等多种作用。

高压喷射注浆法适用于处理淤泥、淤泥质土、粉性土、粉土、砂土、人工填土和碎石土等地基。当土中含有较多的大粒径块石、坚硬黏性土、大量植物根茎或过多的有机物时，应根据现场试验结果确定其适用程度。工程实践中，此法可适用于已有建筑和新建建筑的地基处理，深基坑侧壁挡土或挡水、基坑底部加固、防止管涌与隆起，坝的加固与防水帷幕等工程，但对已知地下水流速过大和已涌水工程应慎重使用。

高压喷射注浆法形成的固结体形状与喷射流移动方向有关，一般分为旋转喷射(简称旋喷)、定向喷射(简称定喷)和摆动喷射(简称摆喷)3 种形式(图 11-11)。

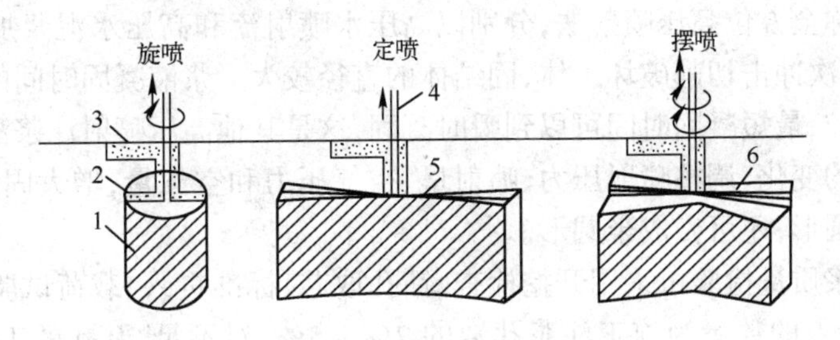

图 11-11　高压喷射注浆形式

1—桩；2—射流；3—冒浆；4—喷射注浆；5—板；6—墙

高压喷射注浆法的基本工艺有单管法、二重管法、三重管法、多重管法、多孔管法共 5 种方法。

1. 单管法

单管旋喷注浆法是利用钻机等设备，把浆在注浆管(单管)底部侧面的特殊喷嘴置入土层预定深度后，用高压泥浆泵等装置，以 20～40 MPa 左右的压力把浆液从喷嘴中喷射出去冲击破坏土体，用时借助注浆管的旋转和提升运动，使浆液与从土体上落下来的土粒搅拌混合，经过一定时间的凝结固化，在土中形成圆柱形的固结体，如图 11-12(a)所示。

2. 二重管法

使用双通道的二重注浆管，当二重注浆管钻进到土层的预定深度后，通过在管底部侧面的一个同轴双重喷嘴，同时喷射出高压浆液和空气两种介质的喷射流冲击破坏土体，即以高压泥浆泵等高压发生装置从内喷嘴中高速喷射出 20～40 MPa 左右压力的浆液，并用 0.7 MPa 左右压力把压缩空气从外嘴喷出，在高压浆液和它外圈环绕气流的共同作用下，破坏土体的能量显著增大，最后土中形成较大的固结体，固结体的直径显然大于单管法直径，如图 11-12(b)所示。

3. 三重管法

三重管法分别使用输送水、气、浆三种介质的三重注浆管，在以高压泵等高压发生装置产生的 20～40 MPa 左右的高压水喷射流的周围，环绕一股 0.5～0.7 MPa 左右的圆筒状气流，进行高压水喷射流和气流同轴喷射冲切的土体，形成较大的空隙，再另由泥浆泵注入压力为 0.5～5 MPa 的浆液填充，喷嘴作旋转和提升运动，最后在土中凝固为较大的固结体，如图 11-12(c)所示。

4. 多重管法

多重管法需要先打一个导孔置入多重管，利用压力大于或等于 40 MPa 的高压水流旋转运动切削破坏土体，被冲下来的土、砂和砾石等立即用真空泵从管中抽到地面，如此反复冲出土体和抽泥，并以自身的泥浆护壁，使在土中冲出一个较大的空洞，依靠土中自身泥浆的重力和喷射余压使空洞不坍塌。装在喷头上的超声波传感器及时测出空洞的直径和形状，由电脑绘出空洞图形。当空洞的形状、大小和高度符合设计要求后，根据工程要求选用浆液、砂浆、砾石等材料进行填充，在地层中形成一个大直径的柱状固结体，如图 11-12(d)所示。

5. 多孔管法

多孔管法亦称全方位高压喷射法，分别以高压水喷射流和高压水泥浆加四周环绕空气流的复合喷射流，两次冲击切削破坏土体，固结体的直径较大。浆液凝固时间的长短可通过喷嘴注入速凝液量调控，最短凝固时间可以到瞬时凝固，这是其他高压喷射注浆法难以达到的。施工时可根据高压的变化，调整喷射压力、喷射量、空气压力和空气量，增大固结效果，固结体的形状不但可做成圆形，还可做成半圆形。

高压喷射注浆质量检验可采用开挖检查、钻孔取芯、标准贯入、载荷试验或压水试验等方法进行检验，检验点的数量为施工注浆孔数的 2%～5%，对不足 20 孔的工程，应至少检验 2 个点，质量检验应在高压喷射注浆结束 4 周后进行。

11.6 加筋法

加筋法是在土中加入条带、纤维或网格等抗拉材料，依靠它改善土的力学性能，提高土的强度和稳定性的方法。加筋法的概念早就存在，以天然植物作加筋已有几千年的历史，如我国陕西半坡村发现的仰韶遗址中利用草泥修筑的墙壁,距今已有五六千年。现代加筋法始于20世纪60年代初期,法国工程师Henri Vidd把加筋技术从朴素直观的认识和经验提高到理论的新阶段。我国在20世纪70年代开始进行加筋土的科研和探讨,随后在铁路、煤炭、公路、水利、建筑部门不断得到应用和发展。

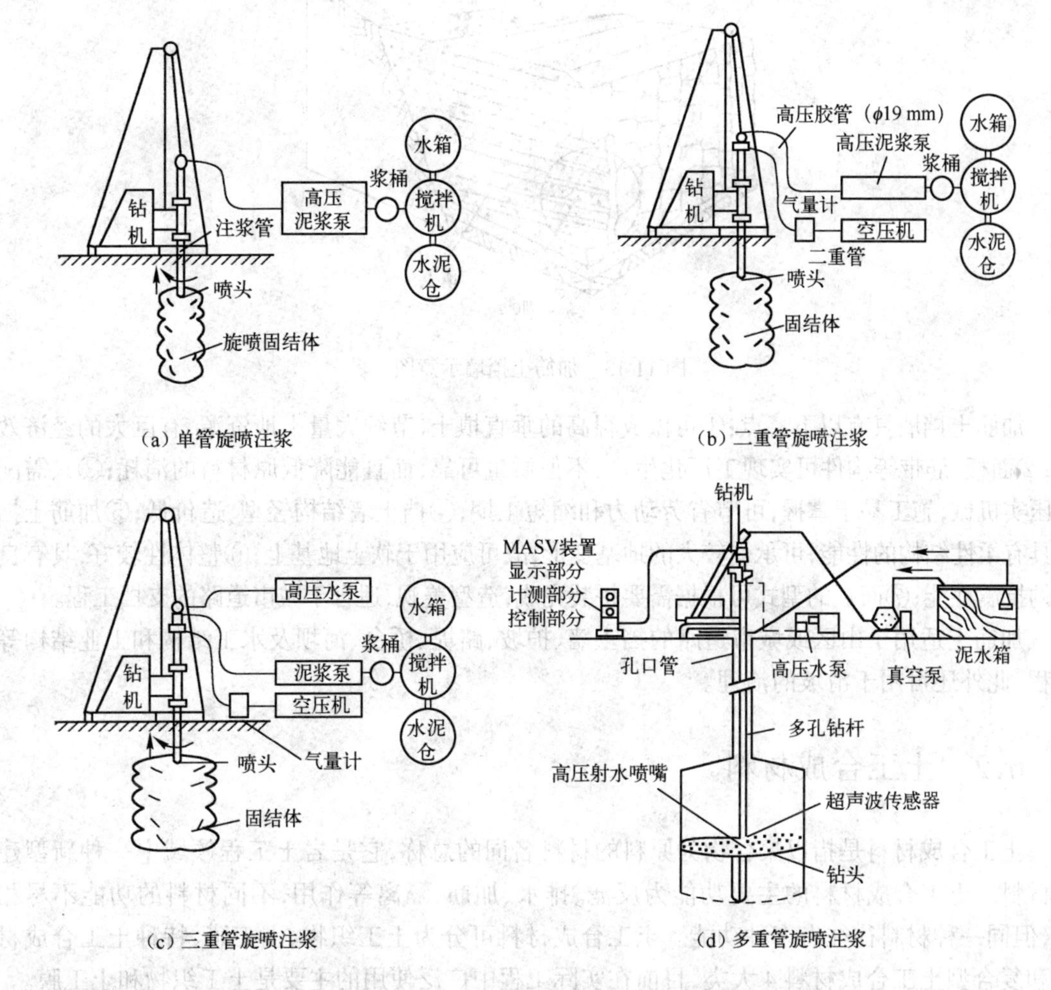

图11-12 高压喷射注浆工艺类型示意图

加筋法的基本原理可以理解为:土的抗拉能力低,甚至为零,抗剪强度也很有限;在土体中放置了筋材,构成了土—筋材的复合体,当受外力作用时,将会产生体变,引起筋材与其周围土之间的相对位移趋势,但两种材料的界面上有摩擦阻力和咬合力,限制了土的侧向位移。

加筋法的种类与结构措施很多,以下仅对加筋土、土工合成材料、土层锚杆和土钉墙进行介绍。

11.6.1 加筋土

加筋土是由填土,在填土中布置一定重量的带状拉筋及直立的墙面板3部分组成一个整体的复合结构,如图11-13所示。这种结构内部存在着墙面土压力、拉筋的拉力、填料与拉筋间的摩擦力等相互作用的内力,这些力互相平衡,保证了这个复合结构的内部稳定。而且,加筋结构还能抵抗筋尾部后面填土所产生的侧压力，即保证了加筋土挡墙的外部稳定，从而使整个复合结构稳定。

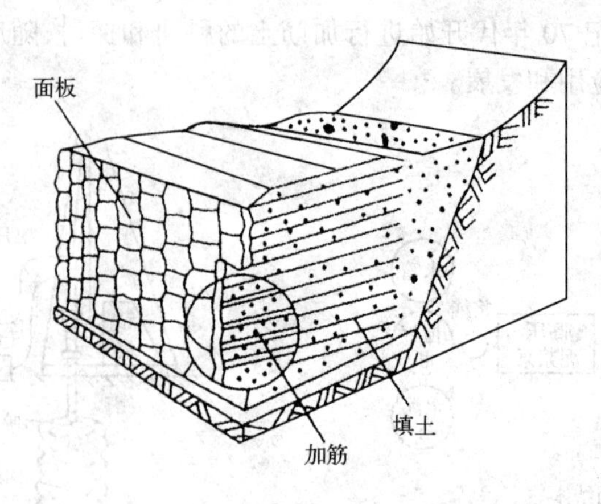

图 11-13　加筋土挡墙示意图

加筋土挡墙具有以下特点：①可做成很高的垂直填土，节约大量土地资源，有巨大的经济效益；②面板、筋带等构件可实现工厂化生产，不但质量可靠，而且能降低原材料的消耗；③只需配备压实机械，施工易于掌握，可节省劳动力和缩短工期；④挡土墙结构轻型，造价低；⑤加筋土挡墙具有柔性结构的性能，可承受较大的地基变形，故可应用于软土地基上；⑥整体性较好，具有良好的抗震性能；⑦面板的型式可根据需要拼装完成，造型美观，适合于城市道路的支挡工程。

加筋土适用于山区或城市道路的挡土墙、护坡、路堤、桥台、河坝及水工结构和工业结构等工程，此外还可用于滑坡的治理。

11.6.2　土工合成材料

土工合成材料是指以聚合物为原料的材料名词的总称，它是岩土工程领域中一种新型建筑材料。土工合成材料的主要功能为反滤、排水、加筋、隔离等作用，不同材料的功能不尽相同，但同一种材料往往有多种功能。土工合成材料可分为土工织物、土工膜、特种土工合成材料和复合型土工合成材料 4 大类，目前在实际工程中广泛使用的主要是土工织物和土工膜。

土工织物是采用聚酯纤维（涤纶）、聚丙纤维（腈纶）和聚丙烯纤维（丙纶）等高分子化合物（聚合物）经加工后合成的。土工织物的特点是质地柔软，质量轻，整体连续性好；施工方便，抗拉强度高，没有显著的方向性，各项强度基本一致；弹性、耐磨性、耐腐蚀性、耐久性和抗微生物侵蚀性好，不易虫蛀霉烂；具有毛细作用，内部具有大小不等的网眼，有较好的渗透性和良好的疏导作用，水可横向、竖向排出；材料为工厂制品，保证质量，施工简易，造价低。在加固软弱地基或边坡工程中，土工织物作为加筋使用形成复合地基，可提高土体强度，使承载力增大 3～4 倍，显著地减少沉降，提高地基的稳定性。

11.6.3　土层锚杆

土层锚杆的开发和应用是岩土工程的新发展，它使用在一些需要将拉力传递到稳定土体中去的工程结构，如边坡稳定、基坑围护、地下结构抗浮等，如图 11-14、图 11-15、图 11-6 所示。

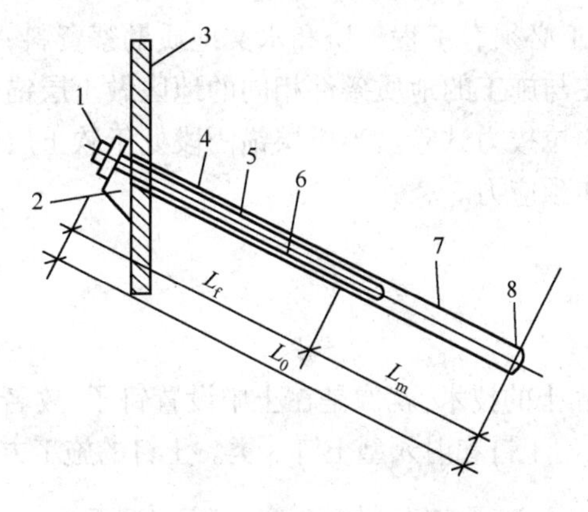

图 11-14　锚杆构造示意图

1—锚头；2—锚头垫座；3—支护主柱；4—钻孔；5—套管；6—拉杆；
7—锚固体；8—锚底板；L_f—自由段长度；L_m—锚固段长度；L_0—锚杆长度

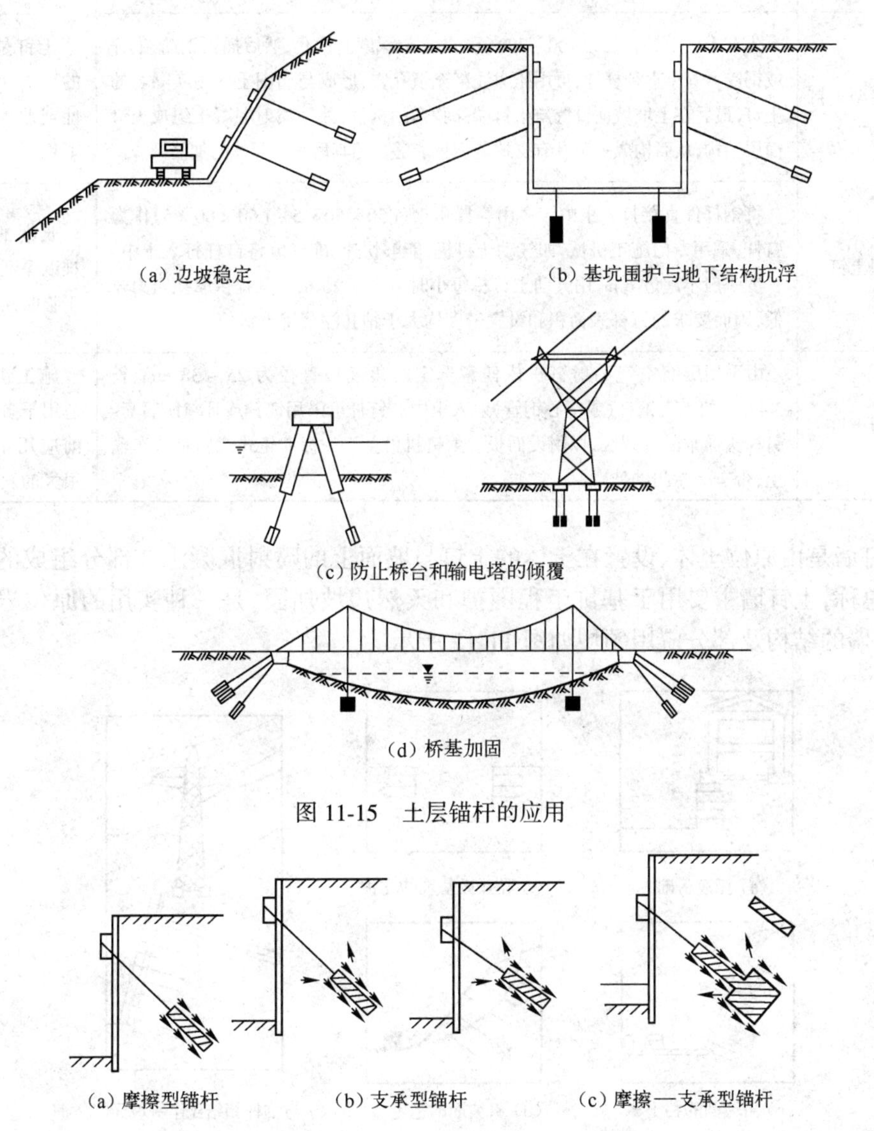

(a) 边坡稳定　(b) 基坑围护与地下结构抗浮

(c) 防止桥台和输电塔的倾覆

(d) 桥基加固

图 11-15　土层锚杆的应用

(a) 摩擦型锚杆　(b) 支承型锚杆　(c) 摩擦—支承型锚杆

图 11-16　土层锚杆的类型

土层锚杆的设计与施工必须有工程地质和水文地质勘察资料,并清理施工区域场地环境。

土层锚杆施工前,应在与施工的地质条件相同的地区做土层锚杆的基本试验,确定其设计和施工参数,并做好相应的拉拔力试验。当土层锚固段处于软土层中时,应注意土层锚杆的徐变和锚杆的松弛,并应施加预应力。

11.6.4 土钉墙

土钉墙是一种原位加固土的技术,就像是在土中设置钉子,故名土钉。按施工方法,土钉可分为钻孔注浆型土钉、打入型土钉和射入型土钉3类。土钉的施工方法及特点见表11-4。

表11-4 土钉的施工方法及特点

土钉类型(按施工方法)	施工方法及原理	特点及应用状况
钻孔注浆型土钉	先在土坡上钻直径为100~200 mm的一定深度的横孔,然后插入钢筋、钢杆或钢铰索等小直径杆件,再用压力注浆充填孔穴,形成与周围土体密实黏合的土钉,最后在土坡坡面设置与土钉端部联系的构件,并用喷射混凝土组成土钉面层结构,从而构成一个具有支撑能力且能够支挡其后来加固体的加筋域	土钉是应用最多的形式,可用于永久性或临时性的支挡工程
打入型土钉	将钢杆件直接打入土中。多用等翼角钢(∟50×50×5~∟60×60×5)作为钉杆,采用专门施工机械,如气动土钉机,能够快速、准确地将钉杆打入土中。长度一般不超过6 m,用气动土钉机每小时可施工15根。其提供摩擦阻力较低,因而要求的钉杆表面积和设置密度均大于钻孔注浆型土钉	长期的防腐工作难以保证,目前多用于临时性支挡工程
射入型土钉	由采用压缩空气的射钉机依任意选定的角度将直径为25~38 mm、长3~6 m的光直钢杆(或空心钢管)射入土中。钉杆可采用镀锌或环氧防腐套。钉杆头通常配有螺纹,以附设面板。射钉机可置于一标准轮式或履带式车辆上,带有一专门的伸臂	施工快速、经济,适用于多土层,但目前应用不广泛。有很大的发展潜力

土钉墙是由原位土体、设置在土体的土钉与坡面上的喷射混凝土3部分组成的土钉加固技术的总称,土钉墙主要用于基坑工程围护和天然边坡加固,是一种实用的原位岩土加筋技术,土钉墙的结构及部分应用领域如图11-17所示。

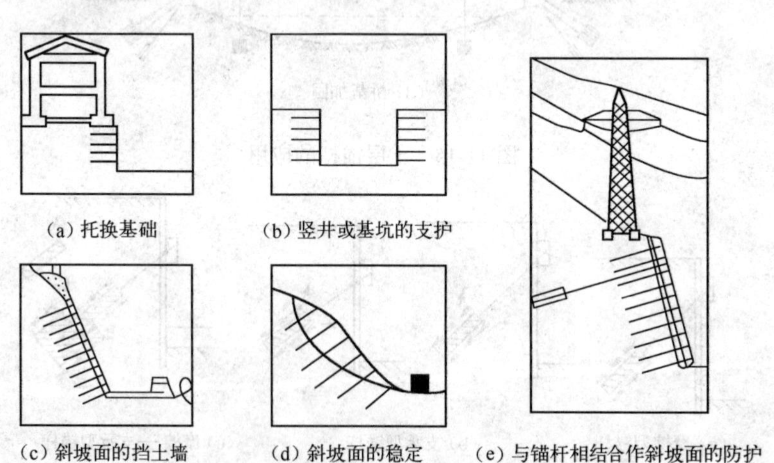

(a) 托换基础　(b) 竖井或基坑的支护　(c) 斜坡面的挡土墙　(d) 斜坡面的稳定　(e) 与锚杆相结合作斜坡面的防护

图11-17 土钉墙的部分应用领域

土钉墙法适用于黏性土、砂性土、黄土等地基。对标准量入锤击数低于 10 击或相对密度低于 0.3 的砂土边坡,采用土钉墙法不经济;对不均匀系数小于 2 的级配不良的砂土,土钉墙法不能采用;土钉墙也不适用于软粉土地基中基坑工程围护。对侵蚀性土,土钉墙不能作为永久性支挡结构。

由于土钉墙加固技术具有施工机械简单、施工灵活、对场地邻近建筑物影响小、经济效益明显等特点,其应用日趋普遍。

11.7 软土路基及地基处理实例

公路软土路基地段主要分布在沿海一带的海相淤积及内湖相堆积层地带。下面以厦门沿海软土路基及江汉平原内湖相软土路基为例予以论述。这对同类公路路基的勘察设计有借鉴价值。

11.7.1 厦门沿海公路路基稳定性

1. 厦门沿海地貌及地质概况

厦门地处戴云山山脉西南部,属低山残丘—沿海平原地貌,总地势是西北高,东南低,山区逐渐过渡为残丘和缓坡台地,向外则为滨海堆积平原。

中山代燕山运动晚期,本区产生大规模的断裂构造。主要发育三组断裂带:第一组为 EW 向断裂,如七星山至香山断裂,构造岩已胶结;第二组为 NW 向断裂,如溪头社至七星山断裂,构造岩亦已胶结;第三组为 NE 向断裂,如筼筜港至钟宅断裂带,破碎带较宽且无胶结。

燕山期本区伴随岩浆入侵与火山喷发,使细粒至粗粒花岗岩及花岗斑岩广布全区。在花岗岩体中普遍发育有辉绿山脉,其次还有侏罗纪的火山凝灰熔岩及砂页岩零星分布,如图 11-18 所示。

新第三纪以来本区持续上升,遭受强烈风化剥蚀,形成较厚的花岗岩残积层。全新世早期,由于海平面上升,沿海遭受海侵,沉积了较厚的淤泥或淤泥质地层,近几年由于建设整平,一些低洼处又覆盖了较厚的人工填土。

根据中国地震基本烈度区划图及国家地震局集美地震综合队最新资料,该区地震基本烈度为Ⅶ度。

2. 第四纪地层的野外特征

本区第四纪地层按成因可分为两大类:一类分布于残丘和台地山前及其沟谷一带,以冲积、坡积、坡残积、残积土层为主;另一类分布于台地周边、沿海及海湾,为滨海相淤泥质沉积,其下伏基岩主要为花岗岩。

1) 人工填土(Q_4^r)

人工填土主要由亚黏土夹碎(块)石组成,成分极不均一,结构疏松,局部还有架空现象,填方厚度一般为 4 ~ 8 m,主要分布在城区周边及低洼处。

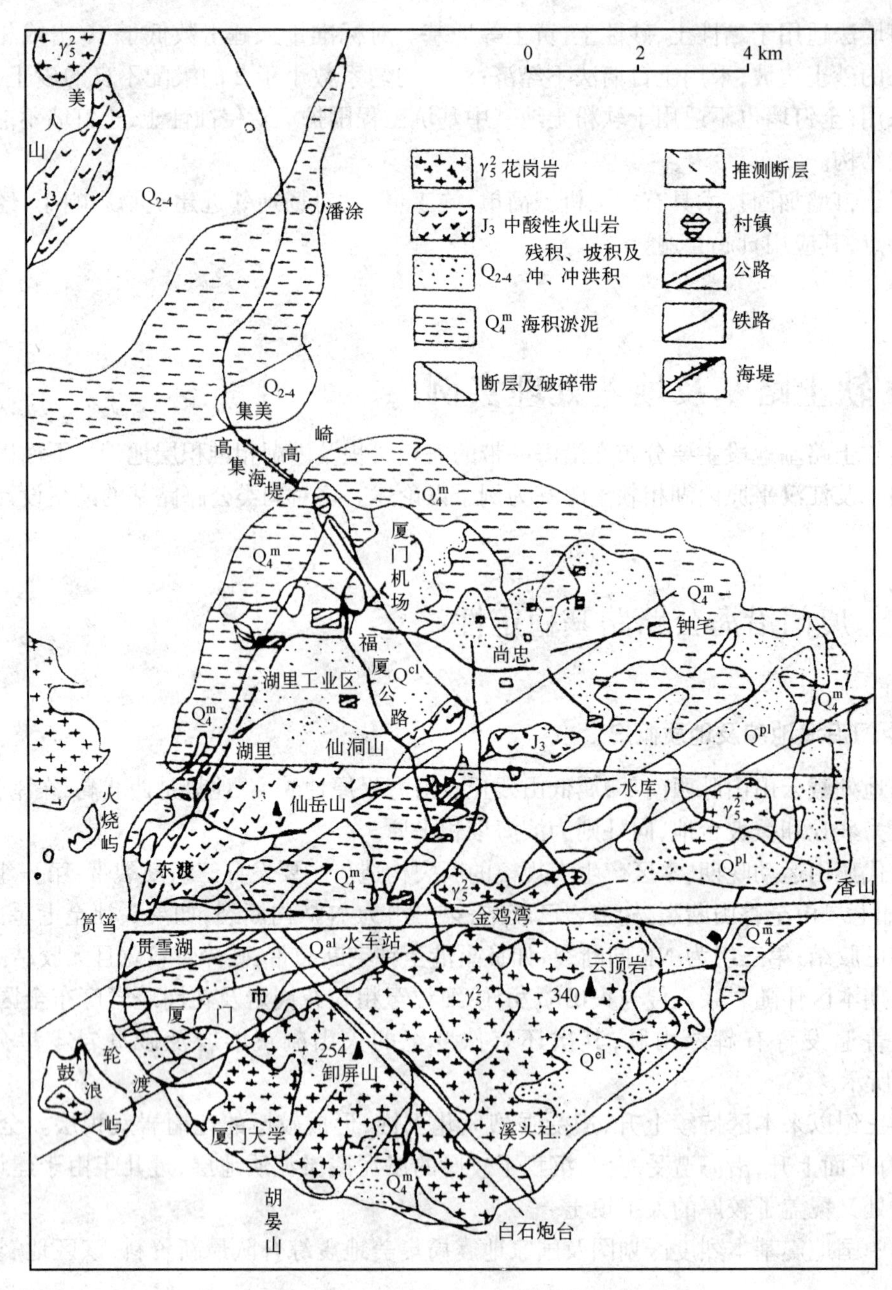

图 11-18　厦门地区地质构造图

2) 滨海相沉积层(Q_4^m)

(1) 淤泥或淤泥质土呈浅灰至灰黑色,含贝壳碎屑及腐殖质,有臭味且呈软塑流状态,用标准贯入试验的标贯器入土后,由于钻具自重可自动下沉 2 ~ 3 m。中下部夹薄层粉细砂,此层埋藏厚度一般为 5 ~ 10 m,最大厚度约 25 m,主要分布在本区中、西部及沿海一带。

(2) 中至粗砂以浅灰白色石英砂为主,含黏性土 10% ~ 30%,局部夹有粉细砂或淤泥质土,厚度一般为 2 ~ 4 m。

3) 冲积、冲洪积亚黏土(Q_{2-4}^{WL}　Q_{2-4}^{WL+PL})

冲积、坡洪积亚黏土呈黄褐色或褐黄色,含 1% ~ 30% 石英砂,可塑至硬塑,一般厚度为

3 ~ 8 m,此层下部有扁豆状的中、粗砂及卵石层,厚度为 0.5 ~ 2.0 m。

4) 坡积、坡残积亚黏土($Q_{2-4}^{dl}Q_{2-4}^{dl+el}$)

坡积、坡残积亚黏土呈紫红色或黄褐色,局部地段上部有红土化现象,间有网纹结构,含10% ~ 30%石英砂及少量碎石,可塑至硬塑,此层分布于残丘和缓坡台地,一般厚度为 1 ~ 6 m。

5) 残积土(Q_{2-4}^{d})

残积土主要为花岗残积亚黏土,局部为凝灰熔岩及砂页岩残积粉土,其特征如下。

(1) 花岗岩残积亚黏土由细、中、粗粒花岗岩风化残积而成,呈灰绿、灰白、褐黄色,含10% ~ 35%石英砂及少量风化岩块,原岩结构随深度增加而渐渐清晰,长石石英已风化成粉砂粒状,手捏即散,黑色矿物已风化为黏土,稍湿至湿,可塑至坚硬状态,厚度一般为 8 ~ 20 m,最厚达 40 ~ 80 m,分布较广。

在花岗岩及粗粒花岗岩风化残积土层中,常见有微风化岩块的球状风化体,呈"孤石"埋藏,一般直径达 0.3 ~ 0.5 m。

(2) 凝灰熔岩残积亚黏土颜色较杂,有灰、灰黄、灰绿、黄褐等颜色,原岩结构比较清晰局部夹有风化岩块,坚硬至可塑。此层与强风化基岩界限不甚明显,呈递变埋藏,厚度为 0.2 ~ 3.6 m,分布于天马山、美人山、仙岳山、仙洞山等处。

3. 第四纪地层主要物理力学性质

从收集的部分第四纪主要地层的室外物理力学试验资料,经统计综合分析归纳有如表 11-5所示特征。

表 11-5 主要第四纪地层物理力学性质

地 层	含水量/%		孔隙比 /e		压缩系数 a/MPa^{-1}		压缩模量 E_s/MPa		标贯 ($N63.5$)击		允许承载力 R/MPa
平均	一般值	平均	一般值	平均	一般值	平均	一般值	平均	一般值	平均	一般值
1									0 ~ 26	3.6	0.1 ~ 0.6
2									2 ~ 19	5.6	
3	15 ~ 97	44	0.45 ~ 22	1.16	0.24 ~ 11.39	1.0	1.0 ~ 7.1	3.0	0 ~ 13	<1	0.04 ~ 0.08
4	10 ~ 48	22	0.34 ~ 1.09	0.65	0.0 ~ 0.92	0.24	2.6 ~ 11.6	7.2	2 ~ 41	11	0.18
5									3 ~ 46	16	0.18
6	10 ~ 47	21	0.46 ~ 0.95	0.70	0.1 ~ 0.45	0.26	3.5 ~ 15.8	7.8	6 ~ 68	15	0.22
7	6 ~ 51	24	0.36 ~ 1.4	0.81	0.05 ~ 0.8	0.35	2.3 ~ 23.6	5.6	3 ~ 50	22	0.2 ~ 0.22
8	17 ~ 49	30	0.45 ~ 1.4	0.87	0.09 ~ 0.33	0.26	3.1 ~ 19.1	8.1	3 ~ 49	26	

1) 人工填土

人工填土组成成分及密实度不均匀,在自然堆积标准贯入试验 $N63.5$ 为 0 ~ 26 击,平均 3.6 击,经强夯法处理后,密实度有所提高,$N63.6$ 平均为 5.6 击,但强夯后的人工土层,在水平与垂直各向密实度差异仍然变化较大,有不均匀沉降的可能性。

2) 海相沉积淤泥,淤泥质亚黏土

海相沉积淤泥,淤泥质亚黏土的有机质含量较高,为 1.39% ~ 9.1%,平均为 2.8%;天然含水量较高,平均为 44%;孔隙比也比较大,平均为 1.16;压缩系数平均为 1.04 MPa^{-1},属高压缩性土;其软土触变性属高灵敏度软土,$N63.5$ 平均小于 1 击;其允许承载力 R 为0.04 ~ 0.08 MPa,

压缩模量 E_s 为 1.5 ~ 3.5 MPa,此层不宜直接作为建筑物的天然基础持力层。

3）冲积或冲洪积亚黏土

冲积或冲洪积亚黏土的孔隙比平均为 0.65,压缩系数平均为 0.24 MPa^{-1},属中等压缩性粉土;其 N63.5 平均为 11 击,允许承载力 R 为 0.18 MPa, E_s 平均为 7.2 MPa,一般可作为建筑地基。

4）滨海相沉积或陆相冲积砂

滨海相沉积或陆相冲积砂包括细、中、粗砂及砂砾,其 N63.5 平均为 16 击,R 平均值为 0.18 MPa。

5）坡积至坡残积亚黏土

坡积至坡残积亚黏土局部为黏土,下部夹有碎石,此层平均孔隙比为 0.7,平均压缩系数为 0.26 MPa^{-1},属中等压缩性黏土;平均 N63.5 为 15 击;允许承载力 R 平均为 0.22 MPa;压缩模量 E_s 平均为 7.8 MPa,此层工程地质性能良好,是较理想的地基土。

6）残积亚黏土

残积亚黏土中以花岗岩残积土分布最广。占全区 65%左右,其次为凝灰熔岩及辉绿岩脉残积土,具体性质如下。

(1) 花岗岩残积土物理力学性质不均一,多母岩岩性、结构、裂隙发育程度,地下水活动等因素控制,土的物理力学试验指标比较离散,如孔隙比最小值为 0.36,最大值为 1.45;压缩系数最小值为 0.05,最大值为 0.8;压缩模量最小值为 2.3,最大值为 23.6; N63.5 最小值为 3 击,最大值为大于 50 击,其差值有 10 倍左右,可见物理力学性质差异之大,另外,由于"孤石"埋藏,残积土不均匀性更为突出。

(2) 残积土有一定结构强度,残积土孔隙比偏大,平均孔隙比为 0.81;平均压缩系数为 0.35 MPa^{-1},显然压缩性偏高。

(3) 花岗岩残积土中,石英粒含量较多,长石风化后部分呈粉土粒状,黑色矿物已全部风化呈土状。

(4) 花岗岩残积土水理性较差,由于土中黏土颗粒平均仅占 6.3%,此层地下水位以上天然含水量小,土质强度较高,当受地下水浸润后,含水量增多,土质强度明显降低。

4. 路基稳定性评价

20 世纪 80 年代以来,我国高等级公路建设发展迅速,由于高等级公路投资规模大,技术标准高,要求路基条件坚实稳定,这就对工程地质工作者提出了更高的要求,特别是在地质勘察中的深度和广度上要求更高了。

在第四纪地层中路基的稳定性取决于第四纪地层的物理力学指标的可靠性,为此,根据厦门地区第四纪主要地层的物理力学特征评价其路基稳定性。

1）亚黏土

亚黏土在厦门地区分布广泛,从时代上有 Q_2 ~ Q_4,从成因上有残积、坡积、冲积、洪积或上述成因的混合型,由表 11-5 中平均值范围可知,亚粉土含水量为 21% ~ 30%,孔隙比为0.65 ~ 8.17,压缩系数为 0.24 ~ 0.35 MPa^{-1},压缩模量为 0.56 ~ 8.1 MPa,标贯为 11 ~ 26 击,允许承载力为 0.18 ~ 0.22 MPa,上述指标说明,除花岗岩残积土物理力学性质的不均一,通过适当处理,作为公路路基也是可以的,同安—集美公路 80%是经过此层土,特别是 Q_{2-3}层的残积及冲洪积亚粉土从原公路路基稳定性表明也是较好的,经过多年运行,没有发现路基破坏性变形。

2）淤泥或淤泥质土

淤泥或淤泥质土主要分布在中北部背海一带，以黑—灰黑色的腐殖质为主，其主要物理力学指标平均值为含水量44%，孔隙比为1.16，压缩系数为1.04 MPa^{-1}，压缩模量为3.0 MPa，标贯小于1击，允许承载力为0.04～0.08 MPa。上述指标说明，此层工程地质性能不好，各类指标均属软土指标范围，和一般软土地基相比这是比较突出的特征，工程性能差，是一种典型的高压缩性软土，其中最敏感的指标是含水量，含水量是影响路基强度的主要因素之一，因为含水量的高低直接影响路基土的压实度及路面弯沉值的大小，这种海相沉积的淤泥质土作为公路路基一般是不好的，从老公路情况表明，凡通过该层土地段，其路面大多发生裂变，有的像海绵垫似的。作为现代化的高等级公路，在摸清地质条件的前提下，对此类土必须因地制宜地认真加以处理，才能保证路基的长久稳定性，其处理方法目前国内外甚多，常用的有挤淤、排水、固结等。

11.7.2　汉宜高速公路软土路基处理

1. 概述

湖北宜黄高速公路仙桃—江陵段（亦称仙江段），东起仙桃，西至江陵，全长121 km，是宜黄公路中建设里程最长、地质条件复杂、工程十分艰巨的一段。

仙江段地处江汉平原，所经地段湖相沉积软土广泛分布，地势低洼，降雨量大，具有软基多、缺土源、无砂石、地下水位高、建筑物密集等特点，软土层最深达21 m，需作特殊处理的软基就达26 km，使工程具有艰巨性和基础处理的复杂性。处理好软基段的各种技术问题，就成为如期高质量建成这段高速公路的关键所在。

2. 地质环境条件

① 江汉平原是中新生代的断陷盆地，接受了原陆相碎屑沉积，即红色岩系，除盆地南部有燕山期花岗岩侵入，以及局部有玄武岩的喷出外，一般无火成岩活动，宜黄公路仙江段跨越的是江汉断陷盆地下沉的凹陷区，下降幅度小，差异性运动不显著，故地质构造比较稳定，地震烈度为Ⅵ度。

② 第四纪地层，江汉平原在晚第三纪以来，沉积了巨原的第四系，而宜黄公路仙江段又是平原中的腹地，主要沉积为一套冲洪积层的二元结构体，即下部为粗颗粒砂砾石层，上部为软残的粉性土层，其分布厚度，除砂砾石层外，软土厚度一般为5～8 m，最厚达20 m，砂砾石层顶板高程为7～7.6 m之间，砾石成分以水火成岩为主。

3. 各类土层的物理力学性质

各地层包括地表土层、淤泥层、淤泥质土层、粉土及亚粉土层、砂层、砾石层等，其主要物理力学指标如表11-6所示。

4. 软土层的特性

软土主要指淤泥及淤泥质土，根据表11-6可知，软土具有含水量高，密度小，孔隙比大，液性指数大，允许承载力低的特点，除此以外，软土的压缩性大，淤泥的压缩系数平均值为0.95 MPa^{-1}，最大达1.74 MPa^{-1}，压缩模量平均值为2.59 MPa；淤泥质土的压缩性系数值为

0.65 MPa^{-1},最大为 1.07 MPa^{-1},压缩模量平均值为 2.59 MPa,最小为 2.18 MPa,另外,软土的抗剪强度低,淤泥的抗剪平均凝聚力为 0.012 MPa,最小为 0.009 MPa,抗剪平均内摩擦角为 8.12°,最小为 3.0°,淤泥质土的抗剪平均凝聚力为 0.026 MPa,最小为 0.004 MPa,抗剪平均内摩擦角为 6.97°,最小为 3.0°。

表 11-6 各土层物理力学性质统计

土层	项目	单位								平均值
地表土层	土类	单位		黏土	黏土	亚黏土	亚黏土	亚黏土		平均值
	土的状态		硬~软塑		硬~软塑	软塑	硬塑	硬塑		
	天然含水量	%	35.8~48.9		28.8	27.84	28.6	32.71		30.75
	密度	g/cm³	1.81		1.92	1.95	1.90	1.80		1.88
	干密度	g/cm³	1.33~1.22		1.491	1.53	1.48	1.36		1.44
	孔隙比		0.4~1.0		0.8	0.8	0.73	0.47		0.899
	液性指数		0.4~1.0		0.8	0.8	0.73	0.47		0.64
	允许承载力	MPa	0.1~0.16	0.131~0.152	0.14~0.15	0.196	0.19	0.11		0.145
淤泥层	土类	单位	淤泥	淤泥	淤泥	淤泥	淤泥	淤泥		平均值
	土的状态		流塑	流塑	流塑	流塑	流塑	流塑		
	天然含水量	%	56.53	73.94	68.4	66.22	66.66			66.33
	密度	g/cm³	1.70	1.52	1.61	1.66	1.57			1.61
	干密度	g/cm³	1.09	0.87	0.96	1.00	0.94			0.97
	孔隙比		1.52	2.14	1.098	1.72	1.91			1.33
	液性指数		1.23	1.72	1.31	1.38	1.01			1.33
	允许承载力	MPa		0.041	0.04	0.049	0.059	0.058		0.049
淤泥质土层	土类	单位	亚黏土	亚黏土	亚黏土	亚黏土	亚黏土	黏土		平均值
	土的状态		流塑	流塑	流~软塑	流塑	流塑	流塑		
	天然含水量	%	42.72	40.69	41.38~44.79	50.06~39.72	38.1	39.0		41.90
	密度	g/cm³	1.70	1.75	1.77~1.79	1.68~1.82	1.81	1.79		1.70
	干密度	g/cm³	1.12	1.07	1.25~1.24	1.12~1.30	1.31	1.29		1.17
	孔隙比		1.206	1.18	1.14~1.24	1.09~1.45	1.04	1.11		1.13
	液性指数		1.47	1.38	1.10~1.12	1.30~1.55	1.47	0.70		1.24
	允许承载力	MPa	0.05	0.087	0.08~0.087	0.07~0.91	0.094	0.093		0.079
黏土或亚黏土层	土类	单位	黏土	亚黏土	亚黏土	亚黏土	亚黏土	亚黏土	黏土	平均值
	土的状态		硬~软塑	硬塑	硬~软塑	硬~软塑	硬塑	硬~软塑	硬~软塑	
	天然含水量	%	24.3~46.0	27.3	26.93~32.0	31.3~32.8	28.4	29.97	22.5	27.31
	密度	g/cm³		1.94	1.75~1.77	1.92~1.94	1.95	1.91	1.99	1.91
	干密度	g/cm³		1.52	1.38~1.34	1.45~1.48	1.52	1.47	1.62	1.50
	孔隙比		0.656~1.247	0.78	1.07~1.12	0.862~0.860	0.80	0.85	0.7	0.818
	液性指数		0.2~0.8	0.31	0.45~0.52	0.55~0.82	0.33	0.4	0.22	0.351
	允许承载力	MPa	0.1~0.35	0.282	0.098~0.18	0.1~0.3	0.274	0.253	0.26~0.30	0.195

续表

	土类	单位	黏～细砂	粉～细砂	细砂	粉～细砂	细～中砂	粉～细砂	平均值
砂砾层	土的状态		松～中密	松～中密	中密	中密	中～密实	中密	
	63.5的贯入击数	击		19～31	11～13	22～29			20.8
土类名称				圆砾－卵石层					
土的存在状态				紧密					
土的成分				岩浆岩					
粒径/cm				1～2.00					

5. 软土地基处理

仙江公路处在独特的地质条件下，地下水位高，在沿线分布有河湖相交替沉积的软土层，降低了地基的强度和稳定性。为了保证路基、路面稳固，必须采取处理措施。

1）软基处理方案

(1) 预压砂垫层法

预压砂垫层的适用范围是：软土层厚度为3.0～5.0 m，地表硬壳层有一定承载力；软土层厚度大于5.0 m，地表硬壳层的厚度大于2.0 m；软土层分布在地表，软土层厚度5.0 m以内为软基。

预压砂垫层的结构为双层结构，下部为40 m厚的密实的中粗砂，上部为20 m厚的密实的粉细砂。

(2) 竖向塑料排水板(插板)加砂垫层法

① 塑料插板加砂垫层法适应软土层厚度大于5.0 m，地表硬壳厚度小2.0 m的软基。

② 塑料插板的尺寸为100 mm×4 mm。

③ 塑料插板的平面布置为梅花形，井距为1.5 m，砂井影响范围等效圆直径为1.575 m。

④ 塑料插板的插入深度随软土层厚度而定，一般以穿过软土层为准，井深一般为6.0～8.0 m，最大井深为12.0 m。

⑤ 塑料插板加砂垫层的结构要求如下：

第一，将中粗砂灌入塑料插板的井中，并使其密实，注入深度为1.0～2.0 m。

第二，为降低造价，砂垫层为双层结构，密实后厚度共30 cm，下部为20 cm厚的中粗砂，上部为10 cm厚的粉细砂。

第三，塑料插板在地基表面预留0.5 m，并将预留段平放于中粗砂层、中部。

(3) 塑料插板加横向塑料排水板法

本方法的适用范围、插板尺寸、插板的平面位置、板距及深度均与塑料插板加砂垫层的方法相同。不同之处是水平方向排水的结构采用横向塑料排水板。横向塑料排水板断面尺寸230 mm×6 mm，横向排水沟的断面尺寸为30 cm×30 cm。横向排水板平放于沟底，将竖向排水板固定在横向排水板上，用排水性好的土将排水沟填平。此外，对部分剩余沉降量较大的路段在路面施工前，还增加了强夯处理工序，作为减少沉降的补充处理措施。

2）软基处理效果

据观测断面所取得的沉降、水平位移、孔隙压力的大量观测数据分析，本工程软基处理措施已达到预期效果。在路堤完成后,地质条件最差的软基观测断面经过 400 d 间歇期,也已完成了地基总沉降量的 93%,效果相当理想。

另外,对典型断面有关控制指标进行了经常性的监测,也未出现较大范围的地基失稳。这也说明实施的软基处理排水固结效果是好的。

思考题

11-1　地基处理的意义和目的是什么?

11-2　什么是复合地基?举例说明。

11-3　地基处理有哪些主要方法?

11-4　换填法的基本原理及作用是什么?

11-5　强夯法加固地基的机理是什么?它与重锤夯实法有何不同?

11-6　排水砂井与挤密砂桩有何区别?

11-7　化学加固法有哪几种?加固机理是什么?

11-8　加筋法的主要机理是什么?

习题

某房屋为 4 层砖混结构,承重墙传至 ±0.00 处的荷载 $F = 200$ kN/m。地基土为淤泥质土,容重 $\gamma = 17$ kN/m^3,承载力特征值 $f_a = 60$ kPa,地下水位深 1 m。试设计墙基及砂垫层。(提示:砂垫层承载力特征值 $f_a = 120$ kPa,扩散角 $\theta = 23°$)

参考文献

[1] 冯国栋.土力学.北京:水利电力出版社,1986.

[2] 钱家欢.土力学.2版.南京:河海大学出版社,1997.

[3] 刘成宁.土力学.北京:中国铁道出版社,1993.

[4] 高大钊.土力学与基础工程.北京:建筑工业出版社,1998.

[5] 高大钊,袁聚云.土质学与土力学.3版.北京:人民交通出版社,2002.

[6] 顾晓鲁,钱鸿缙,刘珊,汪时敏.地基与基础.北京:中国建筑工程出版社,1993.

[7] 洪毓康.土质学与土力学.北京:人民交通出版社,1995.

[8] 卢廷浩.土力学.南京:河海大学出版社,2002.

[9] 赵树德.土力学.北京:高等教育出版社,2001.

[10] 陆培毅.土力学.北京:中国建材工业出版社,2000.

[11] 王成华.土力学原理.天津:天津大学出版社,2002.

[12] 杨小平.土力学.广州:华南理工大学出版社,2001.

[13] 邓庆阳.土力学与地基基础.北京:科学出版社,2001.

[14] 张力霆.土力学与地基基础.北京:高等教育出版社,2002.

[15] 建筑地基基础设计规范.中华人民共和国国家标准.(GB 50007—2002).北京:中国建筑工业出版社,2002.

[16] 建筑结构荷载规范.中华人民共和国国家标准.(GB 50009—2001).北京:中国建筑工业出版社,2002.

[17] 混凝土结构设计规范.中华人民共和国国家标准.(GB 50010—2002).北京:中国建筑工业出版社,2002.

[18] 砌体结构设计规范.中华人民共和国国家标准.(GB 50003—2001).北京:中国建筑工业出版社,2001.

[19] 建筑抗震设计规范.中华人民共和国国家标准.(GB 50011—2001).北京:中国建筑工业出版社,2001.

[20] 建筑结构可靠度设计统一标准.中华人民共和国国家行业标准.(GB 50068—2001).北京:中国建筑工业出版社,2001.

[21] 建筑桩基技术规范.中华人民共和国国家标准.(JGJ94—94).北京:中国建筑工业出版社,1995.

[22] 建筑地基处理技术规范.中华人民共和国行业标准.(JGJ79—91).1998年版.北京:中国计划出版社,2000.

[23] 岩土工程勘察规范.中华人民共和国国家标准.(GB 50021—2001).北京:中国建筑工业出版社,2002.

[24] 公路桥涵与基础设计规范.中华人民共和国国家标准.(JTGD63—2007).北京:人民交通出版社,2007.

[25] 铁路桥涵地基和基础设计规范.中华人民共和国行业标准.(TB1002—99).北京:中国铁道出版社,2000.

[26] 华南理工大学,东南大学,浙江大学,等.地基及基础.3版.北京:中国建筑工业出版社,1998.

[27] 中国机械工业教育协会组编.土力学与地基基础.北京:机械工业出版社,2001.

[28] 龚晓南.深基础工程设计手册.北京:中国建筑工业出版社,2000.

[29] 余志成,施文华.深基坑支护设计与施工.北京:中国建筑工业出版社,1997.

[30] 王钊.基础工程原理.武汉:武汉大学出版社,2001.